"十三五"江苏省高等学校重点教材

普通高等教育智能建筑系列教材

建筑电气控制技术

第3版

主　编　顾菊平　马小军

副主编　赵宏家　王永华

参　编　刘　瑾　王鑫国

　　　　吴　晓　华　亮

　　　　赵凤申

机械工业出版社

本书的特点是，既讲述电气控制技术的基本原理，又注重介绍电气控制技术在建筑电气领域中的实际应用。另外，为适应可编程序控制器技术的应用需求，本书用了较多篇幅来介绍国内典型可编程序控制器的原理、使用技术和一些新的发展成果，突出工程上的实用性。

全书分两篇，共十二章，内容包括：常用控制电器、电气控制的基本环节与规律、电气控制系统的设计、空调与制冷系统的电气控制、水泵与锅炉设备的电气控制、电梯的电气控制、可编程序控制器的基础知识、OMRON CPM1A 小型可编程序控制器、三菱 FX$_{2N}$ 系列可编程序控制器、SIEMENS S7 – 200 可编程序控制器、可编程序控制器系统设计及辅助设备应用、可编程序控制器的应用等。

本书的内容选取遵循"宽编窄用"的原则，以适应不同专业、不同层次的学校需要，而且各章的论述力求做到原理与应用并重，理论与实际结合，从而达到学以致用的目的。

本书配有免费电子课件，欢迎选用本书作教材的教师索取，电子邮箱：3485@njtech.edu.cn。

本书可作为本科电气工程及其自动化专业、建筑电气与智能化专业，高职高专建筑电气、楼宇自动化设备管理等专业教材，也可供工程技术人员自学和作为培训教材使用。

图书在版编目（CIP）数据

建筑电气控制技术/顾菊平，马小军主编 . —3 版 . —北京：机械工业出版社，2018.7（2022.8 重印）

普通高等教育智能建筑系列教材 "十三五"江苏省高等学校重点教材

ISBN 978-7-111-60468-6

Ⅰ.①建… Ⅱ.①顾… ②马… Ⅲ.①房屋建筑设备 – 电气控制 – 高等学校 – 教材 Ⅳ.①TU85

中国版本图书馆 CIP 数据核字（2018）第 156696 号

机械工业出版社（北京市百万庄大街22号 邮政编码100037）

策划编辑：路乙达 责任编辑：路乙达 刘丽敏

责任校对：王 延 封面设计：张 静

责任印制：单爱军

北京虎彩文化传播有限公司印刷

2022 年 8 月第 3 版第 7 次印刷

184mm×260mm · 23 印张 · 571 千字

标准书号：ISBN 978-7-111-60468-6

定价：55.00 元

电话服务

客服电话：010-88361066

010-88379833

010-68326294

封底无防伪标均为盗版

网络服务

机 工 官 网：www.cmpbook.com

机 工 官 博：weibo.com/cmp1952

金 书 网：www.golden-book.com

机工教育服务网：www.cmpedu.com

前　言

本书第 2 版自 2012 年出版发行以来，深受社会的认可，国内数十所高校选用。随着社会进步和科学技术的发展，经过 5 年的使用，需要做较大的修改，因此再次决定修订和编写。在删除书中陈旧内容的基础上，更换、增加新内容，以满足读者需要。

本次修订由顾菊平、马小军任主编，负责全书的编写组织及整体统稿工作；赵宏家、王永华任副主编。扬州大学王永华编写第一章、第十一章第一至四节；重庆大学赵宏家编写第四、五章，第六章第一节；上海工程技术大学刘瑾编写第七、八章；南通大学顾菊平、吴晓、华亮编写第九、第十二章第一节和第二节，赵凤申编写第六章第二节；南京工业大学马小军、王鑫国编写第二、三、十章、第十一章第五至七节以及第十二章第三节。

本书编写过程中，作者参考了近年来许多专家学者的文献资料，在此一并表示衷心感谢。感谢南通大学程天宇、周伯俊参与部分文字及绘图工作。

本书可作为本科电气工程及其自动化专业、建筑电气与智能化专业、高职高专建筑电气、楼宇自动化设备管理等专业的教材使用。建议总学时数为 48～56，两部分内容可各占一半学时，或有侧重。对于第一篇可重点讲授前三章，选讲后三章。第二篇的内容较多，各院校可根据自身实际情况，选讲其中一种型号的内容，其他型号可进行一般性介绍。实践环节建议安排 1/4 的学时数。

由于作者学识有限，书中难免存在不足之处，恳请读者批评指正。

编　者

目 录

第一篇　电气控制技术

电气控制技术是以各类电动机为动力的传动装置与系统为对象，以实现生产过程自动化的控制技术。电气控制系统是其中的主干部分，在国民经济各行业中的许多部门都得到了广泛应用，是实现工业生产自动化的重要技术手段。

作为生产机械动力的电机拖动，经历了漫长的发展过程。20 世纪初，电动机直接取代蒸汽机。开始是成组拖动，用一台电动机通过中间传动机构实现能量分配与传递，拖动多台生产机械。这种拖动方式电气控制电路简单，但机构复杂，能量损耗大，生产灵活性也差，不适应现代化生产的需要。20 世纪 20 年代，出现了单电机拖动，即由一台电动机拖动一台生产机械。单电机拖动相对于成组拖动，机械设备结构简单，传动效率提高，灵活性增大，这种拖动方式在一些机床中至今仍在使用。随着生产发展及自动化程度的提高，又出现了多台电动机分别拖动各运动机构的多电机拖动方式，进一步简化了机械结构，提高了传动效率，而且使机械的各运动部分能够选择最合理的运动速度，缩短了工时，也便于分别控制。

继电器 - 接触器控制系统至今仍是许多生产机械设备广泛采用的基本电气控制形式，也是学习更先进电气控制系统的基础。它主要由继电器、接触器、按钮、行程开关等组成，由于其控制方式是断续的，故称为断续控制系统。这种控制系统具有控制简单、方便实用、价格低廉、易于维护、抗干扰能力强等优点。但其接线方式固定，灵活性差，难以适应复杂和程序可变的控制对象的需要，且工作频率低，触点易损坏，可靠性差。

随着科学技术的不断发展、生产工艺的不断改进，特别是计算机技术的应用，新型控制策略的出现，电气控制技术的面貌也在改变。在控制方法上，从手动控制发展到自动控制；在控制功能上，从简单控制发展到智能化控制；在操作上，从笨重发展到信息化处理；在控制原理上，从单一的有触点硬接线继电器逻辑控制系统发展到以微处理器或微型计算机为中心的网络化自动控制系统。现代电气控制技术综合应用了计算机技术、微电子技术、检测技术、自动控制技术、智能技术、通信技术、网络技术等先进的科学技术成果。

本篇主要论述控制电器及电气控制系统的基本构成、工作原理，以及简单电气控制系统设计及实际应用等。本篇还详细介绍了建筑行业的典型电气控制技术，读者可根据自己实际情况选择学习使用。

第一章　常用控制电器

第一节　概　述

随着科技进步与经济发展，电能的应用日益普及。电器对电能的生产、输送、分配与应用起着控制、调节、检测和保护的作用，在电力输配电系统和电力拖动自动控制系统中应用极为广泛。

电器是接通、断开电路或调节、控制和保护电路及电气设备用的电工器具。由控制电器组成的自动控制系统，称为继电器-接触器控制系统，简称继电接触器控制系统。

电器的种类繁多，结构各异。本章主要介绍用于电力拖动及控制系统领域中的常用低压电器（即所谓"控制电器"）的结构、工作原理、图形符号、型号、规格及用途等相关知识，为正确选择和合理使用这些电器打下基础。

一、低压电器的分类

低压电器是指额定电压等级在交流 1200V、直流 1500V 以下的电器。我国工业控制电路中最常用的三相交流电压等级为 380V，只有在特定行业环境下才用其他电压等级，如煤矿井下的电钻用 127V、运输机用 660V、采煤机用 1140V 等。

单相交流电压等级最常见的为 220V，机床、热工仪表和矿井照明等采用 127V 电压等级，其他电压等级如 6V、12V、24V、36V 和 42V 等一般用于安全场所的照明、信号灯以及作为控制电压。

直流常用电压等级有很多，其中 110V、220V 和 440V 主要用于动力；6V、12V、24V 和 36V 主要用于控制；在电子电路中还有 5V、9V 和 15V 等电压等级。

低压电器种类繁多，功能各样，构造各异，用途广泛，工作原理各不相同，常用低压电器的分类方法也很多。

1. 按用途或控制对象分类

（1）配电电器　主要用于低压配电系统中。要求系统发生故障时能够准确动作、可靠工作，在规定条件下具有相应的动稳定性与热稳定性，使电器不会被损坏。常用的配电电器有刀开关、转换开关、熔断器、断路器等。

（2）控制电器　主要用于电气传动系统中。要求寿命长、体积小、重量轻且动作迅速、准确、可靠。常用的控制电器有接触器、继电器、起动器、主令电器、电磁铁等。

2. 按动作原理分

（1）手动电器　用手或依靠机械力进行操作的电器，如手动开关、控制按钮、行程开关等主令电器。

（2）自动电器　借助于电磁力或某个物理量的变化自动进行操作的电器，如接触器、各种类型的继电器、电磁阀等。

3. 按工作原理分

（1）电磁式电器　依据电磁感应原理来工作，如接触器、各种类型的电磁式继电器等。

（2）非电量控制电器　依靠外力或某种非电物理量的变化而动作的电器，如刀开关、行程开关、按钮、速度继电器、温度继电器等。

二、低压电器的作用

低压电器能够依据操作信号或外界现场信号的要求，自动或手动地改变电路的状态、参数，实现对电路或被控对象的控制、保护、测量、指示、调节。它的工作过程是将一些非电信号或电量信号转变为非通即断的开关信号或随信号变化的模拟量信号，实现对被控对象的控制。低压电器的作用如下。

（1）控制作用　如电梯的上下移动、快慢速自动切换与自动停层等。

（2）保护作用　能根据设备的特点，对设备、环境以及人身实行自动保护，如电机的过热保护、电网的短路保护、漏电保护等。

（3）测量作用　利用仪表及与之相适应的电器，对设备、电网或其他非电参数进行测量，如电流、电压、功率、转速、温度、湿度等。

（4）调节作用　低压电器可对一些电气量和非电量进行调整，以满足用户的要求，如柴油机油门的调整、房间温湿度的调节、照度的自动调节等。

（5）指示作用　利用低压电器的控制、保护等功能，检测出设备运行状况与电气电路工作情况，如绝缘监测、保护掉牌指示等。

（6）转换作用　在用电设备之间转换或对低压电器、控制电路分时投入运行，以实现功能切换，如励磁装置手动与自动的转换，供电的市电与自备电的切换等。

当然，低压电器作用远不止这些，随着科学技术的发展，新功能、新设备会不断出现，常见的低压电器的主要种类及用途见表1-1。

表1-1　常见的低压电器的主要种类及用途

序　号	类　别	主要品种	用　途
1	断路器	塑料外壳式断路器	主要用于电路的过负荷保护、短路、欠电压、漏电压保护，也可用于不频繁接通和断开的电路
		框架式断路器	
		限流式断路器	
		漏电保护式断路器	
		直流快速断路器	
2	刀开关	开关板用刀开关	主要用于电路的隔离，有时也能分断负荷
		负荷开关	
		熔断器式刀开关	
3	转换开关	组合开关	主要用于电源切换，也可用于负荷通断或电路的切换
		换向开关	
4	主令电器	按钮	主要用于发布命令或程序控制
		限位开关	
		微动开关	
		接近开关	
		万能转换开关	
5	接触器	交流接触器	主要用于远距离频繁控制负荷，切断带负荷电路
		直流接触器	

（续）

序　号	类　别	主要品种	用　途
6	起动器	磁力起动器	主要用于电动机的起动
		星－三角起动器	
		自耦减压起动器	
7	控制器	凸轮控制器	主要用于控制回路的切换
		平面控制器	
8	继电器	电流继电器	主要用于控制电路中，将被控量转换成控制电路所需电量或开关信号
		电压继电器	
		时间继电器	
		中间继电器	
		温度继电器	
		热继电器	
9	熔断器	有填料熔断器	主要用于电路短路保护，也用于电路的过载保护
		无填料熔断器	
		半封闭插入式熔断器	
		快速熔断器	
		自复熔断器	
10	电磁铁	制动电磁铁	主要用于起重、牵引、制动等
		起重电磁铁	
		牵引电磁铁	

　　低压电器是构成低压控制电路的最基本元件，它们性能的优劣、状态的好坏，将直接影响到控制电路的正常工作。低压配电电器的基本要求是灭弧能力强，分断能力好，热稳定性能好，限流准确等。对低压控制电器，则要求其动作可靠、操作频率高、寿命长并具有一定的负载能力。

第二节　电磁式电器的工作原理

　　电磁式电器在电气控制电路中使用量最大，类型也很多，各类电磁式电器在工作原理和构造上基本相同。就结构而言，大都由两个主要部分组成：感测部分——电磁机构；执行部分——触点系统。

一、电磁机构

　　电磁机构是电磁式电器的感测部分，它的主要作用是将电磁能量转换成机械能量，从而带动触点动作实现接通或分断电路。电磁机构由吸引线圈、铁心、衔铁等几部分组成。

　　1. 常用的磁路结构

　　常用的磁路结构如图 1-1 所示，可分为三种形式。

　　1）衔铁沿棱角转动的拍合式铁心，如图 1-1a 所示。这种结构广泛应用于直流电器中。

　　2）衔铁沿轴转动的拍合式铁心，如图 1-1b 所示，其铁心形状有 E 形和 U 形两种。这种结构多用于触点容量较大的交流电器中。

　　3）衔铁直线运动的双 E 形直动式铁心，如图 1-1c 所示。这种结构多用于交流接触器、

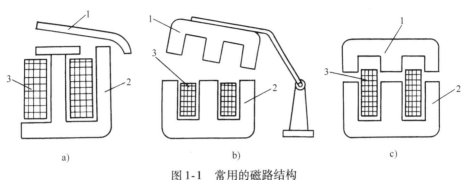

图 1-1　常用的磁路结构

1—衔铁　2—铁心　3—吸引线圈

继电器中。

电磁式电器分为直流与交流两大类，都是利用电磁铁的原理而制成。通常直流电磁铁的铁心是用整块钢材或工程纯铁制成，而交流电磁铁的铁心则用硅钢片叠铆而成。

2. 吸引线圈

吸引线圈的作用是将电能转换成磁场能。按通入线圈的电流种类不同，可分为直流线圈和交流线圈。

对于直流电磁式电器，因其铁心不发热，只有线圈发热，所以直流电磁式电器的吸引线圈做成高而薄的瘦高型，且不设线圈骨架，使线圈与铁心直接接触，易于散热。

对于交流电磁式电器，由于其铁心存在磁滞和涡流损耗，这样线圈和铁心都发热，所以交流电磁式电器的吸引线圈设有骨架，使铁心与线圈隔离并将线圈制成短而厚的矮胖型，这样有利于铁心和线圈的散热。

二、电磁吸力与吸力特性

电磁式电器是根据电磁铁的基本原理而设计，电磁吸力是影响其可靠工作的一个重要参数。对于如图 1-2 所示的电磁机构，电磁吸力 $F_X \propto B^2 S$，可由式（1-1）表示：

$$F_X = \frac{\mu_o S}{2\delta^2} I^2 N^2 \tag{1-1}$$

式中，I 为圈中通过的电流（A）；N 为线圈匝数（匝）；S 为气隙截面积（m^2）；δ 为气隙宽度（m）；F_X 为电磁吸力（N）；μ_o 为真空磁导率，$\mu_o = 4\pi \times 10^{-7} H/m$。

1. 直流电磁机构的电磁吸力特性

从式（1-1）可以看出，对于固定线圈通以恒定的直流电流时，其电磁力仅与气隙 δ^2 成反比，吸力特性为二次曲线。当外施电压为常数和线圈电阻不变时，吸合电流（$I = U/R$）与气隙长度无关。吸力特性曲线如图 1-3 所示。

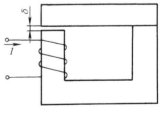

图 1-2　电磁机构

直流电磁机构在吸合时，气隙较小，吸力也就较大，因此对于依靠弹簧复位的电磁铁来说，在线圈断电时，由于剩磁产生的吸力，使复位比较困难，会造成一些保护用继电器的性能不能满足要求。如在吸力较小的直流电压型电器中，衔铁上一般都装有一片 0.1mm 厚的非磁性磷铜片，增加在吸合时的空气间隙；在吸力较大的直流电压型电器中，如直流接触器，其铁心的端面上加有极靴，减小在闭合状态下的吸力，使衔铁复位自如。

2. 交流电磁机构的电磁吸力特性

与直流电磁机构相比，交流电磁机构的吸力特性有较大的不同。对于交流电磁机构多与电路并联使用，当外施电压 U 及频率 f 为常数时，忽略线圈电阻压降：

$$U \approx E = 4.44 f \Phi N \qquad (1\text{-}2)$$

式中，Φ 为常数（对于固定线圈，匝数 N = 常数）。

由式（1-1）可知电磁吸力 $F_X \propto B^2 S$ 亦为常数，即交流电磁机构的吸力特性为一条与气隙长度无关的直线。实际上考虑衔铁吸合前后漏磁的变化时，F_X 随 δ 的减小而略有增加。对于并联电磁机构，在线圈通电

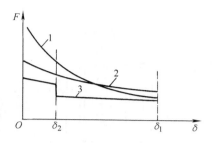

图 1-3　电磁机构的电磁吸力特性
1—直流电磁机构　2—交流电磁机构
3—反力特性

而衔铁尚未吸合的瞬间，吸合电流（$I = \Phi / R_m$）与 δ 的变化成正比，是衔铁吸合后的额定电流的很多倍，如 U 形电磁机构可达 $5 \sim 6$ 倍，E 形电磁机构可达 $10 \sim 15$ 倍。所以，在可靠性要求较高或要求频繁动作的控制系统中，一般采用直流电磁机构而不采用交流电磁机构。

由于交流电磁机构的磁通是交变的，会在磁心中感应出涡流，使铁心的磁通幅值减小，相位滞后，引起电能损耗与铁心的发热。为解决这一问题，铁心采用较顽力很小的硅钢片叠加在一起制成，硅钢片之间相互绝缘。因此，交流电磁机构的剩磁很小。一般不会产生衔铁被剩磁吸住而不能释放复位的现象。

电磁机构的复位是依靠弹簧的弹力实现的，因此在吸合过程中，电磁吸力 F_X 必须克服弹簧的弹力 F_r，电磁吸力 F_X 与弹力 F_r 相比应大一些，但不宜相差太大。对于交流电磁机构，由于电流是交变的，吸力也是脉动的，电流为零时，吸力也为零。所以 50Hz 的电源加在线圈上时，吸力为 100Hz 的脉动吸力，当脉动的吸力 F_X 小于弹簧的弹力 F_r 时，衔铁将在弹簧的作用下移动；而当吸力 F_X 大于弹簧的弹力 F_r 时，衔铁将克服弹力而吸合。如此周而复始，使衔铁产生振动，发出噪声。为此，必须采取有效措施，消除振动和噪声。实际吸力曲线如图 1-4 所示。

具体办法是在铁心端部开一个槽，槽内嵌入称为短路环（或称分磁环）的铜环，如图 1-5 所示。当励磁线圈通入交流电后，在短路环中就有感应电流产生，该感应电流又会产生一个磁通。短路环把铁心中的磁通分为两部分，即不穿过短路环的 Φ_1 和穿过短路环的 Φ_2，由于短路环的作用，使 Φ_1 与 Φ_2 产生相移，即不同时为零，使合成吸力始终大于反作用力，从而消除了振动和噪声。

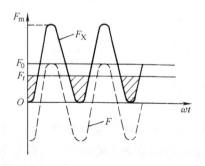

图 1-4　交流电磁机构实际吸力曲线

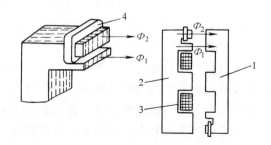

图 1-5　交流电磁铁的短路环
1—衔铁　2—铁心　3—线圈　4—短路环

短路环通常包围 2/3 的铁心截面，它一般用铜、康铜或镍铬合金等材料制成。

3. 反力特性

电磁系统的反作用力与气隙的关系曲线称为反力特性曲线，如图 1-3 中曲线 3 所示。反作用力包括弹簧力、衔铁自身重力、摩擦阻力等。

为了保证使衔铁能牢牢吸合，反力特性必须与吸力特性配合好，如图 1-3 所示。在整个吸合过程中，吸力都必须大于反作用力，但不能过大或过小，吸力过大，动、静触点接触时以及衔铁与铁心接触时的冲击力也大，会使触点和衔铁发生弹跳导致触点的熔焊或烧毁，影响电器的机械寿命；吸力过小，会使衔铁运动速度降低，难以满足高操作频率的要求。在实际应用中，可调整反力弹簧或触点初压力以改变反力特性，使之与吸力特性配合得当。

三、电器的触点系统

触点是电器的执行部分，起接通和分断电路的作用。触点的结构形式很多，按其所控制的电路可分为主触点和辅助触点。主触点用于接通或断开主电路，允许通过较大的电流；辅助触点用于接通或断开控制电路，只能通过较小的电流。

触点按其原始状态可分为常开触点和常闭触点。原始状态时断开，线圈通电后闭合的触点叫常开触点；原始状态时闭合，线圈通电后断开的触点叫常闭触点。

触点按其结构形式可分为桥式触点和指形触点，如图 1-6 所示。

（1）桥式触点 图 1-6a 为两个点接触的桥式触点，图 1-6b 是两个面接触的桥式触点，两个触点串于同一条电路中，电路的接通与断开由两个触点共同完成。点接触形式适用于电流不大，且触点压力小的场合；面接触形式适用于大电流的场合。

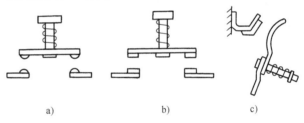

图 1-6 触点的结构形式
a)、b) 桥式触点 c) 指形触点

（2）指形触点 图 1-6c 为指形触点，其接触区为一直线，触点接通或分断时产生滚动摩擦，以利于去掉氧化膜。指形触点适用于接电次数多、电流大的场合。

为了使触点接触的更加紧密，以减小接触电阻，并消除开始接触时产生的振动，在触点上装有接触弹簧，在刚刚接触时产生初压力，并且随着触点闭合增大触点互压力。

触点要求导电、导热性能良好，通常用铜制成。但铜的表面容易氧化而生成一层氧化铜，将增大触点的接触电阻，使触点的损耗增大，温度上升。所以有些电器，如继电器和小容量的电器，其触点常采用银质材料，这不仅在于其导电和导热性能均优于铜质触点，更主要的是其氧化膜的电阻率与纯银相似（氧化铜则不然，其电阻率可达纯铜的十余倍以上），而且要在较高的温度下才会形成，同时又容易粉化。因此，银质触点具有较低和稳定的接触电阻。对于大中容量的低压电器，在结构设计上，触点采用滚动接触，可将氧化膜去掉，这种结构的触点，也常采用铜质系数要求较高的材料。

四、电弧的产生及灭弧方法

在大气中开断电路时，如果被开断电路的电流超过某一数值，开断后加在触点间隙（或称弧隙）两端电压超过某一数值时，触点间隙中就会产生电弧。电弧实际上是触点间气体在强电场作用下产生的放电现象，通常会产生高温并发出强光，将触点烧损，并使电路的切断时间延长，严重时会引起火灾或其他事故。因此，在电器中应采取适当措施熄灭电弧。常用的灭弧方法有以下几种：

1. 电动力灭弧

图1-7是一种桥式结构双断口触点，当触点打开时，在断口中产生电弧。电弧电流在两电弧之间产生图中以⊕表示的磁场，根据左手定则，电弧电流要受到一个指向外侧的电动力 F 的作用，使电弧向外运动并拉长，迅速穿越冷却介质而加快冷却并熄灭。这种灭弧方法一般用于交流接触器等交流电器中。

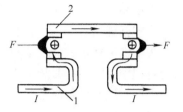

图1-7　电动力灭弧
1—静触点　2—动触点

2. 磁吹灭弧

磁吹灭弧的原理如图1-8所示。在触点电路中串入一个磁吹线圈，它产生的磁通经过导磁夹板5引向触点周围，如图中的"×"符号所示；当触点开断产生电弧后，电弧电流产生的磁通如图中⊕和⊙符号所示。可见在弧柱下方两个磁通是相加的，而在弧柱上方彼此相减。因此，电弧在下强上弱的磁场作用下，被拉长并吹入灭弧罩中，引弧角与静触点相连接，其作用是引导电弧向上运动，将热量传递给罩壁，使电弧冷却熄灭。

由于这种灭弧装置是利用电弧电流本身灭弧，因此电弧电流越大，吹弧能力也越强。这种灭弧方法广泛应用于直流接触器中。

3. 栅片灭弧

栅片灭弧的灭弧原理如图1-9所示。灭弧栅片由许多镀铜薄钢片组成，片间距离为2～3mm，安放在触点上方的灭弧罩内。一旦出现电弧，电弧周围产生磁场，电弧被导磁钢片吸入栅片内，且被栅片分割成许多串联的短弧，当交流电压过零时电弧自然熄灭，两栅片间必须有150～250V电压，电弧才能重燃。这样，一方面电源电压不足以维持电弧，另一方面由于栅片的散热作用，电弧熄灭后就很难重燃。这种灭弧方法常用于交流接触器。

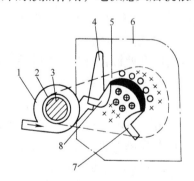

图1-8　磁吹灭弧
1—磁吹线圈　2—绝缘套　3—铁心　4—引弧角
5—导磁夹板　6—灭弧罩　7—动触点　8—静触点

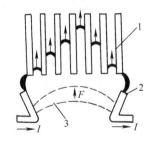

图1-9　栅片灭弧
1—灭弧栅片　2—触点　3—电弧

4. 灭弧罩

灭弧罩通常由耐弧陶土、石棉水泥或耐弧塑料制成，其作用是分隔各路电弧，防止发生短路。由于电弧与灭弧罩接触，故能使电弧迅速冷却而熄灭。灭弧罩常用于交流接触器中。

5. 窄缝灭弧

窄缝灭弧是利用灭弧罩的窄缝来实现的，如图 1-10 所示。灭弧罩内只有一个纵缝，缝的下部宽些上部窄些，将电弧弧柱直径压缩，使电弧同缝壁紧密接触，加强冷却和去游离作用，使电弧熄火加快。目前有采用数个窄缝的，它将电弧引入纵缝，分劈成若干段直径较小的电弧，以增强去游离作用。窄缝灭弧常用于交流和直流接触器上。

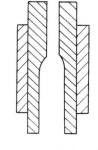

图 1-10　窄缝灭弧

灭弧的方法还很多。低压电器灭弧时，有时只采用上述方法，有时多种方法并用，以增强灭弧能力。

第三节　接　触　器

接触器是一种用来自动地接通或断开大电流电路的电器。它可以频繁地接通或分断交直流电路，并可实现远距离控制。其主要控制对象是电动机，也可用于控制电热设备、电焊机、电容器组等其他负载。它还具有低电压释放保护功能，接触器具有控制容量大、过载能力强、寿命长、设备简单经济等特点，是电力拖动自动控制电路中使用最广泛的电器元件。

按照所控制电路的种类、接触器可分为交流接触器和直流接触器两大类。

一、交流接触器

1. 交流接触器结构与工作原理

图 1-11 为 CJ0－20 型交流接触器。交流接触器由以下四部分组成：

（1）电磁机构　电磁机构由线圈、动铁心（衔铁）和静铁心组成，其作用是将电磁能转换成机械能，产生电磁吸力带动触点动作。

（2）触点系统　触点系统包括主触点和辅助触点。主触点用于通断主电路，通常为三对常开触点。辅助触点用于控制电路，起电气联锁作用，故又称联锁触点，一般常开、常闭各两对。

（3）灭弧装置　容量在 10A 以上的接触器都有灭弧装置，对于小容量的接触器，常采用双断口触点灭弧、电动力灭弧、相间弧板隔弧及陶土灭弧罩灭弧。对于大容量的接触器，采用纵缝灭弧罩及栅片灭弧。

（4）其他部件　其他部件包括反作用弹簧、缓冲弹簧、触点压力弹簧、传动机构及外壳等。

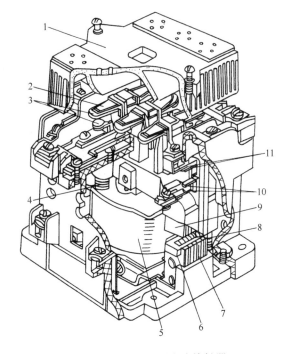

图 1-11　CJ0－20 型交流接触器
1—灭弧罩　2—触点压力弹簧片　3—主触点　4—反作用弹簧
5—线圈　6—短路环　7—静铁心　8—弹簧　9—动铁心
10—辅助常开触点　11—辅助常闭触点

电磁式接触器的工作原理如下：线圈通电后，在铁心中产生磁通及电磁吸力。此电磁吸力克服弹簧反力使得衔铁吸合，带动触点机构动作，常闭触点打开，常开触点闭合，互锁或接通电路。线圈失电或线圈两端电压显著降低时，电磁吸力小于弹簧反力，使得衔铁释放，触点机构复位，断开电路或解除互锁。

接触器的图形符号如图1-12所示，文字符号为KM。

2. 交流接触器的分类

交流接触器的种类很多，其分类方法也不尽相同。按照一般的分类方法，大致有以下几种。

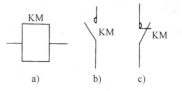

图1-12　接触器的图形符号

a）线圈　b）常开主触点

c）常闭主触点

（1）按主触点极数分　可分为单极、双极、三极、四极和五极接触器。单极接触器主要用于单相负荷，如照明负荷、点焊机等，在电动机能耗制动中也可采用；双极接触器用于绕线转子异步电动机的转子回路中，起动时用于短接起动绕组；三极接触器用于三相负荷，例如在电动机的控制及其他场合，使用最为广泛；四极接触器主要用于三相四线制的照明电路，也可用来控制双回路电动机负载；五极交流接触器用来组成自耦补偿起动器或控制双笼型电动机，以变换绕组接法。

（2）按灭弧介质分　可分为空气式接触器、真空式接触器等。依靠空气绝缘的接触器用于一般负载，而采用真空绝缘的接触器常用在煤矿、石油、化工企业及电压在660V和1140V等一些特殊的场合。

（3）按有无触点分　可分为有触点接触器和无触点接触器。常见的接触器多为有触点接触器，而无触点接触器属于电子技术应用的产物，一般采用晶闸管作为回路的通断元件。由于晶闸管导通时所需的触发电压很小，而且回路通断时无火花产生，因而可用于高操作频率的设备和易燃、易爆、无噪声的场合。

3. 交流接触器的基本参数

（1）额定电压　指主触点额定工作电压，应等于负载的额定电压。接触器常规定几个额定电压，同时列出相应的额定电流或控制功率。通常，最大工作电压即为额定电压。常用的额定电压值为220V、380V、660V等。

（2）额定电流　接触器触点在额定工作条件下的电流值。380V三相电动机控制电路中，额定工作电流可近似等于控制功率的两倍。常用额定电流等级为5A、10A、20A、40A、60A、100A、150A、250A、400A、600A。

（3）通断能力　可分为最大接通电流和最大分断电流。最大接通电流是指触点闭合时不会造成触点熔焊时的最大电流值；最大分断电流是指触点断开时能可靠灭弧的最大电流。一般通断能力是额定电流的5～10倍。当然，这一数值与开断电路的电压等级有关，电压越高，通断能力越小。

（4）动作值　可分为吸合电压和释放电压。吸合电压是指接触器吸合前，缓慢增加吸合线圈两端的电压，接触器可以吸合时的最小电压。释放电压是指接触器吸合后，缓慢降低吸合线圈的电压，接触器释放时的最大电压。一般规定，吸合电压不低于线圈额定电压的85%，释放电压不高于线圈额定电压的70%。

（5）吸引线圈额定电压　接触器正常工作时，吸引线圈上所加的电压值。接触器的电磁线圈额定电压有36V、110V、220V、380V等，电磁线圈允许在额定电压的80%～105%范围内使用。一般该电压数值以及线圈的匝数、线径等数据均标于线包上，而不是标于接触器外壳铭牌上，使用时应加以注意。

（6）操作频率 接触器在吸合瞬间，吸引线圈需消耗比额定电流大 5~7 倍的电流，如果操作频率过高，则会使线圈严重发热，直接影响接触器的正常使用。为此，规定了接触器的允许操作频率，一般为每小时允许操作次数的最大值。

（7）寿命 包括电寿命和机械寿命。目前接触器的机械寿命已达一千万次以上，电气寿命约是机械寿命的 5%~20%。

二、直流接触器

直流接触器的结构和工作原理基本上与交流接触器相同。在结构上也是由电磁机构、触点系统和灭弧装置等部分组成。但也有不同之处，电磁机构方面的不同之处在第二节已有介绍。由于直流电弧比交流电弧难以熄灭，直流接触器常采用磁吹式灭弧装置灭弧。

三、接触器的型号说明

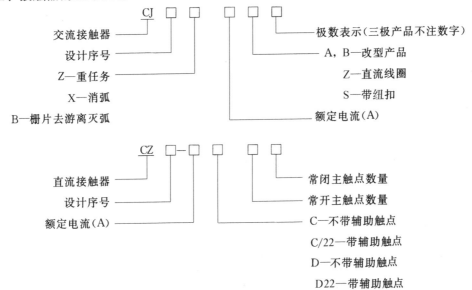

例如：CJ10Z—40/3 为交流接触器，设计序号 10，重任务型，额定电流 40A 主触点为三极。CJ12T—250/3 为改型后的交流接触器，设计序号 12，额定电流 250A，三个主触点。

我国生产的交流接触器常用的有 CJ10、CJ12、CJX1、CJ20 等系列及其派生系列产品，CJ0 系列及其改型产品已逐步被 CJ10、CJX 系列产品取代。上述系列产品一般具有三对常开主触点，常开、常闭辅助触点各两对。直流接触器常用的有 CZ0 系列，分单极和双极两大类。单极和双极均可制成常开或常闭触点形式。常开、常闭辅助触点各不超过两对。

除以上常用系列外，我国近年来还引进了一些生产线，生产了一些满足 IEC 标准的交流接触器，下面进行简单介绍。

CJ12B-S 系列锁扣接触器用于交流 50Hz、电压 380V 及以下、电流 600A 及以下的配电电路中，供远距离接通和分断电路用，适用于不频繁地起动和停止交流电动机。该系列接触器具有正常工作时吸引线圈不通电、无噪声等特点。其锁扣机构位于电磁系统的下方，靠吸引线圈通电，吸引线圈断电后靠锁扣机构保持在锁住位置。由于线圈不通电，不仅无电力损耗，而且消除了磁噪声。

CKJ 系列交流真空接触器特别适合组成防爆磁力起动器。其结构与其他系列的接触器不同，它将动、静主触点封闭在真空灭弧室内，通过电磁操动机构、弹簧、绝缘摇臂等部件使接触器闭合或分断。该系列接触器的分断能力、机械寿命和电寿命都高于普通交流接触器。

从德国引进的西门子公司的 3TB 系列、BBC 公司的 B 系列交流接触器等具有 20 世纪 80 年代初水平。它们主要供远距离接通和分断电路，并适用于频繁地起动及控制交流电动机。3TB 系列产品具有结构紧凑、机械寿命和电气寿命长、安装方便、可靠性高等特点，额定电压为 220 ~ 660V，额定电流为 9 ~ 630A。

永磁交流接触器的革新技术特点是用永磁式驱动机构取代了传统的电磁铁驱动机，即利用永久磁铁与微电子模块组成的控制装置，置换了传统产品中的电磁装置，运行中无工作电流，仅由微弱信号电流（0.8 ~ 1.5mA）。具有节能、无噪声、无温升、触点不振颤、寿命长、可靠性高、防电磁干扰、智能防电网电压波动优点。如 CJ20J 系列永磁式交流接触器。

四、接触器的选用

交流接触器的选用，应根据负荷的类型和工作参数合理选用。具体分为以下步骤：

1. 按使用类别确定接触器类型

交流接触器按负荷种类一般分为一类、二类、三类和四类，分别记为 AC1、AC2、AC3 和 AC4。一类交流接触器对应的控制对象是无感或微感负荷，如白炽灯、电阻炉等；二类交流接触器用于绕线转子异步电动机的起动和停止；三类交流接触器的典型用途是笼型异步电动机的运转和运行中分断；四类交流接触器用于笼型异步电动机的起动、反接制动、反转和点动。

2. 根据被控对象和工作参数如电压、电流、功率、频率及工作制等确定接触器的额定参数

1）接触器的线圈电压一般应低一些为好，这样对接触器的绝缘强度要求可以降低，使用时也较安全。但为了方便和减少设备，常按实际电网电压选取。

2）电动机的操作频率不高，如压缩机、水泵、风机、空调、冲床等，接触器额定电流大于负荷额定电流即可。接触器类型可选用 CJ10、CJ20 等。

3）对重任务型电动机，如机床主电动机、升降设备、绞盘、破碎机等，其平均操作频率超过 100 次/min，运行于起动、点动、正反向制动、反接制动等状态，可选用 CJ10Z、CJ12 型的接触器。为了保证电寿命，可使接触器降容使用。选用时，接触器额定电流应大于电动机额定电流。

4）对特重任务电动机，如印刷机、镗床等，操作频率很高，可达 600 ~ 12000 次/h，经常运行于起动、反接制动、反向等状态，接触器大致可按电寿命及起动电流选用，型号可选 CJ10Z、CJ12 等。

5）交流回路中的电容投入电网或从电网中切除时，接触器选择应考虑电容的合闸冲击电流。一般地，接触器的额定电流可按电容额定电流的 1.5 倍选取，型号可选 CJ10、CJ20 等。

6）用接触器对变压器进行控制时，应考虑浪涌电流的大小。例如交流电弧焊机、电阻焊机等，一般可按变压器额定电流的两倍选取接触器，型号选 CJ10、CJ20 等。

7）对于电热设备，如电阻炉、电热器等，负荷的冷态电阻较小，因此起动电流相应要大一些。选用接触器时可不用考虑（起动电流），直接按负荷额定电流选取。型号可选用

CJ10、CJ20 等。

8）由于气体放电灯起动电流大、起动时间长，对于照明设备的控制，可按额定电流 1.1~1.4 倍选取交流接触器，型号可选 CJ10、CJ20 等。

9）接触器额定电流是指接触器在长期工作下的最大允许电流，持续时间≤8h，且安装于敞开的控制板上，如果冷却条件较差，选用接触器时，接触器的额定电流按负荷额定电流的 110%~120% 选取。对于长时间工作的电动机，由于其氧化膜没有机会得到清除，使接触电阻增大，导致触点发热超过允许温升。实际选用时，可将接触器的额定电流减小 30%。

第四节 电磁式继电器

继电器是根据某种输入信号的变化，接通或断开控制电路，实现自动控制和保护电力拖动装置的自动电器。

继电器的种类很多，按输入信号的性质分为：电压继电器、电流继电器、时间继电器、温度继电器、速度继电器、压力继电器等；按工作原理可分为：电磁式继电器、感应式继电器、电动式继电器、热继电器和电子式继电器等；按输出形式可分为：有触点和无触点两类；按用途可分为：控制用与保护用继电器等。

一、电磁式继电器的结构与工作原理

电磁式继电器是应用得最早、最多的一种形式，其结构及工作原理与接触器大体相同。由电磁系统、触点系统和释放弹簧等组成，电磁式继电器原理如图 1-13 所示。由于继电器用于控制电路，流过触点的电流比较小（一般 5A 以下），故不需要灭弧装置。电磁式继电器的图形、文字符号如图 1-14 所示。

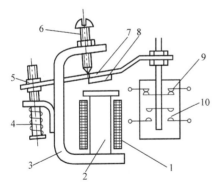

图 1-13 电磁式继电器原理

1—线圈 2—铁心 3—旋转棱角 4—释放弹簧
5—调节螺母 6—调节螺丝 7—衔铁
8—非磁性垫片 9—常闭触点 10—常开触点

图 1-14 电磁式继电器图形、文字符号

常用的电磁式继电器有中间继电器、电压继电器、电流继电器和时间继电器。

二、电磁式继电器的特性

继电器的主要特性是输入－输出特性，又称继电特性，继电特性曲线如图 1-15 所示。

在图 1-15 中，x_2 称为继电器吸合值，欲使继电器吸合，输入量必须等于或大于 x_2；x_1

称为继电器释放值，欲使继电器释放，输入量必须等于或小于 x_1。$K_f = x_1/x_2$ 称为继电器的返回系数，它是继电器重要参数之一。

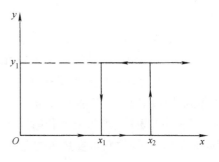

图1-15　继电特性曲线

不同场合要求不同的 K_f 值。例如一般继电器要求低的返回系数，K_f 值应在 $0.1 \sim 0.4$ 之间，这样当继电器吸合后，输入量波动较大时不致引起误动作；欠电压继电器则要求高的返回系数，K_f 值应在 0.6 以上。设某继电器 $K_f = 0.66$，吸合电压为额定电压的 90%，则电压低于额定电压的 50% 时，继电器释放，起到欠电压保护作用。

其他重要参数还包括吸合时间和释放时间。吸合时间是指从线圈接受电信号到衔铁完全吸合所需的时间；释放时间是指从线圈失电到衔铁完全释放所需的时间。一般继电器的吸合时间与释放时间为 $0.05 \sim 0.15s$，快速继电器为 $0.005 \sim 0.05s$，它的大小影响继电器的操作频率。

电磁式继电器的吸引值和释放值可通过以下方法整定：

(1) 调整释放弹簧的松紧程度　释放弹簧调得越紧，反作用力增大，则吸引电流（电压）和释放电流（电压）就越大，反之就越小。

(2) 改变非磁性垫片厚度　非磁性垫片越厚，衔铁吸合后磁路的气隙和磁阻就越大，释放电流（电压）也就越大，反之就越小，而吸引值不变。

(3) 改变初始气隙的大小　在反作用弹簧弹力和非磁性垫片厚度一定时，初始气隙越大，吸引电流（电压）就越大，反之就越小，而释放值不变。

三、电压继电器

电压继电器用于电力拖动系统的电压保护和控制。其线圈并联接入主电路，感测主电路的电路电压；触点接于控制电路，为执行元件。

按吸合电压的大小，电压继电器可分为过电压继电器和欠电压继电器。

1. 过电压继电器

过电压继电器（KOV）用于电路的过电压保护，其吸合整定值为被保护电路额定电 $1.05 \sim 1.2$ 倍。当被保护的电路电压正常时，衔铁不动作；当被保护电路的电压高于额定值，达到过电压继电器的整定值时，衔铁吸合，触点机构动作，控制电路失电，控制接触器及时分断被保护电路。

2. 欠电压继电器

欠电压继电器（KUV）用于电路的欠电压保护，其释放整定值为电路额定电压的 $0.1 \sim 0.6$ 倍。当被保护电路电压正常时，衔铁可靠吸合；当被保护电路电压降至欠电压继电器的释放整定值时，衔铁释放，触点机构复位，控制接触器及时分断被保护电路。

零电压继电器是当电路电压降低到 $5\% \sim 25\% U_N$ 时释放，对电路实现零电压保护。用于电路的失电压保护。

中间继电器实质上是一种电压继电器。它的特点是触点数目较多，电流容量可增大，起到中间放大（触点数目和电流容量）的作用。

四、电流继电器

电流继电器用于电力拖动系统的电流保护和控制。其线圈串联接入主电路，用来感测主电路的电路电流；触点接于控制电路，为执行元件。电流继电器反映的是电流信号。

常用的电流继电器有欠电流继电器和过电流继电器两种。

1. 欠电流继电器

欠电流继电器（KOC）用于电路起欠电流保护，吸引电流为线圈额定电流30%～65%，释放电流为额定电流10%～20%。因此，在电路正常工作时，衔铁是吸合的，只有当电流降低到某一整定值时，继电器释放，控制电路失电，从而控制接触器及时分断电路。

2. 过电流继电器

过电流继电器（KUC）在电路正常工作时不动作，整定范围通常为额定电流1.1～4倍。当被保护电路的电压高于额定值，达到过电压继电器的整定值时，衔铁吸合，触点机构动作，控制电路失电，从而控制接触器及时分断电路，对电路起过电流保护作用。

JT4系列交流电磁继电器适合于交流50Hz、380V及以下的自动控制回路中作零电压、过电压、过电流和中间继电器使用，过电流继电器也适用于60Hz交流电路。

通用电磁式继电器有JT3系列直流电磁式和JT4系列交流电磁式继电器，均为老产品。新产品有JT9、JT10、JL12、JL14、JZ7等系列，其中JL14系列为交直流电流继电器，JZ7系列为交流中间继电器。

五、时间继电器

时间继电器是一种利用电磁原理或机械动作原理实现触点延时接通或断开的自动控制电器，一般分为通电延时和断电延时两种类型，其种类很多，常用的有电磁式、空气阻尼式、电动式和晶体管式等。

时间继电器图形符号及文字符号如图1-16所示。

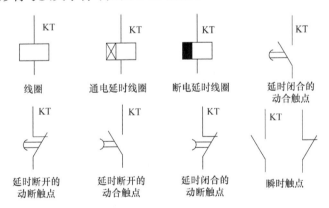

图1-16　时间继电器图形符号及文字符号

1. 直流电磁式时间继电器

在直流电磁式电压继电器的铁心上增加一个阻尼铜套，即可构成时间继电器，其铁心结构如图1-17所示。它是利用电磁阻尼原理产生延时的，由电磁感应定律可知，在继电器线圈通断电过程中铜套内将感应电势，并流过感应电流，此电流产生的磁通总是反对原磁通变化。

电器通电时,由于衔铁处于释放位置,气隙大,磁阻大,磁通小,铜套的阻尼作用相对也小,因此衔铁吸合时延时不显著(一般忽略不计)。

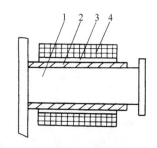

而当继电器断电时,磁通变化量大,铜套阻尼作用也大,使衔铁延时释放而起到延时作用。因此,这种继电器仅用作断电延时。

这种时间继电器延时较短,JT3 系列最长不超过 5s,而且准确度较低,一般只用于要求不高的场合,例如断电延时场合和直流电路中。

图 1-17 带有阻尼铜套的铁心结构
1—铁心 2—阻尼铜套
3—绝缘层 4—线圈

2. 空气阻尼式时间继电器

空气阻尼式时间继电器,是利用空气通过空气阻尼与小孔节流获得延时的原理来获得延时动作的。它由电磁系统、延时机构和触点三部分组成。电磁系统为直动式双 E 形,触点是借用 LX5 型微动开关,延时机构采用气囊式阻尼器。

空气阻尼式时间继电器,既具有由空气室中的气动机构带动的延时触点,也具有由电磁机构直接带动的瞬动触点,可以做成通电延时型,也可做成断电延时型。电磁机构可以是直流的,也可以是交流的。其结构简单,价格便宜,延时范围大(0.4~180s),但延时精确度低。早期在交流电路中常采用空气阻尼型时间继电器。

3. 半导体时间继电器

电子式时间继电器在时间继电器中已成为主流产品,它主要采用晶体管或集成电路和电子元件等构成。下面以 JSJ 系列时间继电器为例,说明其工作原理。

JSJ 系列时间继电器的电气原理如图 1-18 所示,其利用 RC 电路电容器充电原理实现延时。图中有两个电源:主电源是由变压器二次侧的 18V 电压经整流、滤波而得;辅助电源是由变压器二次侧的 12V 电压经整流、滤波

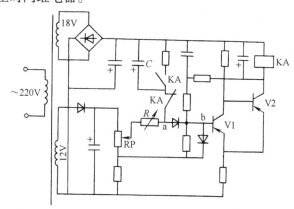

图 1-18 JSJ 系列时间继电器的电气原理

而得。当电源变压器接上电源,V1 管导通、V2 管截止,继电器 KA 不动作。两个电源分别向电容 C 充电,a 点电位按指数规律上升。当 a 点电位高于 b 点电位时,V1 管截止、V2 管导通,V2 管集电极电流通过继电器 KA 的线圈,KA 各触点动作输出信号。图中 KA 的常闭触点断开充电电路,常开触点闭合使电容放电,为下次工作做好准备。调节电位器 RP,就可以改变延时的时间大小。此电路延时范围为 0.2~300s。

半导体时间继电器的输出形式有两种:有触点式和无触点式,前者采用晶体管驱动小型磁式继电器,后者采用晶体管或晶闸管。

4. 单片机控制时间继电器

近年来随着微电子技术的发展,采用集成电路、功率电路和单片机等电子元件构成的新型时间继电器大量面市,如 DHC6 多制式单片机控制时间继电器、J5S17、J3320、JSZ13 等

系列大规模集成电路数字时间继电器，J5145 等系列电子式数显时间继电器，J5G1 等系列固态时间继电器等。

DHC6 多种制式时间继电器采用单片机控制，LCD 显示，具有 9 种工作制式，正计时、倒计时任意设定，8 种延时时段、延时范围从 0.01s ~ 999.9h 任意设定，键盘设定。设定完成之后可以锁定按键，防止误操作。也可按要求任意选择控制模式，使控制电路最简单可靠，如图 1-19 所示。

图 1-19　DHC6 多种
制式时间继电器

DHC80910 集成电路是一个单片机最小系统，由 CPU、片内 ROM、片内 RAM、可编程 I/O、计数器/定时器、驱动电路、LCD 基准电压电路和振荡电路构成。该电路由两路电源供电，当外部有电源时，由外部电源供电；当外部停电时，停电检测电路立即发出停电信号使该电路的功耗减到最小，此时单片机由内部电池供电，保持 RAM 中的数据（数据保持时间可达 10 年），并且设定按钮能够在停电时设定数据。当设定好数据后，键保护输入能按不同的要求分别锁定功能设定键、复位键和时间设定键，使这些键的操作无效，这样可以防止工人的误操作，也使操作者只能改变设计者允许改变的数据。

5. 时间继电器的选用

选用时间继电器时应注意：其线圈（或电源）的电流种类和电压等级应与控制电路相同；按控制要求选择延时方式和触点形式；校核触点数量和容量，若不够时，可用中间继电器进行扩展。

新系列产品有 JS14A 系列时间继电器、JS20 系列半导体时间继电器、JS14P 系列数字式半导体继电器。它们具有体积小、延时精度高、寿命长、工作稳定可靠、安装方便、触点输出容大和产品规格全等优点，广泛用于电力拖动、顺序控制及各种生产过程的自动控制中。

J5S17 系列时间继电器由大规模集成电路、稳压电源、拨动开关、四位 LED 数码显示器、执行继电器及塑料外壳几部分组成。其采用 32kHz 石英晶体振荡器，安装方式有面板式和装置式两种。装置式插座可用 M4 螺钉固定在安装板上，也可以应用在标准 35mm 安装导轨上。

J5S20 系列时间继电器是四位数字显示小型时间继电器，它采用晶体振荡作为时基基准；采用大规模集成电路技术，不但可以实现长达 9999h 的长延时，还可保证其延时精度；配有不同的安装插座及附件，可应用在面板安装、35mm 标准安装导轨及螺钉安装的场合。

随着单片机的普及，目前各厂家相继采用单片机为时间继电器的核心器件，而且产品的可控性及定时精度完全可以由软件来调整，所以未来的时间继电器将会完全由单片机来取代。

第五节　常用非电磁式继电器

非电磁式继电器的感测元件接收非电量信号（如温度、转速、位移及机械力等）。常用的非电磁式继电器有：热继电器、速度继电器、干簧继电器、永磁感应继电器等。

一、热继电器

热继电器（FR）主要用于电力拖动系统中电动机负载的过载保护。

电动机在实际运行中，常会遇到过载情况，但只要过载不严重、时间短且绕组不超过允许的温升，这种过载是允许的。若过载情况严重、时间长，则会加速电动机绝缘的老化，缩短电动机的使用年限，甚至烧毁电动机。因此，必须对电动机进行长期过载保护。

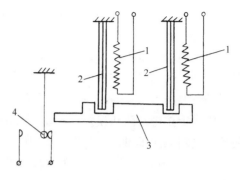

图1-20　热继电器结构
1—热元件　2—双金属片　3—导板　4—常闭触点

1. 热继电器结构与工作原理

热继电器主要由热元件、双金属片和触点组成，如图1-20所示。热元件由发热电阻丝做成。双金属片由两种热膨胀系数不同的金属辗压而成。当双金属片受热时，会出现弯曲变形。使用时，把热元件串接于电动机的主电路中，而常闭触点串接于电动机的控制电路中。

当电动机正常运行时，热元件产生的热量虽能使双金属片弯曲，但还不足以使热继电器的触点动作。当电动机过载时，双金属片弯曲位移增大，推动导板使常闭触点断开，从而切断电动机控制电路以起保护作用。热继电器动作后一般不能自动复位，要等双金属片冷却后按下复位按钮复位。热继电器动作电流的调节可以借助旋转凸轮于不同位置来实现。

2. 热继电器的型号及选用

我国目前生产的热继电器主要有JR0、JR1、JR2、JR9、R10、JR15、JR16等系列。JR1、JR2系列热继电器采用间接受热方式，其主要缺点是双金属片靠发热元件间接加热，热耦合较差，而双金属片的弯曲程度受环境温度影响较大，不能正确反映负载的过电流情况。

JR0、JR15、JR16等系列热继电器采用复合加热方式并采用了温度补偿元件，因此能正确反映负载的工作情况。

JR1、JR2、JR0和JR15系列的热继电器均为两相结构，是双热元件的热继电器，可以用作三相异步电动机的均衡过载保护和丫联结定子绕组的三相异步电动机的断相保护，但不能用作定子绕组为△联结的三相异步电动机的断相保护。这是因为热继电器的动作电流通常按电动机的额定电流（线电流）进行整定。当电动机的定子绕组为丫联结时，热继电器的整定电流与电动机绕组电流（相电流）相等，若三相中有一相断线引起电动机过载，接入另两相中的热元件可以准确反映过载情况，热继电器动作进行过载保护。

当电动机的定子绕组为△联结时，接入线电路的热继电器的整定电流为线电流，若三相绕组中有一相发生断线使得另两相绕组过载，但因元件串接于线电路，整定值过大而可能达不到热继电器的动作值，不能起保护作用。因此，△联结的电动机必须采用带有断相保护的热继电器进行断相保护。

JR16和JR20系列热继电器均有带有断相保护的热继电器，以及差动式断相保护机构。当电动机均衡过载时，三相双金属片弯曲程度加大，推动上、下导板向左平移距离增大，通过杠杆使得常闭触点打开，进行过载保护。当三相绕组中某相断线时，该相的双金属片逐渐降温冷却不再弯曲，而另两相因负载增大，双金属片弯曲加大，推动导板移动产生差动，经杠杆放大使常闭触点打开，进行断相保护。热继电器的选择主要根据电动机的额定电流来确定热继电器的型号，在三相异步电动机电路中，对丫联结的电动机可选两相或三相结构的热继电器，一般采用两相结构的热继电器，即在两相主电路中串接热元件。对于子绕组为△联结的三相感应电动机，必须采用带断相保护的热继电器。热继电器的图形及文字符号如图 1-21 所示。

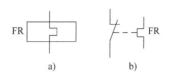

图 1-21　热继电器的图形及文字符号

a）热元件　b）常闭触点

二、速度继电器

速度继电器又称为反接制动继电器。它主要用于笼型异步电动机的反接制动控制。感应式速度继电器的结构原理如图 1-22 所示，它是靠电磁感应原理实现触点动作的。

从结构上看，与交流电动机相类似，速度继电器主要由定子、转子和触点三部分组成。定子的结构与笼型异步电动机相似，是一个笼型空心圆环，由硅钢片冲压而成，并装有笼型绕组。转子是一个圆柱形永久磁铁。

速度继电器的轴与电动机的轴相连接。转子固定在轴上，定子与轴同心。当电动机转动时，速度继电器的转子随之转动，绕组切割磁场产生感应电动势和电流，此电流和永久磁铁的磁场作用产生转矩，使定子向轴的转动方向偏摆，通过定子柄拨动触点，使常

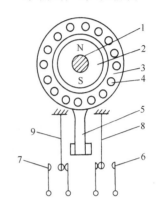

图 1-22　速度继电器的结构原理

1—电动机轴　2—转子　3—定子　4—绕组
5—定子柄　6—常开触点　7—常闭触点
8—动触点　9—簧片

闭触点断开、常开触点闭合。当电动机转速下降到接近零时，转矩减小，定子柄在弹簧力的作用下恢复原位，触点也复原。

由于继电器工作时是与电动机同轴的，不论电动机正转或反转，电器的两个常开触点一定有一个闭合，准备实行电动机的制动。一旦开始制动时，由控制系统的联锁触点和速度继电器的备用闭合触点，形成一个电动机相序反接（俗称倒相）电路，使电动机在反接制动下停车。而当电动机的转速接近零时，速度继电器的制动常开触点分断，从而切断电源，使电动机制动状态结束。

速度继电器根据电动机的额定转速进行选择，其图形及文字符号如图 1-23 所示。

常用的感应式速度继电器有 JY1 和 JFZ0 系列。JY1 系列能在 3000r/min 的转速下可靠工作。JFZ0 型触点动作速度不受定子柄偏转快慢的影响，触点改用微动开关。JFZ0 系列的 JFZ0 – 1 型适用于 300 ~ 1000r/min，JFZ0 – 2 型适用于1000 ~ 3000r/min。

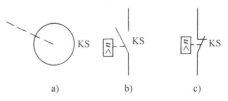

图 1-23　速度继电器的图形、文字符号

a）转子　b）常开触点　c）常闭触点

速度继电器有两对常开、常闭触点，分别对应于被控电动机的正、反转运行。一般情况下，速度继电器的触点在转速达 120r/min 时能动作，在 100r/min 左右时能恢复正常位置。

三、液位继电器

液位继电器主要用于对液位的高低进行检测并发出开关量信号，以控制电磁阀、液泵等设备对液位的高低进行控制。液位继电器的种类很多，工作原理也不尽相同，下面介绍

JYF-02 型液位继电器,其结构及图形符号如图 1-24 所示。

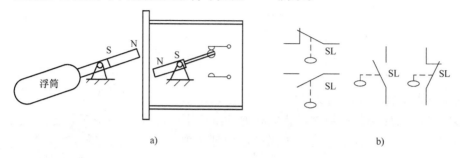

图 1-24　JYF-02 型液位继电器结构及图形符号
a) 液位继电器 (传感器)　b) 图形符号

　　浮筒置于液体内,浮筒的另一端为一根磁钢,靠近磁钢的液体外壁也装一根磁钢,并和动触点相连。当水位上升时,浮筒受浮力绕固定支点上浮,带动磁钢条向下,当内磁钢 N 极低于外磁钢 N 极时,由于液体壁内外两根磁钢同性相斥,壁外的磁钢受排斥力迅速上翘,带动触点迅速动作。同理,当液位下降,内磁钢 N 极高于外磁钢 N 极时,外磁钢受排斥力迅速下翘,带动触点迅速动作。液位高低的控制是由液位继电器安装的位置来决定的。

四、压力继电器

　　压力继电器主要用于对液体或气体压力的高低进行检测并发出开关量信号,以控制电磁阀、液泵等设备对压力的高低进行控制。图 1-25 所示为压力继电器结构及图形符号。

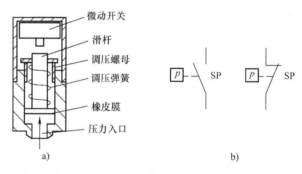

图 1-25　压力继电器结构及图形符号
a) 压力继电器 (传感器)　b) 图形符号

　　压力继电器主要由压力传送装置和微动开关等组成,液体或气体压力经压力入口推动橡皮膜和滑杆,克服弹簧反力向上运动,当压力达到给定压力时,触动微动开关,发出控制信号,旋转调压螺母可以改变给定压力。

第六节　刀开关与低压断路器

　　开关是最普通、使用最早的电器之一,其作用是分合电路、开断电流。常用的开关类型有刀开关、隔离开关、负荷开关、转换开关 (组合开关)、低压断路器等。

　　开关有有载运行操作、无载运行操作、选择性运行操作之分;又有正面操作、侧面操作、背面操作几种;还有不带灭弧装置和带灭弧装置之分。刀口接触有面接触和线接触两种。线接触形式刀片容易插入,接触电阻小,制造方便。开关常采用弹簧片以保证接触良好。

一、低压刀开关

　　常用的 HD 系列和 HS 系列刀开关的外形如图 1-26 所示。刀开关的图形及文字符号如图

1-27 所示。

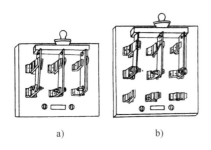

图 1-26　HD 系列和 HS 系列刀开关的外形
a) HD 系列刀开关　b) HS 系列刀开关

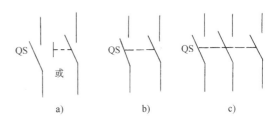

图 1-27　刀开关的图形及文字符号
a) 单极　b) 双极　c) 三极

刀开关是手动电器中结构最简单的一种，主要用作电源隔离开关，也可用来非频繁地接通和分断容量较小的低压配电电路。

刀开关安装时，手柄要向上，不得倒装或平装。安装正确，作用在电弧上的电动力和热空气的上升方向一致，就能使电弧迅速拉长而熄灭；反之，两者方向相反电弧将不易熄灭，严重时会使触点、刀片烧伤，甚至造成极间短路。另外，如果倒装，手柄可能因自动下落而引起误动作合闸，引起人身和设备安全事故。

接线时应将电源线接在上端，负载接在下端，这样拉闸后刀片与电源隔离，可防止意外事故发生。

刀开关的主要类型有：大电流刀开关、负荷开关、熔断器式刀开关。常用的产品有：HD11～HD14 系列和 HS11～HS13 系列刀开关。

刀开关选择应考虑：

（1）刀开关结构形式　应根据刀开关的作用和装置的安装形式来选择是否带灭弧装置，若分断负载电流时，应选择带灭弧装置的刀开关。根据装置的安装形式来选择正面、背面或侧面操作形式，是直接操作还是杠杆传动，是板前接线还是板后接线的结构形式。

（2）刀开关的额定电流　一般应等于或大于所分断电路中各个负载额定电流的总和。对于电动机负载，应考虑其起动电流，所以应选用额定电流大一级的刀开关。若再考虑电路出现的短路电流，还应选用额定电流更大一级的刀开关。

QA 系列、QF 系列和 QSA（HH15）系列隔离开关用在低压配电中。HY122 带有明显断口数模化隔离开关，广泛用于楼层配电、计量箱、终端组电器中。

HR3 熔断器式刀开关具有刀开关和熔断器的双重功能，采用这种组合的开关电器可以简化配电装置结构，越来越广泛地用在低压配电屏上。

HK1、HK2 系列开启式负荷开关（胶壳刀开关），可用作电源开关和小容量电动机非频繁起动的操作开关。

HH3、HH4 系列封闭式负荷开关（铁壳开关），其操作机构具有速断弹簧与机械联锁，用于非频繁起动、额定功率在 28kW 以下的三相异步电动机。

二、低压断路器

低压断路器可用来接通和分断负载电路，也可用来控制不频繁起动的电动机。其功能相当于刀开关、过电流继电器、失电压继电器、热继电器及漏电保护器等电器部分或全部功能的总和，是低压配电网中一种重要的保护电器。

低压断路器具有多种保护功能（过载、短路、欠电压保护等）、动作值可调、分断能力高、操作方便、安全等优点，所以目前被广泛应用于低压配电系统各级馈出线，各种机械设备的电源控制和用电终端的控制和保护。

1. 结构和工作原理

低压断路器由操作机构、触点、保护装置（各种脱扣器）、灭弧系统等组成。低压断路器工作原理如图 1-28 所示。

低压断路器的主触点是靠手动操作或电动合闸的。主触点闭合后，自由脱扣机构将主触点锁在合闸位置上。过电流脱扣器的线圈和热脱扣器的热元件与主电路串联，欠电压脱扣器的线圈和电源并联。当电路发生短路或严重过载时，过电流脱扣器的衔铁吸合，使自由脱扣机构动作，主触点断开主电路。当电路过载时，热脱扣器的热元件发热使双金属片上弯曲，推动自由脱扣机构动作。当电路欠电压时，欠电压脱扣器的衔铁释放，也使自由脱扣机构动作。分励脱扣器则作为远距离控制用，在正常工作时，其线圈是断电的；在需要距离控制时，按下起动按钮，使线圈通电，衔铁带动自由脱扣机构动作，使主触点断开。

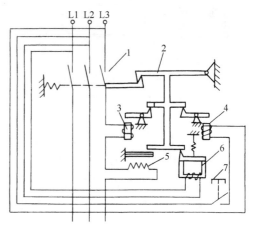

图 1-28 低压断路器工作原理
1—主触点 2—自由脱扣机构 3—过电流脱扣器
4—分励脱扣器 5—热脱扣器 6—欠电压脱扣器
7—起动按钮

2. 低压断路器典型产品

低压断路器主要分类方法为以结构形式分类，即装置式和开启式两种。装置式又称为塑料壳式，开启式又称为框架式或万能式。

（1）装置式断路器 装置式断路器有绝缘塑料外壳，内装触点系统、灭弧室及脱扣器等，可手动或电动（对大容量断路器而言）合闸。有较高的分断能力和动稳定性，有较完善的选择性保护功能，广泛用于配电电路。

目前常用的有 DZ15、DZ20、DZX19 和 C45N 等系列产品。其中 C45N 系列断路器具有体积小、分断能力高、限流性能好、操作轻便、型号规格齐全、可以方便地在单极结构基础上组合成二极、三极、四极断路器的优点，广泛使用在 60A 及以下的民用照明支干线及支路中（多用于住宅用户的进线开关及商场照明支路开关）。

DZ20 系列断路器适用于交流 50Hz、额定电压 380V 及以下、直流额定电压 220V 及以下的电力系统中作配电及保护电动机。配电用断路器用来分配电能且进行路及负荷的过载、欠电压和短路保护。

DZX19 系列断路器为导线保护用限流型断路器，主要用于交流 50Hz、额定电压 380/220V 的照明干线中，用于保护电路的过载及短路，同时也可在正常情况下不频繁地通断电路。

（2）框架式低压断路器 框架式低压断路器一般容量较大，具有较高的短路分断能力和较高的动稳定性。适用于交流 50Hz、额定电流 380V 的配电网络中作为配电干线的主保护。

框架式断路器主要由触点系统、操作机构、过电流脱扣器、分励脱扣器及欠电压脱扣器、附件及框架等部分组成，全部组件进行绝缘后装于框架结构底座中。

目前我国常用的有 DW15、ME、AE、AH 等系列的框架式低压断路器。DW15 系列断路器是我国自行研制生产的，全系列具有 1000A、1500A、2500A 和 4000A 等几个型号。

ME、AE、AH 等系列断路器是利用引进技术生产的。它们的规格型号较为齐全（ME 开关电流等级从 630 ~ 5000A，共 13 个等级），额定分断能力较 DW15 更强，但价格比 DW15 高，常用于低压配电干线的主保护。

3. 低压断路器的选用原则

1）根据电路对保护的要求确定断路器的类型和保护形式，确定选用框架式、装置式或限流式等。一般而言，框架式断路器对短路电流的分断能力较装置式的更大，体积也较大。通常，支线负荷采用非选择型二段式保护（过载延时和短路瞬时保护），多选用装置式断路器；支干线选用过载延时和短路短延时保护，可采用非选择型二段式，也可采用选择型三段式保护，视其级间配合要求而定；干线（电源首端）的保护为主保护，应本着减少故障范围和保护动作可靠的原则选用主断路器。

2）断路器的额定电压 U_N 应等于或大于被保护电路的额定电压。

3）断路器欠电压脱扣器额定电压应等于被保护电路的额定电压。

4）断路器的额定电流及过电流脱扣器的额定电流应大于或等于被保护电路的计算电流。

5）断路器的极限分断能力应大于电路的最大短路电流的有效值。

6）配电电路中的上、下级断路器的保护特性应协调配合，下级的保护特性应位于上级保护特性的下方且不相交。

7）断路器的长延时脱扣电流应小于导线允许的持续电流。

第七节　熔　断　器

熔断器是一种简单而有效的保护电器，在电路中主要起短路保护作用。

熔断器主要由熔体和安装熔体的绝缘管（绝缘座）组成。使用时，熔体串接于被保护的电路中，当电路发生短路故障时，熔体被瞬时熔断而分断电路，起到保护作用。

一、常用的熔断器

1. 插入式熔断器

插入式熔断器如图 1-29 所示，它常用于 380V 及以下电压等级的电路末端，作为配电支线或对电气设备进行短路保护。

2. 螺旋式熔断器

螺旋式熔断器如图 1-30 所示。熔体上的上端盖有一熔断指示器，一旦熔体熔断，指示器马上弹出，可透过瓷帽上的玻璃孔观察到，它常用于机床电气控制设备中。螺旋式熔断器分断电流较大，可用于电压等级 500V 及以下、电流等级 200A 以下的电路中，作短路保护。

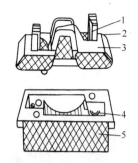

图 1-29 插入式熔断器
1—动触点 2—熔体 3—瓷插件
4—静触点 5—瓷座

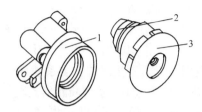

图 1-30 螺旋式熔断器
1—底座 2—熔体 3—瓷帽

3. 封闭式熔断器

封闭式熔断器分有填料熔断器和填料熔断器两种。有填料熔断器（见图 1-31）一般用方形瓷管，内装石英砂及熔体，分断能力强，用于电压等级 500V 以下、电流等级 1kA 以下的电路中。无填料密闭式熔断器（见图 1-32）将熔体装入密闭式圆筒中，分断能力稍小，用于 500V 以下、600A 以下电力网或配电设备中。

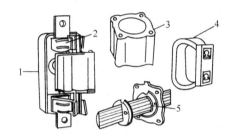

图 1-31 有填料封闭管式熔断器
1—瓷底座 2—弹簧片 3—管体
4—绝缘手柄 5—熔体

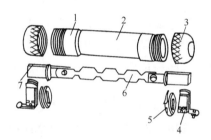

图 1-32 无填料密闭管式熔断器
1—铜圈 2—熔断管 3—管帽 4—插座
5—特殊垫圈 6—熔体 7—熔片

4. 快速熔断器

快速熔断器主要用于半导体整流元件或整流装置的短路保护。由于半导体元件的过载能力很低，只能在极短时间内承受较大的过载电流，因此要求短路保护具有快速熔断的能力。快速熔断器的结构和有填料封闭式熔断器基本相同，但熔体材料和形状不同，它是以银片冲制的有 V 形深槽的变截面熔体。

5. 自复熔断器

自复熔断器采用金属钠作熔体，在常温下具有高电导率。当电路发生短路故障时，短路电流产生高温使钠迅速汽化，汽态钠呈现高阻态，从而限制了短路电流。当短路电流消失后，温度下降，金属钠恢复原来的良好导电性能。自复熔断器只能限制短路电流，不能真正分断电路。其优点是不必更换熔体，能重复使用。

二、熔断器的选择

1. 熔断器的安秒特性

熔断器的动作是靠熔体的熔断来实现的，当电流较大时，熔体熔断所需的时间就较短。而电流较小时，熔体熔断所需用的时间就较长，甚至不会熔断。因此对熔体来说，其动作电

流—动作时间特性即安—秒特性为一反时限特性，如图
1-33 所示。

　　每一熔体都有一最小熔化电流。不同的温度，最小
熔化电流也不同。虽然该电流受外界环境的影响，但在
实际应用中可以不加考虑。一般定义熔体的最小熔断电
流与熔体的额定电流之比为最小熔化系数，常用熔体的
熔化系数大于 1.25，也就是说额定电流为 10A 的熔体在
电流 12.5A 以下时不会熔断。熔断电流与熔断时间之间
的关系见表1-2。

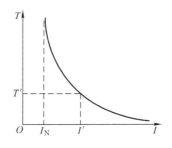

图 1-33　熔断器的安秒特性

表 1-2　熔断电流与熔断时间之间的关系

熔断电流	$1.25 \sim 1.3I_N$	$1.6I_N$	$2I_N$	$2.5I_N$	$3I_N$	$4I_N$
熔断时间	$\propto$	1h	40s	8s	4.5s	2.5s

　　从这里可以看出，熔断器只能起到短路保护作用，不能起过载保护作用。如确需在过载
保护中使用，必须降低其使用的额定电流，如 8A 的熔体用于 10A 的电路中，作短路保护兼
作过载保护用，但此时的过载保护特性并不理想。

　　2. 熔断器的选择

　　主要依据负载的保护特性和短路电流的大小选择熔断器的类型。对于容量小的电动机和
照明支线，熔断器常用于过载及短路保护，因而希望熔体的熔化系数适当小些。通常选用铅
锡合金熔体的 RQA 系列熔断器。对于较大容量的电动机和照明干线，则应着重考虑短路保
护和分断能力。通常选用具有较高分断能力的 RM10 和 RL1 系列熔断器；当短路电流很大
时，宜采用具有限流作用的 RT0 和 RT12 系列熔断器。

　　熔体的额定电流可按以下方法选择：

　　1）用于保护无起动过程的平稳负载如照明电路、电阻、电炉等时，熔体额定电流略大
于或等于一般负荷电路中的额定电流。

　　2）保护单台长期工作的电动机熔体电流可按最大起动电流选取，也可按下式选取：

$$I_{RN} \geq (1.5 \sim 2.5)I_N$$

式中，I_{RN} 为熔体额定电流；I_N 为电动机额定电流。如果电动机频繁起动，式中系数可适当
加大至 $3 \sim 3.5$，具体应根据实际情况而定。

　　3）保护多台长期工作的电动机（供电干线）：

$$I_{RN} \geq (1.5 \sim 2.5)I_{N\,max} + \Sigma I_N$$

式中，$I_{N\,max}$ 为容量最大单台电动机的额定电流；ΣI_N 为其余电动机额定电流之和。

　　3. 熔断器的级间配合

　　为防止发生越级熔断、扩大事故范围，上、下级（即供电干、支线）电路的熔断器间
应有良好配选用时，应使上级（供电干线）熔断器的熔体额定电流比下级（供电支线）的
大 $1 \sim 2$ 个级差。

　　常用的熔断器有管式熔断器 R1 系列、螺旋式熔断器 RL1 系列、有填料封闭式熔断器
RT0 系列及快速熔断器 RS0、RS3 系列等。

第八节 主令电器

主令电器是用作接通、分断及转换控制电路，以发出指令或用于程序控制的开关电器。常用来控制电力拖动系统中电动机的起动、停车、调速及制动等。

常用的主令电器有：控制按钮、行程开关、接近开关、万能转换开关、主令控制器及其他主令电器如脚踏开关、倒顺开关、紧急开关、钮子开关等。本节仅介绍几种常用的主令电器。

一、控制按钮

控制按钮是一种结构简单、使用广泛的手动主令电器，它可以与接触器或继电器配合，对电动机实现远距离的自动控制，用于实现控制电路的电气联锁。

如图1-34所示，控制按钮由按钮帽、复位弹簧、桥式触点和外壳等组成，通常做成复合式，即具有常闭触点和常开触点。按下按钮时，先断开常闭触点，后接通常开触点；按钮释放后，在复位弹簧的作用下，按钮触点自动复位的先后顺序相反。通常，在无特殊说明的情况下，有触点电器的触点动作顺序均为"先断后合"。

在电器控制电路中，常开按钮常用来起动电动机，也称起动按钮，常闭按钮常用于控制电动机停车，也称停车按钮，复合按钮用于联锁控制电路中。为了便于识别各个按钮的作用，通常按钮帽有不同的颜色，一般红色表示停车按钮，绿色或黑色表示起动按钮。

控制按钮的种类很多，在结构上有揿钮式、紧急式、钥匙式、旋钮式、带灯式和打碎玻璃按钮。其中打碎玻璃按钮用于控制消防水泵或报警系统，有紧急情况时，可用敲击锤打碎按钮玻璃，使按钮内触点状态翻转复位，发出起动或报警信号。

常用的控制按钮有LA2、LA18、LA20、LAY1和SFAN-1型系列按钮。其中SFAN-1型为消防打碎玻璃按钮。

LA2系列为仍在使用的老产品，新产品有LA18、LA19、LA20等系列。其中LA18系列采用积木式结构，触点数目可按需要拼装至六常开六常闭，一般装成二常开二常闭。

LA19、LA20系列有带指示灯和不带指示灯两种，前者按钮帽用透明塑料制成，兼作指示灯罩。

控制按钮的图形符号及文字符号见图1-35。按钮选择的主要依据是使用场所、所需要的触点数量、种类及颜色。

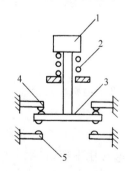

图1-34 控制按钮结构

1—按钮帽 2—复位弹簧 3—动触点

4—常闭静触点 5—常开静触点

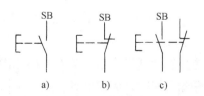

图1-35 控制按钮的图形和文字符号

a）常开触点 b）常闭触点 c）复式触点

二、行程开关

行程开关又称限位开关，用于控制机械设备的行程及限位保护。在实际生产中，将行程开关安装在预先安排的位置，当装于生产机械运动部件上的模块撞击行程开关时，行程开关的触点动作，实现电路的切换。因此，行程开关是一种根据运动部件的行程位置而切换电路的电器，它的作用原理与按钮类似。行程开关广泛用于各类机床和起重机械，用以控制其行程，进行终端限位保护。在电梯的控制电路中，还利用行程开关来控制开关轿门的速度、自动开关门的限位以及进行轿厢的上、下限位保护等。

按其结构，行程开关可分为直动式、滚轮式、微动式和组合式。

直动式行程开关的结构原理如图1-36所示，其动作原理与按钮开关相同，但其触点的分合速度取决于生产机械的运行速度，不宜用于速度低于0.4m/min的场所。

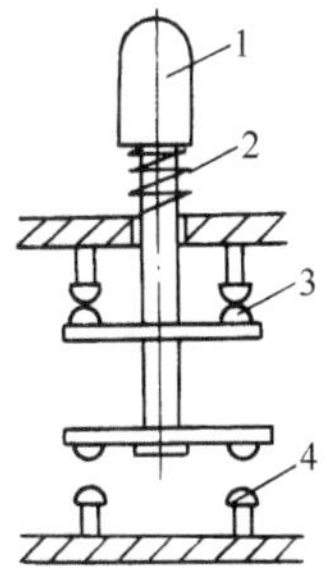

滚轮式行程开关的结构原理如图1-37所示。当被控机械上的撞块撞击带有滚轮的撞杆时，撞杆转向右边，带动凸轮转动，顶下推杆，使微动开关中的触点迅速动作。当运动机械返回时，在复位弹簧的作用下，各部分动作部件复位。

滚轮式行程开关又分为单滚轮自动复位和双滚轮（羊角式）非自动复位式，由于双滚轮行程开关具有两个稳态位置，有"记忆"作用，在某些情况下可以简化电路。其动作过程为：当撞块向左撞击滚轮1时，上下转臂绕支点以逆时针方向转动，滑轮6自左至右的滚动中，压迫横板10，待滚过横板10的转轴时，横板在弹簧11的作用下突然转动，使触点瞬间切换。5为复位弹簧，撞块离开后带动触点复位。

微动式行程开关（LXW–11系列）的结构原理如图1-38所示。

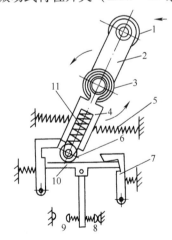

图1-36　直动式行程开关的结构原理
1—推杆　2—弹簧
3—动断触点　4—动合触点

图1-37　滚轮式行程开关的结构原理
1—滚轮　2—上转臂　3、5、11—弹簧　4—套架
6—滑轮　7—压板　8、9—触点　10—横板

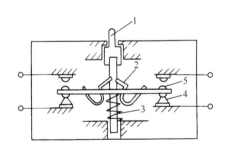

图1-38　微动式行程开关（LXW–11系列）的结构原理
1—推杆　2—弹簧　3—压缩弹簧
4—动断触点　5—动合触点

三、万能转换开关

万能转换开关是一种多档位、多段式、控制多回路的主令电器，当操作手柄转动时，带动开关内部的凸轮转动，从而使触点按规定顺序闭合或断开。万能转换开关主要用于各种控

制电路的转换、电压表和电流表的换相测量控制、配电装置电路的转换和遥控等，还可以用于直接控制小容量电动机的起动、调速和换向。图1-39为万能转换开关原理。

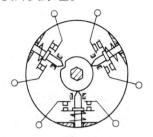

常用产品有 LW5 和 LW6 系列。LW5 系列可控制 5.5kW 及以下的小容量电动机，LW6 系列只能控制 2.2kW 及以下的小容量电动机。用于可逆运行控制时，只有在电动机停车后才允许反向起动。LW5 系列万能转换开关按手柄的操作方式可分为自复式和自定位式两种。所谓自复式是指用手拨动手柄于某一档位时，手松开后，手柄自动返回原位；自定位式则是指手柄被置于某档位时，不能自动返回原位而停在该档位。

图1-39 万能转换开关原理

万能转换开关的手柄操作位置是以角度表示的。不同型号万能转换开关的手柄有不同转换开关的触点，万能转换开关的图形符号和触点闭合表如图1-40所示。但由于其触点的分合状态与操作手柄的位置有关，所以，除在电路图中画出触点图形符号外，还应画出操作手柄与触点分合状态的关系。

根据图1-40可知，当万能转换开关打向左45°时，触点 1-2、3-4、5-6 闭合，触点 7-8 打开；打向0°时，只有触点 5-6 闭合，其余打开；打向右45°时，只有触点 7-8 闭合，其余打开。

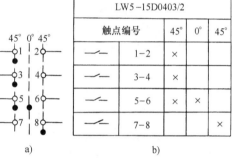

LW5-15D0403/2			
触点编号	45°	0°	45°
1-2	×		
3-4	×		
5-6	×	×	
7-8			×

a)　　　　b)

图1-40 万能转换开关的图形符号和触点闭合表
a) 图形符号 b) 触点闭合表

四、主令控制器

主令控制器是一种预定程序频繁对电路进行接通和切断的电器，通过其操作，可以对控制电路发布命令，与其他电路进行联锁或切换。常配合磁力起动器对绕线转子异步电动机的起动、制动、调速及换向实行远距离控制，广泛用于各类起重机械的拖动电动机控制系统中。

主令控制器一般由外壳、触点、凸轮、转轴等组成，与万能转换开关相比，它的触点容量大些，操纵档位也较多。主令控制器的动作过程与万能转换开关类似，也是由一块可转动的凸轮带动触点动作。

常用的主令控制器有 LK5 和 LK6 系列，其中 LK5 系列有直接手动操作、带减速器的机械操作与电动机驱动等三种形式的产品。LK6 系列是由同步电动机和齿轮减速器组成定时元件，由此元件按规定的时间顺序，周期性地分合电路。

控制电路中，主令控制器触点的图形符号及操作手柄在不同位置时的触点分合状态表示方法与万能转换开关相似。

从结构上讲，主令控制器分为两类：一类是凸轮可调式主令控制器，另一类是凸轮固定式主令控制器。图1-41为凸轮可调式主令控制器。

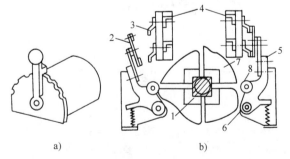

a)　　　　　　　　b)

图1-41 凸轮可调式主令控制器
a) 外形 b) 结构原理
1—凸轮块 2—动触点 3—静触点 4—接线端子
5—支杆 6—转动轴 7—凸轮块 8—小轮

第九节 智能电器

电器在国民经济的各部门和国防领域均占有非常重要的位置，起着不可或缺的作用。电器的主要发展趋势是高性能、高可靠、小型化、电子化、数字化、组合化、集成化、多功能化、智能化及可通信化/网络化，其核心是智能化和网络化。随着现代信息电子技术、电力电子技术、微机控制技术、现代传感器技术、数字通信技术及计算机网络技术的多学科交叉和融合，电器逐渐向智能化发展，出现了各种智能电器。

智能电器是以微控制器/微处理器为核心，除具有传统电器的切换、控制、保护、检测、变换和调节功能外，还具有显示、外部故障和内部故障诊断与记忆、运算与处理以及与外界通信等功能的电子装置。与传统电器相比，智能电器的功能有了"质"的飞跃。具有现场总线接口以实现可通信/网络化是现代智能电器的重要特征和主要发展趋势。

智能化电器产品在实现基本功能基础上，还要兼顾实用辅助功能：

1）电流电压显示功能。

2）对脱扣器各种参数整定功能。

3）试验功能和自诊断功能。

4）通信接口功能。

5）远端监控和诊断功能。

6）负载监控功能。

7）模拟功能等。

智能电器提高了电气控制系统自动化程度，使系统控制调度和维护达到新水平。其采用数字化新型监控元件，使电气控制系统向控制中心提供信息量大幅度增加。监控元件和传统指示和指令电器相比较，接线简单、便于安装，提高了工作可靠性，且可以实现数据共享，减少信息重复和信息通道。

一、智能化断路器

智能化断路器的特点是采用了以微处理器或单片机为核心的智能控制器（智能脱扣器），它不仅具备普通断路器的各种保护功能，同时还具备实时显示电路中的各种电气参数（电流、电压、功率、功率因数等），对电路进行在线监视、自行调节、测量、试验、自诊断、可通信等功能，能够对各种保护功能的动作参数进行显示、设定和修改，保护电路动作时的故障参数能够存储在非易失存储器中以便查询。

微处理器引入断路器使得断路器保护功能大大增强。诸如：三段保护特性中短延时可设置成 I^2t 特性，使其与后一级保护更好匹配；保护可实现选择性，对断续电弧接故障可带记忆功能。

智能化断路器与电动机控制器是开关柜和电动机控制中心实现智能化的主要电器元件，用于控制和保护低压配电网络。智能断路器一般安装在低压配电万能式断路器柜中作主开关，起总保护作用。

智能化万能式断路器经现场总线与计算机系统连接实现开关保护定值设置、电参量测量与显示、故障与维护信息管理等功能；可实现电能质量综合监测、远程控制及参数越限告警等功能。

智能断路器分类：从结构、用途和所具备的功能来分，智能断路器主要有万能式（又称框架式）和塑料外壳式两大类。还有一些特殊用途的断路器，如真空断路器等。

低压智能断路器特性：交流额定电流 630 ~ 5000A；短路分断能力 80 ~ 120kA（有效值）；额定工作电压 AC 690V 及以下；DW45 万能式断路器具有 3 极和 4 极。

智能断路器选型：用户选型时主要有以下四点考虑：

1）选用断路器的额定电流大于或等于电路或电气设备的额定电流。

2）选用断路器的额定短路分断能力（电流）大于或等于电路的预期（最大）短路电流。

3）选用断路器的保护功能相对完善全面，能满足其工作场合的要求。

4）选用断路器的外形尺寸相对较小，节省空间，便于在同一柜内安装多台断路器。

目前国内生产的智能化断路器有框架式和塑料外壳式两种。框架式智能化断路器主要用于智能化自动配电系统中的主断路器，塑料外壳式智能化断路器主要用在配电网络中分配电能和作为电路及电源设备的控制与保护，亦可用作三相笼型异步电动机的控制。

二、智能化电动机控制器

智能化电动机控制器是一种集电动机保护、测量、控制和通信于一体的新型多功能智能化保护与测控电器。智能化电动机控制器将热继电器、漏电保护器、欠（过）电压保护继电器、热电阻保护器、时间继电器、变送器、测量互感器的功能融为一体，汇集了分立元器件的优点并克服了其缺点，同时融入了现场总线技术。具有模块化的多功能智能化电器为低压电动机保护与控制系统提供了一种新型的理想的解决方案。

智能化电动机控制器由许多功能模块组成。模拟信号输入回路有三相电流信号（有内置互感器，有外置互感器）、三相电压信号、漏电信号、热电阻信号等；控制、联锁和状态等用多路数字量输入；输出一般有多路，分为电平及继电器接点输出两种。目前常用继电器输出来控制接触器，或配合软起动和变频器实现多种电动机控制方式，同时继电器可用于报警或故障信号输出；4 ~ 20mA 模拟量输出便于部分 DCS 的远程测量。输出端口一般有两部分，一种端口主要用于人机界面，可实现各种运行参数测量，保护定值设定、故障信息查询、电动机的操作控制等，人机界面有一体化设计，也有独立分体设计；另一种端口是通信端口，可按多种现场总线协议实现数据传输。

智能化电动机控制装置采用现场总线技术，具有强大的电动机控制和保护功能，还有参数测量与显示功能。控制功能包括直接起动、正反转、双速、星三角、阀门控制等；保护功能覆盖了过载保护、欠电压保护、堵转保护、三相不平衡与断相保护、漏电保护、电动机热保护等；可测量与显示三相电流、三相电压、有功功率、无功功率、功率因素、电度量及报告故障类型、电动机运行维护信息等。

智能化电动机控制器的应用量大、面广，特别适用于自动化集中控制系统和基于现场总线的分布式生产线的控制与保护。国内、外的典型产品有西门子公司的 3UF5 系列、GE 公司的 MM2、国内研制的 ST500 等。

智能化电动机控制器的选取应据电动机的功率参数、控制模式及相关要求，一般采用塑壳断路器 + 智能化电动机控制器 + 接触器的组合方案实现电动机回路的控制与保护。塑壳断路器的出线端通过智能化电动机控制器连接到接触器，接触器的出线端接电动机负载。通过人机界面，在现场可编程与参数设定，也可通过通信接口构成计算机网络系统，远程编程与监控，实现保护、测量、现场就地与远程操作控制等。

三、CPS 系列控制与保护开关电器

CPS 系列控制与保护开关电器的主要特征是在单一结构形式的产品上实现集成化的、内部协调配合的控制与保护功能，能够替代断路器（熔断器）、接触器、过载（或过电流、断相）保护继电器、起动器、隔离器、电动机综合保护器等多种传统的分离元器件。CPS 具有远距离自动控制与就地人力控制功能兼有的方式进行控制操作的功能，具有协调配合的时间－电流保护特性，可实现控制与保护自配合、短路后连续运行，且分断能力高，飞弧距离小、寿命长，具有保护整定电流均可调的特性，还有操作方便、配套附件模块多样齐全等优点，可以实现对电动机负载、配电负载的控制和保护。

CPS 系列控制与保护开关电器的出现，从根本上解决了采用分立元器件（通常是断路器或熔断器＋接触器＋过载继电器）的传统方式由于选择不合理而引起的控制和保护配合不当等问题，特别是克服了采用不同考核标准的电器产品之间组合在一起时产生的保护特性与控制特性不协调的现象，极大地提高了控制与保护系统的运行可靠性和连续运行性能。

四、智能继电器

可编程序通用逻辑控制继电器是近几年发展应用的一种新型通用逻辑控制继电器，亦称通用逻辑控制模块。它将控制程序预先存储在内部存储器中，用户程序采用梯形图或功能图语言编程，形象直观，简单易懂。它由按钮、开关等输入开关量信号通过执行程序对输入信号进行逻辑运算、模拟量比较、计时、计数等，另外还有显示参数、通信、仿真运行等功能，其内部软件功能和编程软件可替代传统逻辑控制器件及继电器电路，并具有很强的抗干扰抑制能力。另外，其硬件是标准化的，要改变控制功能只需改变程序即可。因此，在继电逻辑控制系统中，可以通过"以软代硬"，替代其中的时间继电器、中间继电器、计数器等，以简化电路设计，并能完成较复杂的逻辑控制，甚至可以实现传统继电逻辑控制方式无法实现的功能。因此，在工业自动化控制系统、小型机械和装置、建筑电器等领域中广泛应用。例如，在智能建筑中适用于照明系统、取暖通风系统以及门、窗、栅栏和出入口等的控制。

带有 HMI 的智能继电器还不同于一般的微型 PLC，它带有一体化的人机操作界面，因而具有更广泛的应用前景。常用产品主要有德国金钟－默勒公司的 easy，西门子公司的 LO-GO、日本松下公司的可选模式控制器——控制存储式继电器等。

习题与思考题

1-1　何谓电磁式电器的吸力特性与反力特性？为什么吸力特性与反力特性的配合应使两者尽量靠近为宜？

1-2　三相交流电磁铁要不要装短路环？为什么？

1-3　两个端面接触的触点，在电路分断时有无电动力灭弧作用？为什么把触点设计成双断口桥式结构？

1-4　交流接触器在衔铁吸合前的瞬间，为什么在线圈中产生很大的冲击电流？直流接触器会不会出现这种现象？为什么？

1-5　交流电磁线圈误接入直流电源，直流电磁线圈误接入交流电源，会发生什么问题？为什么？

1-6　交流接触器在运行中有时在线圈断电后，衔铁仍掉不下来，电动机不能停止，这时应如何处理？故障原因在哪里？应如何排除？

1-7　继电器和接触器有何区别？如何根据结构特征区分交、直流接触器？

1-8　电压、电流继电器各在电路中起什么作用？它们的线圈和触点各接于什么电路中？如何调节电压（电流）继电器的返回系数？

1-9　时间继电器和中间继电器在控制电路中各起什么作用？如何选用时间继电器和中间继电器？

1-10　电动机的起动电流很大，当电动机起动时，热继电器会不会动作？为什么？

1-11　既然在电动机的主电路中装有熔断器，为什么还要装热继电器？装有热继电器是否就可以不装熔断器？为什么？

1-12　分析感应式速度继电器的工作原理，它在电路中起何作用？

1-13　在交流电动机的主电路中用熔断器作短路保护，能否同时起到过载保护作用？为什么？

1-14　低压断路器在电路中的作用如何？如何选择低压断路器？怎样实现干、支线断路器的级间配合？

1-15　分析熔断器、低压断路器对电路进行短路保护的工作原理，并说明低压断路器更适合于保护要求高的场合的原因？

1-16　某机床的电动机为 J02 – 42 – 4 型，额定功率 5.5kW，电压为 380V，电流为 12.5A，起动电流为额定电流的 7 倍，现用按钮进行起停控制，要有短路保护和过载保护，试选用哪种型号的接触器、按钮、熔断器、热继电器和开关？

1-17　熔断器的额定电流、熔体的额定电流和熔体的极限分断电流三者有何区别？

1-18　试从结构上、控制功能上及使用场合上等方面比较主令控制器与万能转换开关、凸轮控制器的异同。

第二章 电气控制的基本环节与规律

由按钮、继电器、接触器、熔断器、行程开关等低压控制电器组成的电气控制电路叫作继电—接触器控制系统，可以对电力拖动系统的起动、正反转、调速、制动等动作进行控制和保护，以满足生产工艺对拖动控制的要求。继电—接触器控制系统具有电路简单、维修方便、便于掌握、价格低廉等许多优点，在各种生产机械的电气控制领域中获得广泛的应用。

由于生产机械的种类繁多，所要求的电气控制电路也是千变万化、多种多样的，但无论是比较简单的，还是很复杂的电气控制电路，都是由一些基本环节组合而成。本章着重描述组成这些电气控制电路的基本规律和典型电路环节。这样，再结合具体的生产工艺要求，就不难掌握电气控制电路的分析和设计方法。

第一节 电气控制系统的电路图及绘制原则

电气控制系统是由许多电器元件按照一定要求连接而成的，可实现对某种设备的电气自动控制。为了便于对控制系统进行设计、研究分析、安装调试、使用和维修，需要将电气控制系统中各电器元件及其相互连接关系用国家规定的统一符号、文字和图形以图的形式表示出来。这种图就是电气控制系统图，其形式主要有电气原理图和电气安装图两种。

电气原理图是根据电气设备的工作原理绘制而成，它具有结构简单、层次分明、便于研究和分析电路的工作原理等优点。

电气安装图是按照电器实际位置和实际接线电路，用给定的符号画出来的，这种电路图用于电气设备的安装和维修。

一些常用电器的图形及文字符号见表2-1。

表 2-1 常用电器的图形及文字符号

名称		图形符号	文字符号	名称		图形符号	文字符号
一般三相电源开关			QS		线圈		
位置开关	常开触点		SQ	接触器	主触点		KM
	常闭触点				常开辅助触点		
	复合触点				常闭辅助触点		

（续）

名称		图形符号	文字符号	名称		图形符号	文字符号
速度继电器	常开触点		KS	继电器	中间继电器线圈		KA
	常闭触点				欠电压继电器线圈		
	低压断路器		QF		欠电流继电器线圈		KI
					过电流继电器线圈		
按钮	起动		SB		常开触点		相应继电器符号
	停止				常闭触点		
	复合触点				旋动开关		SA
时间继电器	线圈		KT		电磁离合器		YC
	延时闭合的动合触点				保护接地		PE
	延时断开的动合触点				桥式整流装置		VC
	延时断开的动断触点				照明灯		EL
	延时闭合的动断触点				信号灯		HL
	熔断器		FU		直流电动机		M
热继电器	热元件		FR		交流电动机		
	常闭触点						

电气控制系统的电路图绘制规律如下：

1）元件、器件和设备的图形符号和文字符号应符合 GB/T 4728《电气简图用图形符号》、GB 5094《电气技术中的项目代号》和 GB/T 20939—2007《技术产品及技术产品文件结构原则　字母代码　按用途和任务划分的主类和子类》的规定。如果采用上述标准中未规定的图形符号时，必须加以说明。当标准中给出几种形式时，选择符号应遵循以下原则：

① 应尽可能采用优选形式。

② 在满足需要的前提下，应尽量采用最简单的形式。

③ 在同一图号的图中使用同一种形式。

2）主电路和辅助电路分开。主电路为大电流部分，如从电源至电动机，一般用垂直粗线布置在图面的左方。辅助电路包括控制电路、信号电路和照明电路等部分，一般用水平细线布置在图面的右方。

3）用平行线绘制，少交叉，并尽可能按照动作顺序先后排列。

4）原理图中各电器元件和部件在控制电路中的位置，应根据便于阅读的原则安排。同一电器的各个部件可以不画在一起，但必须采用同一文字符号标明。若有多个同一种类的电器元件，可在文字符号后加上数字序号，如 KM1、KM2。

5）元器件和设备的可动部分在图中通常应表示成：

① 触点为非激励状态，即电器没有通电和没有外力作用时触点的状态。

② 接触器和电磁式继电器等系指线圈不加电压时的触点状态。

③ 按钮、行程开关等指未被压合时触点状态，也就是动合触点开启、动断触点闭合的状态。

6）为安装和维护方便，各接线端子应编号，规则见 GB/T 4026《人机界面标志标识的基本方法和安全规则　设备端子和特定异体终端标识及字母数字系统的应用通则》。一般主电路用字母加数字来表示接线端子；辅助电路用数字编号，以单双数区分电源极性（以每一回路中电压降为最大的元件为界，例如以接触器的线圈为界）。

图 2-1a 为三相交流电动机的起停控制电路原理图。主电路由电源经刀开关 QS、熔断器 FU1、接触器主动合触点 KM、热继电器元件 FR 和电动机 M 组成。辅助电路由熔断器 FU2、停止按钮 SB2、起动按钮 SB1、接触器线圈和辅助动合触点 KM 以及热继电器动断触点 FR 组成。主电路端子编号为 L11、L21、L31 等，辅助电路端子编号为 1、3、5 等。

图 2-1b 为三相交流电动机的起停控制电路安装接线图。电气安装接线图是按照电器元件的实际位置和实际接线绘制的，根据电器元件布置最合理、连接导线最经济等原则来安排。它为安装电气设备、电器元件之间进行配线及检修电器故障等提供了必要的依据。

绘制安装接线图应遵循以下原则：

1）各电器元件用规定的图形、文字符号绘制。同一电器元件各部件必须画在一起。各电器元件的位置，应与实际安装位置一致。

2）不在同一控制柜或配电屏上的电器元件的电气连接必须通过端子板进行。各电器元件的文字符号及端子板的编号应与原理图一致，并按原理图的接线进行连接。

3）走向相同的多根导线可用单线表示，但主电路和辅助电路应严格区分，即使二者走向相同也必须分别表示。

4）画连接导线时，应标明导线的规格、型号、根数和穿线管的尺寸。

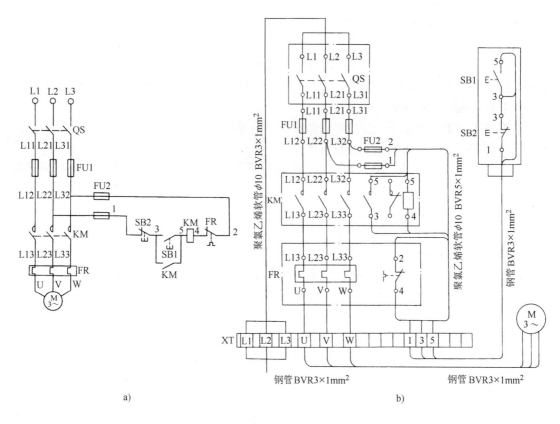

a)   b)

图2-1 三相交流电动机的起停控制电路图

第二节 电气控制的基本环节

一、点动控制环节

点动控制环节如图2-2所示。合上刀开关QS，接触器KM线圈不通电，KM主动合触点呈断开状态，电动机M不通电，不转动。按下按钮SB，接触器KM线圈通电，衔铁吸合，KM主动合触点闭合，电动机M接通电源，电动机起动。松开按钮SB，接触器KM线圈断电，衔铁释放，KM主动合触点断开，电动机M断电停止。

用↑表示有驱动力，↓表示无驱动力；X = 1表示动合触点X闭合，X = 0表示动合触点X断开。

SB↑→KM↑→KM = 1→M↑ 起动

SB↓→KM↓→KM = 0→M↓ 停止

通过分析可看出，图2-2所示电路只有在按下按钮SB时电动机M才能通电起动运行，故称为点动控制电路。按钮SB和接触器KM的这种组合称为点动控制环节。

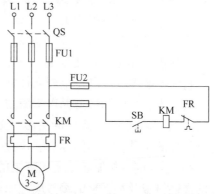

图2-2 点动控制环节

二、起保停控制环节

电路如图 2-1 所示。按下起动按钮 SB1，接触器 KM 线圈通电，KM 主动合触点闭合，电动机 M 通电起动。同时，KM 辅助动合触点闭合，故当松开起动按钮 SB1 后，接触器 KM 线圈由于其辅助触点的闭合而保持通电，维持吸合，这样便使电动机 M 能保持正常运转。电路中，接触器 KM 的辅助动合触点称为自锁触点，所起作用称为自锁（或自保）作用。

按下停止按钮 SB2，接触器 KM 线圈断电，KM 主动合触点断开，电动机 M 断电停转；同时，KM 辅助动合触点断开，自锁作用消除。

上述动作过程表示为

$$SB1 \uparrow \rightarrow KM \uparrow \rightarrow KM = 1 \rightarrow M \uparrow \quad 起动$$
$$SB2 \uparrow \rightarrow KM \downarrow \rightarrow KM = 0 \rightarrow M \downarrow \quad 停止$$

图 2-1 电路设有以下几种保护：

（1）短路保护　熔断器 FU1 是作为主电路短路保护用的。熔断器的规格根据电动机的起动电流大小作适当选择。

（2）过载保护　热继电器 FR 是作为过载保护用的。由于继电器热惯性很大，即使热元件流过几倍的额定电流，热继电器也不会立即动作，因此在电动机起动时间不长的情况下，热继电器是不会动作的。只有过载时间比较长时，热继电器动作其常闭触点断开，接触器 KM 线圈失电、主触点断开主电路，电动机停止运转，实现了电动机的过载保护。

（3）欠电压保护和失电压保护　依靠接触器本身自锁触点实现。当电源电压低到一定程度或失电压（停电），接触器 KM 就会释放，主触点把主电源断开，电动机停止运转。如果电源恢复，由于控制电路失去自保，电动机不会自行起动。只有操作人员再次按下起动按钮 SB1，电动机才会重新起动，这又叫零电压保护。

欠电压保护可以避免电动机在低压下运行时被损坏。零电压保护一方面可以避免电动机同时起动而造成电源电压严重下降，另一方面防止电动机自行再起动运转而可能造成的设备和人身事故。

第三节　电气控制的基本控制规律

一、联锁控制规律

1. 互斥联锁

（1）无互锁的正反向控制　图 2-3 所示为电动机正反转控制电路，通过改变电源相序实现电动机的正反转。

对于图 2-3a，按下正转起动按钮 SB1，接触器 KM1 通电吸合并自锁，KM1 主动合触点闭合，使电动机 M 通电正转，即

$$SB1 \uparrow \rightarrow KM1 \uparrow \rightarrow KM1 = 1 \rightarrow M \uparrow \quad 正转$$

此时，若直接按下反转起动按钮 SB2，则接触器 KM2 通电吸合，KM2 主动合触点闭合，这样，电流从 L1 经 KM1 动合触点经 KM2 动合触点至 L3，即造成 L1 与 L3 的相间短路，这是该电路的一大缺点。

若需要从正转运行切换到反转运行，则需要如下操作：

首先，按下停止按钮 SB3，则接触器 KM1 断电释放，KM1 主动合触点断开，电动机 M

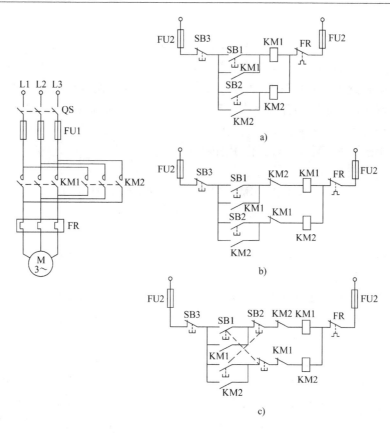

图 2-3 电动机正反转控制电路

a) 无机械及电气互锁 b) 具有电气互锁 c) 既有电气互锁，也有机械互锁

断电；然后，按下反转起动按钮 SB2，则接触器 KM2 通电吸合，KM2 主动合触点闭合，使电动机 M 通电，这时，加至电动机的电源相序改变了，故电动机反向起动。即

$$SB3\uparrow \rightarrow KM1\downarrow \rightarrow KM1=0\rightarrow M\downarrow \quad 停止$$

$$SB2\uparrow \rightarrow KM2\uparrow \rightarrow KM2=1\rightarrow M\uparrow \quad 反转$$

（2）电气互锁 电路中，两个接触器的动断触点互相串入到对方的接触器线圈回路中。这样，当一个接触器通电吸合后，其动断触点断开，使另一个接触器不可能通电吸合，这种关系称为电气互锁，如图 2-3b 所示。其动作过程为：按下正转起动按钮 SB1，接触器 KM1 通电吸合并自锁，电动机 M 通电正转。另外，KM1 的动断触点断开，这样，即使按下反转起动按钮 SB2，KM2 也不会通电吸合，从而避免了相间短路。即

$$SB1\uparrow \rightarrow KM1\uparrow \longrightarrow KM1=1\rightarrow M\uparrow 正转$$

$$\longmapsto \overline{KM1}=0\rightarrow （互锁）$$

$$SB2\uparrow \longmapsto KM2不会通电$$

（3）机械互锁 既有电气互锁，也有机械互锁电路如图 2-3c 所示。在正转运行时，按下反转起动按钮 SB2，SB2 的动断触点先断开，使接触器 KM1 断电释放，KM1 动合触点断开使电动机 M 断电，KM1 动断触点闭合，互锁解除。SB2 的动合触点闭合，使 KM2 通电吸合，M 通电反转。

电路中，按钮 SB1 和 SB2 的动断触点所起作用称为机械互锁。

2. 顺序联锁

（1）起动顺序联锁 起动顺序联锁如图 2-4a 所示，由于在接触器 KM2 线圈回路中串入接触器 KM1 的动合触点，故接触器 KM2 通电吸合要受到接触器 KM1 的状态制约，只有在 KM1 通电吸合（其动合触点闭合）后 KM2 才有可能通电吸合，当 KM1 未通电吸合时，KM2 不可能通电吸合。

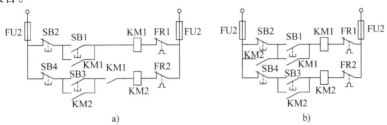

图 2-4 顺序联锁控制

a）起动顺序联锁 b）停止顺序联锁

如果用 KM1 和 KM2 分别控制电动机 M1 和 M2，那么便可实现 M1 先起动 M2 后起动的顺序联锁。

（2）停止顺序联锁 停止顺序联锁如图 2-4b 所示，由于在停止按钮 SB2 上并联有接触器 KM2 的动合触点，故只有在 KM2 断电（其动合触点断开）后 SB2 才可能起作用（使 KM1 断点）。

若分别用接触器 KM1 和 KM2 控制电动机 M1 和 M2，则便实现了 M2 先停止而 M1 后停止的顺序联锁控制。

3. 长动与点动联锁

长动与点动联锁是既能正常起保停控制，又能进行点动控制，如图 2-5 所示。

长动与点动的区别就在于有无自锁触点的作用。换而言之，当自锁触点起作用时即为长动，而当自锁触点失去自锁作用时即为点动。

对于图 2-5a，需要长动时，按下起动按钮 SB1，接触器 KM 通电吸合，因 SB2 动断触点是闭合的，故 KM 自锁触点起作用。按下停止按钮 SB3，KM 断电释放。需要点动时，按下点动按钮 SB2，其动断触点先断开，解除自锁作用，SB2 动合触点闭合，使 KM 通电吸合，此时，虽然 KM 辅助动合触点是闭合的，但因 SB2 的动断触点已经断开，故自锁回路不起作用。松开点动按钮 SB2，其动合触点先断开，使 KM 断开释放，KM 辅助动合触点断开，虽然 SB2 的动断触点也接着闭合，但自锁回路仍不起作用。

在图 2-5a 中，若 KM 释放时间大于 SB2 恢复时间，则点动控制无法实现。因这时，在

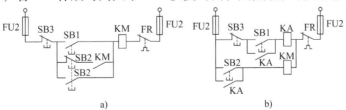

图 2-5 长动与点动联锁

松开 SB2 后，SB2 动断触点的闭合动作限于 KM 动合触点的断开动作，这样，自锁回路可以通过电流，故而使 KM 继续通电。为避免这种情况的出现，可采用图 2-5b 所示的电路，动作过程为

$$SB1 \uparrow \rightarrow KA \uparrow \rightarrow KA = 1 \rightarrow KM \uparrow \quad 起动$$

$$SB3 \uparrow \rightarrow KA \downarrow \rightarrow KA = 0 \rightarrow KM \downarrow \quad 停止$$

$$SB2 \uparrow \rightarrow KM \uparrow \quad 起动（点动）$$

$$SB2 \downarrow \rightarrow KM \downarrow \quad 停止（点动）$$

4. 多地联锁

多地联锁如图 2-6 所示。图 2-6a 中起动按钮 SB1 和 SB2 并联，只要按下其中任一按钮都能使接触器 KM 通电吸合。图 2-6b 中停止按钮 SB2 和 SB3 串联，只要按下其中任一按钮都能使接触器 KM 断电释放。图 2-6c 为两地联锁控制。

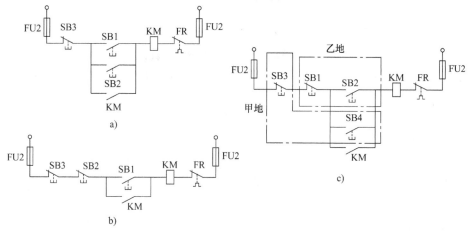

图 2-6　多地联锁

a）两地起动控制　b）两地停止控制　c）两地联锁控制

二、参量控制规律

控制过程的变化参量很多，通过测量元件反应参量的变化，并将这一变化参量反馈回来作用于控制装置，实现自动控制，这就是参量控制规律。控制过程可用图 2-7 所示的结构图表示。

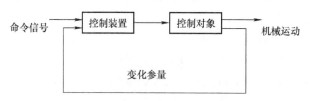

图 2-7　参量变化控制过程的结构图

常用的变化参量有行程、时间、速度、电流等。

1. 行程控制

行程控制如图 2-8 所示，利用行程开关（极限开关）实现限位控制，主电路参见图 2-3。

接通电源后，按下右移按钮 SB1，接触器 KM1 通电吸合并自锁，KM1 主动合触点闭合，

控制电动机 M 正转，使运动机构向右运动。当运动机构运行至右端位置时，运动机构上的撞块撞到行程开关 SQ2，SQ2 动断触点断开使接触器 KM1 断电释放，电动机 M 断电，运动机构停止。即：

SB1↑→KM1↑→KM1 = 1→M↑，右移至右终端位置，SQ2↑→KM1↓→M↓，停止。

反向运动过程类似，故不予详述。

2. 时间控制

图 2-9 所示为电动机定子回路串电阻减压起动控制电路。利用时间继电器实现由减压起动至全压运行的切换，即用时间继电器的延时来控制减压起动时间。动作原理分析如下：

接通电源后按下起动按钮 SB1，接触器 KM1 通电吸合并自锁，KM1 主动合触点闭合使电动机定子回路串电阻减压起动；同时，缓吸时间继电器 KT 通电，经过一段延时时间（时间继电器整定的时间）后，KT 的延时闭合动合触点闭合，使接触器 KM2 通电吸合并自锁，KM2 主动合触点闭合使电动机加全压运行，另 KM2 动断触点断开使 KM1 断电释放，KM1 动合触点断开，KT 断电释放，KT 延时闭合动合触点瞬时断开。

SB1↑ —→ KM1↑ —→ KM1=1 —→ M↑串电阻R起动

　　　 └→ KT↑┘ → KT=1 ┐

┌────────────────────────┘

└→ KM2↑ → KM2=1 → M全压运行

　　 └→ $\overline{KM2}$=0 → KM1↓ → KM1=0 ┬→ 切除R

　　　　　　　　　　　　　　　　　　　 └→ KT↓ → KT=0

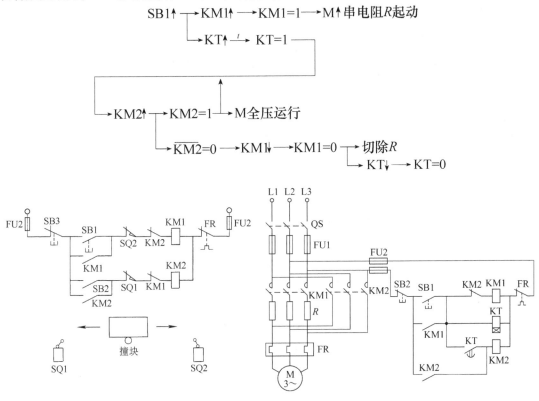

图 2-8　行程控制　　　　　　图 2-9　电动机定子回路串电阻减压起动控制电路

3. 速度控制

图 2-10 所示为单向运行电动机反接制动速度控制电路。利用速度继电器实现对反接制动的控制。动作原理分析如下：

接通电源后，按下起动按钮 SB1，接触器 KM1 通电吸合并自锁，KM1 主动合触点闭合使电动机 M 起动，当转速上升到100r/min 时，速度继电器 KS 动作，KS 动合触点闭合，为反接制动做准备。

按下停止按钮 SB2，其动断触点断开，使接触器 KM1 断电释放，电动机断电；SB2 动合触点闭合，KM2 通电吸合并自锁（因这时电动机转速仍很高，速度继电器 KS 仍是动作状态，KS 动合触点是闭合的），KM2 主动合触点闭合使电动机换相，反接制动开始，电动机转速快速下降，当转速低于 100r/min 时，KS 动合触点断开，KM2 断电释放，反接制动过程结束。

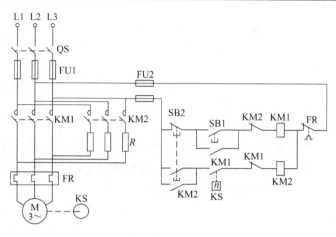

图 2-10　单向运行电动机反接制动速度控制电路

4. 液位控制

图 2-11 所示为建筑物生活水箱液位自动控制电路。通过液位控制器实现水泵的起停控制。动作原理分析如下：

接通电源，转换开关 SA 置于"自动"位。当水箱液位降至最低液位时，液位控制器触点 SL1 闭合，使中间继电器 KA 通电吸合，KA 动合触点闭合使接触器 KM 通电吸合，KM 主动合触点闭合，电动机 M 通电，水泵运行。当液位上升至最高液位时，液位控制器触点 SL2 断开，KA 断电释放，

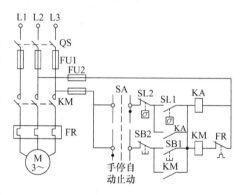

图 2-11　液位自动控制电路

KA 动合触点断开使 KM 断电释放，KM 主动合触点断开，M 断电，水泵停止运行。

液位"低"，SL1 =1→KA↑→KA =1→KM↑→KM =1→M↑　水泵起动

液位"高"，SL2 =1→KA↓→KA =0→KM↓→KM =0→M↓　水泵停止

当 SA 置于"手动"位置时，通过按钮 SB1 和 SB2 实现水泵起停控制。

5. 压力控制

图 2-12 所示为建筑物消防喷淋系统中恒压泵的压力控制电路。利用压力继电器实现对泵的自动起停。动作原理分析如下：

合上电源开关 QS，转换开关 SA 置于"自动"位置。发生火灾时，喷淋头喷水灭火，使管网水压力下降，起动消防加压泵，当管网中的水由于渗漏压力降低至某一数值（约为额定压力的90%）时，压力开关触点 SP1 闭合，使中间继电器 KA 通电吸合并自锁，KA 的另一动合触点闭合使接触器 KM 通电吸合，KM 主动合触点闭合，电动机 M 通电，起动恒压泵。当水

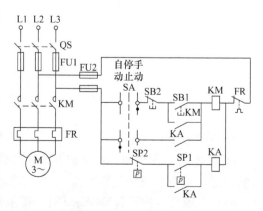

图 2-12　压力控制电路

压达到额定水压时，压力开关触点 SP2 断开，KA 断电释放，其动合触点断开使 KM 断电释放，KM 主触点断开，M 断电，恒压泵停止运行。

第四节　三相异步电动机的控制电路

一、减压起动控制电路

1. 自耦减压起动控制电路

（1）自耦减压起动控制电路　时间继电器延时自动切换的自耦减压起动控制电路如图 2-13 所示。合上开关 QS，按下按钮 SB1，接触器 KM1 通电吸合，KM1 主动合触点闭合使自耦变压器 T 三相绕组接成 Y 形，KM1 辅助动合触点闭合使接触器 KM2 通电吸合并自锁，KM2 主动合触点闭合使 T 接入电源，电动机 M 从自耦变压器二次侧获得电源而减压起动。另外，KM2 辅助动合触点闭合使时间继电器

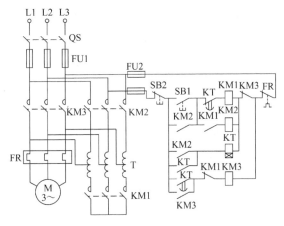

图 2-13　时间继电器延时自动切换
的自耦减压起动控制电路

KT 通电吸合，KT 瞬动触点闭合自锁，KT 的缓吸触点经延时后动作，缓吸动断触点断开使 KM1 断电释放，KM1 动合触点断开使 KM2 断电释放，自耦变压器 T 被切除；KT 的缓吸动合触点闭合使接触器 KM3 通电吸合并自锁，KM3 主动合触点闭合使电动机 M 接额定电压运行，KM3 辅助动断触点断开使 KT 退出运行。

通过分析，可见减压起动过程时间由时间继电器的整定时间来决定。

（2）自耦减压起动控制电路的基本要求

1）不允许存在全电压直接起动的可能。

2）减压起动完毕后，不允许在自耦变压器二次电压或经自耦变压器部分绕组减压后的电压下起动。

3）投入全电压运转后，不得存在自耦变压器再次接入主电路的可能，以防止自耦变压器部分绕组短路而另一部分绕组过电压运行。

4）在可能的情况下，尽量减少和避免电动机二次涌流（指第二次接入交流电网时过渡过程所产生的冲击电流）的冲击。

对于图 2-13 所示的电路，接触器 KM3 通电（即对电动机 M 加全压）是建立在接触器 KM1 和 KM2 通电（即自耦变压器 T 减压起动）的基础上的，若 KM1、KM2 线圈断线就不能减压起动；直接先按 SB2，也不会使 KM3 通电，所以不会出现全压起动的可能。减压起动完毕（按下 SB2 或 KT 延时时间到），KM1 和 KM2 断电，使 T 切除，即使 KM3 因线圈断电而不能使 M 全压运行，也不会出现低电压下运行。KM3 动断触点的设置使电动机在投入全电压正常运行后不会再次投入自耦变压器 T。

2. Y-△起动控制电路

（1）Y-△起动控制电路概述 时间继电器延时自动切换的Y-△起动控制电路如图 2-14所示，按下起动按钮 SB1，接触器 KM1 通电吸合，KM1 主动合触点闭合使电动机 M 定子三相绕组呈Y联结，KM1 辅助动合触点闭合使接触器 KM2 和时间继电器 KT 通电吸合，KM2 主动合触点闭合使电动机 M 接电源起动，KM2 辅助动合触点自锁，KT 吸合后经其整定时间的延时，缓吸动断触点断开使 KM1 断电释放，KM1 主动合触点断开使电动机 M 退出Y联结；KT 缓吸动合触点闭合并 KM1 动断触点闭合使接触器 KM3 通电吸合，KM3 主动合触点闭合使电动机 M 定子绕组呈△联结运行，KM3 辅助动断触点断开使 KT 退出运行。

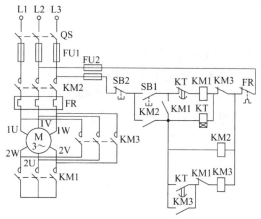

图 2-14 时间继电器延时自动切换的Y-△起动控制电路

（2）Y-△起动控制电路的基本要求

1）不得存在全电压起动的可能。

2）Y与△联结切换中接触器之间必须有互锁，以防短路现象的发生。

3）对有可能长期处于轻载的电动机，控制电路应考虑电动机能长期在Y联结下工作的可能。

3. 延边△起动控制电路

延边△起动控制电路如图 2-15 所示，控制电路部分与图 2-14 分别相同，故分析从略。

4. 定子回路串电阻减压起动控制电路

定子回路串电阻减压起动控制电路如图 2-9 所示，分析见本章第三节。

5. 软起动控制

交流电动机用Y/△起动设备起动时，在切换瞬间会出现很高的电流尖峰，产生破坏性的动态转矩，引起的机械振动对电动机转子、轴连接器、中间齿轮以及负载都是非常有害的。自耦变压器减压起动设备体积庞大，成本高，而且还存在与负载匹配的电动机转矩很难控制的缺点。由于传统的减压起动设备存在许多缺点，因此现在出现了电子控制的软起动器。图 2-16 所示为软起动器（Soft starter）原理。软起动设备的功率部分由 3 对正反并联的晶闸管组成，它由电子控制电路调节加到晶闸管上的触发脉冲的角度，以此来控制加到电动机上的电压，使加到电动机上的电压按某一规律慢慢达到全电压。通过适当地设置控制参数，可以使电动机的转矩和电流与负载要求得到较好的匹配。软起动器还有软制动、节电和各种保护功能。在大功率电动机应用上效果更显著。

软起动器起动时电压沿斜坡上升，升至全压的时间可设定在 0.5 ～ 60s。软起动器亦有软停止功能，其可调节的斜坡时间在 0.5 ～ 240s。不同起动方法下的起动转矩和起动时的电动机电压如图 2-17 所示。

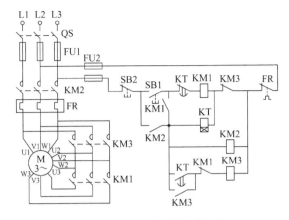

图 2-15　延边△起动控制电路

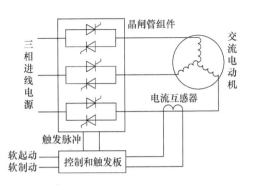

图 2-16　软起动器（Soft starter）原理

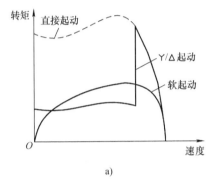

a)

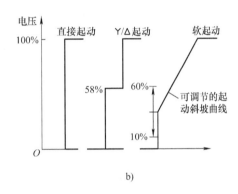

b)

图 2-17　不同起动方法下的起动转矩和起动时的电动机电压

a）起动转矩　b）电动机电压

二、制动控制电路

1. 机械制动控制电路

（1）断电抱闸　机械制动控制电路如图 2-18 所示。合上开关 QS，按下起动按钮 SB1，接触器 KM1 通电吸合，KM1 主动合触点闭合使制动电磁铁 YB 通电松闸，KM1 辅助动合触点闭合使接触器 KM2 通电吸合并自锁，KM2 主动合触点闭合使电动机 M 通电起动。

按下停止按钮 SB2，KM1 和 KM2 均断电释放，KM2 主动合触点断开使电动机 M 断电，KM1 主动合触点断开使 YB 断电抱闸。

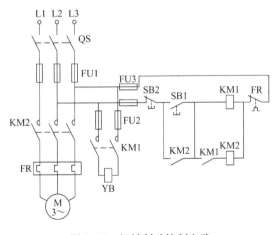

图 2-18　机械制动控制电路

注意，本图中电磁抱闸装置应为断电抱闸型。

（2）通电抱闸　通电抱闸型制动控制电路如图 2-19 所示，图中所采用电磁抱闸装置为通电抱闸型。

合上开关 QS，按下起动按钮 SB1，接触器 KM1 通电吸合并自锁，KM1 主动合触点闭合使电动机 M 通电起动。

按下停止按钮 SB2，其动断触点使 KM1 断电释放，KM1 主动合触点断开使 M 断电；SB2 动合触点闭合并 KM1 动断触点闭合使接触器 KM2 通电吸合并自锁，同时时间继电器 KT 通电吸合，KM2 主动合触点闭合使制动电磁铁 YB 通电抱闸，KT 的缓吸动断触点经整定时间延时后并使 KM2 断电释放，YB 断电松闸，制动过程结束。

（3）电磁抱闸制动控制电路的基本要求

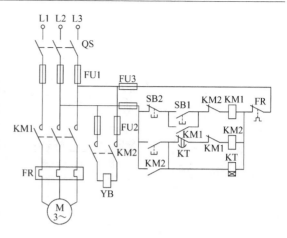

图 2-19 通电抱闸型制动控制电路

1）尽可能避免或减少电动机在起动前瞬间存在的"堵转"现象。

2）在控制升降类设备时，应采用断电抱闸装置。

2. 反接制动控制电路

（1）单向运行的反接制动控制电路 如图 2-10 所示，分析见本章第三节。

（2）可逆运行的反接制动控制电路 如图 2-20 所示，若电动机正转运行（此时速度继电器动断触点 KS-1 闭合），按下停止按钮 SB3，其动断触点断开使接触器 KM1 断电释放，电动机 M 断电，SB3 动合触点闭合使中间继电器 KA 通电吸合，KA 动合触点闭合使接触器 KM2 通电吸合，KM2 主动合触点闭合使电动机 M 接入反相序电源反接制动，使电动机转速很快下降，当速度下降至 100r/min 时，速度继电器动合触点 KS-1 断开使 KM2 断电释放，制动过程结束。

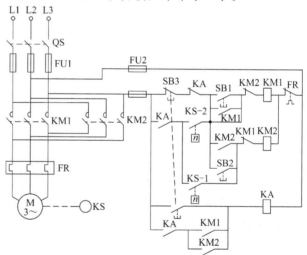

图 2-20 可逆运行的反接制动控制电路

在图 2-20 电路中，接触器 KM1 既作为正转起动接触器，又作为反转制动接触器；接触器 KM2 既作为反转起动接触器，又作为正转反接制动接触器。关于起动过程分析在此从略。

图 2-21 为具有限流电阻的反接制动控制电路。起动和运行时，中间继电器 KA1 和 KA2 不通电，它们的动断触点是闭合的，这时，利用接触器 KM1 或 KM2 动合触点使接触器 KM3 通电吸合，从而使电动机加额定电压运行。制动时，KA1 或 KA2 通电吸合，其动断触点断开使 KM3 断电释放，KM3 主动合触点断开，使电阻 R 串入电动机定子回路中以限制制动电流。

图 2-22 所示为限流电阻在起动过程和制动过程中都起作用的反接制动控制电路。开始起动时，由于速度继电器的动合触点 KS-1 和 KS-2 均是断开的，故接触器 KM3 不通电，电

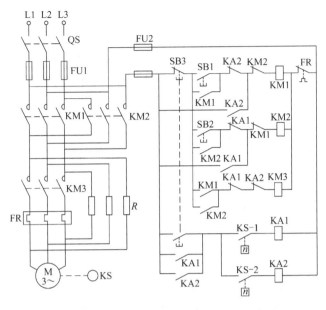

图 2-21　具有限流电阻的反接制动控制电路

阻 R 接入电路中成为定子串电阻减压起动。当具有转速（$n > 100r/min$）后，动合触点 KS-1 或 KS-2（在反转时）闭合使 KM3 通电吸合，电阻 R 被切除，电动机加额定电压运行。停止时，利用中间继电器 KA3 的动断触点断开使 KM3 断电释放，从而接入电阻 R 实现串限流电阻反接制动。

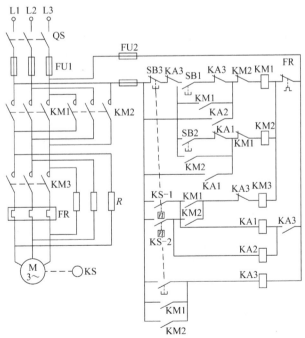

图 2-22　限流电阻在起动和制动中都起作用的反接制动控制电路

（3）反接制动控制电路的基本要求

1）在起动转矩允许的情况下，尽可能使限流电阻既能限制反接制动电流，又能限制起动电流。

2）必须确保限流电阻的可靠接入和短接。

3）在停止状态下，不允许因人为转动转子而出现定子绕组获得三相电源的可能。

4）可能时，热继电器的热元件在主电路中的位置，应设法避免起动电流和制动电流的影响。

3. 能耗制动控制电路

（1）按时间整定控制的能耗制动控制电路 如图 2-23 所示。在电动机运行的情况下，按下停止按钮 SB2，其动断触点断开使接触器 KM1 断电释放，KM1 主动合触点断开使电动机 M 脱离三相交流电源；SB2 动合触点闭合使接触器 KM2 和时间继电器 KT 通电吸合，KM2 主动合触点闭合使电动机接入直流电源产生能耗制动，经时间继电器的整

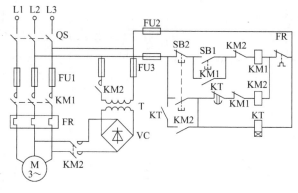

图 2-23 按时间整定控制的能耗制动控制电路

定时间延时，KT 缓吸动断触点断开使 KM2 断电释放，KM2 主动合触点断开使电动机 M 断电，辅助动合触点断开使 KT 也断电释放。

（2）按速度整定控制的能耗制动控制电路 如图 2-24 所示，在电动机运行的情况下，按下停止按钮 SB2，其动断触点断开使接触器 KM1 断电释放，KM1 主动合触点断开，使电动机 M 脱离三相交流电源；SB2 动合触点闭合并速度继电器 KS 动合触点闭合（电动机刚断开电源时转速仍很高）使接触器 KM2 通电吸合并自锁，KM2 主动合触点闭合使电动机 M 接入直流电源能耗制动，转速很快下降，当转速下降接近零速（$n < 100\text{r/min}$），速度继电器 KS 动合触点断开使 KM2 断电释放，制动过程结束。

（3）能耗制动控制电路的基本要求

1）直流电源控制接触器和交流电源控制接触器之间必须有互锁。

2）20kW 以上电动机的能耗制动电路的短路保护必须与辅助电路的短路保护分开。

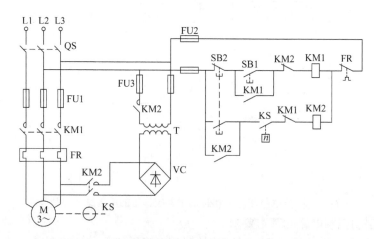

图 2-24 按速度整定控制的能耗制动控制电路

3）能耗制动电路中的降压变压器，不允许在电动机正常运行时长期处于空载运行状态。

4）需要时间继电器时，应尽可能设置在辅助电路的交流回路中，以利于选型。

5）对于负载转矩和负载转速比较稳定的生产机械来说，一般采用按时间整定原则设计的能耗制动控制电路；而按速度整定原则设计的能耗制动控制电路，则多用于负载转矩和负载转速经常变化的控制对象。

第五节　三相异步电动机的调速电路

一、异步电动机调速原理

1. 调速原理

调速即速度调节，是指在电力拖动系统中人为地改变电动机的转速，以满足工作机械的不同转速要求。调速是通过改变电动机的参数或电源电压等方法来改变电动机的机械特性，从而改变它与负载机械特性的交点，使得电动机的稳定转速改变。

由电机学可知，异步电动机的转速为

$$n = (1 - s)n_1 = \frac{60f}{p}(1 - s) \tag{2-1}$$

式中，n_1 为同步转速；f 为定子频率（电源频率）；p 为磁极对数；s 为转差率。

从式（2-1）可知，要调节异步电动机的转速，应从改变 p、s、f 三个分量入手，因此，异步电动机的调速方式相应可分为 3 种，即变极调速、变转差率调速和变频调速。

2. 调速方式

（1）变极调速　对笼型异步电动机可通过改变电动机绕组的接线方式，使电动机从一种极对数变为另一种极对数，从而实现异步电动机的有级调速。变极调速所需设备简单，价格低廉，工作也比较可靠。一般有两种速度，3 种速度以上的变极调速电动机绕组结构复杂，应用较少。变极调速电动机的关键在于绕组设计，以最少的绕组抽头和改接以达到最好的电动机技术性能指标。

（2）变转差率调速　对于绕线转子异步电动机，可通过调节串联在转子绕组中的电阻值（调阻调速）、在转子电路中引入附加的转差电压（串级调速）、调整电动机定子电压（调压调速）以及采用电磁转差离合器（电磁离合器调速）改变气隙磁场等方法均可实现变转差率 s，从而对电动机进行无级调速。变转差率调速尽管效率不高，但在异步电动机调速技术中仍占有重要的地位，特别是转差功率得到回收利用的串级调速系统，更是现代大容量风机、水泵等调速节能的重要手段。

（3）变频调速　指通过改变定子供电频率来改变同步转速实现对异步电动机的调速，在调速过程中从高速到低速都可以保持有限的转差率，因而具有高效率、宽范围和高精度的调速性能。变频调速是异步电动机的一种比较合理和理想的调速方法。

二、双速电动机控制电路

在多速电动机中，通过改变其绕组联结方法来改变磁极对数，从而改变电动机的转速。双速电动机定子绕组端子编号如图 2-25 所示，图 2-25a 为 △／丫丫联结，图 2-25b 为丫／丫丫联结，△形或丫形接法时为低速，丫丫形接法时为高速。也有两套不同极对数的独立绕组的双速电动机,其控制原理相同。双速电动机调速控制电路如图2-26所示。按下起动按钮 SB1,接触器 KM1 通电吸合,电动机定子绕组为△联结或丫联结,低速起动运行。若按下起动按钮 SB2,则接触器 KM2 和 KM3 通电吸合,电动机定子绕组为丫丫联结,高速起动运行。图中设置了电气互锁和机械互锁,故亦可实现高低速之间的切换。

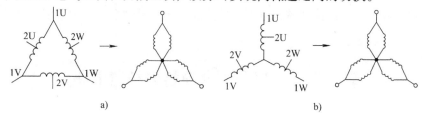

图2-25 双速电动机定子绕组端子编号
a) △/丫丫联结 b) 丫/丫丫联结

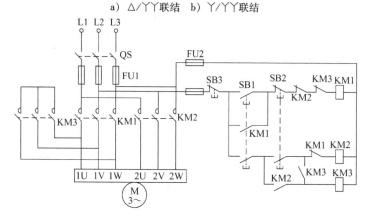

图2-26 双速电动机调速控制电路

三、电动机变频调速控制

1. 变频调速原理

由式(2-1)可知,只要连续改变 f,就可以实现平滑调速。但变频调速时要注意变频与调压的配合。通常分基频(电源额定频率)以下调速和基频以上调速。

(1)基频以下调速 在基频以下调速时,速度调低。在调节过程中,必须配合电源电压的调节,否则电动机无法正常运行。原因是根据电动机电动势电压平衡方程 $U_1 \approx E_1 = 4.44fNK$(式中,$N$ 为每相绕组的匝数;Φ_m 为电动机气隙磁通的最大值;K 为电动机的结构系数),当 f 下降时,若 U_1 不变,则必使 Φ_m 增加,而在电动机设计制造时,磁路磁通 Φ_m 设计得已接近饱和,Φ_m 的上升必然使磁路饱和,励磁电流剧增,使电动机无法正常工作。为此,在调节中应使 Φ_m 恒定不变,则必须使 $U/f =$ 常数。可见,在基频以下调速时,为恒磁通调速,相当于直流电动机的调压调速,此时应使定子电压随频率成正比例变化。

(2)基频以上调速 在基频以上调速时,速度调高。但此时也按比例升高电压是不行的,因为往上调 U 将超过电动机额定电压,从而超过电动机绝缘耐压限度,危及电动机绕组的绝缘。因此,频率上调时应保持电压不变,即 $U =$ 常数(即为额定电压),此时,f 升高,Φ_m 应下降,相当于直流电动机弱磁调速。

2. 变频调速的机械特性

(1)$U/f =$ 常数的变频调速机械特性 图2-27为 $U/f =$ 常数时的变频调速机械特性曲

线，由图可见最大转矩将随 f 的降低而降低。此时直线部分斜率仍不变，机械特性保持较高的硬度。只要 f 连续变化，转速 n 将连续变化。由于 Φ_m 不变，调速过程中电磁转矩不变，因此属于恒转矩调速。

（2）$U = U_N$ 的变频调速机械特性　图 2-28 为 $U = U_N$ 时的变频调速机械特性曲线，由图可见，最大转矩随 f 上升而减小，且机械特性略为变软，同样，连续改变 f 可连续改变转速 n。因 f 调高时，Φ_m 下降，但调速过程中功率基本不变，故属于恒功率调速方式。

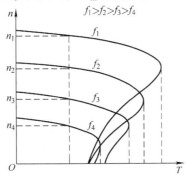
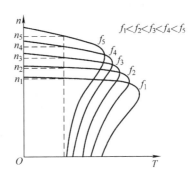

图 2-27　$U/f =$ 常数时的变频调速机械特性曲线　　　图 2-28　$U = U_N$ 时的变频调速机械特性曲线

3. 变频器

随着现代电力电子技术的飞速发展，异步电动机变频调速所要求的变频电源几乎都采用静止式变频器。交流变频调速技术是强弱电混合、机电一体的综合性技术，既要处理巨大电能的转换（整流、逆变），又要处理信息的收集、变换和传输，因此它的共性技术必定分成功率和控制两大部分。前者要解决与高压大电流有关的技术问题和新型电力电子器件的应用技术问题，后者要解决（基于现代控制理论的控制策略和智能控制策略）硬、软件开发问题。

通用变频器，一般都由交、直、交的方式组成，其基本结构如图 2-29 所示。通用变频器通常都是由以下两部分组成：

（1）主电路　包括整流部分、直流环节、逆变部分、制动或回馈环节等部分。

（2）控制回路　包括变频器的核心软件算法电路、检测传感电路、控制信号输入/输出电路、驱动电路和保护电路等。

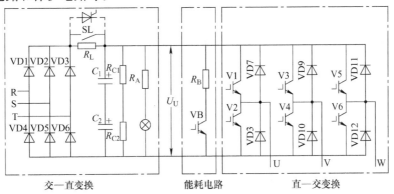

图 2-29　通用变频器的基本结构

限于篇幅，本书对变频器技术只作简单的介绍。其他更详细的内容，请读者参看有关变频器的专门书籍。

4. 变频器的电气控制电路

（1）变频器接入电路　根据输入电源的相数分为单相和三相两种：

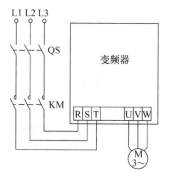

图 2-30　变频器的外接主电路

1）三进三出变频器：变频器的输入侧和输出侧都是三相交流电。绝大多数变频器都属此类。图 2-30 为变频器的外接主电路。

2）单进三出变频器：变频器的输入侧为单相交流电，输出侧是三相交流电，俗称"单相变频器"。该类变频器通常容量较小，且适合在单相电源情况下使用。家用电器里的变频器多属此类。

（2）变频器电路连接的注意事项

1）变频器前面一定要加接触器。一般说来，在断路器和变频器之间应该有接触器，其主要作用如图 2-31 所示。

① 可通过按钮方便地控制变频器的通电与断电。

② 发生故障时可自动切断变频器电源，如：变频器自身发生故障，报警输出端子动作（图中 BC 端之间断开）时，可使接触器 KM 迅速断电，从而使变频器立即脱离电源。另外，当控制系统中有其他故障信号（如图中 AL 触点断开）时，也可迅速切断变频器电源。

2）变频器与电动机之间是否接输出接触器。

① 当一台变频器只控制一台电动机，且并不要求和工频进行切换时，变频器与电动机之间不需要接输出接触器。因为如果接入了输出接触器，则有可能在变频器的输出频率较高的情况下起动电动机，产生较大的起动电流，导致变频器跳闸。

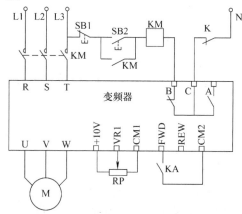

图 2-31　输入侧接触器的作用

② 必须接输出接触器的情况有两种：当一台变频器接多台电动机时，每台电动机必须要有单独控制的接触器，如图 2-32a 所示。另外，在变频和工频需要切换的情况下，当电动机接至工频电源时，必须切断和变频器之间的联系。因此，电动机和变频器之间必须接输出接触器，如图 2-32b 所示。

3）变频器与电动机之间是否需要接热继电器。和输出接触器类似，当一台变频器只控制一台电动机，且并不要求和工频进行切换时，因变频器本身具有热保护功能，所以没有必要接热继电器。当一台变频器接多台电动机时，由于每台电动机的容量比变频器小得多，变频器不可能对每台电动机进行热保护，则每台电动机只能分别由各自的热继电器进行保护。当电动机需要在变频和工频之间进行切换控制的情况下，因为在工频运行时，变频器不可能对电动机进行热保护，故必须接热继电器。

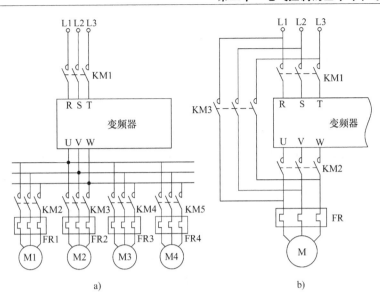

图 2-32　必须接输出接触器的场合

a）一台变频器接多台电动机　b）变频和工频切换

习题与思考题

2-1　归纳总结起保停控制环节电路中，接触器 KM 的辅助动合触点的作用。

2-2　某机床主轴由一台笼型异步电动机带动，润滑油泵由另一台笼型异步电动机带动。今要求：

（1）主轴必须在润滑油泵开动后，才能开动；

（2）主轴要求能用电器实现正反转，并能单独停车；

（3）有短路、零电压及过载保护。

试绘出控制电路。

2-3　根据下列 4 个要求，分别绘出控制电路（M1 和 M2 都是三相笼型电动机）：

（1）电动机 M1 先起动后，M2 才能起动，M2 能单独停车；

（2）电动机 M1 先起动后，M2 才能起动，M2 能点动；

（3）M1 先起动，经过一定延时后 M2 能自行起动；

（4）M1 先起动，经过一定延时后 M2 能自行起动，M2 起动后，M1 立即停车。

2-4　分析图 2-33 所示电路中，哪种电路能实现电动机正常连续运行和停止？哪种电路不能？为什么？

2-5　某台消火栓泵由笼型异步电动机拖动，采用丫/△减压起动。要求在现场和消防控制中心都能进行起、停控制，过载时发出声光报警信号，试设计主电路与控制电路。

2-6　试分析几种制动控制电路的优缺点。

2-7　电气控制电路常用的保护环节有哪些？各采用什么电器元件？

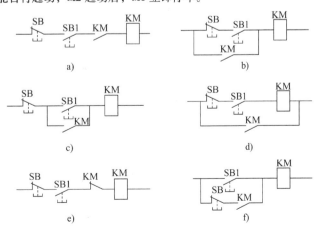

图 2-33　习题 2-4 图

第三章　电气控制系统的设计

第一节　电气控制系统设计的基本原则

一、电气控制系统设计的要求

1）根据控制对象的总体技术要求及工作过程，弄清对电气控制系统的技术要求。

2）了解设备的现场工作条件、供电情况及测量仪表的种类等。

3）通过技术经济分析，选择最佳传动方案和控制方案。

4）设计出简单合理、工作可靠、维护方便的电器控制电路。进行模拟试验，验证控制电路能满足控制对象的工艺要求。

5）保证使用的安全性。

二、电气控制系统设计的步骤

1）拟定电气设计任务书及技术条件。

2）确定电气传动方案和控制方案。

3）选择传动电动机。

4）设计控制电路原理图。

5）选择电器元件或装置，制定电器元件或装置易损坏件及备用件的清单。

6）绘制电气控制系统位置图及接线图。

7）设置操作台、电器柜及非标准电器元件。

8）编写设计计算书和使用说明书，包括操作顺序说明、维修说明及调整方法等。

根据实际情况，对上述步骤可作适当的调整。

三、控制方式的选择

控制方式主要有时间控制、速度控制、电流控制和行程控制等。

在确定控制方式时，需要根据具体控制参数及现场工作情况来决定，还要考虑负载变化的因素。可以采用直接参量控制，也可采用间接参量控制。比如，在控制过程中需要利用行程进行控制，若现场工作条件允许安置行程开关，则采用行程直接控制；但若现场不允许安置行程开关，则可以将行程位置物理量转换成时间物理量，采用时间间接控制。又如，某些压力、流量等物理量，若检测不易，则可通过转换变成电流物理量或时间物理量等，再利用电流或时间等间接控制。应注意，对于那些负载变化或转速变化的场合，则不宜用时间控制方式，因为时间控制方式是一种恒加速控制，并不因负载的变化而使时间作相应地改变。

四、控制电路的电压或电流

1）对于比较简单的控制电路，而且电流元件也不多时，往往直接采用交流 220V 或 380V 电压。这时，动力电源电路中的过电压将直接引进控制电路，对电器元件的可靠工作不利。另外，由于控制电路电压较高，对维护与操作安全不利。但这种方式简单、经济。

2）对于比较复杂（电路中有 5 个以上电磁线圈）的控制电路，一般均用控制电源变压器，将控制电压降到110V或36V，这样，对维修与操作以及电器元件的可靠工作均有利。

3）对于操作比较频繁的直流电力传动的控制电路，常用220V或110V直流电源供电。控制电压不宜过高也不宜过低。若控制电压过高，则在电器线圈断电的瞬间产生很高的过电压（可高达额定电压的10倍以上），对电器的工作可靠性与使用寿命有影响；若控制电压过低，则电器触点不易可靠接通，影响系统的正常工作。

五、保护环节

（1）短路保护　在电气控制系统中，当电动机绕组绝缘或导线绝缘损坏，或控制电路发生故障时，都可能造成短路，因此，必须设置短路保护。常用的短路保护元件有熔断器和低压断路器。在设置短路保护时，一般应考虑下列原则：

1）对于三相供电的主电路，必须采用三相短路保护。

2）对于小容量电动机的保护电路，可用主电路的保护装置兼作控制电路的短路保护。

3）对于不同性质的负载或者负载容量相差较大时，应给予分别保护。如主电路、控制电路、照明电路和信号电路等一般均应分别保护。

4）对于容量较小的辅助装置，可以几个主电路共用一套保护。

5）对于有分支电路，保护装置动作应有选择性。

6）在直流电动机的励磁电路、接地电路，以及三相电路的中性线路中不允许接入短路保护装置。

（2）过热保护　对于连续运行工作制的负载，当出现过载断相（单相）或欠电压运行时，设备可能会因过热而损坏，因此需设置过热保护。常用过热保护元件有热继电器和低压断路器的热脱扣器。

短时运行工作制负载不需要过热保护。断续运行工作制负载的过热保护装置，宜采用直接检测发热情况的半导体温度继电器。

（3）过电流保护　在电气控制系统中，有时会因为瞬时过载而产生短时过电流，但这一短时过电流却不会使过热保护装置动作。另外，用于短时负载的电动机在经常起动、制动和反转的过程中也会有较大的短时电流（起动电流和制动电流），为了限制起动电流和制动电流，可以采用一定的限流措施（如采用限流电阻），但当限流装置故障时，则仍会出现大的电流。因此，在电路中设置过电流保护装置。常用过电流保护元件有过电流继电器和低压断路器的过电流脱扣器。

过电流保护常用于直流电动机和绕线转子异步电动机。对于笼型异步电动机，由于直接起动电流很大，而过电流保护装置的动作电流整定值又必须躲开起动电流，这样，便使过电流保护装置难以对不正常过电流起保护作用。因此，一般笼型异步电动机控制电路中不设置过电流保护装置，但若遇有特殊情况必须设置过电流保护时，则可以考虑在起动时不接入过电流保护装置（过电流保护动作电流不必躲开起动电流），而在起动后的正常运行时接入过电流保护装置。

（4）零压、欠电压保护　当电网电压消失时，电动机就停车，而在电网电压恢复后，若电动机自行起动，则可能引起电动机或生产机械的损坏，甚至危及工作人员的生命安全。另外，当电网电压出现较大波动时，过低的电压可能导致电流过大（在负载功率不变时），从而引起设备过热。因此，这时需设置零压、失压保护。常用的失压保护元件有接触器或电磁式电压继电器。

（5）失磁保护 在直流电动机励磁电流消失或减小得很多时，若轻载运行则会产生超速甚至飞车，若重载运行则使电枢电流迅速增大而引起过热损坏。因此，在他励直流电动机控制电流中应设置失磁保护。一般采用的失磁保护元件为欠电流继电器。

第二节 电气控制系统电路设计

电气控制系统的设计包括：确定拖动方案、选择电动机容量和设计控制电路。电气控制系统的设计通常采用经验设计法。经验设计法是根据生产工艺要求，利用各种典型的电路环节，直接设计控制电路。

一、设计依据

电动机等用电设备的起停由接触器主触点的闭合和断开来实现。接触器主触点的动作由控制回路中该接触器的线圈通电和断电所决定，且满足组成控制电流基本规律的要求。接触器线圈的通电和断电取决于所在回路中的动合触点和动断触点的动作情况。接触器线圈所在回路中的动合触点和动断触点的组合关系（串并联）及其动作情况，由控制对象对控制过程的要求所决定，且满足组成控制电路基本规律的要求。

二、基本步骤

1）收集分析现有同类设备的电器控制电路，以便在设计时扬长避短。

2）根据控制对象电器控制电路的要求，首先设计各个独立环节的控制电路，然后由各个环节之间的关系进一步拟定联锁控制电路及辅助电路的设计。

主电路设计主要考虑电动机的起动、正反转、制动、点动及多速电动机的调速要求。

控制电路设计主要考虑如何满足电动机的各种运转功能以及控制对象的控制过程要求。

辅助电路设计主要考虑如何完善整个控制电路的设计，包括短路、过载、超程、零压、联锁、光电测试、信号及照明等各种保护或辅助环节。

3）全面检查所设计的控制电路，在条件允许的情况下，进行模拟试验，克服在工作过程中因误动作而产生的事故因素，逐步完善整个控制电路的设计。

三、基本特点

1）设计过程是逐步完善的过程，一般不易获得最佳设计方案。但经验设计法简单易行，使用很广。

2）需反复修改草图，故会影响设计进度。

3）需要一定的经验才能进行设计，在设计中往往会因考虑不周而影响电路的可靠性。

4）一般需要进行模拟试验。

四、提高经验设计的电路可靠性的要点

1. 在满足功能要求的前提下尽量简化电路，减少触点，避免不必要的联锁动作现象

1）合并同类触点，但应注意触点额定电流值的限制。如图3-1所示电路，图3-1b比图3-1a少用一对触点。注意，这里对继电器KA2和KA3的动作没有先后次序特殊要求。

2）利用转换触点。通过转换触点的中间继电器而将两对触点合并成一对转换触点。如图3-2所示，继电器KA1的一对动合触点和一对动断触点（见图3-2a）可以用一对转换触点替代（见图3-2b）。

3）在直流电路中，利用半导体二极管的单向导电性来有效地减少触点数目，如图3-3

所示。

4) 电路中应尽量减少多个电器元件依次动作后才能接通另一个电器元件, 如图 3-4 所示。在图 3-4a 中, 线圈 KA3 的接通要经过 kA、KA1、KA2 三对常开触点。若改为图 3-4b, 则每一线圈的通电只需经过一对常开触点, 工作较可靠。

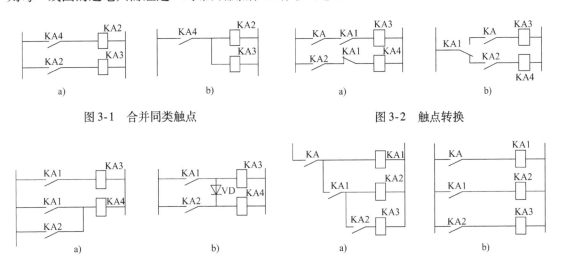

图 3-1　合并同类触点　　　　　　　　　图 3-2　触点转换

图 3-3　利用二极管有效地减少触点数目　　图 3-4　减少多个电器元件依次通电

5) 应考虑电器触点的接通和分断能力, 若容量不够, 可在电路中增加中间继电器, 或增加电路中触点数目。增加接通能力用多触点并联连接; 增加分断能力用多触点串联连接。

6) 应考虑电器元件触点 "竞争" 问题, 同一继电器的常开触点和常闭触点有 "先断后合" 型和 "先合后断" 型。

通电时常闭触点先断开, 常开触点后闭合; 断电时常开触点先断开, 常闭触点后闭合, 属于 "先断后合" 型。而 "先合后断" 型则相反: 通电时常开触点先闭合, 常闭触点后断开; 断电时常闭触点先闭合, 常开触点后断开。如果触点动作先后发生 "竞争" 的话, 电路工作则不可靠。触点竞争电路如图 3-5 所示, 若继电器 KA 采用 "先合后断" 型, 则自锁环节起作用, 如果 KA 采用 "先断后合" 型, 则自锁不起作用。

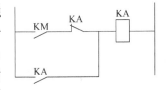

图 3-5　触点竞争电路

2. 要保证控制电路工作的安全和可靠性

电器元件要正确连接, 电器的线圈和触点连接不正确, 会使控制电路发生误动作, 有时会造成严重的事故。

(1) 线圈的连接　在交流控制电路中, 不能串联接入两个电器线圈, 如图 3-6 所示。即使外加电压是两个线圈额定电压之和, 也是不允许的。因为每个线圈上所分配到的电压与线圈阻抗成正比, 两个电器动

图 3-6　不能串联接入两个电器线圈

作总有先后, 先吸合的电器, 磁路先闭合, 其阻抗比没吸合的电器大, 电感显著增加, 线圈上的电压也相应增大, 故没吸合电器的线圈的电压达不到吸合值。同时电路电流将增加, 有可能烧毁线圈。因此两个电器需要同时动作时线圈应并联连接。

（2）电器触点的连接　同一个电器的常开触点和常闭触点位置靠得很近，不能分别接在电源的不同相上。不正确连接电器的触点如图3-7a所示，限位开关SQ的常开触点和常闭触点不是等电位，当触点断开产生电弧时很可能在两触点之间形成飞弧而造成电源短路。正确连接电器触点如图3-7b所示，则两触点电位相等，不会造成飞弧而引起电源短路。

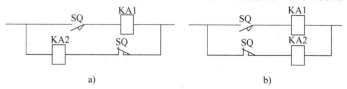

图3-7　电器触点的连接

3. 控制电路力求简单、经济

1）尽量减少连接导线。将电器元件触点的位置合理安排，可减少导线根数和缩短导线的长度，以简化接线。如图3-8中，起动按钮和停止按钮同放置在操作台上，而接触器放置在电气柜内。从按钮到接触器要经过较远的距离，所以必须把起动按钮和停止按钮直接连接，这样可减少连接线。

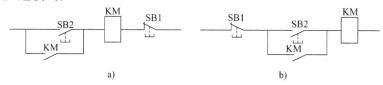

图3-8　减少连接导线

2）控制电路在工作时，除必要的电器元件必须长期通电外，其余电器应尽量不长期通电，以延长电器元件的使用寿命和节约电能。

4. 防止寄生电路

控制电路在工作中出现意外接通的电路叫寄生电路。寄生电路会破坏电路的正常工作，造成误动作。图3-9是一个具有过载保护和指示灯显示的可逆电动机的控制电路，电动机正转时过载，则热继电器动作时会出现寄生电路，如图中虚线所示，使接触器KM不能断电，起不了保护作用。

下面通过实例来介绍经验设计法的应用。图3-10示出了钻削加工时刀架的自动循环示意图。

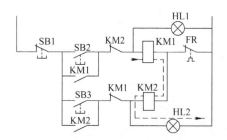

图3-9　具有过载保护和指示灯显示的
　　　　可逆电动机的控制电路

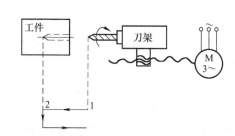

图3-10　刀架的自动循环示意图

（1）自动循环　即刀架由位置1移动到位置2进行钻削加工后自动退回位置1，实现自动循环。

（2）无进给切削　即钻头到达位置2时不再进给，但钻头继续旋转进行无进给切削以提高工件加工精度。

（3）快速停车　停车时，要求快速停车以减少辅助工时。

了解清楚生产工艺要求后则可进行电路的初步设计：

1）因设计主电路要求刀架自动循环，电动机实现正、反向运转，故采用两个接触器以改变电源相序。

2）确定控制电路的基本部分，设置由起动、停止按钮、正反向接触器组成的控制电动机正反转的基本控制环节，以及必要的自锁环节和互锁环节。图3-11 所示为刀架前进、后退的控制电路。

3）设计控制电路的特殊部分、工艺要求。

① 工艺要求刀架能自动循环。应采用限位开关 SQ1 和 SQ2 分别作为测量刀架运动的行程位置的元件，由它们发出的控制信号通过接触器作用于电动机。将 SQ2 的常闭触点串接于正向接触器 KM1 线圈电路中，SQ2 的常开触点与反向起

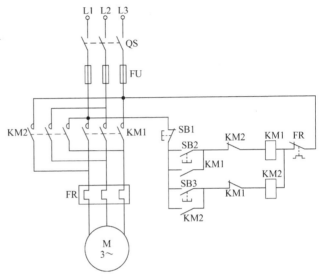

图 3-11　刀架前进、后退的控制电路

动按钮 SB3 并联连接。这样，当刀架前进到位置"2"时，压动限位开关 SQ2，其常闭触点断开，切断正向接触器线圈电路的电源，KM1 断电；SQ2 常开触点闭合，使反向接触器 KM2 通电，刀架后退，退回到位置"1"时，压动限位开关 SQ1。同样，把 SQ1 的常闭触点串接于反向接触器 KM2 线圈电路中，SQ1 的常开触点与正向起动按钮 SB2 并联连接，则刀架又自动向前，就这样刀架在不断的循环工作。

② 实现无进给切削。为了提高加工精度，要求刀架前进到位置"2"时进行无进给的切削，即刀架不再前进，但钻头继续转动切削（钻头转动由另一台电动机拖动），无进给切削一段时间后，刀架再后退。故电路根据时间原则，采用时间继电器来实现无进给切削控制，如图3-12所示。

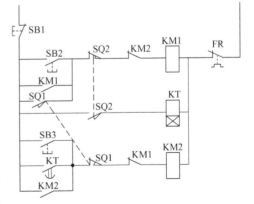

图 3-12　无进给切削的控制电路

当刀架到达位置"2"时，压动限位开关 SQ2，SQ2 的常闭触点断开，切断正向接触器 KM1 线圈电路，使刀架不再进给（但钻头继续转动切削），同时 SQ2 的常开触点闭合使时间继电器 KT 通电，到达整定时间后，KT 的延时闭合常开触点闭合，使反向接触器 KM2 通电，

刀架后退。

③ 快速停车。为提高生产率，工艺提出快速停车的要求。对笼型异步电动机来说，通常采用反接制动的方法。按速度原则采用速度继电器来实现，如图3-13所示。完整的钻削加工时刀架自动循环控制电路的工作过程如下：按下起动按钮SB2，接触器KM1通电、M正转、速度继电器正向常闭触点KSF断开，正向常开触点闭合；制动时，按下停止按钮SB1→接触器KM1断电、接触器KM2通电，进行反接制动；当转速接近零时，速度继电器正向常开触点KSF断开，接触器KM2断电，反接制动结束。

当电动机转速接近零时，速度继电器的常开触点KSF断开后，常闭触点KSF不是立即闭合，因而KM2有足够的断电时间使铁心释放，自锁触点断开，不会造成电动机反向起动。

电动机反转时的反接制动过程与正向的反接制动过程一样，不同的是反向转动时速度继电器方向触点KSR动作。

④ 设置必要的保护环节。电路采用熔断器FU做短路保护，热继电器FR做过载保护。

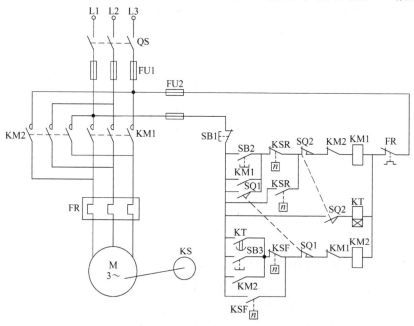

图3-13 完整的钻削加工时刀架自动循环控制电路

习题与思考题

3-1 如图3-14所示，A、B两个移动机构，分别由笼型异步电动机M1和M2拖动，均采用直接起动。要求按顺序完成下列动作：

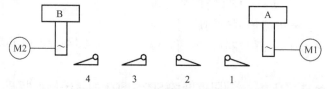

图3-14 习题3-1图

（1）按下起动按钮后，A部件从位置1移动到位置2后停止；

（2）B 部件自动从位置 4 移动到位置 3 停止；

（3）A 部件从位置 2 回到位置 1 停止；

（4）B 部件从位置 3 回到位置 4 停止；

（5）上述动作往复进行，要停车时，按下停止按钮。

试设计满足上述要求的主电路和控制电路。

3-2　工厂大门控制电路的设计。该大门由电动机拖动，如图 3-15 所示，要求：

（1）长动时在大门开、关到位后能自动停止；

（2）能点动开、关门。

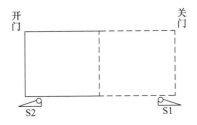

图 3-15　习题 3-2 图

3-3　如图 3-16 所示，小车在 A、B 间作复复运动，由 M1 拖动。小车在 A 点加入物料（由电磁阀 YV 控制），时间 20s。小车装完料后从 A 点运动到 B 点，由电动机 M2 带动小车倾斜倒料，时间 3s，然后 M2 断电，车斗复原。小车在 M1 的拖动下运动退回 A 点再装料，循环进行。要求设计主电路和控制电路。

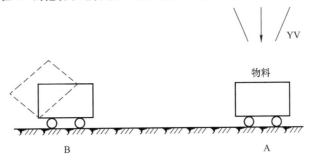

图 3-16　习题 3-3 图

第四章　空调与制冷系统的电气控制

空气调节是一门维持室内良好热环境的技术。良好的热环境是指能满足实际需要的室内空气温度、相对湿度、流动速度、洁净度等。空气调节（简称空调）系统的任务就是根据使用对象的具体要求，使上述参数部分或全部达到规定的指标。空气调节离不开冷、热源，因此，制冷装置是空调系统中的主要设备。

空气调节是一门专门的学科，有着极为丰富的专业内容。由于篇幅所限，本章仅以部分实例，介绍空调与制冷系统电气控制的基本内容和系统分析。

第一节　空调系统的分类与调节装置

一、空调系统的分类

空调系统的分类方法并不完全统一，这里仅介绍按空气处理设备的设置情况进行分类。

1. 集中式系统

集中式系统将空气处理设备（过滤、冷却、加热、加湿设备和风机等）集中设置在空调机房内，将空气处理后，由风管送入各房间的系统。这种空调系统应设置集中控制室，广泛应用于需要空调的车间、科研所、影剧院、火车站、百货大楼等不需要单独调节的公共建筑中。

2. 分散式系统

分散式系统（也称局部系统）是将整体组装的空调器（带冷冻机的空调机组、热泵机组等）直接放在空调房间内或放在空调房间附近，每个机组只供一个或几个房间。分散式系统广泛应用于医院、宾馆等需要局部调节空气的房间及民用住宅。

3. 半集中式系统

半集中式系统是集中处理部分或全部风量，然后送往各房间（或各区），在各房间（或各区）再进行处理的系统。其广泛应用于医院、宾馆等大范围需要空调，但又需局部调节的建筑中，在高层建筑工程中，常将集中式系统和半集中式系统统称为中央空调系统。根据建筑物的用途、规模和使用特点，中央空调可以是单一的集中式系统或单一的风机盘管加新风系统，或既有集中式系统，又有风机盘管加新风系统。

二、空调系统常用的调节装置

空调系统的运行需要进行自动控制和调节时，一般由自动调节装置实现。自动调节装置主要由敏感元件、调节器、执行调节机构等组成，但各种器件种类很多。本节仅介绍与电气控制实例有联系的几种。

（一）敏感元件

用来检测被调节参数大小并输出信号的部件叫作敏感元件，也称为检测元件、传感器或一次仪表。敏感元件装在被调房间内，它可以把感受到的房间温度（或相对湿度）信号经导线输送给调节器，由调节器与给定信号比较发出是否调节的指令。该指令由执行调节机构执行，达到房间温度、湿度能够进行自动调节的目的。

1. 电接点水银温度计

电接点水银温度计（干球温度计）有两种类型：固定接点式，其接点温度值是固定的，结构简单；可调接点式，其接点位置可通过给定机构在表的量限内调整。

可调接点式水银温度计外形如图4-1所示，它和一般水银温度计的不同之处在于毛细管上部有扁形玻璃管，玻璃管内装一根丝杆，丝杆顶端固定着一块扁铁，丝杆上装有一个扁形螺母，螺母上焊有一根细钨丝通到毛细管里，温度计顶端装有永久磁铁调节帽，有两根导线从顶端引出，一根导线与水银相连，另一根导线与钨丝相连。它的刻度分上下两段，上段用作调整给定值，由扁形螺母指示；下段为水银柱的实际读数。进行调整时，可转动调节帽，则固定扁铁被吸引而旋转，丝杆也随着转动，扁形螺母因为受到扁形玻璃管的约束不能转动，只能沿着丝杆上下移动。扁形螺母在上段刻度指示的位置即是所需整定的温度值，此时钨丝下端在毛细管中的位置刚好与扁形螺母指示位置对应。当温包受热时，水银柱上升，与钨丝接触后，即电接点接通。电接点若通过稍大电流时，不仅水银柱本身发热影响到测温、调温的准确性，而且在接点断开时所产生的电弧，将烧坏水银柱面和玻璃管内壁。因此，为了降低水银柱的电流负荷，将其电接点接在晶体管的基极回路，利用晶体管的电流放大作用来解决上述问题。

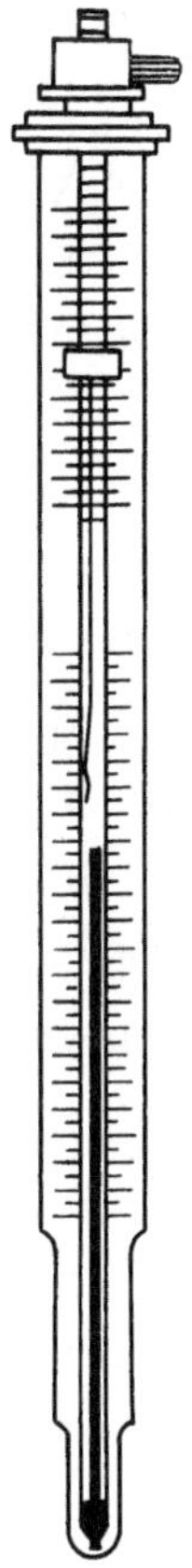

2. 湿球温度计

将电接点水银温度计的温包包上细纱布，纱布的末端浸在水里，由于毛细管的作用，纱布将水吸上来，使温包周围经常处于湿润状态，此种温度计称为湿球温度计。

当使用干、湿球温度计同时去测空调房间空气状态时，在两温度计的指示值稳定以后，同时读出干球温度计和湿球温度计的读数。由于湿球上水分蒸发吸收热量，湿球表面空气层的温度下降，因此，湿球温度一般总是低于干球温度。干球温度与湿球温度之差叫作干、湿球温度差，它的大小与被测空气的相对湿度有关，空气越干燥，其温度差就越大。若处于饱和空气中，则干、湿球温度差等于零。所以，在某一温度下，干、湿球温度差也就对应了被测房间的相对湿度。

图4-1　可调接点式
水银温度计外形

3. 热敏电阻

半导体热敏电阻是由某些金属（如镁、镍、铜、钴等）氧化物的混合物烧结而成的。它具有很高的负电阻温度系数，即当温度升高时，其阻值急剧减小。其特点是温度系数比铂、铜等电阻大10~15倍。一个热敏电阻元件的阻值也较大，达数千欧，故可产生较大的信号。

热敏电阻具有体积小、热惯性小、坚固等优点。目前RC-4型热敏电阻较稳定，广泛应用于室温的测定。

4. 湿敏电阻

湿敏电阻从机理上可分为两类：第一类是随着吸湿、放湿的过程，其本身的离子发生变化而使其阻值发生变化，属于这类的有吸湿性盐（如氯化锂）、半导体等；第二类是依靠吸附在物质表面的水分子改变其表面的能量状态，从而使内部电子的传导状态发生变化，最终也反映在电阻阻值变化上，属于这一类的有镍铁以及高分子化合物等。

氯化锂湿敏电阻是目前应用较多的一种高灵敏的感湿元件，具有很强的吸湿性能，而且吸湿后的导电性与空气湿度之间存在着一定的函数关系。

（二）执行调节机构

凡是接受调节器输出信号而动作，再控制风门或阀门的部件称为执行机构。如接触器、电动阀门的电动机等部件。而对于管道上的阀门、风道上的风门等称为调节机构。执行机构与调节机构组装在一起成为一个设备，这种设备可称为执行调节机构，如电磁阀、电动阀等。

1. 电动执行机构

电动执行机构是接受调节器送来的信号，去改变调节机构的位置。电动执行机构不但可实现远距离操纵，还可以利用反馈电位器实现按比例调节和位置（开度）指示。

电动执行机构的型号虽有数种，但其结构大同小异，现以 SM 型为例：由电容式两相异步电动机、减速箱、终端开关和反馈电位器等组成。

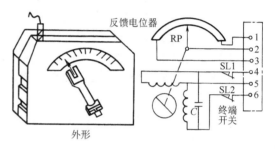

图 4-2 电动执行机构

如图 4-2 所示，图中 1、2、3 接点接反馈电位器，将 1、2、3 接点再接到调节器的输入端，可以实现按比例调节规律调节。采用双位调节时，可不用此电位器。4、5、6接点与调节器的输出触点相接，当 4、5 两接点间加 220V 交流电时，电动机正转，当 5、6两接点加 220V 交流电时，电动机反转。电动机转动后由减速箱减速并带动调节机构（如电动风门、电动调节阀等），另外还能带动反馈电位器中间臂移动，将调节机构移动的角度用阻值反馈回去。同时，在减速箱的输出轴上装有两个凸轮用来操纵终端微动开关（位置可调），限制输出轴转动的角度。即在达到要求的转角时，凸轮拨动终端微动开关，微动开关的常闭触点断开，使电动机自动停下来，这样，既可保护电动机，又可以在风门（或阀门）转动的范围内，任意确定风门（或阀门）的终端位置。

2. 电动调节阀

电动调节阀分为电动两通阀和电动三通阀两种。电动三通阀结构如图 4-3 所示。与电动执行机构的不同点是本身具有阀门部分，相同点是都有电容式两相异步电动机、减速器和终端开关等。

当接通电源后，电动机通过减速机构、传动机构将电动机的转动变成阀芯的直线运动，随着电动机转向的改变，使阀芯向开启或关闭方向运动。当阀芯处于全开或全关位置时，通过终端开关自动切断执行电动机的电源，同时接通指示灯以显示阀芯的终端位置。若和上述电动执行机构组合，可以实现按比例调节规律调节。

电动调节阀也有只能实现全开和全关两种状态的电动两通阀或电动三通阀，当阀芯全部打开时，电动机为堵转运行，是应用了特制的磁滞罩极电动机拖动的，其堵转电流为工作电流。当电动机断电时，利用弹簧的反弹力而旋转关闭，此类电动调节阀只能实现按双位调节规律调节。

3. 电磁阀

电磁阀分为两通阀、三通阀和四通阀，电磁两通阀应用最广泛，其结构如图 4-4 所示，其工作原理是利用电磁线圈通电产生的电磁吸力将阀芯提起，而当电磁线圈断电时，阀芯在其本身的自重作用下自行关闭或复位。因此，电磁两通阀只能垂直安装。电磁阀与多数电动调节阀不同点是，它的阀门只有全开和全关两种状态，没有中间状态，只能实现按双位调节规律调节。一般应用在制冷系统和蒸汽加湿系统。电磁导阀与其他主阀组合，也可实现按比例调节。

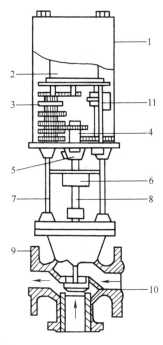

图 4-3　电动三通阀结构

1—机壳　2—电动机　3—传动机构
4—主轴螺母　5—主轴　6—弹簧联轴节
7—支持　8—阀主体　9—阀体
10—阀芯　11—终端开关

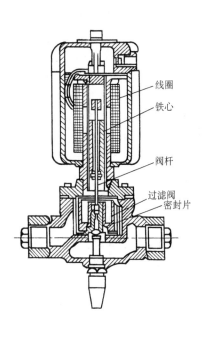

图 4-4　电磁两通阀结构

线圈
铁心
阀杆
过滤阀
密封片

（三）调节器

接受敏感元件的输出信号并与给定值比较，然后将测出的偏差变为输出信号，指挥执行调节机构，对调节对象起调节作用，并保持调节参数不变或在给定范围内变化的这种装置称为调节器，又称二次仪表或调节仪表。

1. SY 型调节器

SY 型调节器由两组电子电路和继电器组成，由同一电源变压器供电。如图 4-5 所示，上部为第一组，电接点水银温度计接在 1、2 两点上。当被测温度等于或超过给定温度时，敏感元件的电接点水银温度计接

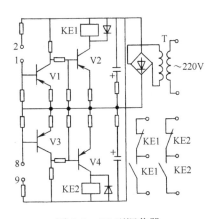

图 4-5　SY 型调节器

通 1、2 两点，V1 管处于饱和导通状态，使集电极电位提高，故 V2 管处于截止状态，小型灵敏继电器 KE1 释放（不吸合）；而当温度低于给定值时，1、2 两点处于断开状态，V1 管处于截止状态，V2 管基极电位较低而工作在导通状态，继电器 KE1 吸合，利用继电器 KE1 的触点去控制执行调节机构（电动阀或电磁阀），就可实现温度的自动调节。实际上就是一个将只能通过小电流的电接点水银温度计触点放大，转换成一个稍大点的电流触点调节器（也称电子继电器），此调节器只能实现双位调节。

图 4-5 中下面部分为第二组，8、9 两点接电接点湿球温度计，其工作原理与上面相同。两组配合，可在恒温恒湿机组中实现恒温恒湿的控制。

2. RS 型室温调节器

RS 型室温调节器可用于控制风机盘管等空调末端装置，按双位调节规律控制恒温。RS 型调节器电路如图 4-6 所示。由晶体管 V1 构成测量放大电路，V2、V3 组成典型的双稳态触发电路，通过继电器 KE 的触点转换而实现输出。实际上就是一个将电阻阻值变化（模拟量）转换成触点输出（开关量）的调节器。

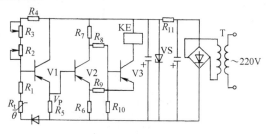

图 4-6 RS 型调节器电路

（1）测量放大电路 敏感元件是热敏电阻 R_t，它与电阻 R_1、R_2、R_3、R_4 组成 V1 的分压式偏置电路。当室温变化时，R_t 阻值就发生变化，因而可改变 V1 基极电位，进而使 V1 发射极电位 V_P 发生变化，V_P 用来控制下面的双稳态触发器。R_2 是改变温度给定值的电位器，改变其阻值可使调节器的动作温度改变。R_3 是安装时的调校电阻。

当 R_t 处的温度降低时，R_t 阻值增加，V1 管基极电流 I_{b1} 增加，使 V1 管发射极电流增加，则电阻 R_5 电压降增加，发射极电位 V_P 降低。反之，当 R_t 处的温度增加时，R_t 阻值减小，V1 管基极电流减小，发射极电流也减小，使 V_P 上升。

（2）双稳态触发电路 V2 管的集电极电位通过 R_8、R_{10} 分压支路耦合到 V3 管的基极，而 V3 管的发射极经 R_9 和共用发射极电阻 R_6 耦合到 V2 管的发射极。由于这样一种耦合方式，故称为发射极耦合的双稳态触发器。

触发电路是由两级放大器组成，放大系数大于 1，R_6 具有正反馈作用。电路具有两个稳定状态：V2 管截止、V3 管饱和导通；或者 V2 管饱和导通、V3 管截止。由于反馈回路有一定的放大系数，所以此电路有强烈的正反馈特性，使它能够在一定条件下，从一个稳定状态迅速地转换到另一个稳定状态，并通过继电器 KE 吸合与释放，将信号传递出去。

当 R_t 处的温度降低时，R_t 阻值增加，与给定温度电阻值比较，经过 V1 管放大使 V_P 降低，当 V_P 下降到一定值时，V2 管饱和导通、V3 管截止，继电器 KE 释放，发出温度低于给定温度的信号。

当 R_t 处的温度增加时，R_t 阻值减小，与给定温度电阻值比较，也经过 V1 管放大使 V_P 上升，当 V_P 上升到一定值时，V2 管截止、V3 管饱和导通，继电器 KE 吸合，发出温度高于给定温度的信号。

3. P 系列调节器

P 系列调节器是专为空调系统设计的比例调节器。它与电动调节阀配套使用，在取得位置反馈时，可构成连续比例调节，也可不采用位置反馈而直接控制接触器或电磁阀等，实现三位式输出。

　　该系列调节器有若干种型号，适用于不同要求的场合。如 P-4A 是温度调节器，P-4B 是温差调节器，可作为相对湿度调节；P-5A 是带温度补偿的调节器。P 系列各型调节器除测量电桥稍有不同外，其他大体相同。故下面仅对图 4-7 所示的 P-4A 型调节器电路进行分析。

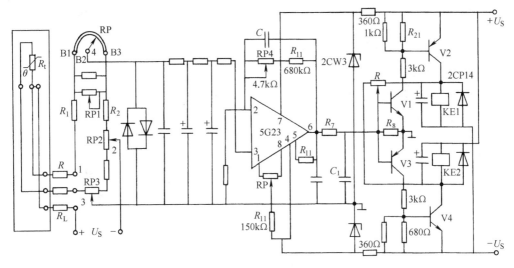

图 4-7　P-4A 型调节器电路

　　（1）直流测量电桥　电桥 1、2 两点的电源是由整流器供给的直流电，电桥的作用如下：

　　1）通过调节 RP3 调节温度给定值，由于采用了同时改变两相邻臂电阻的方法，所以可减少因滑动点接触电阻的不稳定对给定值带来的误差，RP3 安装在仪表板上，其上刻有给定的温度，比如 12～32℃量限，可在 12～32℃之间任意给定。

　　2）通过电阻 R_t（敏感元件）与给定电阻阻值相比较测量偏差信号。这是由于当不能满足相对臂乘积相等的条件，使电桥成为不平衡工作状态时，就会输出一个偏差信号。此信号由电桥 3、4 两点输出，再经阻容滤波滤去交流干扰信号后送入运算放大电路放大。电阻 R_t 是采用三线接法使连接线路的电阻属于电桥的两个臂，以消除线路电阻随温度变化而造成的测量误差。

　　3）位置反馈信号是由 RP 实现的，而反馈量的大小，可由 RP1 来调整。RP（电动执行机构的反馈电阻）与执行机构联动，因此两者位置相对应，当电桥不平衡时，执行机构动作，对被测量的温度进行调节，同时带动 RP，使电桥处于新的平衡状态，执行机构的电动机就停止转动，不至于调节过度。

　　4）RP2 是安装时的调校电位器。

　　（2）运算放大电路　运算放大电路采用集成电路，该放大电路利用 R_{11} 和 RP4 构成负反馈式比例放大器，放大倍数虽然降低了，但却增大了调节器的稳定性，同时通过改变放大倍数可以改变调节器的灵敏性，电容 C 反馈到输入端，最大限度地降低了干扰。电位器 RP 为放大器的校零电位器。

　　（3）输出电路　输出电路由晶体管 V1、V2、V3、V4 组成，它将直流放大器输出渐变的电压信号，转变为一个跳变的电压信号，使两个灵敏继电器 KE1、KE2 工作在开关状态。其工作过程是前级输出电压加在 R_8 上，其电压极性和数值大小由直流放大器的输出决定，即温度偏差的方向和大小来决定的。当 R_8 上的电压具有一定的极性又具有一定数值时，就会使 V1 或 V3 处于导通状态。例如：

当被测温度低于给定值时，R_8 上电压使 V1 的基极和发射极处于正向导通状态，V1 管导通，通过电阻 R_{21} 使 V2 基极电位下降，V2 管也处于导通状态，此时灵敏继电器 KE1 吸合，并通过其触点 KE1 使电动执行机构向某一方向转动进行调节，使温度上升。

当被测温度高于给定值时，R_8 上电压使 V3 管处于导通状态，V3 管发射极与集电极间的电压降减少，使 V4 管处于导通状态，灵敏继电器 KE2 吸合，并通过其触点 KE2 使电动执行机构向与前述相反的方向转动，以进行相应的调节，使温度下降。KE1 和 KE2 两个继电器可组合成三位式输出。

在实际工程中，有许多不同类型的调节器得到广泛应用，虽然电子电路组成不同（多数为集成电路），也可以是模拟量输出的，但其功能基本相同，此处不过多举例。

第二节　分散式空调系统的电气控制实例

在空调工程的实践中，并不是任何时候都需要采用集中式空调系统。例如，在一个大建筑物中，只有少数房间需要有空调，或者要求空调的房间虽然多，但却很分散，彼此相距较远，如果仍然采用集中式空调系统，不仅经济上不合算，而且给运行管理带来很多不方便，这时若采用分散式空调系统就可满足使用要求。

一、分散式空调机组的种类

目前我国生产的空调机组种类较多，如按冷凝器的冷却方式分：有水冷式和风冷式。如按外形结构分：有立柜式和窗式。立柜式还可分为整体式、分体式及专门用途等。如按电源相数分：有单相电源和三相电源。如按加热方式分：有电加热器式和热泵型。如按用途不同来分，大体有以下几种：

（1）冷风专用空调器　作为一般空调房间夏季降温减湿用，其电气设备主要有风机和制冷压缩机。其电动机电源有单相和三相的。

（2）热泵冷风型空调器　其特点是压缩机排风管上装有电磁四通阀，它可以改变制冷剂流出与吸入的管路连接状态，以实现夏季降温和冬季供暖。其电气设备主要有风机、压缩机和电磁阀，电动机电源有单相和三相的。

（3）恒温恒湿机组　这种机组能自动调节空气的温度和相对湿度，以满足房间在不同季节的恒温恒湿要求，其电气设备除了风机和压缩机之外，还设置有电加热器、电加湿器和自动控制设备等。

二、恒温恒湿机组的电气控制实例

冷风专用空调器和热泵冷风空调器在相对湿度自动调节方面一般没有特殊要求，所以控制电路较简单。而恒温恒湿机组对温度和相对湿度控制要求却较高，种类也很多，此处仅以 KD10 型空调机组为例，介绍系统中的主要设备及控制方法。

（一）系统组成及主要设备

空调机组控制系统如图 4-8 所示。主要设备按功能分由制冷、空气处理和电气控制 3 部分组成。

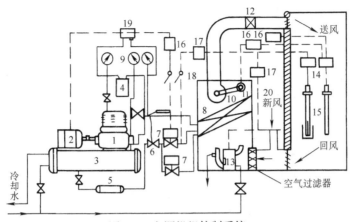

图 4-8　空调机组控制系统

1—压缩机　2—电动机　3—冷凝器　4—分油器　5—滤污器　6—膨胀阀　7—电磁阀
8—蒸发器　9—压力表　10—风机　11—风机电动机　12—电加热器　13—电加湿器
14—调节器　15—电触点干湿球温度计　16—接触器触点　17—继电触点　18—选择开关
19—压力继电器触点　20—开关

1. 制冷部分

制冷部分是机组的冷源，主要由压缩机、冷凝器、膨胀阀和蒸发器等组成（其制冷原理在本章第五节中介绍）。该系统使用的蒸发器是风冷式表面冷却器，为了调节系统所需的冷负荷，将蒸发器制冷剂管路分成两条，利用两个电磁阀分别控制两条管路的通和断，使蒸发器的蒸发面积全部或部分使用上，来调节系统所需的冷负荷量。分油器、滤污器等为辅助设备。

2. 空气处理部分

空气处理部分主要由新风采集口、回风口、空气过滤器、电加热器、电加湿器和通风机等设备组成。空气处理设备的主要任务是：将新风和回风经过空气过滤器过滤后，处理成所需要的温度和相对湿度，以满足房间空调要求。

（1）电加热器　电加热器按其构造不同可分为管式电加热器和裸线式电加热器。管式电加热器如图 4-9 所示，具有加热均匀、热量稳定、耐用和安全等优点，但其加热惰性大，结构复杂。裸线式电加热器如图 4-10 所示，具有热惰性小、加热迅速、结构简单等优点，但其安全性差。

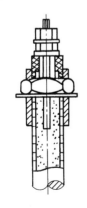
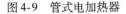

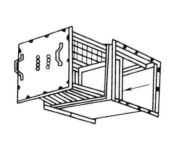

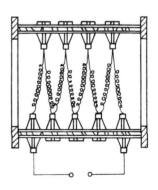

图 4-9　管式电加热器　　　　　　　　图 4-10　裸线式电加热器

（2）电加湿器 电加湿器是用电能直接加热水以产生蒸汽。用短管将蒸汽喷入空气中或将电加湿装置直接装在风道内，使蒸汽直接混入流过的空气。产生蒸汽所用的加热设备有电极式加湿器和管状加湿器。电极式加湿器如图4-11所示，是利用电极使水导电而加热，产生蒸汽喷出。管状加湿器相当于将管式电加热器经过防水绝缘处理后直接安放在水中进行加热产生蒸汽。

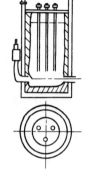

图4-11 电极式加湿器

3. 电气控制部分

电气控制部分的主要作用是实现恒温恒湿的自动调节，主要有电接点式干、湿球水银温度计及SY调节器、接触器、继电器等。

（二）电气控制电路分析

该空调机组电气控制电路如图4-12所示，可分为主电路、控制电路、信号灯与电磁阀控制电路3部分。总开关QF将电源接入机组。

当空调机组需要投入运行时，合上电源总开关QF，所有接触器的上接线端子、控制电路L1、L2两相电源和控制变压器TC均有电。合上开关S1，接触器KM1得电吸合：其主触点闭合，使通风机电动机M1起动运行；辅助触点KM1$_{1,2}$闭合，指示灯HL1亮；KM1$_{3,4}$闭合，为温、湿度自动调节做好准备，此触点称为联锁保护触点，即通风机未起动前，电加热器、电加湿器等都不能投入运行，起到安全保护作用，避免发生事故。

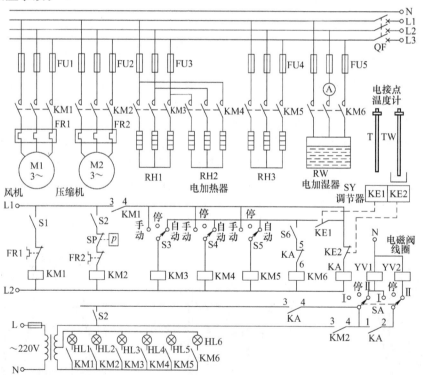

图4-12 空调机组电气控制电路

机组的冷源由制冷压缩机供给。压缩机电动机M2的起动由开关S2控制，其制冷量是利用控制电磁阀YV1、YV2来调节蒸发器的蒸发面积实现，由转换开关SA控制是否全部投入。YV1控制2/3的蒸发器蒸发面积，YV2控制1/3的蒸发器蒸发面积。

机组的热源由电加热器供给。电加热器分成 3 组，分别由开关 S3、S4、S5 控制。S3、S4、S5 都有"手动""停止""自动"3 个位置。当扳到"自动"位置时，可以实现自动调节。

1. 夏季运行的温、湿度调节

夏季运行时需降温和减湿（增大制冷量去湿），压缩机需投入运行，设开关 SA 扳在 Ⅱ 档，电磁阀 YV1、YV2 全部受控。电加热器可有一组投入运行，作为精加热用，设 S3、S4 扳至中间"停止"档，S5 扳至"自动"档。合上开关 S2，接触器 KM2 得电吸合，其主触点闭合，制冷压缩机电动机 M2 起动运行，其辅助触点 KM2$_{1,2}$ 闭合，指示灯 HL2 亮；KM2$_{3,4}$ 闭合，电磁阀 YV1 通电打开，蒸发器有 2/3 面积投入运行（另 1/3 面积受电磁阀 YV2 和继电器 KA 的控制）。由于刚开机时，室内的温度较高，敏感元件干球温度计 T 和湿球温度计 TW 接点都是接通的（T 的整定值比 TW 整定值稍高），与其相接的调节器 SY 中的继电器 KE1 和 KE2 均不吸合，KE2 的常闭触点使继电器 KA 得电吸合，其触点 KA$_{1,2}$ 闭合，使电磁阀 YV2 得电打开，蒸发器全部面积投入运行，空调机组向室内送入冷风，实现对新空气进行降温和冷却减湿。

当室内温度或相对湿度下降，低到 T 和 TW 的整定值以下时，其电接点断开使调节器中的继电器 KE1 或 KE2 得电吸合，利用其触点动作可进行自动调节。例如：室温下降到 T 的整定值以下，T 接点断开，SY 调节器中的继电器 KE1 得电吸合，其常开触点闭合，使接触器 KM5 得电吸合，其主触点使电加热器 RH3 通电，对风道中被降温和减湿后的冷风进行精加热，其温度相对提高。

如室内温度一定，而相对湿度低于 T 和 TW 整定的温度差时，TW 上的水分蒸发快而带走热量，使 TW 接点断开，调节器 SY 中的继电器 KE2 得电吸合，其常闭触点 KE2 断开，使继电器 KA 失电，其常开触点 KA$_{1,2}$ 恢复，电磁阀 YV2 失电而关闭。蒸发器只有 2/3 面积投入运行，制冷量减少而使相对湿度升高。

从上述分析可知，当房间内干、湿球温度一定时，其相对湿度也就确定了。这里，每一个干、湿球温度差就对应一个湿度差，若干球温度保持不变，则湿球温度的变化就表示了房间内相对湿度的变化，只要能控制住湿球温度不变就能维持房间内的相对湿度恒定。

如果选择开关 SA 扳到"Ⅰ"位置时，只有电磁阀 YV1 受调节，而电磁阀 YV2 不投入运行。此种状态可在春、夏交界和夏、秋交界制冷量需要较少时的季节用，其原理与上同。

为了防止制冷系统压缩机吸气压力过高运行不安全和压力过低运行不经济，利用高低压力继电器触点 SP 来控制压缩机的运行和停止。当发生高压超压或低压过低时，高低压力继电器触点 SP 断开，接触器 KM2 失电释放，压缩机电动机停止运转。此时，通过继电器 KA 的 KA$_{3,4}$ 触点使电磁阀继续受控。当蒸发器吸气压力恢复正常时，高低压力继电器触点 SP 恢复，压缩机电动机自动起动运行。

2. 冬季运行的温、湿度调节

冬季运行主要是升温和加湿，制冷系统不工作，需将 S2 断开。加热器有三组，根据加热量的不同，可分别选择在手动、停止或自动位置。设 S3 和 S4 扳在手动位置，接触器 KM3、KM4 均得电，RH1、RH2 投入运行而不受控。将 S5 扳至自动位置，RH3 受温度调节环节控制。当室内温度低时，干球温度计 T 接点断开，SY 调节器中的继电器 KE1 吸合，其常开触点闭合，使接触器 KM5 得电吸合，其主触点闭合，RH3 投入运行，使送风温度升高。

如室温较高，T 接点闭合，SY 调节器中的继电器 KE1 释放而使 KM5 断电，RH3 不投入运行。

室内相对湿度调节是将开关 S6 合上，利用湿球温度计 TW 接点的通断而进行控制。例如：当室内相对湿度较低时，TW 的温包上水分蒸发快而带走热量（室温在整定值时），TW 接点断开，SY 调节器中的继电器 KE2 吸合，其常闭触点 KE2 断开，使继电器 KA 失电释放，其触点 $KA_{5、6}$ 恢复，使 KM6 得电吸合，其主触点闭合，电加湿器 RW 投入运行，产生蒸汽对送风进行加湿。当相对湿度较高时，TW 和 T 的温差小，TW 接点闭合，KE2 释放，继电器 KA 得电，其触点 $KA_{5、6}$ 断开，使 KM6 失电而停止加湿。

该系统的恒温恒湿调节仅是位式调节，只能在制冷压缩机和电加热器的额定负荷以下才能保证温度的调节。另外，系统中还有过载和短路等保护。

目前，柜式空调器已经使用可编程序控制器进行控制，编程时，必须了解空气调节的运行工况，才能编出合理的程序，其运行工况与上述分析方法相同。

第三节　半集中式空调系统的电气控制实例

半集中式系统是将各种非独立式的空调机分散设置，而将生产冷、热水的冷水机组或热水器和输送冷、热水的水泵等设备集中设置在中央机房内。风机盘管加独立新风系统是典型的半集中式系统，这种系统的风机盘管分散设置在各个空调房间内。新风机可集中设置，也可分区设置，但都是通过新风管道向各个房间输送经新风机作了预处理的新风。因此，独立新风系统又兼有集中式系统的特点。

一、风机盘管和新风系统的组成

（一）空气处理设备

空气处理设备采用风机盘管和新风机，它们都是非独立式空调器，主要由风机、盘管式换热器和接水盘等组成。新风机还设有粗效过滤器。

1. 风机盘管

风机盘管分散设置在各个空调房间中，小房间设一台，大房间可设多台。它有明装和暗装两种。明装的多为立式，暗装的多为卧式，便于和建筑结构配合。暗装的风机盘管通常吊装在房间顶棚上方。风机盘管机组的风压一般很小，通常出风口不接风管。

2. 新风机

新风机相对集中设置，新风机是一种较大型的风机加盘管机组，专门用于处理和向各房间输送新风。新风是经管道送到各房间去的，因此要求新风机的风机有较高的压头。系统规模较大时，为了控制、管道布置和安装及管理维修方便，可将整个系统分区处理。例如按楼层水平分区或按朝向垂直分区等。有分区时，新风机宜分区设置。新风机有落地式和吊装式两种，宜设置在专用的新风机房内，也可以吊装在走廊尽头顶棚的上方。

3. 新风供给方式

房间新风的供给方式有两种：一种是通过新风送风干管和支管将新风机处理后的新风直接送入空调房间内，风机盘管只承担处理和送出回风，让两种风在空调房间内混合，称为新风直入式；另一种是新风支管将新风送入风机盘管尾箱，让新风与回风先在尾箱中混合，再经风机盘管处理送入房间，称为新风串接式。串接式要求风机盘管具有较大的送风量，如图

4-13 所示。各新风支管都应设置防火调节阀。

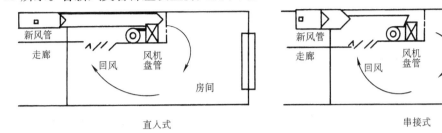

图 4-13　新风直入式与串接式

4. 排风设施

客房大多数设有卫生间，可在卫生间装顶棚式排风扇，用排风支管连接排风干管，对不设卫生间的房间，在房间适当的位置开设排风口和排风管连通，用排风机向室外排风，各排风支管也应设置防火调节阀。

（二）冷、热媒供给方式

1. 双管制和四管制系统

风机盘管空调系统所用的冷媒、热媒是集中供应的。供水系统分为双管制系统和四管制系统。

（1）双管制系统　双管制系统由一根供水管和一根回水管组成，这种系统冬季供热水、夏季供冷水都在同一管路中进行。优点是系统简单，节省投资；缺点是在过度季节出现朝阳房间需要冷却，而背阳房间则需要加热时不能全部满足要求。一般可采取按房间朝向分区控制。

（2）四管制系统　四管制系统是冷、热水各用一根供水管和回水管，其机组一般有冷、热两组盘管，若采用建筑物内部热源的热泵提供热量时，运行也很经济。四管制系统初次投资较高，仅在舒适性要求很高的建筑物中采用。

2. 定水量和变水量系统

（1）定水量系统　这种系统各空调末端装置（盘管）采用受感温器控制的电动三通阀调节，当室温没有达到设计值时，三通阀旁通孔关闭，直通孔开启，冷（热）水全部流经换热器盘管；当室温达到或低（高）于设计值时，三通阀直通孔关闭，旁通孔开启，冷（热）水全部流经旁通管直接流回回水管。因此，对总的系统来说水流量是不变。在负荷减少时，供、回水的温差会减少。

（2）变水量系统　这种系统各空调末端装置（盘管）采用受感温器控制的电动两通阀调节，当室温没有达到设计值时，两通阀开启，冷（热）水全部流经换热器盘管；当室温达到或低（高）于设计值时，两通阀关闭，换热器盘管中无冷（热）水流动。变水量系统为了在负荷减少时的供、回水能够平衡，应在中央机房的供、回水集管之间设置旁通管，在旁通管上装置压差电动两通阀，使供水经旁通管直接进入回水集管而维持供、回水平衡。变水量系统宜设两台以上的冷水机组，目前采用变水量调节方式的较多。

二、风机盘管空调系统电气控制实例

（一）室温调节方式

为了适应空调房间瞬变负荷的变化，风机盘管空调系统常用两种调节方式，即水量调节和风量调节。

1. 水量调节

当室内冷负荷减小时,通过直通两通阀或三通调节阀减少进入盘管的水量,盘管中冷水平均温度上升,冷水在盘管内吸收的热量减少。

2. 风量调节

风量调节方法应用较为广泛,通常调节风机转速以改变通过盘管的风量(分为高、中、低三速),也有应用晶闸管调压实行无级调速的系统。当室内冷负荷减少时,降低风机转速,空气向盘管的放热量减少,盘管内冷(热)水的平均温度下降。当人员离开房间时,还可将风机关掉,以节省冷、热量及电耗。

(二)风机盘管空调的电气控制

1. 电子温控器控制电路

风机盘管空调的电气控制一般比较简单,只有风量调节系统,其控制电路与电风扇的控制方式基本相同。此处仅以某空调器厂生产的 FP-5 型机组为例,介绍电气控制的基本内容。其电路如图 4-14 所示。

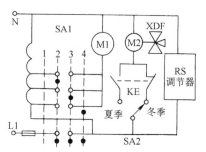

图 4-14 风机盘管电路

(1)风量调节 风机电动机 M1 为单相电容式异步电动机,采用自耦变压器调压调速(也有三速电动机产品)。风机电动机的速度选择由转换开关 SA1 实现(也可用推键式开关)。SA1 有 4 档,1 档为停,2 档为低速,3 档为中速,4 档为高速。

(2)水量调节 供水调节由电动三通阀实现,M2 为电动三通阀电动机,型号为 XDF。由单相交流 220V 磁滞罩极电动机带动的双位动作的三通阀,外形图如图 4-15 所示。其工作原理是:电动机通电后,立即按规定方向转动,经减速齿轮带动输出轴,输出轴齿轮带一扇形齿轮,从而带动阀杆、阀芯动作。阀芯由 A 端向 B 端旋转时,使 B 端被堵住,而 C 至 A 的水路接通,水路系统向机组供水。此时,电动机处于带电停转状态,磁滞罩极电动机可以满足这一要求。

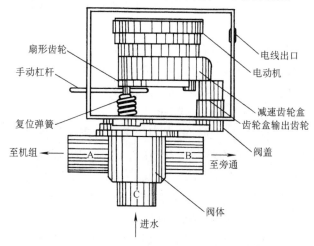

图 4-15 电动三通阀外形图

当需要停止供水时,调节器使电动机断电,此时由复位弹簧使扇形齿轮连同阀杆、阀芯及电动机同时反向转动,直至堵住 A 端为止。这时 C 至 B 变成通路,水经旁通管流至回水管,利于整个管路系统的压力平衡。

这种三通阀的开闭水路与电磁阀作用一样,不同点是电磁阀开闭时,阀芯有冲击,机械磨损快,而三通阀芯是靠转动开闭的,故冲击小,机械磨损小,使用寿命长。

该系统应用的调节器是 RS 型、KE 为 RS 型调节器中的灵敏继电器触点,由前面分析可知，当室内温度高于给定值时，热敏电阻阻值减小，继电器 KE 吸合，其触点动作。当室内温度低于给定值时，继电器 KE 释放，其触点复位。

为了适应季节变化，设置了季节转换开关 SA2，随季节的改变，在机组改变冷、热水的同时，必须相应改变季节转换开关的位置，否则系统将失控。

夏季运行时，SA2 扳至"夏"位置，水系统供冷水。当室内温度超过整定值时，RS 调节器中的继电器 KE 吸合，其常开触点闭合，三通阀电动机 M2 通电转动，打开 A 端，关掉 B 端，向机组供冷水。当室内温度下降低于给定值时，KE 释放，M2 失电，三通阀复位弹簧使 A 端关闭，B 端打开，停止向机组供冷水。

冬季运行时，SA2 扳至"冬"位置，水系统供热水。当室内温度低于给定值时，KE 不得电，其常闭触点使三通阀电动机 M2 通电转动，打开 A 端，关掉 B 端，向机组供热水。当室温上升超过给定值时，KE 吸合，其常闭触点断开而使 M2 失电，A 端关闭，B 端打开，停止向机组供给热水。

2. 波纹管温控器控制电路

风机盘管温控开关由开关和波纹管（机械式）温控器组合而成。其控制电路如图 4-16 所示，其中的图 a 为实际接线示意图，图中的 S1 为推键式电源和冷、热源转换开关，推键为放在热源档的位置；S2 为风机高、中、低推键式三速开关，推键为放在中速档的位置；ST 为温控开关的转换簧片的动、静触点。图 b 为开关的外形图。图 c 为双水管的接线图。图 d 为四水管（两个盘管）时的接线图。

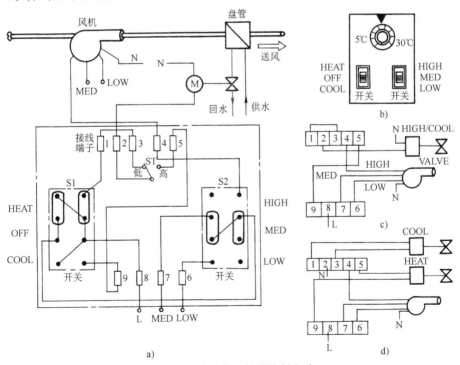

图 4-16　波纹管温控器控制电路

a）实际接线示意图　b）开关外形图　c）双水管接线图　d）四水管接线图

温控开关装于空调房间墙上，位置应选择在能准确感测室内的回风温度及方便操作处（可与灯开关并排安装）。外盖内的窗下装有双极充气波纹管（包）做感温元件。波纹管内充注的气体为感温剂，其压力随室温的波动而变化，压力使波纹管膨胀或收缩，膨胀时的压力驱动温控器的簧片 ST 动触点动作，簧片为转换式动触点，使两对静触点处于接通或断开状态。对盘管的电动阀实现接通或断开的控制，进而实现对温度的自动调节。收缩时，簧片利用弹性而复位。

温控器的上方装有温度设定旋钮，在 5 ~ 30℃ 范围内可调，偏差约 0.5 ~ 0.8℃。下部左面装有季节转换和停止用的 S1 开关，S1 为 HEAT- OFF- COOL（热-停止-冷）三档推键式开关，右面装有风机调速用的 S2 开关，S2 为 HIGH- MED- LOW（高-中-低）三档推键式开关。当 S1 推到 HEAT 或 COOL 档时，不论风机调速开关 S2 置于哪一档，风机都将运转；盘管的电动阀是否开启，与温控器的触点状态及季节有关。

例如，冬季系统供热水，S1 置于 HEAT 档，当温度低于温度旋钮设定值时，温控器的触点使 2 线和 3 线接通，盘管的电动阀开启，供热水升温；当温度高于温度旋钮设定值时，温控器的触点使 2 线和 3 线断开，盘管的电动阀关闭。同时，温控器的触点使 2 线和 5 线接通，但 S1 的 COOL 档没有接通而无用。夏季系统供冷水，S1 将置于 COOL 档，系统工作状态可自行分析。

三、新风机控制

（一）冷水盘管新风机控制

这种新风机仅用于夏季空调时处理新风，图 4-17 是它的控制示意图，图中 TE-1 为温度传感器；TC-1 为温度控制器；TV-1 为两通电动调节阀；PSD-1 为压差开关；DA-1 为风闸操纵杆。

1. 送风温度控制

装设在新风机送风管道内的温度传感器 TE-1 将检测的温度转化为电信号，并经连接导线传送至温控器 TC-1。TC-1 是一种比例加

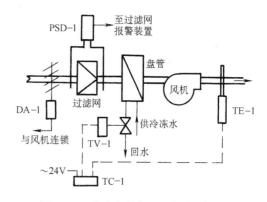

图 4-17　冷水盘管新风机控制示意图

积分的温控器，它将其设定点温度与 TE-1 检测的温度相比较，并根据比较的结果输出相应的电压信号，送至按比例调节的电动两通阀，控制阀门开度，按需要改变盘管冷水流量，从而使新风送风温度保持在所需要的范围内。注意：电动调节阀应与送风机起动器联锁，当切断送风机电路时，电动阀应同时关闭。

2. 风量调节

新风进风管道设风闸，通过风闸操纵杆可手动改变风闸开度，以按需要调节新风量。若新风量不需要调节，只需要控制新风进风管道的通与关，则可在新风入口处设置双位控制的风闸 DA-1，并令其与送风机联锁，当送风机起动时，风闸全开。

3. 空气过滤网透气度检测

空气过滤网透气度是用压差开关 PSD-1 检测的。当过滤网积尘过多，其两侧压差超过压差开关设定值时，其内部触点接通报警装置（指示灯或蜂鸣器）电路报警，提示需更换或清洗过滤网。

（二）冷、热水两用盘管新风机控制

这种新风机用于全年处理新风，其盘管夏季通冷水，冬季通热水。图 4-18 是它的控制

示意图。其中，TS-1 为带手动复位开关的降温断路温控器；TS-2 为能实现冬、夏季节转换骑型安装的温控器，其余与图 4-17 基本相同。

1. 冬夏季节转换控制

在新风送风温控器 TC-1 的某两个指定的接线柱上，外接一个单刀双掷型温控器 TS-2，其温度传感器装设于冷、热水总供水管上，即可对系统进行冬季/夏季的季节转换。在夏季，系统供应冷水，TS-2 处于断路状态，TS-1 的工作情况和对电动阀的控制与仅在夏季通冷水时的盘管控制相同；在冬季系统供应热水，TS-2 对电动阀的控制将改变为：当送风温度下降时，令电动阀阀门开度增大，以保持送风温度的稳定。TS-2 是根据总供水（由夏季的冷水改变为冬季的热水时）水温的变化，自动实现系统的冬、夏季节转换的温控器。冬夏的季节转换也可以用手动控制，只需将 TS-2 温控器换接为一个单刀开关，夏季令其断开，冬季令其闭合即可。

2. 降温断路控制

冷、热水两用盘管新风机控制示意图如图 4-18 所示。顺气流方向，装设在盘管之后的控制器 TS-1 是一种带有手动复位开关的降温断路温控器。在新风送风温度低于某一限定值时，其内的触点断开，切断风机电路使风机停止运转，并使相应的报警装置发出报警信号，同时与风机联锁的风闸和电动调节阀也关闭。降温断路温控器在系统重新工作前，应把手动复位杆先压下后再松开，使已断开的触点复位而闭合。这种温控器设置直读式温度盘，温度设定点可通过调整螺钉进行调整，调整范围为 2~7℃。温控器的感温包置于盘管表面。

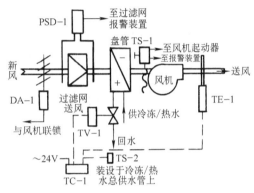

图 4-18 冷、热水两用盘管新风机控制示意图

第四节 集中式空调系统的电气控制实例

集中式空调系统的电气控制分为系列化设备和非系列化设备两种，本节仅以某单位的非系列化的集中式空调的电气控制作为实例，了解其运行工况及分析方法。

一、集中式空调系统电气控制特点

该系统能自动地调节温、湿度和自动地进行季节工况的自动转换，做到全年自动化。开机时，只需按一下风机起动按钮，整个空调系统就能自动投入正常运行（包括各设备之间的程序控制、调节和季节的转换）；停机时，只要按一下空调风机停止按钮，就可以按一定程序停机。

集中式空调系统自控原理示意图如图 4-19 所示。系统在室内放有两个敏感元件：其一是温度敏感元件 RT（室内型镍电阻）；其二是相对湿度敏感元件 RH 和 RT 组成的温差发送器。

1. 温度自动控制

RT 接至 P-4A 型调节器上，此调节器根据实际温度与给定值的偏差，对执行机构按比例规律进行控制。在夏季是控制一、二次回风风门来维持恒温（当一次风门关小时，二次风门开大，既防止风门振动，又加快调节速度）。在冬季是控制二次加热器（表面式蒸汽加热器）的电动两通阀开度实现恒温。

2. 温度控制的季节转换

夏转冬：当按室温信号将二次风门开足时，还不能使空气温度达到给定值，则利用风门电动执行机构的终端微动开关动作送出一个信号，使中间继电器动作，以实现工况转换的目的。但为了避免干扰信号使转换频繁，转换时均通过时间继电器延时。如果在整定的时间内恢复了原工作制（终端微动开关复原），该转换继电器还未动作，则不进行转换。

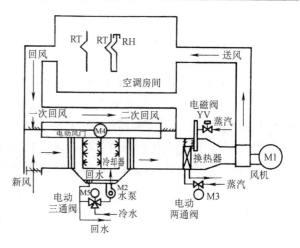

图 4-19　集中式空调系统自控原理示意图

冬转夏：由冬季转入夏季是利用加热器的电动两通阀关足时的终端微动开关动作送出一个信号，经延时后自动转换。

3. 相对湿度控制

相对湿度控制是通过 RH 和 RT 组成的温差发送器，反映房间内相对湿度的变化，将此信号送至冬、夏共用的 P-4B 型温差调节器。此调节器根据实际情况按比例规律控制执行调节机构。在夏季，是利用控制喷淋水的（或者控制表面式冷却器的冷冻水）温度实现降湿的。如果相对湿度较高，需要冷却减湿，通过调节电动三通阀而改变冷冻水与循环水的比例，使空气在进行冷却减湿的过程中满足相对湿度的要求（温度用二次风门再调节）。

冬季是利用表面式蒸汽加热器加热升温的，相对湿度较低，需采用喷蒸汽加湿。系统是按双位规律控制，通过高温电磁阀控制蒸汽加湿器达到湿度控制。

4. 湿度控制的季节转换

夏转冬：当相对湿度较低时，利用电动三通阀的冷水端全关足时送出一电信号，经延时后，使转换继电器动作，以使系统转入到冬季工况。

冬转夏：当相对湿度较高时，利用 P-4B 型调节器的上限电接点送出一电信号，经延时后，进行转换。

二、集中式空调系统的电气控制

1. 风机、水泵电动机的控制

集中式空调系统的电气控制电路如图 4-20 所示。运行前，应进行必要的检查，然后合上电源开关 QS，并将其他选择开关置于自动位置。

风机的起动：风机电动机 M1 是利用自耦变压器减压起动的。按下风机起动按钮 SB1 或 SB2，接触器 KM1 得电吸合：其主触点闭合，将自耦变压器三相绕组的零点接到一起；辅助触点 $KM1_{1,2}$ 闭合，自锁；$KM1_{5,6}$ 断开，互锁；$KM1_{3,4}$ 闭合，使接触器 KM2 得电吸合：其主触点闭合，使自耦变压器接通电源，风机电动机 M1 接自耦变压器减压起动，同时，时间继电器 KT1 也得电吸合：其触点 $KT1_{1,2}$ 延时闭合，使中间继电器 KA1 得电吸合：其触点

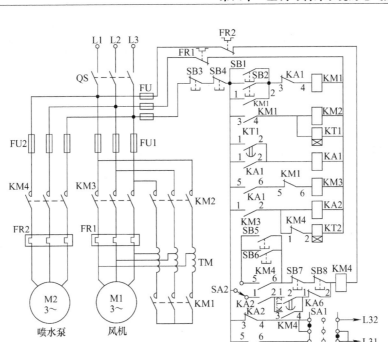

图 4-20　集中式空调系统的电气控制电路

$KA1_{1,2}$ 闭合，自锁；$KA1_{3,4}$ 断开，使 KM1 失电，KM2、KT1 也失电，风机电动机 M1 切除自耦变压器；$KA1_{5,6}$ 闭合，接触器 KM3 经 $KM1_{5,6}$ 得电吸合：其主触点闭合，风机电动机 M1 全压运行；辅助触点 $KM3_{1,2}$ 闭合，使中间继电器 KA2 得电吸合：其触点 $KA2_{1,2}$ 闭合，为水泵电动机 M2 自动起动作准备；$KA2_{3,4}$ 断开；L32 无电；$KA2_{5,6}$ 闭合，SA1 在运行位置时，L31 有电，为自动调节电路送电。

　　水泵的起动：喷水泵电动机 M2 是直接起动的，当风机正常运行时，在夏季需冷冻水的情况下，中间继电器 $KA6_{1,2}$ 处于闭合状态。当 KA2 得电时，KT2 也得电吸合；其触点 $KT2_{1,2}$ 延时闭合，接触器 KM4 经 $KA2_{1,2}$、$KT2_{1,2}$、$KA6_{1,2}$ 触点得电吸合，其主触点闭合使水泵电动机 M2 直接起动，对冷冻水进行加压；辅助触点 $KM4_{1,2}$ 断开，使 KT2 失电；$KM4_{5,6}$ 闭合，自锁；$KM4_{3,4}$ 为按钮起动用自锁触点。

　　转换开关 SA1 转到试验位置时，若不起动风机与水泵，也可通过中间继电器 $KA2_{3,4}$ 为自动调节电路送电，在既节省能量又减少噪声的情况下，对自动调节电路进行调试。在正常运行时，SA1 应转到运行位置。

　　当空调系统需要停止运行时，可通过停止按钮 SB3 或 SB4 使风机及系统停止运行。并通过 $KA2_{3,4}$ 触点为 L32 送电，整个空调系统处于自动回零状态。

　　2. 温度自动调节及季节自动转换

　　温度自动调节及季节自动转换电路如图 4-21 所示。敏感元件 RT 接在 P-4A 调节器端子板 XT1、XT2、XT3 上，P-4A 调节器上另外三个端子 XT4、XT5、XT6 接二次风门电动执行机构电动机 M4 的位置反馈电位器 R_{M4} 和电动两通阀 M3 的位置反馈电位器 R_{M3} 上。KE1、KE2 触点为 P-4A 调节器中继电器的对应触点。

（1）夏季温度调节 选择转换开关 SA3 在自控位置。如正处于夏季，二次风门一般不处于开足状态。时间继电器 KT3 线圈不会得电，中间继电器 KA3、KA4 线圈也不会得电，这时，一、二次风门的执行机构电动机 M4 通过 $KA4_{9,10}$ 和 $KA4_{11,12}$ 常闭触点处于受控状态。通过敏感元件 RT 检测室温，传递给 P-4A 调节器进行自动调节一、二次风门的开度。

例如，当实际温度低于给定值而有负偏差时，经 RT 检测并与给定电阻值比较，使调节器中的继电器 KE1 吸合，其常开触点闭合，发出一个用以开大二次风门和关小一次风门的信号。M4 经 KE1 常开触点和 $KA4_{11,12}$ 触点接通电源而转动，将二次风门开大，一次风门关小。利用二次回风量的增加来提高被冷却后的新风温度，使室温上升到接近于给定值。同时，利用电动执行机构的 R_{M4} 与温度检测电阻的变化相比较，成比例的调节一、二次风门开度。当 R_{M4}、RT 与给定电阻值平衡时，P-4A 中的继电器 KE1 失电，一、二次风门调节停止。如室温高于给定值，P-4A 中的继电器 KE2 将吸合，发出一个用以关小二次风门的信号，M4 经 KE2 常开触点和 $KA4_{9,10}$ 得到反相序电源，使二次风门成比例地关小。

（2）夏季转冬季工况 随着室外气温的降低，空调系统的热负荷也相应地增加，当二次风门开足时，仍不能满足要求时，通过二次风门开足时，压下 M4 的终端开关，使时间继电器 KT3 线圈通电吸合，其触点

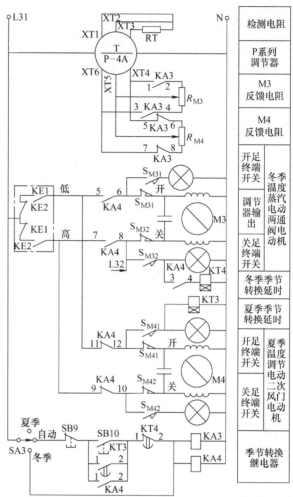

图 4-21 温度自动调节及季节自动转换电路

$KT3_{1,2}$ 延时（4min）闭合，使中间继电器 KA3、KA4 得电吸合，其触点：$KA4_{9,10}$、$KA4_{11,12}$ 断开，使一、二次风门不受控；$KA3_{5,6}$、$KA3_{7,8}$ 断开，切除 R_{M4}；$KA3_{1,2}$、$KA3_{3,4}$ 闭合，将 R_{M3} 接入 P-4A 回路；$KA4_{5,6}$、$KA4_{7,8}$ 闭合，使蒸汽加热器电动两通阀电动机 M3 受控；$KA4_{1,2}$ 闭合，自锁。系统由夏季工况自动转入冬季工况。

（3）冬季温度控制 冬季温度控制仍通过敏感元件 RT 的检测，P-4A 调节器中的 KE1 或 KE2 触点的通断，使电动两通阀电动机 M3 正转与反转，从而使电动两通阀开大与关小，并利用反馈电位器 R_{M3} 按比例规律调整蒸汽量的大小。

例如，当实际温度低于给定值而有负偏差时，经 RT 检测并与给定电阻值比较，使调节

器中的继电器 KE1 吸合，其常开触点闭合，发出一个开大电动两通阀的信号。M3 经 KE1 常开触点和 KA4$_{5,6}$ 触点接通电源而转动，将电动两通阀开大，使表面式蒸汽加热器的蒸汽量加大，使室温上升到接近于给定值。同时，利用电动执行机构的反馈电阻 R_{M3} 与温度检测电阻的变化相比较，成比例的调节电动两通阀的开度。当 R_{M3}、RT 与给定电阻值平衡时，P-4A 中的继电器 KE1 失电，电动两通阀的调节停止。如室温高于给定值，P-4A 中的继电器 KE2 将吸合，发出一个用以关小电动两通阀开度的信号。

（4）冬季转夏季工况　随着室外气温升高，蒸汽电动两通阀逐渐关小。当完全关闭时，通过终端开关送出一个信号，使时间继电器 KT4 线圈通电，其触点 KT4$_{1,2}$ 延时（约 1 ~ 1.5h）断开，KA3、KA4 线圈失电，此时一、二次风门受控，蒸汽两通阀不受控，由冬季转到夏季工况。

从上述分析可知，工况的转换是通过中间继电器 KA3、KA4 实现的。当系统开机时，不管实际季节如何，系统则是处于夏季工况（KA3、KA4 经延时后才通电）。如当时正是冬季，可通过 SB10 按钮强迫转入冬季工况。

3. 湿度自动调节及季节自动转换

相对湿度检测的敏感元件是由 RT 和 RH 组成温差发送器，该温差发送器接在 P-4B 调节器 XT1、XT2、XT3 端子上，通过 P-4B 调节器中的继电器 KE3、KE4 触点（为了与 P-4A 调节器区别，将 P 系列调节器中的继电器 KE1、KE2 编为 KE3、KE4）的通断，在夏季通过控制冷冻水温度的电动三通阀电动机 M5，并引入位置反馈 R_{M5}，构成比例调节；在冬季则通过控制喷蒸汽用的电磁阀或电动两通阀实现。控制电磁阀只能构成双位调节，控制电路简单，控制效果不如控制电动两通阀好。湿度自动调节及季节转换电路如图 4-22 所示。

（1）夏季相对湿度的控制　夏季相对湿度控制是通过电动三通阀来改变冷水与循环水的比例，实现增冷减湿的。如室内相对湿度较高时，由敏感元件发送一个温差信号，通过 P-4B 调节器放大，使继电器 KE4 吸合，使控制三通阀的电动机 M5 得电，将电动三通阀的冷水端开大，循环水关小。表面式冷却器中的冷冻水温度降低，进行冷却减湿，接入反馈电阻 R_{M5}，实

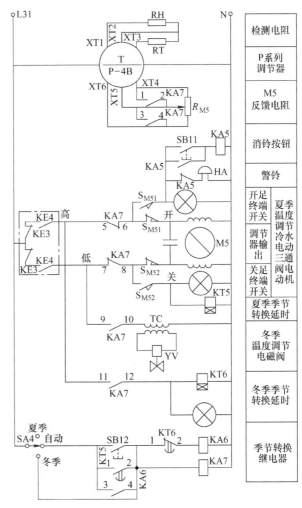

图 4-22　湿度自动调节及季节转换电路

现比例调节。室内相对湿度较低时，通过敏感元件检测和 P-4B 中的继电器 KE3 吸合，将电动三通阀的冷水端关小，循环水开大，冷冻水温度相对提高，相对湿度也提高。

（2）夏季转冬季工况 当室外气温变冷，相对湿度也较低时，自动调节系统就会使表面式冷却器的电动三通阀中的冷水端关足。利用电动三通阀完全关闭时 M5 终端开关的动作，使时间继电器 KT5 得电吸合，其触点 $KT5_{1,2}$ 延时（4min）闭合，中间继电器 KA6、KA7 线圈得电，其触点 $KA6_{1,2}$ 断开，KM4 失电，水泵电动机 M2 停止运行；$KA6_{3,4}$ 闭合，自锁；$KA6_{5,6}$ 断开，向制冷装置发出不需冷源的信号；$KA7_{1,2}$、$KA7_{3,4}$ 闭合，切除 R_{M5}；$KA7_{5,6}$、$KA7_{7,8}$ 断开，使电动三通阀电动机 M5 不受控；$KA7_{9,10}$ 闭合，喷蒸汽加湿用的电磁阀受控；$KA7_{11,12}$ 闭合，时间继电器 KT6 受控，进入冬季工况。

（3）冬季相对湿度控制 在冬季，加湿与不加湿的工作是由调节器 P-4B 中的继电器 KE3 触点实现的。当室内相对湿度较低时，调节器 KE3 线圈得电，其常开触点闭合，减压变压器 TC 通电（220V/36V），使高温电磁阀 YV 通电，打开阀门喷射蒸汽进行加湿。此为双位调节，湿度上升后，调节器 KE3 失电，其触点恢复，停止加湿。

（4）冬季转夏季工况 随着室外空气温度升高，新风与一次回风混合的空气相对湿度也较高，不加湿也出现高湿信号，调节器中的继电器 KE4 线圈得电吸合，使时间继电器 KT6 线圈得电，其触点 $KT6_{1,2}$ 经延时（1.5h）断开，使中间继电器 KA6、KA7 失电，证明长期存在高湿信号，应使自动调节系统转到夏季工况。如果在延时时间内，$KT6_{1,2}$ 未断开，而 KE4 触点又恢复了，说明高湿信号消除，则不能转入夏季工况。

通过上述分析可知，相对湿度控制工况的转换是通过中间继电器 KA6、KA7 实现的。当系统开机时，不论是什么季节，系统将工作在夏季工况，经延时后才转到冬季工况。按下 SB17 按钮，可强迫系统快速转入冬季工况。

第五节 制冷系统的电气控制实例

空调工程所用的冷源可分为天然冷源和人工冷源两种。人工制冷的方法有许多种，目前广泛使用的是利用液体在低压下气化时要吸收热量这一特性来制冷的。属于这一类的制冷装置有：压缩式制冷、溴化锂吸收式制冷和蒸汽喷射制冷等。本节主要介绍压缩式制冷的基本原理和制冷系统的电气控制。

一、压缩式制冷的基本原理和主要设备

1. 压缩式制冷的基本原理

在日常生活中都有这样的感受，如果皮肤上涂上一点酒精，它就会很快挥发，并给皮肤带来凉快的感觉，这是因为酒精由液态变为气态时，吸收皮肤上热量的缘故。压缩式制冷就是利用液体气化都要从周围介质（如水、空气）吸收热量这一特性实现制冷的。

在制冷装置中用来实现制冷的工作物质称为制冷剂（致冷剂或工质）。常用的制冷剂有氨和氟利昂等。

图 4-23 所示的是由制冷压缩机、冷凝器、膨胀阀（节流阀或毛细管）和蒸发器 4 个主件以及管路等构成的最简单的蒸汽压缩式制冷装置，装置内充有一定质量的制冷剂。

工作原理：当压缩机在电动机驱动下运行时，就能从蒸发器中将温度较低的低压制冷剂气体吸入气缸内，经过压缩后成为压力、温度较高的气体被排入冷凝器；在冷凝器内，高压

高温的制冷剂气体与常温条件的水（或空气）进行热交换，把热量传给冷却水（或空气），而使本身由气体凝结为液体；当冷凝后的液态制冷剂流经膨胀阀时，由于该阀的孔径极小，使液态制冷剂在阀中由高压节流至低压进入蒸发器；在蒸发器内，低压低温的制冷剂液体的状态是很不稳定的，立即进行汽化（蒸发）并吸收蒸发器水箱中水的热量，从而使喷水室回水重新得到冷却又成为冷水（冷冻水），蒸发器所产生的制冷剂气体又被压缩机吸走。这样

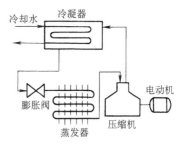

图 4-23　蒸汽压缩式制冷装置

制冷剂在系统中要经过压缩、冷凝、节流和蒸发等过程才完成一个制冷循环。

由上述制冷剂的流动过程可知，只要制冷装置正常运行，在蒸发器周围就能获得连续和稳定的冷量，而这些冷量的取得必须以消耗能量（如电动机耗电）作为补偿。

2. 压缩式制冷系统的主要设备

制冷压缩机通过消耗电动机转换的机械能，一方面压缩蒸发器排除的低压制冷剂蒸汽，使之升压到在常温下冷凝所需的冷凝压力，同时也提供了制冷剂在系统中循环流动所需的动力。可以说，它是蒸汽压缩式制冷系统的心脏。

按工作原理分类，制冷压缩机有容积式和离心式。容积式压缩机是通过改变工作腔的容积来完成吸气、压缩、排气的循环工作过程，常用的压缩机有螺杆式和活塞式。离心式压缩机则是靠离心力的作用来压缩制冷剂蒸气的，常用于大型中央空调制冷设备中。

制冷系统除具有压缩机、冷凝器、膨胀阀和蒸发器 4 个主要部件以外，为保证系统的正常运行，尚需配备一些辅助设备，包括油分离器（分离压缩后的制冷剂蒸气所夹带的润滑油）、贮液器（存放冷凝后的制冷剂液体，并调节和稳定液体的循环量）、过滤器和自动控制器件等。

二、螺杆式冷水机组的电气控制

不同型号的冷水机组其控制电路是不同的，而且差别也比较大，如果不了解其运行工况，识读控制电路图的难度是比较大的，首先，冷水机组的保护环节比较多，而且保护环节大多数是非电量的检测，比如吸、排气的压力、温度，润滑油的压力、温度，冷（冻）水与冷却水的压力、温度和流量，以及压缩机本身的能量调节等。其次是冷水机组的控制器件已经是电子化了，电子器件与电磁器件的工作原理是不相同的，如果不了解电子器件的工作原理，就不知道其输出量随输入量的变化关系，所以必须先解读其电子器件的工作原理。目前，冷水机组已广泛应用直接数字控制（DDC），为了解冷水机组的运行工况，下面介绍RCU 日立螺杆式冷水机组的控制电路（见图 4-24），为识读其他冷水机组的控制电路奠定基础。

（一）电路控制特点

1. 主电路

RCU 螺杆式冷水机组有两台压缩机，电动机为 M1 和 M2，每台电动机的额定功率为29kW，采用丫－△减压起动，要求两台电动机起动有先后顺序，M1 起动结束后，M2 才能起动，以减轻起动电流对电网的冲击。

每台电动机分别由自动开关 QF1 和 QF2 实现过载和过电流保护。还装有防止相序接错而造成反转的相序保护电器 F1 和 F2，F1 或 F2 通电时，只有相序接对，F1 或 F2 的常开触

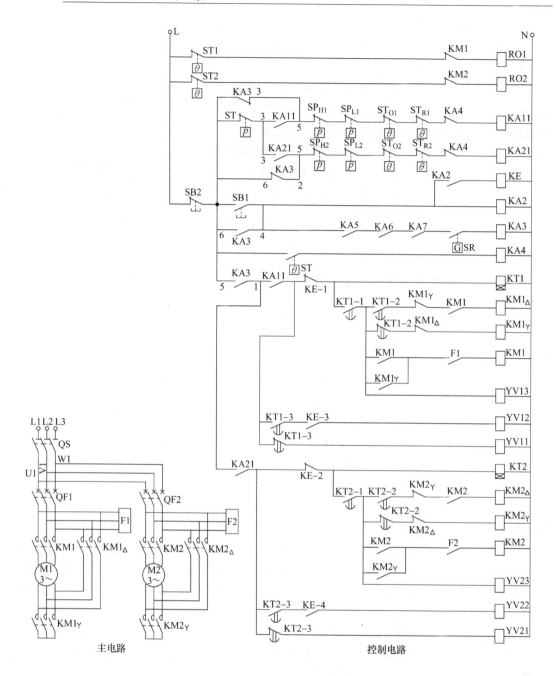

图 4-24 螺杆式冷水机组的电路图

点才能闭合, 控制电路才能工作。同时也兼有缺相保护, 缺相时, 其常开触点也不能闭合。

2. 冷水机组的非电量保护

（1）压缩机排气压力过高保护 由高压压力继电器 SP_{H1} 和 SP_{H2} 实现, 当压缩机出口排气压力超过设定值时, 其常闭触点断开, 使对应的电动机停止运行, 阻断压力为 2.2MPa, 接通压力为 1.6MPa, 主要目的是防止压缩机在过负载下运行而损坏设备。

（2）压缩机吸气压力过低保护 由低压压力继电器 SP_{L1} 和 SP_{L2} 实现, 当压缩机进口吸气压力低于设定值时，其常闭触点断开，使对应的电动机停止运行，阻断压力为 0.25MPa，接通压力为 0.5MPa，主要目的是防止压缩机在低负载下运行而浪费能源。

（3）润滑油低温保护 当润滑油温度低于 110℃时，油的黏度太大，会使压缩机难以起动，为此，在压缩机的油箱里分别设置有油加热器 RO1 和 RO2，在压缩机起动前，使润滑油温度加热高于 110℃，油加热器的容量为 150W，当油温加热高于 140℃时，通过油箱里分别设置的温度继电器而断开油加热器 RO1 或 RO2；当油温加热高于 110℃时，温度继电器 ST_{O1} 或 ST_{O2} 的触点闭合，压缩机电动机才能起动。

（4）电动机绕组高温保护 每台电动机定子内设置有温度继电器 ST_{R1} 和 ST_{R2}，当电动机绕组温度高于 115℃以上时，其常闭触点断开，使对应的电动机停止运行。

（5）冷水低温保护 在冷水管道上设置有温度传感器 ST，其触点有两对：常开触点和常闭触点。当冷水温度下降到 2.5℃时，温度传感器 ST 触点动作，其常开触点闭合，接通继电器 KA4，使事故继电器线圈断电，进而断开接触器 KM1 和 KM2，防止水温太低而结冰，当冷水温度回升到 5.5℃时，其触点才能恢复。

（6）冷水流量保护 在冷水管道上还设置有靶式流量计 SR，当冷水管道里有水流动时，SR 的常开触点才能闭合，冷水机组才能开始起动。

（7）水循环系统的联锁保护 与冷水机组配套工作的还应该有冷却水塔（冷却风机）、冷却水泵和冷水泵，其开机的顺序为：先冷却风机开、冷却水泵开、冷水泵开、延时 1min 后，再起动冷水机组。而停止的顺序为：先冷水机组停，延时 1min 后，冷水泵停、冷却风机停，然后为冷却水泵停。

由于冷却风机、冷却水泵、冷水泵等的电动机控制电路比较简单，此处不分析。如果电动机容量较大时，增加减压起动环节。图中的继电器 KA5、KA6、KA7 分别为各台电动机起动信号用继电器，只有 3 个继电器都工作，冷水机组才能开始起动。

3. 电子控制器件

（1）温度控制调节器 KE 温度控制调节器 KE 的功能是：当冷水机组需要工作时，按下 SB1 使 KA2 和 KA3 线圈通电，KA2 使 KE 整流变压器接通工作电源，其输入信号为安装在冷水回水管道上的热敏电阻传感器，调节器 KE 接有温度给定电位器，其输出有 4 对触点，可以设置 4 组温度，分别对应 4 对触点 KE-1、KE-2、KE-3 和 KE-4，其中 KE-1 和 KE-2 用的是常闭触点，KE-3 和 KE-4 用的是常开触点。

冷水回水温度一般为 12℃以上，当回水温度下降了 4℃（为 8℃）时，KE-4 动作；当回水温度又下降了 1℃（为 7℃）时，KE-3 动作；当回水温度再下降了 1℃（为 6℃）时，KE-2 动作；当回水温度下降到 5℃（共下降了 7℃）时，KE-1 动作。用温度控制方式对冷水机组实现能量调节。温度控制调节器 KE 可以看成由 4 组 RS 调节器组合而成。

（2）电子时间继电器 KT 电子时间继电器 KT1 和 KT2 分别有 3 组延时输出，分别对应有 3 组触点，如 KT1 有 KT1-1、KT1-2 和 KT1-3，其中 KT1-1 只用了一对常开触点。时间继电器的延时主要是用于冷水机组电动机的起动顺序控制，起动过程中的 丫-△ 转换的控制，起动过程中的吸气能量控制等。

KT1-1 的延时可调节为 60s，KT1-2 延时为 65s，KT1-3 延时为 90s。而 KT2-1 延时可调节为 120s，KT2-2 延时为 125s，KT2-3 延时为 150s。以上延时也可以根据实际需要，重新调节。电子时间继电器 KT 可以看成为分别由 3 组时间继电器组合而成，其线圈实际上就是整流变压器的工作电源。

（二）冷水机组的控制电路分析

1. 冷水机组电动机的起动

冷水机组需要工作时，合上电源开关 QS、QF1 和 QF2，系统已经起动了冷却风机、冷却水泵、冷水泵等的电动机，对应的 KA5、KA6、KA7 常开触点闭合，各保护环节正常时，事故保护继电器 KA11 和 KA12 通电吸合并且自锁，按下 SB1，KA2、KA3 线圈通电而吸合，KA2 触点闭合使温度控制调节器 KE 接通工作电源，此时冷水温度较高，KE 的状态不变；而 KA3 的 6、4 触点闭合，自锁；KA3 的 5、1 触点闭合，KT1、KT2 接通工作电源，开始延时，KT1 延时 60s 时，KT1-1 的常开触点闭合，使 KM1∨ 线圈通电，其主触点闭合，使 M1 定子绕组接成星形接法；其辅助常闭触点断开，互锁；常开触点闭合（相序正确，F1 常开触点闭合），接触器 KM1 线圈通电，其主触点闭合，使 M1 定子绕组接电源，星形接法起动。同时，KM1 的辅助触点闭合，自锁并准备接通 KM1△。

当 KT1 延时 65s 时，KT1-2 的常闭触点断开，使 KM1∨ 线圈断电，其触点恢复；KT1-2 的常开触点闭合，使 KM1△ 线圈通电，其主触点闭合，使 M1 定子绕组接成三角形，起动加速及运行。KM1△ 的辅助触点断开而互锁。

在 M1 起动前，KT1-3 的常闭触点接通了起动电磁阀 YV11 线圈，其电磁阀推动能量控制滑块打开了螺杆式压缩机的吸气回流通道，使 M1 传动的压缩机能够轻载起动。

当 KT1 延时 90s 时，KT1-3 的常闭触点断开，YV11 线圈断电，电磁阀关闭了吸气回流通道，使 M1 开始带负载运行，进行吸气、压缩、排气，开始制冷。而 KT1-3 的常开触点闭合，因为冷水回水温度较高，KE-3 没有动作，电磁阀 YV12 没有得电。电磁阀 YV13 是安装在制冷剂通道的阀门，其作用是在电动机起动前才打开，制冷剂才流动，可以使压缩机起动时的吸气压力不会过高而难于起动，电磁阀 YV23 的作用与 YV13 相同。

当 KT2 延时 120s 时，KT2-1 的常开触点闭合，使 KM2∨ 线圈通电，其主触点闭合，使 M2 定子绕组接成星形接法，准备减压起动，分析方法与 M1 起动过程相同，也是空载起动。当 KT2 延时 125s 时，M2 起动结束，当 KT2 延时 150s 时，电磁阀 YV21 断电，M2 满负载运行。

2. 能量调节

当系统所需冷负荷减少时，其冷水的回水温度变低，低到 8℃ 时，经温度传感器检测，送到 KE 调节器，与给定温度电阻比较，使 KE-4 触点动作，其常开触点闭合，使能量控制电磁阀 YV22 线圈通电，M2 传动的压缩机能量调节卸载滑阀动作，使压缩机的吸气回流口打开一半（50%），此时 M2 只有 50% 的负载，两台电动机的总负载为 75%，制冷量下降，回水温度将上升。

如果回水温度上升到 12℃ 时，使 KE-4 触点又断开，电磁阀 YV22 线圈断电，能量调节的卸载滑阀恢复，使压缩机的吸气回流口关闭，两台电动机的总负载可带 100%。一般不会满负荷运行。

当系统所需冷负荷又减少时，其冷水的回水温度降低到 7℃ 时，使 KE-3 常开触点闭合，使能量控制电磁阀 YV12 线圈通电，M1 传动的压缩机能量调节卸载滑阀动作，使压缩机的吸气回流口打开一半（50%），M1 也只有 50% 的负载运行，两台电动机的总负载也为 50%。

当系统回水温度降低到6℃时，使KE-2的常闭触点断开，KM2、KM2△、KT2的线圈都断电，使电动机M2断电停止，总负载能力为25%。如果回水温度又回升到10℃时，又可能重新起动电动机M2。

当系统回水温度降低到5℃时，使KE-1的常闭触点断开，KM1、KM1△、KT1的线圈都断电，使电动机M1也断电停止。由分析可知，此压缩机的能量控制可在100%、75%、50%、25%和零的档次调节。

图中的油加热器RO1和RO2在合电源时就对润滑油加热，油温超过110℃时，电动机才能起动，起动后，利用KM1、KM2的常闭触点使其断电。如果长时间没有起动，当油温加热高于140℃时，利用其内部设置的ST1或ST2的常闭触点动作使其断电。

习题与思考题

4-1 良好的热环境指的是什么？

4-2 空调系统有哪几类？

4-3 什么是敏感元件、执行调节机构和调节器？

4-4 用什么方法可确定室内相对湿度？

4-5 电动阀、电磁阀的主要驱动器各是什么？

4-6 SY型调节器，当室温低于给定值时，通过哪个器件发出动作指令？

4-7 RS型调节器，当室温高于给定值时，继电器KE是否吸合？

4-8 P系列调节器的敏感元件为什么用三线接法？当室温超过给定值时，继电器KE1或KE2哪个吸合？

4-9 在恒温恒湿机组实例中：①应用的传感器是什么？②采用哪种调节器？③夏季运行投入哪些电气设备？相对湿度调节由哪种设备实现的？④冬季运行投入哪些电气设备？其相对湿度调节由哪种设备实现的？

4-10 在电子温控器的风机盘管空调实例中：①应用的敏感元件、调节器、执行调节机构各是哪种？②风量调节是通过什么器件控制的？③水量调节是怎样控制的？④如不改变季节转换开关位置，为什么会出现失调？

4-11 机械式温控器控制的风机盘管空调实例中，如风机和盘管装在顶棚上，温控器开关装在门边，其垂直配线需要几根线？双盘管时，其垂直配线需要几根线？

4-12 集中式空调：①系统中应用的敏感元件、调节器、执行调节机构各是哪种？②冬季恒温调节什么？③夏季恒温调节什么？④冬季恒湿调节什么？⑤夏季恒湿调节什么？⑥冬季室温超过给定值时，哪个调节器中的什么元件动作，通过哪个执行调节机构调节的？⑦夏季室内相对湿度超过给定值时，哪个调节器中的什么元件动作，通过哪个执行调节机构调节的？⑧温度控制怎样实现夏转冬？⑨湿度控制怎样实现夏季转冬季的？

4-13 制冷系统：①试述制冷装置4个主件的名称及制冷原理。②螺杆式制冷压缩机控制电路有哪几种保护？压缩机开机时，电动机应用了什么方法起动？其能量调节是用什么方式控制的？

第五章　水泵与锅炉设备的电气控制

水泵是加压设备，高层建筑的生活用水和消防用水都需要加压，但其控制方式有所不同，可分为水位或压力控制、消防按钮控制和自动喷水灭火系统的控制等。在高层建筑中，还有用于防火分区和防排烟的设备，也需要电气控制。锅炉则是大型空调和热水的供热源。本章对上述设备的电气控制进行介绍。

第一节　生活水泵的控制

由于城区供水管网在用水高峰时压力不足或发生爆管时造成较长时间停水，各局部供水系统都设有蓄水池或高位水箱蓄水，以备生产、生活和消防用水。为了使高位水箱或供水管网有一定的水位或压力，需要安装加压水泵。水泵的控制一般要求能实现自动控制或远距离控制，根据要求不同，可分为水位或压力控制等，下面介绍几种常见的控制方式及控制电路。

一、干簧管水位控制器

水位控制一般用于高位水箱给水和污水池排水。将水位信号转换为电信号的设备称为水（液）位控制器（传感器），常用的水位控制器有干簧管开关式、浮球（磁性开关、水银开关、微动开关）式、电极式和电接点压力表式等。

1. 干簧管开关

图 5-1 是干簧管开关原理结构图。在密封玻璃管 2 内，两端各固定一片用弹性好、磁导率高的坡莫合金制成的舌簧片 1 和 3。舌簧片自由端相互接触处，镀以贵重金属金、铑、钯等，保证良好的接通和断开能力。玻璃管中充入氮等惰性气体，以减少触点的污染与电腐蚀。图 5-1a、b 分别是常开和常闭触点的干簧管开关原理结构图。

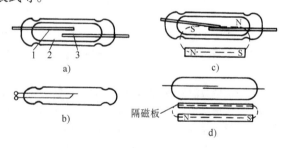

图 5-1　干簧管开关原理结构图
1、3—舌簧片　2—玻璃管

舌簧片常用永久磁铁和磁短路板两种方式驱动，图 5-1c 所示为永久磁铁驱动，当永久磁铁"N—S"运动到它附近时，舌簧片被磁化，中间的自由端形成异极性而相互吸引（或排斥），触点接通（或断开），当永久磁铁离开时，舌簧片消磁，触点因弹性而断开（或接通）。图 5-1d 是磁短路板驱动，干簧管与永久磁铁组装在一起，中间有缝隙，其舌簧片已经被磁化，触点已经接通（或断开）。当磁短路板（铁板）进入永久磁铁与干簧管之间的缝隙时，磁力线通过磁短路板组成闭合回路，舌簧片消磁，因弹性而恢复，当磁短路板离开后，舌簧片又被磁化而动作（接通或断开）。

2. 干簧管水位控制器

干簧管开关和永久磁铁组成的水位控制器适用于工业与民用建筑中的水箱、水塔及水池等开口容器的水位控制或水位报警之用。图 5-2 为干簧管水位控制器的安装和接线图。其工作原理是：在塑料管或尼龙管内固定有上、下水位干簧管开关 SL1 和 SL2，塑料管下端密封防水，连线在上端接出。在塑料管外套一个能随水位移动的浮标（或浮球），浮标中固定一个永久磁环，当浮标随

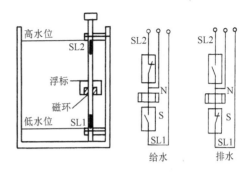

图 5-2　干簧管水位控制器的安装和接线图

水位移动到上或下水位时，对应的干簧管接收到磁信号而动作，发出水位电开关信号。干簧管开关触点有常开和常闭两种形式，其组合方式有一常开和一常闭的水位控制器、两常开的水位控制器，如在塑料管中固定有 4 个干簧管，可有若干种组合方式，可用于水位控制及报警。

二、水泵的控制电路

水泵的控制有单台泵控制方案，两台泵互为备用、备用泵手动投入的控制方案，两台泵互为备用，备用泵自动投入的控制方案。较大的泵又有减压起动，两台泵减压起动的备用泵手动投入和备用泵自动投入的控制方案等。

1. 两台泵互为备用，备用泵手动投入控制

图 5-3 为两台泵互为备用，备用泵手动投入的控制电路，图中的 SA1 和 SA2 是万能转换开关（LW5 系列），如是单台泵控制，只用一个转换开关就可以了。万能转换开关的操作手柄一般是多档位的，触点数量也较多。其触点的闭合或断开在电路图中采用展开图表示法，即操作手柄的位置用虚线表示，虚线上的黑圆点表示操作手柄转到此档位时，该对触点闭合；如无黑圆点，表示该对触点断开。其他多档位的转换开关（如主令控制器，凸轮控制器等）也都采用这种展开图表示法。

图 5-3 中的 SA1 和 SA2 操作手柄各有两个位置，触点数量各为 4 对，实际用了 3 对，手柄向左扳时，触点①和②、③和④为闭合的，触点⑤和⑥为断开的，为自动控制位置，即由水位控制器发出的触点信号，控制水泵电动机的起动和停止。手柄向右扳（或不动）时，为手动控制位置，即手动起动和停止按钮，控制水泵电动机的起动和停止。需要说明的是，大多数的设备都离不开手动控制，目的是设备检修时用，所以都要安装手动控制环节。

图 5-3 可以划分为水位控制开关接线图、水位信号电路、两台泵的主电路和两台泵的控制电路。水泵需要运行时，合上电源开关 QS1、QS2。因为是互为备用，故转换开关 SA1 和 SA2 总有一个放在自动位，另一个放在手动位。设 SA1 放在自动位（左手位），触点①和②、③和④为闭合的，触点⑤和⑥为断开的，1 号泵为常用机组；SA2 放在手动位（不动）时，2 号泵为备用机组。

工作原理分析：若高位水箱（或水池）水位在低水位时，浮标磁铁下降，对应于 SL1 处，SL1 常开触点闭合，水位信号电路的中间继电器 KA 线圈通电，其常开触点闭合，一对用于自锁，一对通过 $SA1_{1,2}$ 使接触器 KM1 通电，1 号泵投入运行，加压送水。当浮标离开

SL1 时，SL1 断开。当水位到达高水位时，浮标磁铁使 SL2 常闭触点断开，继电器 KA 失电，接触器 KM1 失电、水泵电动机停止运行。

如果 1 号泵在投入运行时发生过载或者发生接触器 KM1 接收信号不动作等故障，KM1 的辅助常闭触点恢复，通过 $SA1_{3,4}$ 使警铃 HA 响，值班人员知道后，将 SA1 放在手动位，准备检修，而将 SA2 放在自动位，接受水位信号控制。警铃 HA 因 $SA1_{3,4}$ 断开而不响。

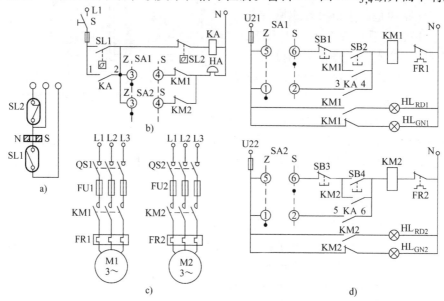

图 5-3　两台泵互为备用，备用泵手动投入的控制电路

2. 两台泵互为备用，备用泵自动投入控制

图 5-4 为两台泵互为备用，备用泵自动投入的控制电路，其工作原理如下：

正常工作时，电源开关 QS1、QS2、S 均合上，SA 为万能转换开关 LW5 系列，有 3 档 10 对触点，实际用了 8 对。手柄在中间档时，11～12、19～20 两对触点闭合，为手动操作起动按钮控制，水泵不受水位控制器控制。当 SA 手柄扳向左面 45°时，15～16、7～8、9～10 这 3 对触点闭合，1 号泵为常用机组，2 号泵为备用机组。当水位在低水位（给水泵）时，浮标磁铁下降对应于 SL1 处，SL1 闭合，水位信号电路的中间继电器 KA1 线圈通电，其常开触点闭合，一对用于自锁，一对通过 $SA_{7,8}$ 使接触器 KM1 通电，1 号泵投入运行，加压送水。当浮标离开 SL1 时，SL1 断开。当水位到达高水位时，浮标磁铁使 SL2 动作，KA1 失电，KM1 失电，水泵停止运行。

如果 1 号泵在投入运行时发生过载或者接触器 KM1 接收信号不动作，时间继电器 KT 和警铃 HA 通过 $SA_{15,16}$ 长时间通电，警铃响，KT 延时 5～10s，使中间继电器 KA2 通电，经 $SA_{9,10}$ 使接触器 KM2 通电，2 号泵自动投入运行，同时 KT 和 HA 失电。

若 SA 手柄扳向右面 45°时，5 和 6、1 和 2、3 和 4 这 3 对触点闭合，2 号泵自动，1 号泵为备用。其工作原理可自行分析。

三、其他水位控制器

1. 浮球磁性开关液位控制器

UQK—611、612、613、614 型浮球磁性开关液位控制器，是利用浮球内藏干簧管开关动作而发出水位信号的。因外部无任何可动机构，其特别适用于含有固体、半固体浮游物的液体，如生活污水、工厂废水及其他液体的液位自动报警和控制。

图5-5为浮球磁性开关外形结构示意图，主要由工程塑料浮球，外接导线和密封在浮球内的开关装置组成。开关装置由干簧管、磁环和动锤构成。制造时，磁环的安装位置偏离干簧管中心，其厚度小于一根簧片的长度，所以磁环几乎全部从单根簧片上通过，两簧片间无吸力，干簧管触点处于断开状态。当动锤靠紧磁环时，可视为磁环厚度增加，两簧片被磁化而相互吸引，使其触点闭合。

浮球磁性开关液位控制器安装示意图如图5-6所示。当液位在下限时，浮球正置（见图5-5方向），重锤靠自重位于浮球下部，浮球因为重锤在下部，重心向下，基本保持正置状态，发出开泵信号。开泵后

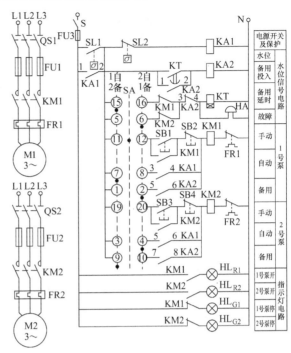

图5-4　两台泵互为备用，备用泵自动投入的控制电路

液位上升，当液位接近上限时，由于浮球被支持点和导线拉住，便逐渐倾斜。当浮球刚超过水平测量位置时，位于浮球内的重锤靠自重向下滑动使浮球的重心在上部，迅速翻转而倒置，使干簧管触点吸合，发出停泵信号。当液位下降到接近下限时，浮球又重新翻转回去，又发出开泵信号。在实际应用中，可用几个浮球磁性开关分别设置在不同的液位上，各自给出液位信号对液位进行控制和监视。

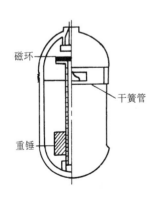

图5-5　浮球磁性开关外形结构示意图

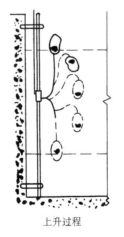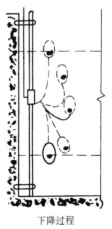

上升过程　　　　下降过程

图5-6　浮球磁性开关液位控制器安装示意图

水泵的控制方案与前相同，仅是水位信号取法不同，使水位信号电路略有不同。图5-7为单球给水水位信号电路，其他控制电路部分套用图5-3。当水位处于低水位时，浮球正

置，重锤在下部，干簧管触点断开，但需要起动水泵，通过一个中间继电器 KA 将 SL 常开转换为闭合触点，发出水泵起动信号。当水位达到高位时，浮球倒置，重锤下滑使干簧触点 SL 吸合，使 KA 通电，发出停泵信号，直到水位重新回到低水位时，浮球翻转，SL 打开又发出开泵信号。其他工作过程与图5-3分析相同，读者可自行分析。

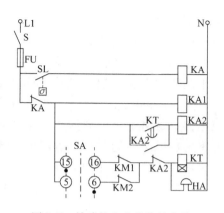

图5-7 单球给水水位信号电路

2. 电极式水位控制器

电极式水位控制是利用水或者液体的导电性能，在水箱高水位或低水位时，使互相绝缘的电极导通或不导通，发出信号使晶体管灵敏继电器动作而发出指令来控制水泵的开或停。

图5-8 为一种三电极（8线柱）式水位控制器原理图。当水位在 DJ2 和 DJ3 以下时，DJ2 和 DJ3 之间不导电，晶体管 V2 截止，V1 饱和导通，灵敏（小型）继电器 KE 吸合，其触点使线柱 2 至 3 发出开泵指令。当水位上升使 DJ2 和 DJ3 导通时，因线柱 5 至 7 不通，V2 继续截止，V1 继续导通；当水位上升到使 DJ1、DJ2 和 DJ3 均导通时，线柱 5 至 7 导通，V2 饱和导通，V1 截止，KE 释放，发出停泵指令。

信号电路可参照图5-3自行设计，注意晶体管电路本身需接电源。

3. 压力式水位控制器

水箱的水位也可以通过压力来检测，水位高压力也高，水位低压力也低。常用的是 YXC—150 型电触点压力表，既可用于压力控制又可作为检测仪表。它由弹簧管、传动放大机构、刻度盘指针和电触点装置等构成，其示意图如图5-9所示。当被测

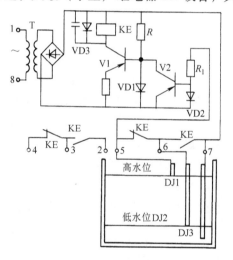

图5-8 三电极（8线柱）式水位控制器原理图

介质的压力进入弹簧管时，弹簧产生位移，经传动机构放大后，使指针绕固定轴发生转动，转动的角度与弹簧管中压力成正比，并在刻度上指示出来，同时带动电触点指针动作。在低水位时，指针与下限整定值触点接通，发出低水位信号；在高水位时，指针与上限整定值触点接通；在水位处于高低水位整定值之间时，指针与上下限触点均不通。

如将电触点压力表安装在供水管网中，可以通过反应管网供水压力而发出开泵和停泵信号。可设置一台水泵对几个水箱供水，各水箱应安装浮球控制阀，水箱水位高时，浮球控制阀封闭水箱进水阀门。

水泵的控制方案与前相同，也仅是水位信号电路略有不同，图5-10 为电触点压力表水位信号电路。当水箱水位低（或管网水压低）时，电触点压力表指针与下限整定值触点接通，中间继电器 KA1 通电并自锁和发出开泵电信号。当水压升高时，压力表指针脱离下限触点，但 KA1 有自锁，泵继续运行。当水压升高到使压力表指针与上限整定值触点接通时，

中间继电器 KA 通电，其常闭使 KA1 失电发出停泵指令。

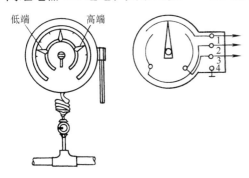

图 5-9　电触点压力表示意图

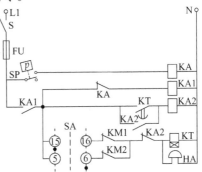

图 5-10　电触点压力表水位信号电路

4. 电阻式水位传示仪

在水位控制的实际应用中，不仅要求实现远距离的水位控制，而且希望实现远距离（控制中心）显示水箱中的实际水位，电阻式水位传示仪就可以同时实现这两个功能。电阻式水位传示仪由一次仪表（传感器）和二次仪表（调节器）组成。

（1）传感器　一次仪表由随水位移动的浮球、传动用的钢丝绳、导轮、传动变速齿轮、可调电位器和重锤组成，水位移动时，通过传动装置使可调电位器的阻值发生变化，将电阻的阻值信号传递给二次仪表进行调节。图 5-11 为电阻式水位传感器的示意图。电位器的阻值可在 $0 \sim 1k\Omega$ 之间变化。

（2）调节器　二次仪表应用的是动圈式指示调节仪，动圈式指示调节仪的国内统一型号为 XCT，XCT 的含义为：显示仪表、磁电式、指示调节仪。图 5-12 为动圈式指示调节仪电路，它由测量电路和调节电路组成。

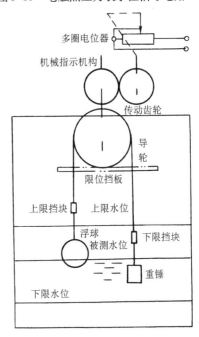

图 5-11　电阻式水位传感器的示意图

1）测量电路（指针指示部分）。测量电路由四臂测量电桥、检流计和直流电源组成，检流计的可动线圈放在永久磁钢的磁场中，当线圈无电流时，在张丝的作用下，线圈不动，仪表的指针指示在初始水位（初始水位可以调试在中间位）。当水位变化时，对应的电阻值发生变化，破坏了电桥的平衡，A 和 B 两点之间产生不平衡电压，检流计的线圈产生电流，此载流线圈在永久磁场内受到电磁力矩的作用，使可动线圈转动，直到与张丝的反作用力矩相平衡时为止。仪表指针所指的刻度就是实际水位。因为该仪表指示水位时，电桥是处于不平衡状态，故称为不平衡电桥。

2）调节电路。调节电路（控制部分）由电感三点式高频振荡器、检波和放大器等部分组成。电感线圈 L3 是装在刻度板下面给定指针上的两个检测线圈，两个检测线圈相对安装，中间留有适当的空隙，可以让测量指针上面所带的铝旗自由进出。

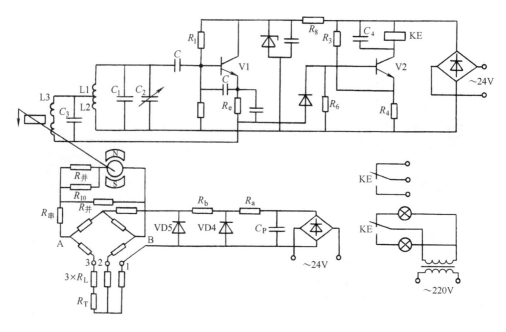

图 5-12 动圈式指示调节仪电路

当测量指针上的铝旗在给定指针线圈 L3 外面时，L3 的电感量最大，L3、C_3 电路对振荡频率的交流阻抗较小，故反馈作用较小，振荡器的振荡幅度较大，这时就有高频电压加到二极管和电阻 R_6 上，于是在电阻 R_6 上获得较大的直流电压，使晶体管 V2 导通，从而使继电器 KE 吸合，继电器 KE 的常闭触点断开、常开触点闭合。

反之，当测量指针上的铝旗进入给定指针线圈 L3 里面时（到达给定值位置时），振荡器停振，电阻 R_6 上的检波电压也变得很小，使晶体管 V2 截止，继电器 KE 释放，其触点恢复。当测量指针上的铝旗又离开给定指针线圈 L3 时，继电器 KE 又吸合。因此，调节给定指针在刻度板上的位置，就可以改变给定水位。

在电阻式水位传示仪中，XCT 的调节电路共有两组，也就是说：给定指针线圈 L3 共有两组，一组用于反映和调节低水位给定，另一组用于反映和调节高水位给定。对应的继电器也有两个，可以统编为 KE1 和 KE2，KE1 用于低水位时发出起动水泵信号，KE2 用于高水位时发出停止水泵信号，每个继电器又都有常闭和常开触点，因为是小型继电器，其触点为转换式（非桥式触点），中间触点为常闭和常开共用的接线点。电阻式水位传示仪组成的信号电路可以自行设计。

第二节　消防水泵的控制

消防灭火方式可以分为人工灭火和自动灭火。人工灭火常用的是室内消火栓，喷水灭火时需要起动加压水泵。自动喷水灭火时，也需要自动起动加压水泵，两者仅是起动信号不同。

一、室内消火栓加压水泵的电气控制

凡担负着室内消火栓灭火设备给水任务的一系列工程设施，称为室内消火栓给水系统。它是建筑物内采用最广泛的一种人工灭火系统。当室外给水管网的水压不能满足室内消火栓给水系统最不利点的水量和水压时，应设置消防水泵和水箱的室内消火栓给水系统。

民用建筑以及水箱不能满足最不利点消火栓水压要求时，每个消火栓处应设置直接起动消防水泵的按钮，以便及时起动消防水泵，提供火场救灾用水。按钮应设有保护设施，如放在消防水带箱内，或放在有玻璃或塑料板保护的小壁龛内，以防止误操作。消防水泵一般都设置两台泵互为备用。

图5-13为消火栓水泵电气控制电路，两台泵互为备用，备用泵自动投入，正常运行时电源开关QS1、QS2、S1、S2均闭合，S3为水泵检修双投开关，不检修时放在运行位置。SB10～SBn为各消火栓箱消防起动按钮，无火灾时，按钮被玻璃面板压住，其常开触点已经闭合，中间继电器KA1通电，消火栓泵不会起动。SA为万能转换开关，手柄放在中间时，为泵房和消防控制中心控制起动水泵，不接受消火栓内消防按钮控制指令。设SA扳向左45°时，SA$_1$和SA$_6$闭合，1号泵自动，2号泵备用。

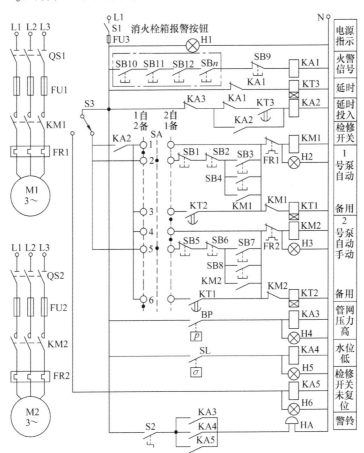

图5-13　消火栓水泵电气控制电路

若发生火灾时，打开消火栓箱门，用硬物击碎消防按钮的面板玻璃，其按钮常开触点恢复，使KA1断电，时间继电器KT3通电，经数秒延时使KA2通电并自锁，同时串接在KM1线圈回路中的KA2常开辅助触点闭合，经SA$_1$使KM1通电，1号泵电动机起动运行，加压喷水。

如果 1 号泵发生故障或过载，热继电器 FR1 的常闭触点断开，KM1 断电释放，其常闭触点恢复，使 KT1 通电，其常开触点延时闭合，经 SA6 使 KM2 通电，2 号泵投入运行。

当消防给水管网水的压力过高时，管网压力继电器触点 BP 闭合，使 KA3 通电发出停泵指令，通过 KA2 断电而使工作泵停止并进行声、光报警。

当低位消防水池缺水，低水位控制器 SL 触点闭合，使 KA4 通电，发出消防水池缺水的声、光报警信号。

当水泵需要检修时，将检修开关 S3 扳向检修位置，KA5 通电，发出声、光报警信号。S2 为消铃开关。

二、自动喷水灭火系统加压水泵的电气控制

自动喷水灭火系统是一种能自动动作喷水灭火，并同时发出火警信号的灭火系统。其适用范围很广，凡可以用水灭火的建筑物、构筑物均可设自动喷水灭火系统。我国的自动喷水灭火系统要求设置在重点建筑和重点位置。

自动喷水灭火系统按喷头按开闭形式可分为闭式喷水灭火系统和开式喷水灭火系统。闭式喷水灭火系统按其工作原理又可分为湿式、干式和预作用式。其中湿式喷水灭火系统应用最为广泛。

湿式喷水灭火系统由闭式喷头、管道系统、水流指示器（水流开关）、湿式报警阀、报警装置和供水设施等组成。图 5-14 为湿式自动喷水灭火系统示意图。该系统管道内始终充满着压力水。当火灾发生时，高温火焰或高温气流使闭式喷头的玻璃球炸裂或易熔元件熔化而自动喷水灭火，此时，管网中的水从静止的状态变为流动的，安装在主管道各分支处对应的水流开关触点闭合，发出起动水泵的电信号。根据水流开关和管网压力开关信号等，消防控制电路能自动起动消防水泵向管网加压供水，达到持续自动喷水灭火的目的。

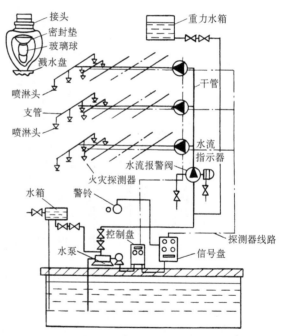

图 5-15 为湿式自动喷水灭火系统电路，两台泵互为备用，备用泵自动投入。正常运行时，电源开关 QS1、QS2、S1 均合上。

图 5-14　湿式自动喷水灭火系统示意图

发生火灾时，当闭式喷头的玻璃球炸裂喷水时，水流开关 B1 ~ Bn 触点有一个闭合，对应的中间继电器通电，发出起动消防水泵的指令。设 B2 动作，KA3 通电并自锁，KT2 通电，经延时使 KA 通电，声、光报警，如 SA 手柄扳向右 45°，对应的 SA3、SA5、和 SA8 触点闭合，KM2 经 SA5 触点通电吸合，使 2 号泵电动机 M2 投入运行。若 2 号泵发生故障或过载，FR2 的常闭断开，KM2 断电释放，其辅助触点常闭的闭合，经 SA8 触点使 KT1 通电，经延时使 KA1 通电，KA1 触点经 SA3 触点使 KM1 得电，备用 1 号泵自动投入运行。

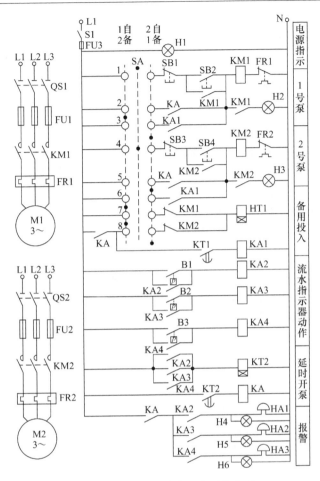

图 5-15　湿式自动喷水灭火系统电路

第三节　防、排烟设备的控制

发生火灾时产生的烟气主要成分为一氧化碳，人在这种气体的窒息作用下，死亡率很高，约占 50% ~70%。烟气也遮挡人的视线，使人们在疏散时难以辨别方向，尤其是高层建筑，因其自身的"烟囱效应"，使烟上升速率极快，如不及时排除，很快会垂直扩散到各处。因此，当发生火灾时，应立即使防、排烟设备投入工作，排烟设备需要快速打开，将火灾烟气迅速排向室外，防烟设备需要快速关闭，防止烟气窜入楼梯间及其他区域。

一、对防、排烟设备的要求

防、排烟设备的种类由建筑或建筑环境专业确定，一般有自然排烟、机械排烟、自然与机械排烟并用或机械加压送风排烟等方式。一般应根据建筑环境专业的工艺要求进行电气控制设计。防排烟系统的电气控制视所确定的防排烟设施，由以下不同要求与内容组成：

1）消防中心控制室能显示各种电动防排烟设施的状态情况，并能进行联动遥控和就地手控。

2）根据火灾情况，打开有关排烟道上的排烟口，起动排烟风机（有正压送风机时应同时起动）和降下有关防火卷帘门和防烟垂壁，打开安全出口的电动门。与此同时，关闭有关的防烟阀门及防火口，停止有关防烟区域内的空调系统。

3）在排烟口、防火卷帘门、防烟垂壁、电动安全出口等执行机构处布置火灾探测器，通常为一个探测器联动一个执行机构，但大的厅室也可以几个探测器联动一组同类机构。

4）设有正压送风的系统应打开送风口，起动送风机。

防排烟设施一般要有3种驱动方式：①手动，即由人来操纵；②自身动作，其设备本身装有易熔合金，当火灾发生时产生的高温使其熔化，利用阀门的自重而动作；③电动，由消防控制中心或本地的火灾探测器通过控制模块发出的动作信号（接通电源），由电磁铁或电动执行机构驱动，使其动作。各防、排烟设施动作后，通过本身微动开关的常开触点闭合而发出动作信号。

二、防、排烟设施的种类及原理

1. 排烟口或送风口

排烟口、送风口外形示意图及电路如图5-16所示。排烟口安装示意如图5-17所示。图示用于排烟风道系统在室内的排烟口或正压送风风道系统的室内送风口。其内部为阀门，可通过感烟信号联动、手动或温度熔断器使之瞬时开启，外部为百叶窗。感烟信号联动是由DC24V、0.3A电磁铁执行，联动信号也可来自消防控制室的联动控制盘。手动操作为就地手动拉绳使阀门开启。阀门打开后其联动开关接通信号回路，可向控制室返回阀门已开启的信号或联锁控制其他装置。当温度熔断器更换后，阀门可手动复位。

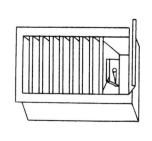 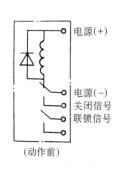

图5-16 排烟口、送风口外形示意图及电路

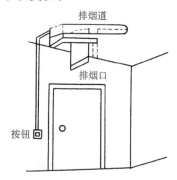

图5-17 排烟口安装示意图

2. 防烟防火调节阀

防烟防火调节阀有方形和圆形两种，如图5-18所示，用于空调系统的风道中。其阀门可通过感烟信号联动、手动或温度熔断器使之瞬时关闭。感烟信号联动是由DC 24V、0.3A电磁铁执行。联动信号也可来自消防控制室的联动控制盘。手动操作是就地拉动拉绳使阀门关闭。温度熔断器动作温度为（70 ±2）℃，熔断后阀门关闭。阀门可通过手柄调节开启程度，以调节风量。阀门关闭后其联动触点闭合，接通信号电路，可向控制室返回阀门已关闭的信号或对其他装置进行联锁控制。执行机构的装置中，熔断器更换后，阀门可手动复位。

3. 防烟垂壁

图5-19为防烟垂壁示意图，它由DC 24V、0.9A的电磁线圈及弹簧锁等组成，火灾发生时可通过自动控制或手柄操作使垂壁降下。自动控制时，从感烟探测器或联动控制盘发来指令信号，电磁线圈通电把弹簧锁的销子拉出，开锁后，防烟垂壁由于重力的作用靠滚珠的滑动而落下。手动控制时，操作手动杆也可使弹簧锁的销子拉出而开锁防烟垂壁落下。当防

烟垂壁提升回原来的位置时，弹簧锁的销子即可复原，将防烟垂壁固定住。

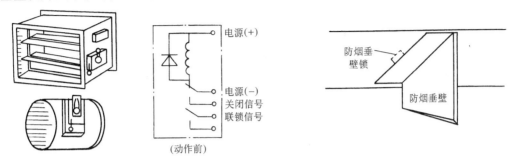

图 5-18　防烟防火调节阀　　　　　　　　图 5-19　防烟垂壁示意图

4. 防火门

防火门如图 5-20 所示。按防火门的固定方式可分为两种，一种是防火门被永久磁铁吸住处于开启状态，火灾时通过自动控制或手动关闭防火门。自动控制时由感烟探测器或联动控制盘发来指令信号，使 DC 24V、0.6A 电磁线圈的吸力克服永久磁铁的吸力，从而靠弹簧将门关闭；手动操作时只要把防火门或永久磁铁的吸着板拉开，门即关闭。另一种是防火门被电磁锁的固定销子扣住呈开启状态，火灾时由感烟探测器或联动控制盘发出指令信号使电磁锁动作，或用手拉防火门使固定销掉下，门被关闭。

5. 排烟窗

排烟窗如图 5-21 所示，平时关闭，并用排烟窗锁（也可用于排烟门）锁住，在火灾时可通过自动控制或手动操作将窗打开。自动控制时，从感烟探测器或控制盘发来指令信号接通电磁线圈，弹簧锁的锁头偏移，利用排烟窗的重力（或排烟门的回转力）打开排烟窗（或排烟门）。手动操作是把手动操作柄扳倒，弹簧锁的锁头偏移而打开排烟窗（或排烟口）。

6. 电动安全门

电动安全门平时关闭，发生火灾后可通过自动控制或手动操作将门打开。电动安全门的执行机构是由旋转弹簧锁及 DC 24V、0.3A 电磁线圈等组成，电路如图 5-22 所示。自动控制时从感烟探测器或联动控制盘发来的指令信号接通电磁线圈使其动作，弹簧锁的固定锁离开，弹簧锁可以自由旋转将门打开。手动操作时，转动附在门上的弹簧锁按钮，可将门打开。电磁锁附有微动开关，当门由开启变为关闭或由关闭变为开启时，触动微动开关使之接通信号回路，以向消防控制联动盘返回动作信号，电磁线圈的工作电压可适应较大的偏移。

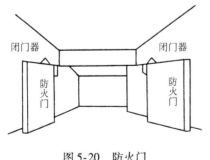

图 5-20　防火门

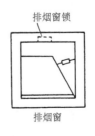

图 5-21　排烟窗

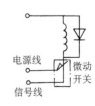

图 5-22　电动安全门电路

7. 防火卷帘门

防火卷帘门设置于建筑物中防火分区通道口处，当火灾发生时可根据消防控制室、探测器的指令或就地手动操作，使卷帘门下降至一定高度，以达到人员紧急疏散、灾区隔火、隔烟、控制火灾蔓延的目的。卷帘门电动机的规格一般为三相380V，0.55～1.5kW，视门体大小而定。控制电路为直流24V。防火卷帘门的电气控制电路如图5-23所示。

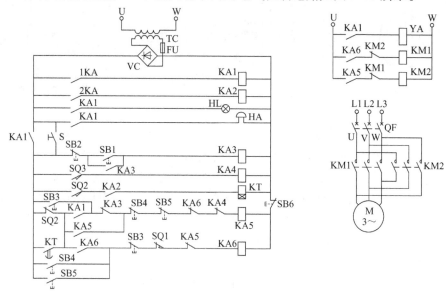

图5-23　防火卷帘门的电气控制电路

当火灾发生时，卷帘门分两步关闭：

第一步下放：当火灾产生烟时，来自消防中心的控制信号（或直接由控制模块转换的感烟探测器控制信号）使触点1KA闭合，中间继电器KA1线圈通电动作：①使信号灯HL亮，发出报警信号；②电警笛HA响，发出报警信号；③KA1$_{11-12}$触点闭合，给消防中心一个卷帘起动的信号（即KA1$_{11-12}$触点与消防中心信号灯相接，图中未画出）；④将开关QS1的常开触点短接，全部电路通以直流电；⑤电磁铁YA线圈通电，打开锁头，为卷帘门下降作准备；⑥中间继电器KA5线圈通电，将接触器KM2接通，KM2触点动作，门电动机反转下降，当门降到1.2～1.5m时，位置开关SQ2受碰撞而动作，使KA5失电释放，KM2失电，门电动机停止。这样即可隔断火灾初期的烟，也有利于灭火和人员疏散。

第二步下放：当火灾较大，温度较高时，消防中心的联锁信号（或直接与感温探测器联锁）接点2KA闭合，中间继电器KA2线圈通电，其触点动作，使时间继电器KT线圈通电。经延时后其触点闭合，使KA5通电，KM2又重新通电，门电动机又反转，门继续下降，下降到完全关闭时，限位开关QS3受压而动作，使中间继电器KA4线圈通电，其常闭触点断开，使KA5失电释放，KM2失电，门电动机停止。同时KA4$_{3-4}$、KA4$_{5-6}$触点（图中未画出）将卷帘门完全关闭信号反馈给消防中心。

当火灾扑灭后，按下消防中心的卷起按钮SB4或现场就地卷起按钮SB5，均可使中间继电器KA6线圈通电，又使接触器KM1线圈通电动作，门电动机正转，门上升，当上升到设定的上限限位时，限位开关SQ1受压而动作，使KA6失电释放，KM1失电，门电动机停止。开关QS1用于手动开门或关门，而按钮SB6则用于手动停止开门或关门。

第四节　锅炉房设备的组成及控制任务

锅炉本体和它的辅助设备总称为锅炉房设备（简称锅炉），根据使用的燃料不同，又可分为燃煤锅炉、燃气锅炉等。它们的区别只是燃料供给方式不同，其他结构大致相同。图5-24为SHL型燃煤锅炉及锅炉房设备简图。

一、锅炉本体

锅炉本体一般由汽锅、炉子、蒸汽过热器、省煤器和空气预热器5部分组成。

（1）汽锅（汽包）　汽锅由上、下锅筒和三簇沸水管组成。水在管内受管外烟气加热，因而管簇内发生自然的循环流动，并逐渐汽化，产生的饱和蒸汽集聚在上锅筒里面。为了得到干度比较大的饱和蒸汽，在上锅筒中还应装设汽水分离设备。下锅筒系作为连接沸水管之用，同时储存水和水垢。

（2）炉子　炉子是使燃料充分燃烧并放出热能的设备。燃料（煤）由煤斗落在转动的链条炉篦上，进入炉内燃烧。所需空气由炉算下面的风箱送入，燃尽的灰渣被炉箅带到除灰口，落入灰斗中。得到的高温烟气依次经过各个受热面，将热量传递给水以后，由烟窗排至大气。

（3）过热器　过热器是将汽锅所产生的饱和蒸汽继续加热为过热蒸汽的换热器，由联箱和蛇形管所组成，一般布置在烟气温度较高的地方。动力锅炉和较大的工业锅炉才有过热器。

（4）省煤器　省煤器是利用烟气余热加热锅炉给水，以降低排出烟气温度的换热器。省煤器由蛇形管组成。小型锅炉中采用具有肋片的铸铁管式省煤器或不装省煤器。

（5）空气预热器　空气预热器是继续利用离开省煤器后的烟气余热，加热燃料燃烧所需要的空气的换热器。热空气可以强化炉内燃烧过程，提高锅炉燃烧的经济性。小型锅炉为力求结构简单，一般不设空气预热器。

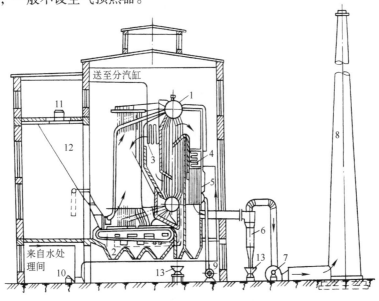

图5-24　SHL型燃煤锅炉及锅炉房设备简图

1—锅筒　2—链条炉排　3—蒸汽过热器　4—省煤器　5—空气预热器　6—除尘器　7—引风机
8—烟囱　9—送风机　10—给水泵　11—运煤带运输机　12—煤仓　13—灰车

二、锅炉的辅助设备

锅炉的辅助设备，可按它们围绕锅炉进行的工作过程，由以下几个系统组成：

（1）运煤、除灰系统　运煤、除灰系统的作用是保证为锅炉运入燃料和送出灰渣。煤由胶带运输机送入煤仓，借自重下落，再通过炉前小煤斗落于炉排上。燃料燃尽后的灰渣，则由灰斗放入灰车送出。

（2）送、引风系统　为了给炉子送入燃烧所需空气和从锅炉引出燃烧产物——烟气，以保证燃烧正常进行，并使烟气以必要的流速冲刷受热面，需设置送、引风系统。锅炉的通风设备有送风机、引风机和烟囱。为了改善环境卫生和减少烟尘污染，锅炉还常设有除尘器，为此也要求保持一定的烟囱高度。

（3）水、汽系统（包括排污系统）　汽锅内具有一定的压力，因而给水需借给水泵提高压力后送入。此外，为了保证给水质量，避免汽锅内壁结垢或受腐蚀，锅炉房通常还设有水处理设备（包括软化、除氧）。为了储存给水，也得设有一定容量的水箱等。锅炉生产的蒸汽，一般先送至锅炉房内的分汽缸，再分送至各用户的管道。锅炉的排污水具有相当高的温度和压力，因此需排入排污减温池或专设的扩容器，进行膨胀减温和减压。

（4）仪表及控制系统　除了锅炉本体上装有仪表外，为监督锅炉设备安全和经济运行，还常设有一系列的仪表和控制设备，如蒸汽流量计、水量表、烟温计、风压计、排烟含氧量指示等。需要自动调节的锅炉还设置有给水自动调节装置，烟、风闸门远距离操纵或遥控装置，以至更现代化的自动控制系统，以便更科学地监督锅炉运行。

三、锅炉的自动控制任务

锅炉房中需要进行自动控制的项目主要有：锅炉给水系统的自动调节，锅炉燃烧系统的自动调节，过热蒸汽锅炉过热温度的自动调节等。

（一）锅炉给水系统的自动调节

锅炉汽包水位的高度，关系着汽水分离的速度和生产蒸汽的质量，也是确保安全生产的重要参数。因此，汽包水位是一个十分重要的被调参数，锅炉的自动控制都是从给水自动调节开始的。

1. 汽包水位自动调节的任务

随着科学技术的飞速发展，现代的锅炉要向蒸发量大、汽包容积相对减小的方向发展。这样，要使锅炉的蒸发量随时适应负荷设备的需要量，汽包水位的变化速度必然很快，稍不注意就容易造成汽包满水，影响汽包的汽水分离效果，产生蒸汽带水的现象，影响动力负荷的正常工作；或者造成干锅、烧坏锅壁或管壁，甚至发生爆炸事故。在现代锅炉操作中，即使是缺水事故，也是非常危险的，这是因为水位过低，就会影响自然循环的正常进行，严重时会使个别上水管形成自由水面，产生流动停滞，致使金属管壁局部过热而爆管。无论满水或缺水都会造成事故。因此，必须汽包水位必须能进行自动调节，使给水量跟踪锅炉的蒸发量并维持汽包水位在工艺允许的范围内。

2. 给水系统自动调节类型

锅炉常用的给水自动调节有位式调节和连续调节两种方式。

位式调节是指调节系统对锅筒水位的高水位和低水位两个位置进行控制，即低水位时，调节系统接通水泵电源，向锅炉上水，达到高水位时，调节系统切断水泵电源，停止上水。随着水的蒸发，锅筒水位逐渐下降，当水位降至低水位时重复上述工作。常用的位式调节有电极式和浮子式等，一般随锅炉配套供应，仅应用在小型锅炉中。

连续调节是指调节系统连续调节锅炉的上水量，以保持锅筒水位始终在正常水位的范围。调节装置动作的冲量（反馈信号）可以是锅筒水位、蒸汽流量和给水流量，根据取用的冲量不同，可分为单冲量、双冲量和三冲量调节3种类型，现简述如下：

（1）单冲量给水调节　单冲量给水调节原理如图5-25所示，是以汽包水位为唯一的反馈信号。系统由汽包水位变送器（水位检测信号）、调节器和电动给水调节阀组成。当汽包水位发生变化时，水位变送器发出信号并输入给调节器，调节器根据水位信号与给定信号比较的偏差，经过放大后输出调节信号，去控制电动给水调节阀的开度，改变给水量来保持汽包水位在允许的范围内。

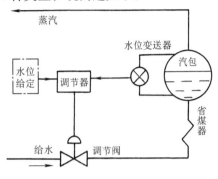

图 5-25　单冲量给水调节原理

单冲量给水调节的优点是系统结构简单。常用在汽包容量相对较大、蒸汽负荷变化较小的锅炉中。

单冲量给水调节的缺点是：①不能克服"虚假水位"现象。"虚假水位"产生的原因主要是蒸汽流量突然增加，汽包内的气压下降，炉水的沸点降低，使炉管和汽包内的汽水混合物中的汽容积增加，体积膨大而引起汽包水位虚假上升。如调节器仅根据此项水位信号作为调节依据，就去关小阀门，减少给水量，这个动作对锅炉流量平衡实际是错误的，它在调节过程一开始就扩大了蒸汽流量和给水流量的波动幅度，扩大了进出流量的不平衡。②不能及时地反映给水母管方面的扰动。当给水母管压力变化大时，将影响给水量的变化，调节器要等到汽包水位变化后才开始动作，而在调节器动作后，又要经过一段滞后时间才能对汽包水位发生影响，将导致汽包水位波动幅度大，调节时间长。

（2）双冲量给水调节　双冲量给水调节原理如图5-26所示，是以锅炉汽包水位信号作为主反馈信号，以蒸汽流量信号作为前馈信号，组成锅炉汽包水位双冲量给水调节。

系统的优点是：引入蒸汽流量作为前馈信号，可以消除因"虚假水位"现象引起的水位波动。例如：当蒸汽流量变化时，就有一个给水量随蒸汽量同方向变化的信号，可以减少或抵消由于"虚假水位"现象而使给水量向相反方向变化的错误动作，使调节阀一开始就向正确的方向动作，减小了水位的波动，缩短了过渡过程的时间。

系统存在的缺点是：不能及时反映给水母管方面的扰动。因此，如果给水母管压力经常有波动，给水调节阀前后压差不能保持正常时，不宜采用双冲量调节系统。

（3）三冲量给水调节　三冲量给水调节原理如图5-27所示。系统是以汽包水位为主反馈信号、蒸汽流量为调节器的前馈信号、给水流量为调节器的副反馈信号组成的调节系统。系统抗干扰能力强，改善了调节系统的调节品质，因此，在要求较高的锅炉给水调节系统中得到广泛的应用。

以上分析的3种类型的给水调节系统可采用电动单元组合仪表组成，也可采用气动单元组合仪表组成，目前均有定型产品。

（二）锅炉蒸汽过热系统的自动调节

1. 蒸汽过热系统自动调节的任务

蒸汽过热系统自动调节的任务是维持过热器出口蒸汽温度在允许范围之内，并保护过热器，使过热器管壁温度不超过允许的工作温度。

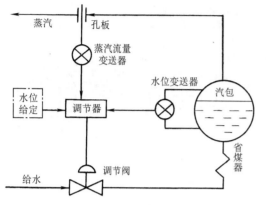

图5-26　双冲量给水调节原理

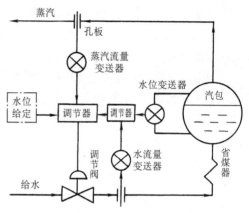

图5-27　三冲量给水调节原理

过热蒸汽的温度是按生产工艺确定的重要参数，蒸汽温度过高会烧坏过热器水管，对负荷设备的安全运行也是不利因素。如超温严重会使汽轮机或其他负荷设备膨胀过大，使汽轮机的轴向位移增大而发生事故。蒸汽温度过低会直接影响负荷设备的使用，影响汽轮机的效率。因此要稳定蒸汽的温度。

2. 过热蒸汽温度调节类型

过热蒸汽温度调节类型主要有两种：①改变烟气量（或烟气温度）的调节；②改变减温水量的调节。其中，改变减温水量的调节应用较多，现介绍如下：

过热蒸汽温度调节系统原理如图5-28所示。减温器有表面式和喷水式两种，安装在过热器管道中。系统由温度变送器检测过热器出口蒸汽温度，将温度信号输入给温度调节器，调节器经与给定信号比较，去调节减温水调节阀的开度，使减温水量改变，也就改变了过热蒸汽温度。由于设备简单，其应用较广泛。

（三）锅炉燃烧系统的自动调节

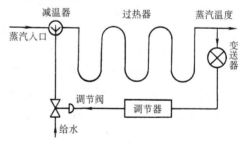

图5-28　过热蒸汽温度调节系统原理

1. 锅炉燃烧系统自动调节的任务

锅炉燃烧系统自动调节的基本任务，是使燃料燃烧所产生的热量适应蒸汽负荷的需要，同时还要保证经济燃烧和锅炉的安全运行。具体调节任务可概括为以下3个方面：

（1）维持蒸汽母管额定压力不变　维持蒸汽母管额定压力不变，这是燃烧过程自动调节的主要任务。如果蒸汽压力变了，就表示锅炉的蒸汽生产量与负荷设备的蒸汽消耗量不相一致，因此，必须改变燃料的供应量，以改变锅炉的燃烧发热量，从而改变锅炉的蒸发量，恢复蒸汽母管压力为额定值。此外，保持蒸汽压力在一定范围内，也是保证锅炉和各个负荷设备正常工作的必要条件。

（2）保持锅炉燃烧的经济性　据统计，工业锅炉的平均热效率仅为70%左右，所以人们都把锅炉称做煤老虎。因此，锅炉燃烧的经济性问题也是非常重要的。

锅炉燃烧的经济性指标难于直接测量，常用烟气中的含氧量，或者燃烧量与送风量的比值来表示。图 5-29 是过剩空气损失和不完全燃烧损失示意图。如果能够恰当地保持燃料量与空气量的正确比值，就能达到最小的热量损失和最大的燃烧效率。反之，如果比值不当，空气不足，结果导致燃料的不完全燃烧，当大部分燃料不能完全燃烧时，热量损失直线上升。如果空气过多，就会使大量的热量损失在烟气之中，使燃烧效率降低。

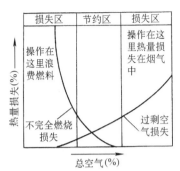

图 5-29　过剩空气损失和不完全燃烧损失示意图

（3）维持炉膛负压在一定范围内　炉膛负压的变化反映了引风量与送风量的不相适应。通常要求炉膛负压保持在一定的范围内，这时燃烧工况，锅炉房的工作条件，炉子的维护及安全运行都最有利。如果炉膛负压小，炉膛容易向外喷火，既影响环境卫生，又可能危及设备与操作人员的安全。负压太大，炉膛漏风量增大，增加引风机的电耗和烟气带走的热量损失。因此，需要维持炉膛负压在一定的范围内。

2. 燃煤锅炉燃烧过程的自动调节

以上 3 项调节任务是相互关联的，它们可以通过调节燃料量、送风量和引风量来实现。对于燃烧过程自动调节系统的要求是：在负荷稳定时，应使燃烧量、送风量和引风量各自保持不变，及时地补偿系统的内部扰动。这些内部扰动包括燃烧质量的变化以及由于电网电源频率变化、电压变化而引起的燃料量、送风量和引风量的变化等。在负荷变化引起的外扰作用时，则应使燃料量、送风量和引风量成比例地变化，既要适应负荷的要求，又要使 3 个被调量：蒸汽压力、炉膛负压和燃烧经济性指标保持在允许范围内。

燃煤锅炉自动调节的关键问题是燃料量的测量，在目前条件下，要实现准确测量进入炉膛的燃料量（质量、水分、数量等）还很困难，为此，目前常采用按"燃料—空气"比值信号的自动调节、氧量信号的自动调节、热量信号的自动调节等类型。

燃烧过程的自动调节一般在大、中型锅炉中应用，目前，已经广泛应用计算机控制技术。在中、小型锅炉中，常根据检测仪表的指示值，由司炉工通过操作器件分别调节燃料炉排的进给速度和送风风门挡板、引风风门挡板的开度等，通常称为遥控。

第五节　锅炉的电气控制实例

为了了解锅炉电气控制内容，下面以某锅炉厂制造的型号为 SHL10-2.45/400°C—AⅢ 锅炉为例，对电气控制电路及仪表控制情况进行分析。图 5-30 是该锅炉的动力设备电气控制电路（图 5-30a 为主电路、检测及声光报警电路，图 5-30b 为控制电路），图 5-31 是该锅炉仪表控制框图。此处省略了一些简单的环节。

一、系统简介

1. 型号意义

SHL10-2.45/400℃—AⅢ 表示：双锅筒、横置式、链条炉排，蒸发量为 10t/h，出口蒸汽压力为 2.45MPa、出口过热蒸汽温度为 400℃；适用三类烟煤。

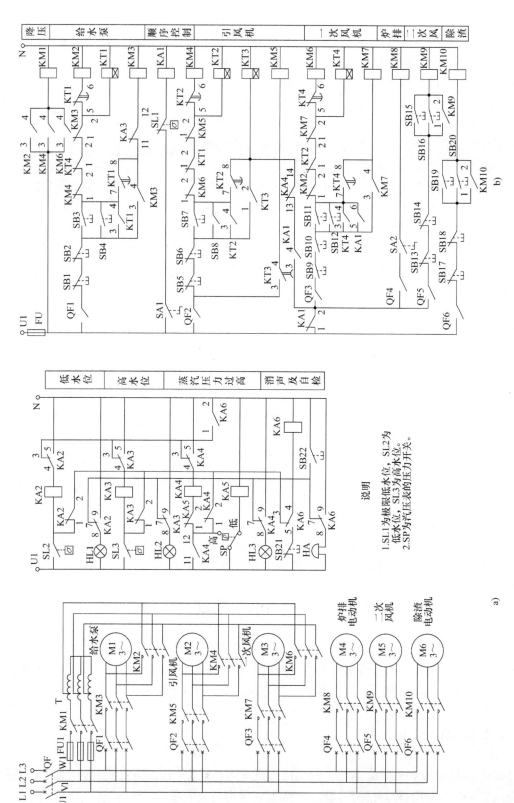

图 5-30 锅炉动力设备电气控制电路

说明
1. SL1 为极限低水位, SL2 为低水位, SL3 为高水位。
2. SP 为汽压表的压力开关。

2. 动力电路电气控制特点

动力控制系统中，水泵电动机功率为 45kW，引风机电动机功率为 45kW，一次风机电动机功率为 30kW，功率较大，根据锅炉房设计规范，需设置减压起动设备。因三台电动机不需要同时起动，所以可共用一台自耦变压器作为减压起动设备。为了避免三台或二台电动机同时起动，需设置起动互锁环节。

锅炉点火时，一次风机、炉排电动机、二次风机必须在引风机起动后才能起动；停炉时，一次风机、炉排电动机、二次风机停止数秒后，引风机才能停止。系统应用了按顺序规律实现控制的环节，并在极限低水位以上才能实现顺序控制。

在链条炉中，常布设二次风，其目的是二次风能将高温烟气引向炉前，帮助新燃料着火，加强对烟气的扰动混合，同时还可提高炉膛内火焰的充满度。二次风量一般控制在总风量的 5%～15% 之间，二次风由二次风机供给。

另外，还需要一些必要的声、光报警及保护装置。

3. 自动调节特点

汽包水位调节为双冲量给水调节系统。通过调节仪表自动调节给水电动阀门的开度，实现汽包水位的调节。水位超过高水位时，应使给水泵停止运行。

过热蒸汽温度调节是通过调节仪表自动调节减温水电动阀门的开度，调节减温水的流量，实现控制过热器出口蒸汽温度。

燃烧过程的调节是通过司炉工观察各显示仪表的指示值，操作调节装置，遥控引风风门挡板和一次风风门挡板，实现引风量和一次风量的调节。对炉排进给速度的调节，是通过操作能实现无级调速的滑差电机调节装置，以改变链条炉排的进给速度。

系统还装有一些必要的显示仪表和观察仪表。

二、动力电路电气控制分析

锅炉的运行与管理，国家有关部门制定了若干条例，如锅炉升火前的检查；升火前的准备；升火与升压等。锅炉操作人员应按规定严格执行，这里仅分析电路的工作原理。

当锅炉需要运行时，首先要进行运行前的检查，一切正常后，将各电源自动开关 QF、QF1～QF6 合上，其主触点和辅助触点均闭合，为主电路和控制电路通电作准备。

1. 给水泵的控制

锅炉经检查符合运行要求后，才能进行上水工作。上水时，按 SB3 或 SB4 按钮，接触器 KM2 得电吸合；其主触点闭合，使给水泵电动机 M1 接通减压起动线路，为起动作准备；辅助触点 $KM2_{1,2}$ 断开，切断 KM6 通路，实现对一次风机不许同时起动的互锁；$KM2_{3,4}$ 闭合，使接触器 KM1 得电吸合；其主触点闭合，给水泵电动机 M1 接通自耦变压器及电源，实现减压起动。

同时，时间继电器 KT1 得电吸合，其触点：$KT1_{1,2}$ 瞬时断开，切断 KM4 通路，实现对引风电动机不许同时起动的互锁；$KT1_{3,4}$ 瞬时闭合，实现起动时自锁；$KT1_{5,6}$ 延时断开，使 KM2 失电，KM1 也失电，其触点复位，电动机 M1 及自耦变压器均切除电源；$KT1_{7,8}$ 延时闭合，接触器 KM3 得电吸合；其主触点闭合，使电动机 M1 接上全压电源稳定运行；$KM3_{1,2}$ 断开，KT1 失电，触点复位；$KM3_{3,4}$ 闭合，实现运行时自锁。

当汽包水位达到一定高度，需将给水泵停止，做升火前的其他准备工作。

如锅炉正常运行，水泵也需长期运行时，将重复上述起动过程。高水位停泵触点

KA3$_{11、12}$的作用，将在声、光报警电路中分析。

2. 引风机的控制

锅炉升火时，需起动引风机，按 SB7 或 SB8，接触器 KM4 得电吸合，其主触点闭合，使引风机电动机 M2 接通减压起动线路，为起动作准备；辅助触点 KM4$_{1、2}$ 断开，切断 KM2，实现对水泵电动机不许同时起动的互锁；KM4$_{3、4}$ 闭合，使接触器 KM1 得电吸合，其主触点闭合，M2 接通自耦变压器及电源，引风机电动机实现减压起动。

同时，时间继电器 KT2 也得电吸合，其触点：KT2$_{1、2}$ 瞬时断开，切断 KM6 通路，实现对一次风机不许同时起动的互锁；KT2$_{3、4}$ 瞬时闭合，实现自锁；KT2$_{5、6}$ 延时断开，KM4 失电，KM1 也失电，其触点复位，电动机 M2 及自耦变压器均切除电源；KT2$_{7、8}$ 延时闭合，时间继电器 KT3 得电吸合，其触点 KT3$_{1、2}$ 闭合自锁，KT3$_{3、4}$ 瞬时闭合，接触器 KM5 得电吸合；其主触点闭合，使 M2 接上全压电源稳定运行；KM5$_{1、2}$ 断开，KT2 失电复位。

3. 一次风机的控制

系统按顺序控制时，需合上转换开关 SA1，只要汽包水位高于极限低水位，水位表中极限低水位，触点 SL1 闭合，中间继电器 KA1 得电吸合，其触点 KA1$_{1、2}$ 断开，使一次风机、炉排电动机、二次风机必须按引风机先起动的顺序实现控制；KA1$_{3、4}$ 闭合，为顺序起动作准备；KA1$_{5、6}$ 闭合，使一次风机在引风机起动结束后自行起动。

触点 KA4$_{13、14}$为锅炉出现高压时自动停止一次风机、炉排风机、二次风机的继电器 KA4 触点，正常时不动作，其原理在声光报警电路中分析。

当引风机 M2 减压起动结束时，KT3$_{1、2}$ 闭合，只要 KA4$_{13、14}$ 闭合、KA1$_{3、4}$ 闭合、KA1$_{5、6}$ 闭合，接触器 KM6 得电吸合，其主触点闭合，使一次风机电动机 M3 接通减压起动电路，为起动作准备；辅助触点 KM6$_{1、2}$ 断开，实现对引风机不许同时起动的互锁；KM6$_{3、4}$ 闭合，接触器 KM1 得电吸合，其主触点闭合，M3 接通自耦变压器及电源，一次风机实现减压起动。

同时，时间继电器 KT4 也得电吸合，其触点 KT4$_{1、2}$ 瞬时断开，实现对水泵电动机不许同时起动的互锁；KT4$_{3、4}$ 瞬时闭合，实现自锁（按钮起动时用）；KT4$_{5、6}$ 延时断开，KM6 失电，KM1 也失电，其触点复位，电动机 M3 及自耦变压器切除电源；KT4$_{7、8}$ 延时闭合，接触器 KM7 得电吸合，其主触点闭合，M3 接全压电源稳定运行；辅助触点 KM7$_{1、2}$ 断开，KT4 失电，触点复位；KM7$_{3、4}$ 闭合，实现自锁。

4. 炉排电动机和二次风机的控制

引风机起动结束后，就可起动炉排电动机和二次风机。

炉排电动机功率为 1.1kW，可直接起动。用转换开关 SA2 直接控制接触器 KM8 线圈通电吸合，其主触点闭合，使炉排电动机 M4 接通电源，直接起动。

二次风机电动机功率为 7.5kW，可直接起动。起动时，按 SB15 或 SB16 按钮，使接触器 KM9 得电吸合，其主触点闭合，二次风机电动机 M5 接通电源，直接起动；辅助触点 KM9$_{1、2}$ 闭合，实现自锁。

5. 锅炉停炉的控制

锅炉停炉有 3 种情况：暂时停炉、正常停炉和紧急停炉（事故停炉）。暂时停炉为负荷短时间停止用汽时，炉排用压火的方式停止运行，同时停止送风机和引风机，重新运行时可免去生火的准备工作；正常停炉为负荷停止用汽及检修时有计划停炉，需熄火和放水；紧急停炉为锅炉运行中发生事故，如不立即停炉，就有扩大事故的可能，需停止供煤、送风，减少引风，其具体工艺操作按规定执行。

正常停炉和暂时停炉的控制：按下 SB5 或 SB6 按钮，时间继电器 KT3 失电，其触点 $KT3_{1,2}$ 瞬时复位，使接触器 KM7、KM8、KM9 线圈都失电，其触点复位，一次风机 M3、炉排电动机 M4、二次风机 M5 都断电停止运行；$KT3_{3,4}$ 延时恢复，接触器 KM5 失电，其主触点复位，引风机电动机 M2 断电停止。实现了停止时，一次风机、炉排电动机、二次风机先停数秒后，引风机电动机再停的顺序控制要求。

6. 声光报警及保护

系统装设有汽包水位的低水位报警和高水位报警及保护，蒸汽压力超高压报警及保护等环节，见图 5-30a 声光报警电路，图中 KA2～KA6 均为灵敏继电器。

（1）水位报警　汽包水位的显示为电触点水位表，该水位表有极限低水位电触点 SL1、低水位电触点 SL2、高水位电触点 SL3、极限高水位电触点 SL4。当汽包水位正常时，SL1 为闭合的，SL2、SL3 为打开的，SL4 在系统中没有使用。

当汽包水位低于低水位时，电触点 SL2 闭合，继电器 KA6 得电吸合，其触点 $KA6_{4,5}$ 闭合并自锁；$KA6_{8,9}$ 闭合，蜂鸣器 HA 响，声报警；$KA6_{1,2}$ 闭合，使 KA2 得电吸合，$KA2_{4,5}$ 闭合并自锁；$KA2_{8,9}$ 闭合，指示灯 HL1 亮，光报警。$KA2_{1,2}$ 断开，为消声作准备。当值班人员听到声响后，观察指示灯，知道发生低水位时，可按 SB21 按钮，使 KA6 失电，其触点复位，HA 失电不再响，实现消声，并去排除故障。水位上升后，SL2 复位，KA2 失电，HL1 不亮。

如汽包水位下降低于极限低水位时，电触点 SL1 断开，KA1 失电，一次风机、二次风机均失电停止。

当汽包水位上升超过高水位时，电触点 SL3 闭合，KA6 得电吸合，其触点 $KA6_{4,5}$ 闭合并自锁；$KA6_{8,9}$ 闭合，HA 响，声报警；$KA6_{1,2}$ 闭合，使 KA3 得电吸合：其触点 $KA3_{4,5}$ 闭合自锁；$KA3_{8,9}$ 闭合，HL2 亮，光报警；$KA3_{1,2}$ 断开，准备消声；$KA3_{11,12}$ 断开，使接触器 KM3 失电，其触点恢复，给水泵电动机 M1 停止运行。消声与前同。

（2）超高压报警　当蒸汽压力超过设计整定值时，其蒸汽压力表中的压力开关 SP 高压端接通，使继电器 KA6 得电吸合，其触点 $KA6_{4,5}$ 闭合自锁；$KA6_{8,9}$ 闭合，HA 响，声报警；$KA6_{1,2}$ 闭合，使 KA4 得电吸合，$KA4_{11,12}$、$KA4_{4,5}$ 均闭合自锁；$KA4_{8,9}$ 闭合，HL3 亮，光报警；$KA4_{13,14}$ 断开，使一次风机、二次风机和炉排电动机均停止运行。

当值班人员知道并处理后，蒸汽压力下降，当蒸汽压力表中的压力 SP 低压端接通时，使继电器 KA5 得电吸合，其触点 $KA5_{1,2}$ 断开，使继电器 KA4 失电，$KA4_{13,14}$ 复位，一次风机和炉排电动机将自行起动，二次风机需用按钮操作。

按钮 SB22 为自检按钮，自检的目的是检查声、光器件是否能正常工作。自检时，HA 及各光器件均应能发出声、光信号。

（3）过载保护　各台电动机的电源开关都用自动开关控制，自动开关一般具有过载自动跳闸功能，也可有欠电压保护和过电流保护等功能。

锅炉要正常运行，锅炉房还需要有其他设备，如水处理设备、除渣设备、运煤设备、燃料粉碎设备等，各设备中均以电动机为动力，但其控制电路一般较简单，此处不再进行分析。

三、自动调节环节分析

图 5-31 为该型号锅炉仪表的控制框图。此处只画出与自动调节有关的环节，其他各种检测

及指示等环节没有画出。由于自动调节过程采用的仪表种类较多，此处仅做简单的定性分析。

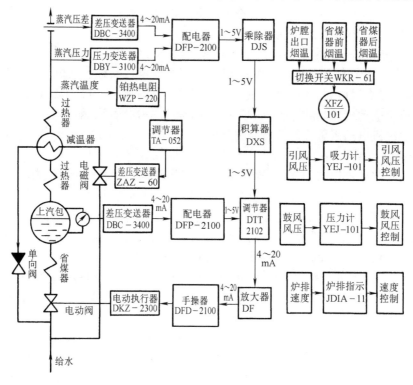

图 5-31　锅炉仪表的控制框图

1. 汽包水位的自动调节

（1）调节类型　根据框图可知，该型锅炉汽包水位的自动调节为双冲量给水调节系统，如图 5-32 所示。系统以汽包水位信号作为主调节信号，以蒸汽流量信号作为前馈信号，可克服因负荷变化频繁而引起的"虚假水位"现象，减小水位波动的幅度。

（2）蒸汽流量信号的检测　气体的流量不仅与差压有关，还与温度和压力有关，系统是蒸汽差压信号与蒸汽压力信号的合成。该系统的蒸汽温度由减温器自动调节，可视为不变。因此蒸汽流量是以差压为主信号，压力为补偿信号，经乘除器合成，作为蒸汽流量输出信号。

1）差压的检测：工程中常应用差压式流量计检测差压。差压式流量计主要由节流装置、引压管和差压计 3 部分组成，图 5-33 为其示意图。

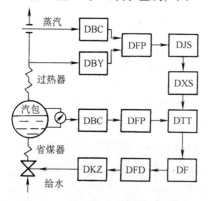

图 5-32　双冲量给水调节系统框图

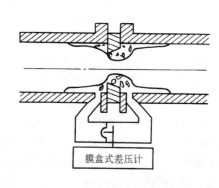

图 5-33　差压式流量计示意图

流体通过节流装置（孔板）时，在节流装置的上、下游之间产生压差，从而由差压计测出差压。流量越大，差压也越大。流量和差压之间存在一定的关系，这就是差压流量计的工作原理。该系统用差压变送器代替差压计，将差压量转换为直流 4～20mA 电流信号送出。

2）压力的检测：压力检测常用的压力传感器有电阻式压力变送器、霍尔压力变送器。弹簧管电阻式压力变送器如图 5-34 所示，在弹簧管压力表中装了一个滑线电阻，当被测压力变化时，压力表中指针轴的转动带动滑线电阻的可动触点移动，改变滑线电阻两端的电阻比。这样就把压力的变化转换为电阻值的变化，再通过检测电阻的阻值转换为直流 4～20mA 电流信号输出。

3）汽包水位信号的检测：水位信号的检测是用差压式水位变送器实现的，如图 5-35 所示。其作用原理是把液位高度的变化转换成差压信号，水位与差压之间的转换是通过平衡器（平衡缸）实现的。图示为双室平衡器，正压头从平衡器外室引出，负压头从平衡器内室（汽包水侧连通管）中取得。平衡器外室中水面高度是一定的，当水面要增高时，水便通过汽侧连通管溢流入汽包；水要降低时，由蒸汽凝结水来补充。因此当平衡器中水的密度一定时，正压头为定值。负压管与汽包是相连的，因此，负压管中输出压头的变化反映了汽包水位的变化。

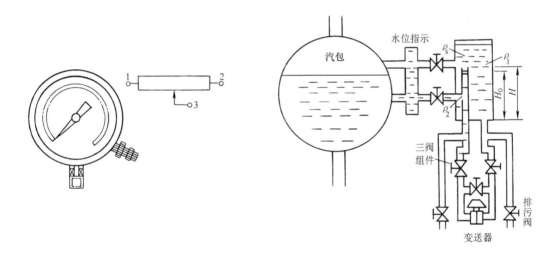

图 5-34　弹簧管电阻式压力变送器　　　　　图 5-35　差压式水位变送器

按流体静力学原理，当汽包水位在正常水位 H_0 时，平衡器的差压输出 Δp_0 为

$$\Delta p_0 = H\rho_1 g - H_0\rho_2 g - (H - H_0)\rho_s g \qquad (5\text{-}1)$$

式中，g 为重力加速度；ρ_1 为水的密度；ρ_2 为饱和水密度；ρ_s 为饱和蒸汽的密度；H_0 为正常给定水位高度；H 为外室水面高度，$\Delta H = H - H_0$。

当汽包水位偏离正常给定水位 H_0 而变化 ΔH 时，平衡器的差压输出 Δp 为

$$\Delta p = \Delta p_0 - \Delta H (\rho_2 g - \rho_s g) \qquad (5\text{-}2)$$

因为 H、H_0 为确定值，ρ_1、ρ_2 和 ρ_s 均为已知值，故正常水位时的差压输出 Δp_0 就是常数，也就是说差压式水位计的基准水位差压是稳定的，而平衡器的输出差压 Δp 则是汽包水

位变化 ΔH 的单值函数，汽包水位增高时，输出差压减小。

图中的三阀组件是为了调校差压变送器而配用的。

2. 过热蒸汽温度的自动调节

过热蒸汽温度的自动调节是通过控制减温器中的减温水流量实现的。

过热蒸汽温度是用安装在过热器出口管路中的测温探头检测的，该探头用铂热电阻制成感温元件，外加保护套管和接线端子，通过导线接在电子调节器 TA 的输入端。

TA 系列基地式仪表是一种简易的电子式自动检测、调节仪表，适用于生产过程中单参数自动调节，其放大元件采用了集成电路与分立元件兼用的组合方式，主要由输入回路、放大回路和调节部件 3 部分组成。其输出为 $0 \sim 10mA$ 直流电流信号。根据型号不同，有不同的输入信号和输出规律。例如 TA-052 为偏差指示、三位 PI（D）输出，输入信号为铂热电阻阻值。

当过热蒸汽温度超过要求值时，测温探头中的铂热电阻阻值增大，与给定电阻阻值比较后，转换为直流偏差信号，该偏差信号经放大器放大后送至调节部件中，调节部件输出相应的信号给电动执行器，电动执行器将减温水阀门打开，向减温器提供减温水，使过热蒸汽降温。

当过热蒸汽温度降到整定值时，铂热电阻阻值减小，经调节器比较放大后，发出关闭减温水调节阀的信号，电动执行器将调节阀关闭。

3. 锅炉燃烧系统的自动调节

随着用户热负荷的变化，必须调整燃煤量，否则，蒸汽锅炉锅筒压力就要波动。维持锅筒压力稳定，就能满足用户热量的需要。锅炉燃烧系统的自动调节是以维持锅筒压力稳定为依据，调节燃煤供给量，以适应热负荷的变化。为了保证锅炉的经济和安全运行，随着燃煤量的变化，必须调整锅炉的送风量，保持一定的风、煤比例，即保持一定的过剩空气系数，同时还要保持一定的炉膛负压。因此，燃烧系统调节参数有：锅筒压力、燃煤供给量、送风量、烟气含氧量和炉膛负压等。

装设完善的燃烧自动调节系统的锅炉，其热效率约可提高 15% 左右，但需花费一定的投资，自动调节系统越完善，花费的投资也越高。对于蒸发量为 $6 \sim 10t/h$ 的蒸汽锅炉，一般不设计燃烧自动调节系统，司炉工可根据热负荷的变化、炉膛负压指示、过剩空气系数等参数，人工调节给煤量和送、引风风量，以保持一定的风煤比和炉膛负压。

该系统的炉排电动机是采用滑差电动机调速，根据蒸汽压力仪表指示的压力值，由司炉工通过手动操作给定装置，人工遥控炉排电动机转速，调节给煤量。并配有炉排进给速度指示仪表。

该系统的一次风机进口和引风机进口均安装有电动执行机构驱动的风门挡板，根据炉膛负压指示值和测氧指示值，由司炉工通过手动操作给定装置遥控送、引风风门挡板开度，实现风量调节，并配有各风门挡板开度指示仪表。

系统中因需要检测的测温点较多，为了节省指示仪表，在测温仪表前配有切换装置，扳动切换开关，可观察各测温点的温度。如果用温度巡回检测仪，则不仅能自动切换检测显示，且能指出并记忆故障点的位置，发出报警信号。

习题与思考题

5-1 试说明干簧水位控制器的工作原理。

5-2 设计一个用电极式水位控制器控制的两台泵互为备用直接投入的控制电路。

5-3 设计一个用电极式水位控制器控制的两台泵互为备用，星-三角减压起动，备用泵直接投入的控制电路。

5-4 设计一个用电阻水位传示仪控制的两台泵互为备用直接投入的信号电路。

5-5 消火栓泵的起动信号一般来自哪里?

5-6 消火栓泵的消防起动按钮串联与并联各有什么优点?

5-7 自动喷淋水泵的控制信号来自哪里?

5-8 防、排烟调节阀一般要求有哪几种驱动方式?

5-9 锅炉给水系统自动调节任务是什么? 自动调节有哪几种类型?

5-10 蒸汽过热系统自动调节任务是什么? 自动调节有哪几种类型?

5-11 锅炉燃烧过程自动调节的任务是什么? 燃煤锅炉自动调节有哪几种类型?

5-12 什么是水位的位式调节? 什么是连续调节?

5-13 SHL 型锅炉是怎样实现按顺序起动和停止的?

5-14 SHL 型锅炉的汽包水位信号是通过什么方法检测的?

第六章　电梯的电气控制

电梯是随着高层建筑的兴建而发展起来的一种垂直运输工具。在现代社会，电梯已像汽车、轮船一样，成为人类不可缺少的交通运输工具。从事建筑电气技术工作，常会遇到建筑机械设备的维修和保养，因此需要了解该类设备的控制要求和电路分析。本章对电梯和塔式起重机的机械部分仅做简单介绍，重点是通过实例，介绍自动扶梯的电气控制原理和系统。

第一节　电梯的分类和基本结构

一、电梯的分类
国产电梯一般按用途、提升速度、拖动方式等进行分类。

1. 按用途分类

（1）乘客电梯　为运送乘客而设计的电梯，主要用于宾馆、饭店、办公楼等客流量大的场合。这类电梯为了提高运送效率，其运行速度比较快，自动化程度比较高，轿厢的尺寸和结构形式多为宽度大于深度，使乘客能畅通地进出。而且安全设施齐全，装饰美观，乘坐舒适。

（2）载货电梯　为运送货物而设计，通常有人伴随的电梯，主要用于两层楼以上的车间和各类仓库等场合。这类电梯的自动化程度和运行速度一般比较低，其装饰和舒适感不太讲究，而载重量和轿厢尺寸的变化则较大。

（3）病床电梯　为运送病人、医疗器械等而设计的电梯。轿厢窄而深，有专职司机操纵，运行比较平稳。

除上述几种外，还有轿厢壁透明、装饰豪华以供乘客观光的电梯，专门用作运送车辆的电梯，用于船舶的电梯等。

2. 按提升速度分类

（1）低速梯　速度为 $V \leqslant 1\text{m/s}$ 的电梯。

（2）快速梯　速度为 $1\text{m/s} < V < 2\text{m/s}$ 的电梯。

（3）高速梯　速度为 $V \geqslant 2\text{m/s}$ 的电梯。

3. 按拖动方式分类

（1）交流电梯。交流电梯是用交流电动机驱动的电梯。用单速交流电动机驱动时，称为交流单速电梯，其速度不高于 0.5m/s。用双速交流电动机驱动时，称为交流双速电梯，其速度一般不高于 1m/s。用交流电动机配有调压调速装置时，称为交流调压调速电梯，其速度一般不高于 1.75m/s。用交流电动机配有变频变压调速装置时，称为变频变压调速电梯（即 VVVF 电梯），一般为快速或高速电梯。

（2）直流电梯　直流电梯是用直流电动机驱动的电梯，一般为快速梯或高速梯。

二、电梯的基本结构
电梯是机、电合一的大型复杂产品，机械部分相当于人的躯体，电气部分相当于人的神经，机与电的高度合一，使电梯成为现代科学技术的综合产品。下面简单介绍机械部分，电梯的基本结构如图6-1所示。

1. 曳引系统

功能：输出与传递动力，使电梯运行。

组成：主要由曳引机、曳引钢丝绳、导向轮、电磁制动器等组成。

（1）曳引机　曳引机是电梯的动力源，由电动机、曳引轮等组成。以电动机与曳引轮之间有无减速箱又可分为无齿曳引机和有齿曳引机。无齿曳引机由电动机直接驱动曳引轮，一般以直流电动机为动力。由于没有减速箱为中间传动环节，它具有传动效率高、噪声小、传动平稳等优点，但存在体积大、造价高等缺点。无齿曳引机一般用于2m/s以上的高速电梯。

有齿曳引机的减速箱具有降低电动机输出转速，提高输出力矩的作用。减速箱多采用蜗轮蜗杆传动减速，其特点是起动传动平稳、噪声小，运行停止时根据蜗杆头数不同起到不同程度的自锁作用。有齿曳引机一般用在速度不大于2m/s的电梯上。配用的电动机多数为交流电动机。曳引机安装在机房中的承重梁上。

曳引轮是曳引机的工作部分，安装在曳引机的主轴上，轮缘上开有若干条绳槽，利用两端悬挂重物的钢丝绳与曳引轮槽间的静摩擦力，提高电梯上升、下降的牵引力。

（2）曳引钢丝绳　连接轿厢和对重（也称平衡重），靠与曳引轮间的摩擦力来传递动力，驱动轿厢升降。钢丝绳一般有4～6根，其常见的绕绳方式有半绕式和全绕式，如图6-2所示。

（3）导向轮　因为电梯轿厢尺寸一般比较大，轿厢悬挂中心和对重悬挂中心之间距离往往大于设计上所允许的曳引轮直径，所以要设置导向轮，使轿厢和对重相对运行时不互相碰撞。导向轮安装在承重梁下部。

（4）电磁制动器　电磁制动器是曳引机的制动用抱闸，当电动机通电时松闸，电动机断电时将闸抱紧，使曳引机制动停止。电磁制动器由制动电磁铁、制动臂、制动瓦块等组成。制动电磁铁一般采用结构简单、噪声小的直流电磁铁。电磁制动器安装在电动机轴与减速器相连的制动轮处。

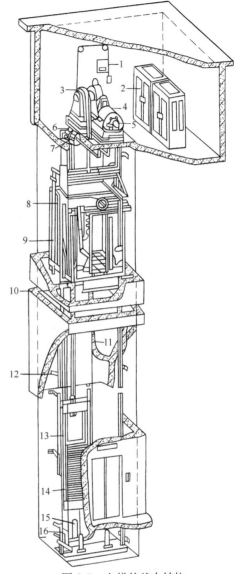

图6-1　电梯的基本结构

1—极限开关　2—控制屏　3—曳引轮　4—电动机
5—手轮　6—限速器　7—导向轮　8—开门机
9—轿厢　10—安全钳　11—控制电缆　12—导轨架
13—导轨　14—对重　15—缓冲器　16—钢绳张紧轮

2. 导向系统

功能：限制轿厢和对重的活动自由度，使轿厢和对重只能沿着导轨作升降运动。

组成：由导轨、导靴和导轨架组成。

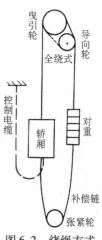

图 6-2 绕绳方式

（1）导轨 导轨是在井道中确定轿厢和对重的相互位置，并对它们的运动起导向作用的组件。导轨分轿厢导轨和对重导轨两种，对重导轨一般采用 75mm×75mm×（8～10）mm 的角钢制成，而轿厢导轨则多采用普通碳素钢轧制成 T 字形截面的专用导轨。每根导轨的长度一般为 3～5m，其两端分别加工成凹凸形状榫槽，安装时将凹凸榫槽互相对接好后，再用连接板将两根导轨紧固成一体。

（2）导靴 导靴装在轿厢和对重架上，与导轨配合，是强制轿厢和对重的运动服从于导轨的部件。导靴分滑动导靴和滚动导靴。滚动导靴主要由两个侧面导轮和一个端面导轮构成。三个滚轮从三个方面卡住导轨，使轿厢沿着导轨上下运行，并能提高乘坐舒适感，多用在高速电梯中。

（3）导轨架 导轨架是支撑导轨的组件，固定在井壁上。导轨在导轨架上的固定有螺栓固定法和压板固定法两种。

3. 轿厢

功能：用以运送乘客或货物的电梯组件，是电梯的工作部分。

组成：由轿厢架和轿厢体组成。

（1）轿厢架 轿厢架是固定轿厢体的承重构架。由上梁、立柱、底梁等组成。底梁和上梁多采用 16～30 号槽钢制成，也可用 3～8mm 厚的钢板压制而成。立柱用槽钢或角钢制成。

（2）轿厢体 轿厢体是轿厢的工作容体，具有与载重量和服务对象相适应的空间，由轿底、轿壁、轿顶等组成。

轿底用 6～10 号槽钢和角钢按设计要求尺寸焊接框架，然后在框架上铺设一层 3～4mm 厚的钢板或木板。轿壁多采用厚度为 1.2～1.5mm 的薄钢板制成槽钢形，壁板的两头分别焊一根角钢作头。轿壁间以及轿壁与轿顶、轿底间多采用螺钉紧固成一体。轿顶的结构与轿壁相同。轿顶装有照明灯、电风扇等。除杂物电梯外，电梯的轿顶均设置安全窗，以便在发生事故或故障时，司机或检修人员上轿顶检修井道内的设备。必要时，乘用人员还可以通过安全窗撤离轿厢。

轿厢是乘用人员直接接触的电梯部件，各电梯制造厂对轿厢的装饰是比较重视的，一般均在轿壁上贴各种类别的装饰材料，在轿顶下面加装各样的吊顶等，给人以豪华舒适的感觉。

4. 门系统

功能：封住层站入口和轿厢入口。

组成：由轿门、层门、门锁装置、开关门机等组成。

（1）轿门 轿门是设在轿厢入口的门，由门、门导轨架、轿厢地坎等组成。轿门按结构形式可分为封闭式轿门和栅栏式轿门两种。如按开门方向分，栅栏式轿门可分为左开门和右开门两种。封闭式轿门可分为左开门、右开门和中开门 3 种。除一般的货梯门采用栅栏门外，多数电梯均采用封闭式轿门。

（2）层门　层门也称厅门，是设在各层停靠站通向井道入口处的门。由门、门导轨架、层门地坎、层门联动机构等组成。门扇的结构和运动方式与轿门相对应。

（3）门锁装置　门锁装置设置在层门内侧，门关闭后，将门锁紧，同时接通门电联锁电路，使电梯起动运行。门锁装置是一种机电联锁安全装置。轿门应能在轿内及轿外手动打开，而层门只能在井道内人为解脱门锁后打开，厅外只能用专用钥匙打开。

（4）开、关门电动机　使轿门、层门开启或关闭的装置。开、关门电动机多采用直流他励式电动机作原动力，并利用改变电枢回路电阻的方法，来调节开、关门过程中的不同速度要求。轿门的启闭均由开、关门电动机直接驱动，而厅门的启闭则由轿门间接带动。为此厅门与轿门之间需有系合装置。

为了防止电梯在关门过程中将人夹住，带有自动门的电梯常设有关门安全装置，在关门过程中只要受到人和物的阻挡，便能自动退回，常见的是安全触板和光电开关。

5. 重量平衡系统

功能：相对平衡轿厢重量，在电梯工作中能使轿厢与对重间的重量差保持在某一个限额之内，保证电梯的曳引传动正常。

组成：由对重和重量补偿装置组成。

（1）对重　对重由对重架和对重块组成，其重量与轿厢满载时的重量成一定比例，与轿厢间的重量差具有一个恒定的最大值，又称平衡重。

为了使对重装置能对轿厢起最佳平衡作用，必须正确计算对重装置的总重量。对重装置的总重量与电梯轿厢本身的净重和轿厢的额定载重量有关，它们之间的关系常用下式来决定：

$$P = G + QK \tag{6-1}$$

式中，P 为对重装置的总重量（kg）；G 为轿厢净重（kg）；Q 为电梯额定载重量（kg）；K 为平衡系数（一般取 0.45～0.5）。

（2）重量补偿装置　在高层电梯中，补偿轿厢侧与对重侧曳引钢丝绳长度变化对电梯平衡设计影响的装置，称为重量补偿装置，分为补偿链和补偿钢丝绳两种形式。补偿装置的链条（或钢丝绳）一端悬挂在轿厢下面，另一端挂在对重下面，并安装有张紧轮及张紧行程开关。当轿厢碰底时，张紧轮被提升，使行程开关动作，切断控制电源，使电梯停驶。

6. 安全保护系统

功能：保证电梯安全使用，防止一切危及人身事故发生。

组成：分为机械安全保护系统和机电联锁安全保护系统两大类。机械部分主要有：限速装置、缓冲器、端站保护装置、钢丝绳张紧开关、安全窗开关、手动盘轮等。机电联锁部分主要有终端保护装置和各种联锁开关等。

（1）限速装置　限速装置由限速器和安全钳组成，其主要作用是限制电梯轿厢运行速度。当轿厢超过设计的额定速度运行处于危险状态时，限速器就会立即动作，并通过其传动机构的钢丝绳、拉杆等，促使（提起）安全钳动作而抱住（卡住）导轨，使轿厢停止运行，同时切断电气控制回路，达到及时停车，保证乘客安全的目的。

1）限速器：限速器安装在电梯机房楼板上，其位置在曳引机的一侧。限速器的绳轮垂直于轿厢的侧面，绳轮上的钢丝绳引下井道与轿厢连接后再通过井道底坑的张紧绳轮返回到限速器绳轮上，这样限速器的绳轮就随轿厢运行而转动。

限速器有甩球限速器和甩块限速器两种。甩球限速器的球轴突出在限速器的顶部，并与拉杆弹簧连接，随轿厢运行而转动，利用离心力甩起球体控制限速器的动作，如图 6-3 所示。甩块限速器的块体装在心轴转盘上，原理与甩球相同。如果轿厢向下行驶时，超过了额定速度的 15%，限速器的甩球或甩块的离心力就会加大，通过拉杆和弹簧装置卡住钢丝绳，制止钢丝绳移动。但若轿厢仍向下移动，这时，钢丝绳就会通过传动装置把轿厢两侧的安全钳提起，将轿厢制停在导轨上。

2）安全钳：安全钳安装在轿厢架的底梁上，即底梁两端各装一副，其位置和导靴相似，随轿厢沿导轨运行，如图 6-4 所示。安全钳楔块由拉杆、弹簧等传动机构与轿厢侧限速器钢丝绳连接，组成一套限速装置。

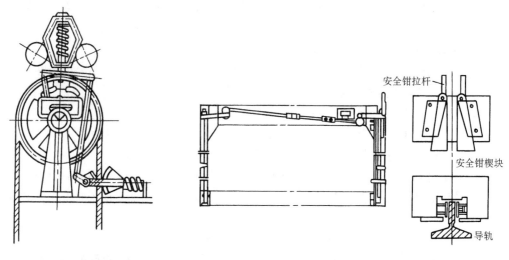

图 6-3 甩球限速器　　　　　　　　　图 6-4 安全钳

当电梯轿厢超速，限速器钢丝绳被卡住时，轿厢再运行，安全钳将被提起。安全钳是有角度的斜形楔块，并受斜形外套限制，所以向上提起时必然要向导轨夹靠而卡住导靴，制止轿厢向下滑动，同时安全钳开关动作，切断电梯的控制电路。

（2）缓冲器　缓冲器安装在井道底坑的地面上。若由于某种原因，当轿厢或对重装置超越极限位置发生碰底时，缓冲器则作为吸收轿厢或对重装置动能的制停装置。

缓冲器按结构分，有弹簧缓冲器和油压缓冲器两种。弹簧缓冲器依靠弹簧的变形来吸收轿厢或对重装置的动能，多用在低速梯中。油压缓冲器是以油作为介质来吸收轿厢或对重的动能，多用在快速梯和高速梯中。

（3）端站保护装置　端站保护装置是一组防止电梯超越上、下端站的开关，能在轿厢或对重碰到缓冲器前切断控制电路或总电源，使电梯被曳引机上电磁制动器所制动。常设有强迫减速开关、终端限位开关和极限开关，如图 6-5 所示。

1）强迫减速开关：是防止电梯失控造成冲顶或碰底的第一道防线，由上、下两个限位开关组成，一般安装在井道的顶端和底部。当电梯失控，轿厢行至顶层或底层而又不能换速停止时，轿厢首先要经过强迫减速开关，这时，装在轿厢上的碰块与强迫减速开关碰轮相碰，使强迫减速开关动作，迫使轿厢减速。

2）终端限位开关：是防止电梯失控造成冲顶和礅底的第二道防线，由上、下两个限位开关组成，分别安装在井道的顶端和底部。当电梯失控后，经过减速开关而又未能使轿厢减速行驶，轿厢上的碰铁与终端限位开关相碰，使电梯的控制电路断电，轿厢停驶。

3）极限开关：极限开关由特制的铁壳开关（或者是自动开关）和上、下碰轮及传动钢丝绳组成。钢丝绳的一端绕在装于机房内的特制铁壳开关（或者是自动开关）闸柄驱动轮上，并由张紧配重拉紧；另一端与上、下碰轮架相接。

当轿厢超越端站碰撞强迫减速开关和终端限位开关仍失控时（如接触器断电不释放），在轿厢或对重未接触缓冲器之前，装在轿厢上的碰铁接触极限开关的碰轮，牵动与极限开关相连的钢丝绳，使只有人工才能复位的极限开关拉闸动作，从而切断主回路电源，迫使轿厢停止运行。

（4）钢丝绳张紧开关　电梯的限速装置、重量补偿装置、机械式选层器等的钢绳或钢带都有张紧装置，如发生断绳或拉长变形等，其张紧开关将断开，切断电梯的控制电路，等待检修。

（5）安全窗开关　轿厢的顶棚设有一个安全窗，便于轿顶检修和断电中途停梯而脱离轿厢，电梯要运行时，必须将打开的安全窗关好后，安全窗开关才能使控制电路接通。

（6）手动盘轮　当电梯运行在两层中间突然停电时，为了尽快解脱轿厢内乘坐人员的处境而设置的装置。手动盘轮安装在机房曳引电动机轴的端部，停电时，用人力打开电磁抱闸，用手转动盘轮，使轿厢移动。

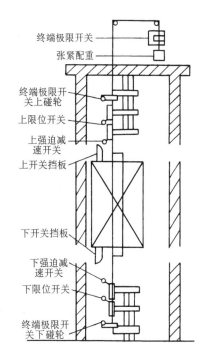

图6-5　端站保护装置

第二节　自动扶梯的结构与电气控制

随着社会经济的不断发展，自动扶梯和自动人行道已经成为商场、地铁、机场、过街天桥等场所的重要运输承载工具。自动扶梯是带有循环运行梯级，用于向上或向下倾斜输送乘客的固定电力驱动设备；自动人行道是带有循环运行（板式或带式）的走道，用于在水平或倾斜角不大于12°运输乘客的固定电力驱动设备。自动扶梯和自动人行道大幅度缩短了目标间的距离，满足了大流量人员的超短途便捷输运，其结构紧凑、安全可靠，经过适当设计还可具有装饰作用，提升了乘客与商场等外部环境间的亲和力。

一、自动扶梯的构造与参数

1. 自动扶梯的分类

自动扶梯的分类方法有很多，主要按照载荷和适用场合分为普通型自动扶梯和公共交通型自动扶梯两类，其中普通型自动扶梯多用于商场、购物中心等营业性场所，载客量较小，通常按照每天运行12h、额定载荷为制动载荷的60%左右进行设计。

满足如下两个条件之一的即为公共交通型自动扶梯：①是公共交通系统包括出口和入口的组成部分；②高强度的使用，即每周运行时间约140h，且在任何3h间隔内，其载荷达到100%制动载荷的持续时间不少于0.5h。公共交通型自动扶梯主要应用于机场、高铁等人流集中的场所，通常按照每天工作20h、额定载荷为制动载荷的80%左右进行设计。此外，在地铁车站等场所中通常需要面对大量客流，如在任何3h间隔内，其载荷达到制动载荷的持续时间大于1h，该类扶梯通常被称为重载型自动扶梯，其设计中通常按照额定载荷为制动载荷的100%进行设计。

按照驱动方式，可分为链条式（端部驱动）自动扶梯和齿轮齿条式（中间驱动）自动扶梯。链条式是用一定节距的链条将梯级连成一个系统，驱动装置通常置于上机房，通过驱动装置驱动链轮，链轮驱动链条，而链条驱动梯级，实现梯级连续运转，该方式需要设置链轮张紧装置，且随着高度的提升，驱动装置和链条的负载加大，自动扶梯的整体结构和重量增加；齿轮齿条式是将梯级做成标准节，每节采用标准的驱动装置，用多根齿条将标准节连成一体，驱动装置设在自动扶梯的中间部分，并可根据需要设置多个驱动装置，因此不需要将桁架和驱动装置做得很大，但是也存在着结构复杂、装配调试和维修保养不方便的缺点。

按照倾角来分，自动扶梯主要有27.3°、30°、35° 3类。按照 GB 16899—2011 的规定，自动扶梯的倾斜角不应大于30°，但当提升高度不大于6m且名义速度不大于0.5m/s时，倾斜角允许增加至35°。实际使用中，30°扶梯占用空间适中，使用最广；35°扶梯占用空间少，但是乘客感觉较为陡峭，易产生不安全感；而27.3°扶梯则与固定楼梯标准踏步的倾角接近，与踏步相配合时较为协调、美观，能增加乘客的安全感，但是需要占用较多的安装空间。此外，自动人行道是自动扶梯的一种特殊形式，其倾斜角不大于12°，且将梯级改为踏板或胶带，形成一条平坦的路面，使得购物车、行李车能够在其上运输，因此在超市、机场等应用较多。

扶梯按照安装位置可分为室外型、室内型两类，其中室外型要考虑雨淋、霜冻、高温、沙尘等多种恶劣环境的侵袭，要求具有防水、防冻、防热、防尘、防锈等防护能力。按照护栏种类又可分为玻璃护栏型和金属护栏型，玻璃护栏型可加装照明和灯饰，较为美观，适合于酒店、商超能商业场合；金属护栏型防破坏能力强，牢固可靠，多用于室外以及公共交通场所。

自动扶梯主要遵循 GB 16899—2011《自动扶梯和自动人行道的制造与安装安全规范》，该标准为强制性国家标准，同时也是一个引进标准，其标准本体为欧洲标准 EN115：2008。

2. 自动扶梯的主要构成部分

自动扶梯一般由桁架、梯级、驱动装置、导轨、制动系统以及扶手装置、润滑装置、安全系统等辅助系统构成，图6-6所示为某自动扶梯的典型构成。

（1）桁架　桁架是扶梯自重及其乘客载荷的支撑机构，用于连接建筑物两个不同层高的地面。桁架多采用角钢、槽钢或方钢等型材经焊接、整形、去应力及表面处理（喷漆、镀锌等）后制作而成，材质多为 Q235B 或 Q235C（屈服强度 235MPa 左右）。

依据 GB 16899—2011 要求，依据 5000N/m² 的载荷计算或实测的最大挠度，对于普通自动扶梯或自动人行道，应不大于两支撑间的1/750，对于公共交通型自动扶梯或自动人行道，应不大于两支撑间的1/1000。因而，对于大尺寸桁架，为增加桁架强度、刚度，一般要考虑增加中间支撑。

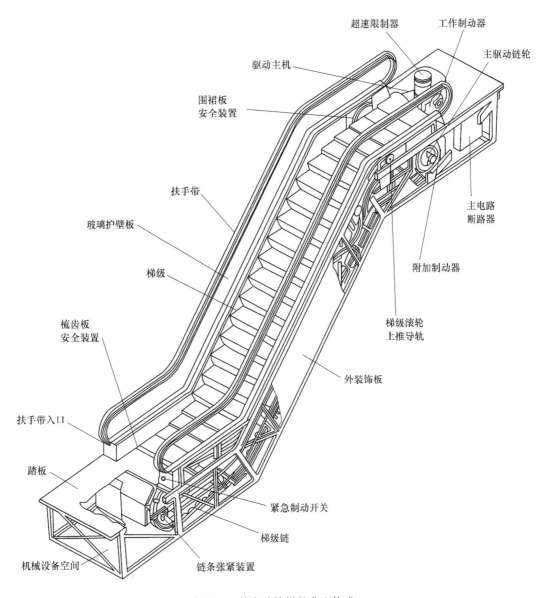

超速限制器　工作制动器

主驱动链轮

驱动主机

围裙板
安全装置

主电路
断路器

扶手带

附加制动器

玻璃护壁板

梯级

梯级滚轮
上推导轨

梳齿板
安全装置

外装饰板

扶手带入口

踏板

紧急制动开关

梯级链

机械设备空间

链条张紧装置

图6-6　某自动扶梯的典型构成

（2）梯级　梯级是供乘客站立的一种特殊结构形式的四轮小车，为便于乘客使用，其高度通常不大于0.24m，其深度则不应小于0.38m，大多数的梯级深度为0.40m左右。梯级、踏板等应设计成能够承受由导轨、驱动系统施加的所有可能的载荷和扭曲作用，并能承受 $6000N/m^2$ 的均布载荷，该要求通过静载试验和动载试验（载荷试验、扭转试验）验证。此外，梯级滚轮作为周期性运转部件，也应按照相应的规范做疲劳试验，依据国标要求，梯级运行速度与名义速度的最大允许偏差为±5%。

梯级在结构上有整体型和装配型两种。整体型梯级一般采用铝合金整体压铸而成，如图6-7所示。该结构形式制造、装配和维护较为方便，强度和耐腐蚀性较好，多用于室外场合，但梯级的局部损坏也需要整体换新，成本较高。装配型梯级采用钢板冲压而成的踏板、踢板、支撑架等，将这些部件组装而制成梯级，如图6-8所示。该结构制造工艺较为复杂，装配后的形位公差一致性无法保证，在重载、振动、温湿度变化比较大的情况下容易出现故障，防锈性能不如铝合金梯级，因此多用于商场等环境条件较好的情况下。

图6-7 整体型梯级   图6-8 装配型梯级

（3）驱动装置 驱动装置通常由电动机、减速机等组成。

自动扶梯电动机通常采用4极或6极的三相异步电动机，4极电动机同步转速为1500r/min，体积小、效率高，多用于普通型自动扶梯；6极电动机同步转速为1000r/min，具有较大的输出扭矩，多用于公共交通型或重载型扶梯。

减速机一般有齿轮减速机、涡轮蜗杆减速机（ZA型，阿基米德蜗杆）或尼曼蜗杆减速机（ZC1型）以及行星齿轮减速机等种类。其中，齿轮减速机多采用渐开线斜齿圆柱齿轮，该类型齿轮重合度较高，传动平稳，承载能力强，技术成熟，效率在95%左右，但在传动比较大的情况下，减速机体积偏大，因而多用于传动比小于20的场合。其改进型准双曲面采用准双曲面齿面，具有更好的传动性能。

准双曲面螺旋斜齿轮减速机如图6-9所示，该减速机高速级为涡轮蜗杆传动，其接触面为滑动摩擦，因而传动效率较低，容易发热。齿面采用铜合金材料，造价较高，但是由于其单级传动比较大、结构紧凑、工作平稳、噪声低、体积小，适合自动扶梯的间歇性、低速运转场合，因而多用于普通型扶梯。

图6-10为尼曼蜗杆减速机，其传动效率高、噪声低、承载能力大（承载能力为ZA型蜗杆的4倍）且容易形成润滑性油膜，在国外已经取得较为广泛的使用，而国内因为制造水平的限制，尚未得到广泛使用。另外，行星齿轮减速机因其传动比大，在扶梯中也有一定程度的采用，但其无法像蜗杆机构一样自锁，所以对制动系统的要求更高。

图 6-9　准双曲面螺旋斜齿轮减速机

图 6-10　尼曼蜗杆减速机

（4）制动系统　依据 GB 16899—2011 的要求，自动扶梯应必须具有工作制动器，在特定条件下（如提升高度大于 6m 时）还应具有附加制动器。工作制动器一般安装于驱动主机上，而附加制动器安装于主驱动轴上，如图 6-6 所示。两种制动器都是机－电式制动器，在持续通电的状态下应保持正常释放（不制动），以维持电梯的运转；而在电路断开或失电后，制动器应立即制动；同时，应避免制动器的自激效应。自动扶梯常用的工作制动器主要有块式、带式、盘式 3 种。

此外，国标详细规定了制动载荷和制停距离，自动扶梯的制动载荷、制停距离、自动人行道的制停距离分别见表 6-1、表 6-2、表 6-3。如果实际制停距离超过了表 6-2、表 6-3 最大制停距离的 1.2 倍（即表格的第 3 列数据），则自动扶梯和自动人行道应在故障锁定被恢复之后才能重新起动，该要求为 2011 版国标新加入内容，加入该条款实际上意味着扶梯应具有制停距离检测功能，也对扶梯的安全装置提出了新的要求。

表 6-1　自动扶梯的制动载荷

名义宽度/m	制动载荷/kg
$z_1 \leqslant 0.6$	60
$0.6 < z_1 \leqslant 0.8$	90
$0.8 < z_1 \leqslant 1.1$	120

表 6-2　自动扶梯的制停距离

名义速度 /m·s^{-1}	制停距离 /m	当制停数值超过以下数值 应防止重新起动
0.50	0.20 ~ 1.00	1.20
0.65	0.30 ~ 1.30	1.56
0.75	0.40 ~ 1.5	1.80

表6-3　自动人行道的制停距离

名义速度 /m·s^{-1}	制停距离 /m	当制停数值超过以下数值 应防止重新起动
0.50	0.20~1.00	1.20
0.65	0.30~1.30	1.56
0.75	0.40~1.50	1.80
0.90	0.55~1.70	2.04

（5）扶手装置　扶手装置位于扶梯的两侧，便于乘客站立式握持以保持身体平衡，同时对乘客起到防护作用。扶手装置包括护壁板、扶手支架与导轨、扶手带及其驱动系统、扶手带张紧装置等。

扶手带的外覆盖层一般采用橡胶或聚氨酯制成，内层与扶手导轨接触，通常采用棉织物和合成纤维制造，内外层之间有钢丝绳芯以提高扶手带的抗拉强度。根据国标要求，扶手带的最小破断强度不小于25kN。为保证强度，扶手带一般以闭环形式出厂，只有在特殊情况下，才考虑现场接驳。由于扶手带为周期性循环运动，故应根据工况做疲劳寿命试验。扶手带使用中常见的损坏为表面的变形、龟裂、磨损和剥离，而对安全影响较大的则是扶手带的断裂、带速与梯级速度偏差过大等，这两种因素都通过相应的安全装置加以避免。

扶手带常见的驱动方式为摩擦式驱动，其在负载较大或磨损时容易出现相对滑动，使得扶手带速度与梯级速度不同步，而依据国标要求，二者速度偏差不能大于2%。为保持扶手带与其驱动系统的可靠摩擦，一般扶手带还应添加导向机构和张紧装置，这些装置共同构成了扶手带系统。

3. 自动扶梯的主要参数及术语

自动扶梯的参数主要包括规格参数和结构参数。规格参数包括速度、梯级宽度和提升高度等，结构参数包括倾斜角、水平梯级数量和上下端导轨曲率半径等。

自动扶梯的速度分为名义速度和额定速度，所谓名义速度是指由制造商设计确定的，自动扶梯或自动人行道的梯级、踏板或胶带在空载情况下的运行速度，通常所说的扶梯的速度即名义速度。而额定速度是自动扶梯或自动人行道在额定载荷时的运行速度，对于三相异步电动机驱动系统，采用额定转差率小的电动机，则其额定速度和名义速度的偏差也会减小。

国标规定梯级宽度为0.58~1.10m，通常宽度为0.60m、0.80m和1.00m 3种规格。不同的梯级宽度和速度意味着同一个梯级上的乘客数量，如对于1.00m的梯级宽度，平均每个梯级上为1.6人，该数字对于计算扶梯的额定载荷、理论输送能力和最大输送能力具有重要意义。

提升高度即自动扶梯或自动人行道出入口两楼层之间的垂直距离，通常为5~8m，提升高度大于10m则可以成为大高度自动扶梯。

最大输送能力是指自动扶梯正常运行中每小时能够输送的最多人员数量，具体数值见表6-4，该数值对于交通流量规划有重要意义。值得一提的是，尽管自动扶梯尤其是自动人行道，具有较强的通行能力，但是依据GB 50016—2014《建筑设计防火规范》之规定，自动扶梯和电梯不应计作安全疏散措施，因为火灾等可能会切断电梯电源而引发意外。

表 6-4 自动扶梯最大输送能力

梯级名义宽度	名义速度 $v/\mathrm{m \cdot s^{-1}}$		
	0.50	0.65	0.75
0.60	3600 人/h	4400 人/h	4900 人/h
0.80	4800 人/h	5900 人/h	6600 人/h
1.00	6000 人/h	7300 人/h	8200 人/h

二、自动扶梯的安全控制系统

1. 自动扶梯的安全防护装置

自动扶梯用于乘客运输，因此乘客和检修人员都有受到安全事故危害的可能性。国标根据自动扶梯的实际使用情况，从人员有意或无意识行为、扶梯自身结构故障和电气故障等多个方面制定标准，以保证其安全性。

人员有意或无意识行为包括：乘客在自动扶梯上玩耍、逆行、跳跃、翻越，攀爬扶手带或以扶手带当滑梯，儿童触及扶手带入口处引起的手指、手臂卡夹，人员上行过程中碰击头部，维修工因遗忘而未将梯级踏板装回扶梯，梯级踏板缺失而引起人员意外，维修工有意识地打开机房盖板检修机器等。该类风险通常通过电梯公司合理的结构设计、悬挂警示标志并结合电气控制等方式加以避免，国标也规定了自动扶梯应使用的警示符号。

国标详细规定了扶梯的结构故障和电气故障所采用的安全装置，主要有梯级下陷、梯级缺失、扶手入口卡夹、梳齿板卡夹、超速、逆转、制动不良或失效、扶手带带速不匹配等。图 6-11 给出了某品牌扶梯的安全保护装置示意图，下面结合该图就保护装置进行简要介绍。

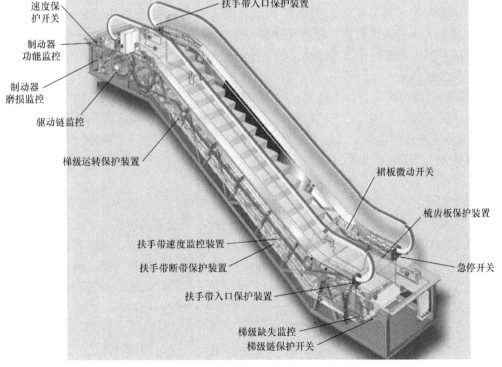

图 6-11 某品牌扶梯安全保护装置示意图

梯级下陷是指由于梯级受损、轴断裂或滚轮破损导致梯级离开了正常位置,此时电梯应立即停止工作,相应的保护装置一般设置在上下扶梯自动转弯、接近水平段的地方,梯级下陷时触动相应微动开关,使得安全回路断开。根据规定,该故障必须通过手动复位方能解除,因此该故障的自动消除并不能使电梯恢复运行。而梯级缺失则是由于安装人员疏忽大意等原因造成的,如不能及时检测将带来严重后果,梯级缺失检测装置可通过霍尔传感器或光电传感器检测梯级脉冲信号,以及时发现并停机。

梯级链保护开关通常设置在梯级链张紧装置的左右张紧弹簧的两端,梯级链因受到磨损时,其张紧装置的间隙发生变化,当超过允许范围时,触发开关动作,扶梯自动停止运行。

梳齿板保护装置的作用是当梳齿板与梯级发生挤夹时,梳齿板的支撑装置后移或上移,并触发安全装置使自动扶梯停止,从而减少对乘客和机件的损害。该安全装置同样通过活动机构和微动开关实现信号的触发。

自动扶梯的出入口处容易发生夹手事故,尤其是当儿童在此区域玩耍时,因缺乏安全意识导致手甚至手臂被卷入而受伤,故在此区域应加入扶手带入口保护装置。一般来说,该保护装置由入口处的衬套、微动开关和托架等机构组成。当入口处有异物进入后,引起橡胶衬套的变形进而触发微动开关,自动扶梯停止运行。另外一种方案是采用感应式入口保护装置,通过声波雷达等对该区域持续检测,当有物体接近该区域时,通知扶梯停止运行。还可以采用活动式封板,封板两边可以绕铰链转动,当异物进入后封板被推开,进而推动其后的撞击开关,使得系统停止运行。后两种方案不需要较大的作用力和变形,对人员(尤其是儿童)有较好的保护作用。

扶手带是受力部件,工作中受到驱动力、摩擦力的周期性作用,存在疲劳破坏和断裂的可能性。国标规定,公共交通型自动扶梯或自动人行道,如果其扶手带的断裂强度小于25kN,必须加装断带保护装置。断带保护装置结构较为简单,通常结构为滚轮在弹簧的作用下,与扶手带内侧接触并随之转动,而当扶手带断裂时,滚轮在弹簧的作用下改变位置,并触发开关信号。

扶手带的运动速度应与梯级相同,如果相差过大,尤其是扶手带较慢时,会使得乘客手臂后拉而摔倒。国标允许二者速度差为2%,但当扶手带偏离梯级速度15%且持续时间超过15s时,应停止扶梯的运行。扶手带速度偏离保护装置用以实现以上功能,其基本原理是利用接近开关等传感器检测滚轮的转动脉冲,转化为线速度后与梯级的速度进行比较,进而做出判断。

在扶梯下行阶段,由于电动机失效、传动元件断裂或打滑等原因,其运转速度可能超越名义速度。国标规定,自动扶梯如发生超速,应使其在超过名义速度1.2倍前停止。因而必须采用超速保护装置,常用的超速保护装置有电子式和机械式两种,电子式超速保护装置利用磁感应开关、光电开关或者旋转编码获取运行速度信号,以供控制器决策并执行相应的动作,该装置不但能获取超速信号,还能获取欠速信号。机械式超速保护装置安装于电动机与减速箱之间的联轴器上,多采用离心式结构,当超速时离心块在离心力的作用下向外部运动,碰撞安全开关,使得扶梯停止动作。

实际上超速保护装置的速度应该是梯级的运行速度,但是前两种测速方案测量的是电动机的主轴转速,通过主轴转速间接反映梯级速度。但是,主轴与梯级之间有减速机、联轴器、链轮、链条等多级传动机构,这些中间传动机构的损坏引起的电梯超速有可能无法及时反映到电动机主轴上，即间接超速检测装置可能响应滞后甚至无法响应而引起事故。为提高速度检测的可靠性，可采取梯级速度直接检测方式，如从主驱动链轮的链齿上采集速度信号，或在导轨上直接安装速度传感器。

上述这些安全保护装置通常为开关量输出，且开关量多以串联为主，以使得安全装置故障时系统能够及时停止，图 6-12 和表 6-5 给分别给出了某品牌扶梯安全回路电气结构和安全开关功能。

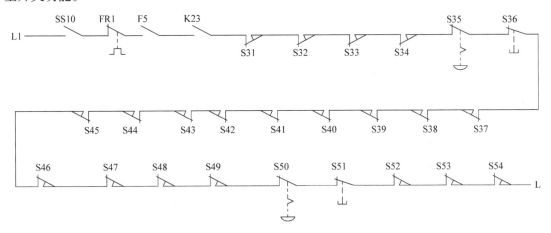

图 6-12　某品牌扶梯安全回路电气结构

表 6-5　某品牌扶梯安全开关功能

开关标号	功能	开关标号	功能
SS10	速度保护控制器	S41	中部右裙板开关
FR1	电动机热保护继电器	S42	上端左扶手带断带开关
F5	电动机热控制继电器	S43	上端右扶手带断带开关
K23	火警继电器	S44	下端左裙板开关
S31	左梳齿板开关	S45	下端右裙板开关
S32	右梳齿板开关	S46	下端左梳齿板开关
S33	左扶手带入口开关	S47	下端右梳齿板开关
S34	右扶手带入口开关	S48	下端扶手带入口左侧开关
S35	上端急停开关	S49	下端扶手带入口右侧开关
S36	上端梯级下陷开关	S50	下端急停开关
S37	上端停止开关	S51	下端停止开关
S38	上端左裙板开关	S52	下端梯级下陷开关
S39	上端右裙板开关	S53	链条张紧左侧开关
S40	中部左裙板开关	S54	链条张紧右侧开关

2. PESSRAE

相对于 GB 16899—1997，GB 16899—2011 提出了电子安全的概念，即用于自动扶梯和自动人行道的可编程电子安全相关系统（Programmable Special Topics Electronic System in Safety Related Applications for Escalators and moving walks，PESSRAE），该系统进一步提升了扶梯的整体安全性能。电子安全共分为 3 个等级，即 SIL1、SIL2 和 SIL3（最高），SIL 即安全完成性等级（Safety Integrity Level），采用电子安全要求电子器件必须符合 IEC 61508 规

范，该规范与 GB/T 24038.1 ~ GB/T 24038.7 等同。

电子安全有两个评价标准，分别为安全失效分数（SFF）和危险失效概率（PFH），见表6-6。GB/T 16899—2011 相对于以前版本，增加了检测梯级缺失和扶手带速度偏差的要求，这两项要求采用传统的机械式安全装置或开关式电子元件装置都无法实现，而采用PESSRAE 则较为容易实现。

表6-6 可编程电子安全相关系统危险失效概率

SIL	每小时危险失效概率
3	大于等于 10^{-8} 至小于 10^{-7}
2	大于等于 10^{-7} 至小于 10^{-6}
1	大于等于 10^{-6} 至小于 10^{-5}

目前扶梯设备厂商主要采用的安全控制方式有3种：自主研发安全触点、自主研发安全回路、PESSRAE。前两种是扶梯厂商根据安全标准的描述自主研发的控制系统，其优点是成本低，但是设计难度大、周期长且需要烦琐的安全认证。而 PESSRAE 采用已经通过安全认证，具有安全等级的可编程序控制器作为安全控制系统，该方法已经被多家大型扶梯厂家所采纳，部分设备供应商也推出了相应的安全控制器。但是，该安全控制器还需要根据扶梯厂商的情况进一步编程和定制。

三、自动扶梯的电气控制

1. 扶梯电动机及其工况

扶梯的驱动装置通常采用三相交流异步电动机，异步电动机造价低廉，能够通过改变极对数、变频等多种方式改变运转速度，并能通过不同的接线方式改变转转向，在自动扶梯中取得了较为广泛的应用。图6-13 为我国企业所生产的 FT125 型扶梯驱动主机，该主机的电动机功率有 5.5kW 和 7.5kW 两种型号可选，6 极，同步转速为 1000r/min，速比为 24.5，输出转速为 39.18r/min。

扶梯运行工况与普通机电设备有较大差异，由于扶梯应用场合的特殊性，商场扶梯会有 10% ~ 40% 不等的间断性空载现象，而商务楼中由于环境的特殊性载客率甚至低至 30% 左右，造成大量的能源浪费和设备磨损。故而扶梯控制的一个基本思路为：当有人乘扶梯时，扶梯以额定方式运行；在无人乘扶梯时，扶梯应自动减速到低速或停止运行。此外，扶梯还应具有反向运行和低速起动能力，因此需要异步电动机的调速、换向等电路。

图 6-13 FT125 型扶梯驱动主机

2. 异步电动机的调速与换向

三相电动机的转速公式见式（2-1）。工频情况下，当极对数 $p = 2$ 时（4 极），n_1 为 1500r/min；极对数 $p = 3$ 时（6 极），n_1 为 1000r/min。异步转速小于同步转速。

自动扶梯电动机的调速可采用改变极对数、改变转差率和变频调速 3 种方式实现。前两种调速方式都无法实现对电动机转速连续线性的调节，控制也极为不便，故而变频调速是异步电动机调速的首选方式。因此，采用改变频率方式实现扶梯电动机调速是一个较为常见的方式。而对于扶梯换向，实际上只要改变三相电动机的任意两相的线序即可。对于低速起动，则有减压起动等多种方式。

3. 异步电动机的变频调速

由于扶梯所带负载为恒转矩负载，所以电动机输出功率与转速的变化关系可以表示为

$$\frac{p_2}{p_1} = \frac{n_2}{n_1} \tag{6-2}$$

式中，p 为电动机输出功率；n 为电动机转速。

若转速降为一半，电动机的输出功率也降低一半，则其输入功率也相应减少。如果自动扶梯能够根据客流的变化进行转速调节，在无客流、少客流时，通过变频器停止运行或者低速运行，在有客流时直接接入电网工频额定转速运行，拖动电动机总的能耗将大幅度降低，从而达到节能的目的。又由于电动机直接联电网起动的电流是额定电流的几倍，对电网的冲击很大，会严重影响附近电器的正常工作，所以需要变频器的软起动功能实现电动机的平滑起动。

四、自动扶梯变频调速实例

下面以某品牌的自动扶梯为实例进行讲解。图 6-14 为主驱动系统变频器接线图，其中，KM2 为变频器电源输入接触器；KM3 为变频器电源输出接触器，用于与电动机相连；R_{31} 为制动电阻；KA13 和 KA14 分别为扶梯的上行、下行命令输入触点；KA19 为变频器快速、慢速控制触点，直接受控于 PLC 的输出；KA43 为检修开关的常开触点，正常运转时该触点闭合。

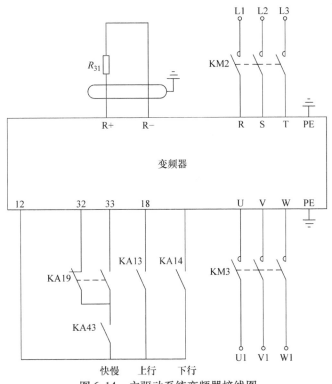

图 6-14　主驱动系统变频器接线图

图 6-15 为主驱动系统电动机接线图，KM1 为工频运行接触器；左侧 U1V1W1 三相线来

源于图6-14中的同名端子，实际为变频运行接触器 KM3 输出；KM4 和 KM5 交换了 U 相和 W 相的线序，实现正反转控制，分别用于控制上行和下行；KM6 为电动机星形联结接触器，而 KM7 为电动机三角形联结接触器。

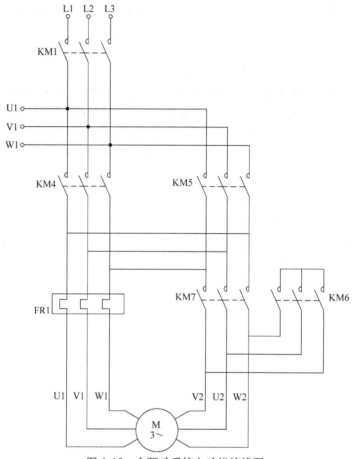

图 6-15　主驱动系统电动机接线图

图6-16 所示为扶梯的上下行控制及电动机连接方式切换电路，其中 A24 为 PLC 的输出接线端子；XS31 和 XS32 为上下端的检修插座；S43 为检修开关的常闭触点；SB61 和 SB62 为盖板开关，正常情况下检修盖板为盖上状态，触点断开，检修时盖板取下，触点闭合；KA15 为检修继电器，正常运行状态下线圈失电；KA9 为运行继电器；KA22 为开锁钥匙所控制的继电器触点；左下侧 XP20 检修插头与其相关电路构成了检修盒。图中将一对互斥信号利用常闭触点实现了互锁，如上行与下行、工频与变频、星形与三角形联结，保障了系统的安全性。图 6-17 为工频与变频的运行切换电路，该电路受控于 PLC 的输出。

综合图6-14～图6-17可将自动扶梯运行原理做如下分析：

1）由于系统采用了 PLC 和多组独立接触器，因而系统控制具有极大的灵活性，工频变频运行、正反转控制、上行下行控制都互相独立，3 种运行状态能够根据需要自由组合，通过实现触点间互斥、互锁保证了电气线路的安全性。

2）具体来说，工频运行时，接触器 KM1 闭合，KM2、KM3 断开；反之则为变频运行。上行、下行通过 KM4、KM5 切换三相异步电动机的相序实现。KM6 和 KM7 实现了星形、三

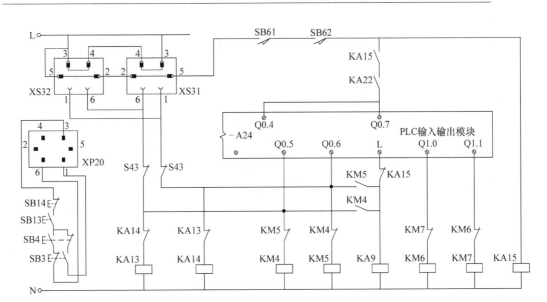

图6-16 扶梯的上下行控制及电动机连接方式切换电路

角形起动的切换。

3）正常运行状态下，检修盒与检修插座 XS31、XS32 不连接，XS31 和 XS32 的 1、6 脚无电源电压，继电器 KA13 和 KA14 和接触器 KM4 和 KM5 的电源来自于 PLC 模块的 3L 脚，此时，扶梯运行受控于与 PLC 相连的方向接触器 KM4 和 KM5，以及星形三角形切换接触器 KM6 和 KM7。

4）图6-16 所示电路检修时，检修插头 XP20 应插入 XS31 和 XS32。以 XS31 为例，插头 XP20 插入后，XP20 与 XS31 同编

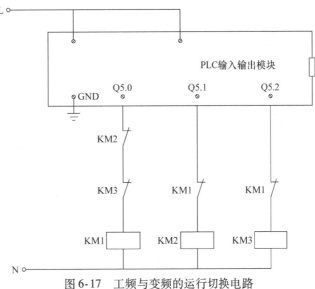

图6-17 工频与变频的运行切换电路

号引脚分别相连。如果按下 SB13 和 SB4，则电流从 XP20 的 3 脚经 SB14、SB13、SB4（常开触点已闭合）和 SB3（常闭触点），回流至 XS32 的 6 脚，进而流入右侧的 S43 触点，KA14 和 KM5 得电，扶梯下行；如果检修人员按下 SB13 和 SB3，则电流从 XP20 的 3 脚经 SB14、SB13、SB4（常闭触点）和 SB3（常开触点已闭合），回流至 XS32 的 1 脚，进而流入左侧的 S43 触点，KA13 和 KM4 得电，扶梯上行。同样，如果将 XP20 插入 XS32 检修插座，运动过程与 XS31 时相同。

5）从安全角度来说，图6-16 中的交流电 L 来自于图6-12 中的输出端 L，即图6-12 中的任何一个安全开关动作，则图6-16 中的元器件都将失电，扶梯将停止运行以保证安全。

正常运行状态下，盖板开关 SB61 和 SB62 断开，检修继电器 KA15 断电，运行电源来自 3L 端口；检修状态下，维修工程师打开盖板，SB61 和 SB62 闭合，KA15 得电，KA15 常闭触点断开，系统电源来自于检修插座，保证了设备的安全性。

6）值得一提的是，变频运行时 KM3 闭合，电动机电源来自于变频器输出，但是其正反转切换却是通过直接切换该输出的相序（KM4 和 KM5）相序，由于电动机为感性负载，如果迅速切换，则该方案容易引起较大的电流冲击，引起电子元器件的损坏，但在扶梯运转中，不可能在运行时切换运行方向，一定是停车后才改变方向，因而避免了较大的电流冲击。

图 6-18 为主驱动系统控制电路，该图第一列为控制柜照明电路，第三列为热电阻等构成的电动机热保护电路，此处不做详述。第二列为 $\curlyvee - \triangle$ 切换控制电路，其中 KM6、KM7、KM1、KM3、KM4、KM5 为前文所述接触器的辅助触点，YL1 和 YL2 为主机抱闸装置，U21 为保闸控制器（整流桥）。当电动机将要起动时，KM6 或 KM7 辅助触点闭合，电动机或处于工频模式（KM1 闭合），或处于变频模式（KM3 闭合），则母线上的 220V 交流电得以输入整流桥 U21，U21 输出直流电压，电动机必然处于正转或反转模式，即 KM4、KM5 其中一个必然闭合，则主机抱闸装置得电，松开抱闸，电动机投入起动。图中 R_{V1} 为压敏电阻，用于系统防护对策，以保证抱闸系统的可靠运行。

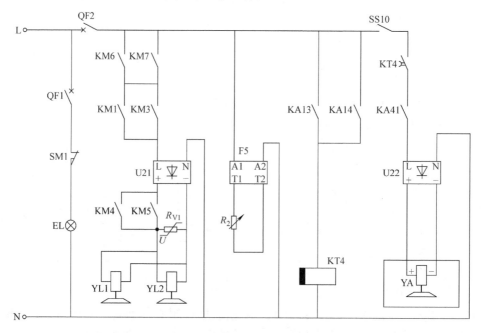

图 6-18　主驱动系统控制电路

图 6-18 第四列和第五列为辅助抱闸控制回路，其中 KA13、KA14 仍为上行、下行接触器辅助触点，KT4 为断电延时继电器，其触点位于第五列；第五列中，KA41 为辅助抱闸控制触点，其线圈受控于 PLC 的输出口，端口 A6/14 与速度继电器的触点相连。GB 16899—2011 明确规定，当提升高度大于 6m 时，必须使用辅助制动器，但是该辅助制动器不必保证工作制动器所要求的制停距（详见表 6-2、表 6-3），并在电源故障或安全回路失电的情况

下，与主制动器同步制动。该回路功能简述如下：在系统仍有较高的运行速度，使速度继电器触点闭合使得 A6/14 接入交流电源，并且提升高度大于 6m 时，PLC 使线圈 KA41 得电以允许使用辅助制动器，则当系统在失电或停止（既不上行又不下行，KA13、KA14 断开）一定时间后，继电器 KT4 断电一定时间使得触点 KT4 闭合，将整流桥 U22 接入交流电源，使得辅助制动器 YA 得电，实现辅助制动。

　　自动扶梯在生活中已经取得了广泛应用，为人们的生活提供了极大便利。自动扶梯多采用成熟技术，以提高设备的安全性、稳定性和可维护性，并降低成本，而在这个过程中，自动扶梯的安全技术已经显得越发重要。目前，大部分电梯和自动扶梯都加入了联网监控等功能，以进一步提升其智能化、信息化水平。

习题与思考题

6-1　曳引系统主要由哪几部分组成？曳引轮、导向轮各起什么作用？

6-2　门系统主要有哪几部分组成？门锁装置的主要作用是什么？

6-3　端站保护装置有哪三道防线？

6-4　有一台电梯的额定载重为 1000kg，轿厢净重为 1200kg，若取平衡系数为 0.5，求对重装置的总重量 P 为多少？

6-5　试画出单绕组双速电动机两种速度时的绕组接法。为什么要注意相序的配合？

6-6　自动扶梯起动和运行过程中，需要采用哪些控制策略以实现平稳安全和节能？

6-7　自动扶梯在工作过程有哪些安全装置？这些安全装置在工作过程中，按照何种逻辑进行连接？

第二篇 可编程序控制器及其应用

可编程序控制器（PLC）是近十几年得到较快发展的一种新型工业控制器，由于它把计算机的编程灵活、功能齐全、应用面广泛等优点与继电器系统的控制简单、使用方便、抗干扰能力强、价格便宜等优点结合起来，而其本身又具备体积小、重量轻、耗电省等优点，近年来受到人们的普遍关注，并在工业电气控制和自动化领域得到广泛的应用。因此，可编程序控制器的基本应用技术应作为电气工程与自动化专业学生的必备知识予以重视和学习。

可编程序控制器属于存储程序控制，其控制功能是通过存放在存储器内的程序来实现的。若要对控制功能做必要修改，只需改变软件指令即可，使硬件软件化。可编程序控制器的优点与这个"可"字有关，从软件来讲，它的程序可编，也不难编；从硬件上讲，它的配置可变，也易变。

本篇主要论述可编程序控制器的基本构成、工作原理、指令系统和编程方法，以及采用可编程序控制器的系统设计及实际应用等知识。对于可编程序控制器的通信组网知识，由于篇幅的原因不再专门介绍，结合组态软件的应用来介绍可编程序控制器的通信知识。

本篇还详细介绍了国内高校使用较多的 PLC 机型：欧姆龙 CPM、三菱 FX_{2N}、西门子 S7 - 200 的原理和编程技术，读者可根据自己实际情况选择学习使用。

第七章　可编程序控制器的基础知识

第一节　可编程序控制器简介

一、PLC 的名称定义

可编程序控制器是在继电器控制和计算机控制的基础上开发的产品，并逐渐发展成以微处理器为核心，把自动化技术、计算机技术、通信技术融为一体的新型工业自动控制装置。早期的可编程序控制器在功能上只能进行逻辑控制，因而称为可编程序逻辑控制器（Programmable Logic Controller，PLC）。随着技术的发展，其控制功能不断更新，现在的可编程序控制器还可以进行算术运算和模拟量控制，因此美国电气制造协会（NEMA）于 1980 年将它正式命名为可编程序控制器（Programmable Controller，PC）。但是近年来 PC 又成为个人计算机（Personal Computer）的简称，为了加以区别，现在又把可编程序控制器简称为 PLC。

国际电工委员会（IEC）已于 1985 年 1 月对可编程序控制器做了如下定义："可编程序控制器是一种数字运算操作的电子系统，专为在工业环境下应用而设计。它采用可编程序的存储器，用来在其内部存储程序，执行逻辑运算、顺序控制、定时、计数和算术运算等操作的指令，并通过数字的或模拟的输入和输出，控制各种类型的机械设备或生产过程。可编程序控制器及其有关设备，都应按易于与工业控制系统联成一个整体，易于扩充功能的原则设计"。

二、PLC 的一般分类

可编程序控制器发展到今天已有多种形式和类型，且其功能也不尽相同。

1. 按容量和功能划分

按容量和功能划分，大致可以分为小型、中型和大型三类机型。

（1）小型机　小型 PLC 的功能一般以开关量控制为主（有些小型机可带少量的模拟量 I/O 模块），它们的输入输出点数较适合接触器、继电器控制的场合，还能直接驱动电磁阀等执行元件。这类小型机还具有上百不等的内部辅助继电器，它是内存中的一个单元，可以起到记忆中间状态的作用。同时还具有计时、计数、寄存器等功能。这类 PLC 的特点是价格低廉、体积小巧、较适合于控制单台设备。

这类小型机有日本三菱公司的 F1 系列、日本欧姆龙（OMRON）公司的 CPM 系列、德国西门子（SIEMENS）公司的 S5 - 100U 和 S7 - 200、日本富士公司的 NB2 - 90、美国德州仪器（TI）公司的 TI - 100、美国通用（GE）公司的 GE - I 等产品。

（2）中型机　中型 PLC 一般都具有开关量和模拟量的两种控制功能，除了具有小型机的一般功能外，还具有较强的数字计算功能。为能将温度、压力、流量等模拟量与数字量进行转换，一般都有 8 位或 12 位的 A - D、D - A 转换模块。中型机的指令系统比小型机丰富，在被固化的程序中，一般都具有 PID（Proportional Integral Derivative）调节、整数/浮点、二进制/BCD 码转换等功能模块提供给用户使用。中型机适合于温度、压力、流量等的控制和较复杂的开关量控制以及要求连续生产过程控制的场合。

这类中型机有日本欧姆龙公司的 C200H、德国西门子公司的 S5 - 115U、美国通用公司的 GE - Ⅲ系列、美国艾伦 - 布拉德利（AB）公司 5 系列、美国德州仪器公司的 PM550 等产品。

（3）大型机 大型 PLC 已具备某些工业控制计算机的功能，它不仅具有计算、控制和调节的功能，还具有网络连接和通信的功能。这类大型 PLC 机的控制点数一般都在 1000 以上，内存容量超过 640KB，监视系统采用 CRT 终端，能显示控制过程的动态情况，各种记录曲线以及 PID 调节的参数选择图，配备多种智能模块可组成一台多功能监控系统。这种系统可以和其他型号的控制器相连，还可以和上位机相连，组成一个既集中又分散的生产过程和产品质量监控系统。大型 PLC 适用于设备自动化控制、过程自动化控制和生产过程监控系统。

这类大型机目前有日本欧姆龙公司的 P - 5000、美国通用公司的 GE - 6 和 GE - 6/P 系列、德国西门子公司的 S5 - 150U 和 S5 - 155U 等产品。

2. 按硬件结构形状划分

按照可编程序控制器的硬件结构形状来划分，一般可以分为整体式、机架模块式和叠装式三类结构。

（1）整体式结构 PLC 小型的 PLC 一般都采用整体式结构。这种结构把中央处理器（CPU）、存储器、输入输出（I/O）接口和电源部件集中装在一个金属或塑料机箱内，结构比较紧凑。输入输出接线端子和电源进线分别安装在机箱两侧，并有相应的发光二极管显示输入输出状态。面板上分别留有编程器插座、EPROM 插座和扩展单元接口插座等。扩展单元和基本单元可用专用扁平电缆连接。

由于这种结构的 PLC 具有体积小、重量轻、价格便宜及易于安装等优点，广泛用于单台设备控制和机电一体化产品开发。整体式结构的 PLC 包括三菱公司的 F 系列、欧姆龙公司的 C 系列 P 型机和 CPM 系列以及富士公司的 NB 系列等产品。

（2）机架模块式结构 PLC 机架模块式又称插件式结构，许多大、中型 PLC 都采用这种结构。这种结构由一个机架和若干功能模块组成，机架上有电源和拨动开关，对 PLC 系统供电，机架底板有专用插座且与 PLC 总线相连。功能模块独立成件，如输入、输出模块，A - D、D - A 模块及其他功能模块，也有的 PLC 把电源和 CPU 组合在一起做成独立模块等，使用时选用合适的功能模块沿轨道插入机架底座就构成一台可编程序控制器（PLC）。每台 CPU 机架通过专用电缆还可连接 3 ~ 7 个扩展机架，使整机容量和 I/O 点数大大增加以满足实际应用的需求。机架模块式 PLC 的特点是配置灵活，安装和维修都很方便，也能满足功能扩展的需要。采用这种 PLC 结构形式的有欧姆龙公司的 C200H、西门子公司的 S5 系列、美国通用公司的 GE - 1、美国 AB 公司的 PLC5 系列等产品。

（3）叠装式结构 PLC 叠装式结构 PLC 吸收了整体式和模块式结构的优点，其基本单元、扩展单元以及各种功能模块的高度、宽度均相等，但长度不等。它们不采用底座，用户根据需要把各单元和功能模块经紧密拼装后组成一个整齐的长方体，再经专用扁平电缆连接而成一台叠装式 PLC，其特点是输入、输出控制点数和功能模块配置较为灵活。较典型的有三菱公司的 FX_{2n} 系列产品，欧姆龙公司的 CQMI 型等产品。

三、PLC 应用领域及发展方向

随着 PLC 的产品类型越来越多，功能开发越来越强，它在电气与自动化控制领域的应用也越来越广泛，归纳起来主要有以下几个方面：

1. 逻辑控制

逻辑控制是各种工业现场中最常见的一种控制类型，很多生产机械或工作设备都需要对反映工作状态的逻辑量进行控制。传统的逻辑控制采用继电器电路实现，当逻辑关系比较复杂时，继电器电路也变得很复杂，给设计、施工和维修都带来较大不便。用 PLC 取代继电器电路实现逻辑控制可使控制电路大大简化，并可减少故障，提高运行可靠性。PLC 已经在不少大型设备的逻辑控制中得到了广泛的应用，如建筑电气控制设备中的起重机、运输机、大型搅拌机、电梯、水泵站等。

2. 模拟量控制

PLC 可以通过模拟量 I/O 模块，实现 A－D 和 D－A 的转换，从而对模拟量实现闭环控制。大、中型 PLC 一般都带有 PID 控制功能，有些还带有专用的智能 PID 模块，其功能可使 PLC 实现闭环的速度控制、位置控制和过程控制。在建筑电气控制设备中，如电梯运行控制、空调温度控制等均可采用 PLC 进行闭环控制。

3. 数字控制

高性能的 PLC 一般都具有数字处理和数据传送、转换、排序、查表等功能，可以完成数据的采集、分析和处理。将 PLC 和计算机结合起来用于机械流水线生产的数字控制可以形成计算机数控系统，从而实现对生产加工过程的控制和管理。

4. 集散控制

大、中型 PLC 一般都具有较强的联网通信功能。PLC 与 PLC 之间、PLC 与智能控制设备之间都可以进行通信，并可形成多级控制系统。工业生产中常见的以一台计算机作上位机集中管理，采用多台 PLC 进行分散控制的系统就称为集散控制系统。

5. 机电一体化

机电一体化技术是机械本体、电子技术以及信息技术相结合的技术产物。随着 PLC 在机械生产领域得到广泛应用，研制和开发大量的机电一体化的产品和设备是 PLC 今后发展的重要方向。

6. 通信控制网络化

由于采用了 PLC 构成网络系统，因此各种个人计算机、图形工作站、小型 PLC 等都可以作为工作站和监控主机，并能够提供屏幕显示、数据采集、记录、管理以及信息打印等功能，从而能迅速、准确、及时地互通信息以便更有效地进行控制和管理。

第二节 可编程序控制器的基本组成及各模块的功能

PLC 是以微处理器作为核心，实质上是一种专用的工业控制计算机，其硬件结构的组成部分也与一般微机系统十分相似，主要由微处理器（CPU）、存储器、输入输出（I/O）单元电路、电源、编程器、I/O 扩展单元等部分组成。图 7-1 是典型的 PLC 硬件系统结构示意图。主机内各部分均通过总线互相连接。总线又分为电源总线、控制总线、地址总线和数据总线。

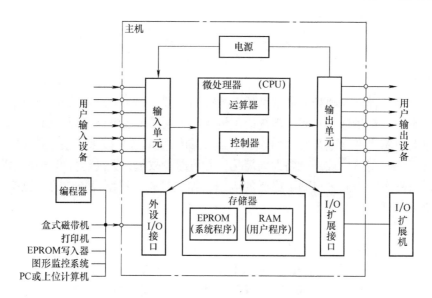

图 7-1　PLC 硬件系统结构示意图

一、中央处理器（CPU）

1. CPU 的作用

中央处理器（Centre Processing Unit，CPU）作为整个 PLC 系统的核心，起到控制中心的指挥作用。CPU 通常用来实现各种逻辑运算、算术运算，并对整个系统进行总线控制。它根据设计人员预先编制的系统程序所赋予的功能可完成以下工作：

1）以扫描方式检测并接收现场输入信号的状态或数据（如开关、按钮、接电器触点、编码器等），并存入内存中的某个指定区域或数据寄存器中。

2）接收并存储从编程器输入的用户程序和数据。

3）PLC 进入运行状态时，从存储器中逐条读取用户程序，经指令执行后，按指令的任务产生相应的控制信号去控制相关的电路，完成数据的存取、传送、组合、比较和变换等动作，根据逻辑运算或算术运算的结果更新各相关寄存器的内容。

4）把更新后的内存状态或数据寄存器中的有关内容传送给输出单元，实现外部负载控制，打印制表和数据通信等功能。

5）监视和诊断 PLC 电源、内部电路正常工作状态、运算过程和用户程序运行中的语法错误等。

2. CPU 的常用类型

在 PLC 中较常用的 CPU 一般有通用微处理器、单片机和位片式微处理器等类型。

1）通用微处理器常用的是 8 位和 16 位机。如 Z80、8080、8086、M6800 等。通用微处理器的芯片价格较便宜、应用面广、指令系统完善、资源丰富、采用通信软件容易进行联网通信。

2）单片机常用的有 8051、8031、8039、8049 等。单片机把 CPU、存储器、I/O 接口电路集成在一块芯片上，特点是集成度高、功能强、速度快、可靠性高、价格低廉、应用面广，还具有很强的位处理功能和通信功能，很适合中小型 PLC 使用，也广泛用于 PLC 的 I/O

智能模块。

3）位片式微处理器是 20 世纪 70 年代中期发展起来的新型微处理器，位片的宽度有 2 位、4 位和 8 位几种，用多个位片级联，可组成任意字长的微处理。常用的有 AMD2900、AMD2901、AMD2903 等。位片式微处理器的特点是运算速度快、精度高、具备 CPU 的全部功能，同时由于可采用微程序设计，通过改变微程序存储器的内容就可改变机器的指令系统（即指令系统对用户开放），因此可允许用户按自己的需要，自行定义指令，从而大大地简化了软件的设计。

小型 PLC 大多采用 8 位的微处理器或单片机芯片，大中型 PLC 大多采用 16 位和 32 位的微处理器或单片机芯片，在大容量高性能的大型 PLC 中一般都采用位片式微处理器芯片，功能极强。

二、存储器

1. 存储器的基本作用

PLC 中的存储器可分为系统程序存储器和用户程序存储器两大类。

系统程序存储器主要存放 PLC 制造厂家研制的系统软件程序，在 PLC 的使用过程中一般用户不能进行修改。

用户程序存储器又可分为程序存放区和数据存放区。前者存放由用户根据生产过程和工艺要求编制的控制程序，后者存放输入输出变量、内部变量状态、定时器和计数器的设定值以及其他数据。

由于系统程序用户不能随意存取修改，一般产品说明书所指的内存容量都是指用户程序存储器容量。

2. PLC 常用的存储器类型

PLC 常用的存储器类型主要有 ROM、RAM、EPROM、E^2PROM 等。

（1）ROM（Read Only Memory） ROM 称为只读存储器，一般存放系统程序。系统程序具有开机自检、工作方式选择、键盘输入处理、信息传递以及对用户程序进行翻译解释等功能。由于系统程序被固化在 ROM 中，所以它的内容只能读，不能写。发生掉电其内容不受影响。

（2）RAM（Random Access Memory） RAM 称为读/写存储器或又称为随机存储器，CPU 可以随时对它进行读出和写入，读出时，RAM 中的内容保持不变；写入时，新写入的内容将覆盖原来的内容。因此，RAM 可用来存放用户程序、逻辑变量和其他信息。由于 RAM 中的信息在断电后要丢失，PLC 中一般采用锂电池作备用电源，以防信息丢失。锂电池的寿命一般为 3～5 年。

（3）EPROM（Erasable Programmable Read Only Memory） EPROM 是一种可以擦除的只读存储器。用紫外线连续照射 20min 后，就能将存储器内的所有内容全部清除。采用专用的 EPROM 写入器可以把用户程序固化在 EPROM 芯片内，再插入 PLC 上的 EPROM 专用插座上，就可长期使用了。即使在掉电情况下，存储器中的内容将保持不变。

（4）E^2PROM（Electrical Erasable Programmable Read Only Memory） E^2PROM 也可写成 EEPROM，称为可电擦除的只读存储器。使用编程器就能容易地对其所存储的内容进行改写，它兼有 RAM 的可读/写性和 ROM 不易丢失的特性，使用非常方便。

3. PLC存储器的空间分配

不同的PLC其存储器的存储区域各不相同，但一般分成三个，即系统程序存储区、数据存储区和用户程序存储区。

（1）系统程序存储区　系统程序存储区一般采用ROM或EPROM存储器。该区域主要用来存放由制造商设计的系统程序（包括监控程序、管理程序、命令解释程序、功能子程序、系统自检诊断程序等）。系统程序被固化在ROM或EPROM存储器中，用户就不能直接存取修改。它的功能大小和硬件配置决定了PLC的性能指标。

（2）数据存储区　数据存储区包括I/O映像区以及各类软设备（如逻辑线圈、数据寄存器、计数器、计时器、变址寄存器、累加器等）存储区。该区域还可存放一些现场数据和运算结果。在实际控制系统中，现场数据要不断输入到PLC中去，PLC再根据运算结果将控制命令从输出单元输出。现场数据是不断变化的这就要求在PLC内有一定量的存储器，既能写入，又能被刷新。RAM可读写存储器就具有这样的特征。

除了数据存储区以外，在PLC中还开辟有输入输出映像区、计数器和定时器的设定值以及当前值的数据存放区，而一般微机系统的数据存放区只能存放数据内容。

（3）用户程序存储区　用户程序存储区存放用户编制的用户程序。该区域一般采用EPROM或E^2PROM存储器，或采用加备用电池的RAM。中小型PLC的用户程序存储器容量一般不超过8KB，大型PLC的存储器容量可达几百KB。

三、输入输出（I/O）接口模块

输入输出接口模块是PLC与现场I/O设备或其他外设之间的连接部件，它起着PLC和外部设备之间传递信息的作用。

输入接口模块接收来自按钮开关、选择开关、行程开关等送来的开关量信号，或者由电位器、热电偶、测速发电机等送来的模拟量信号，然后送入PLC的CPU执行。输入接口模块一般由光电耦合电路和微计算机的输入接口电路组成。

PLC通过输出接口模块控制现场的执行元件如接触器、继电器、电磁阀以及指示灯、数字显示器、报警装置等。输入电路一般有三种：低速、大功率负载采用继电器型输出；高速、较大功率的交流负载采用晶闸管型输出；高速、小功率直流负载可采用晶体管型输出。

1. 输入接口模块

输入接口模块根据使用电源的需要又分为直流输入接口模块和交流输入接口模块。图7-2是一个典型的直流输入接口模块，外部输入开关是通过输入端（IN）与PLC连接，COM是各输入回路的公共端。由图可见，当外接开关（按钮、触点等）闭合时，输入回路接通。输入信号通过光电耦合后再经过反相，把高电平变成低电平，然后再送入RAM对应的单元，供中央处理器CPU作逻辑运算或算术运算，同时输入LED点亮表示该回路接通。电阻R_1、R_2组成分压器，二极管VD的作用是防止反极性的直流信号输入。直流输入模块所用的电源为直流24V，一般由PLC机内供应。用户只需用导线将其与外部输入开关连接即可。

图7-3是一个典型的交流输入接口模块，其基本原理与直流输入电路相似。由于使用交流电源，光电耦合器中的发光二极管必须为反并联，光电耦合器除了起隔离作用外，还对输入的交流信号起整流作用。电路中的RC是一个滤波器，用以消除输入触点的抖动和外部的信号干扰。交流输入所用的交流电源需要用户自行外接，PLC一般不提供。

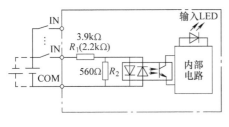

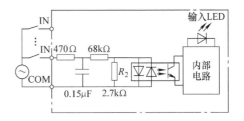

图 7-2 直流输入接口模块　　　　　　　图 7-3 交流输入接口模块

常用的输入接口模块的外部接线一般分三种形式：汇点式、分组式和分隔式，如图 7-4 所示。

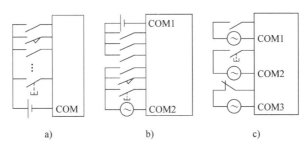

图 7-4 输入接口模块的接线形式

a）汇点式　b）分组式　c）分隔式

汇点式的特点是输入回路只有一个公共 COM 端，全部的输入点共用一个电源和 COM 端，如图 7-4a 所示。分组式接线的特点是把全部输入点分成若干个组，各组之间分隔开来，每组各有一个电源和一个公共的 COM 端，如图 7-4b 所示。这种接线形式适合用户使用不同的输入电源。分隔式的特点是每个输入回路都有一个 COM 端子，并由一个独立电源供电。由于各个输入回路是互相隔开，每组回路可以使用不同等级的电源。这种接线形式常用于交流输入模块，如图 7-4c 所示。

2. 输出接口模块

输出接口模块是 PLC 的基本输出模块，其作用是将 PLC 的输出信号转换成外接负载（即用户的输出设备）所需要的驱动电压，驱动负载的电源则由用户另外提供。输出模块按负载所用电源（即用户电源）的不同，可分为交/直流输出模块、直流输出模块、交流输出模块；按输出开关器件的不同，又可分为继电器输出方式模块、晶体管输出方式模块、双向晶闸管输出方式模块。

继电器输出方式模块即可带交流，也可带直流，属于交/直流输出模块；晶体管输出方式模块只能带直流负载，属于直流输出模块；双向晶闸管输出方式模块只能带交流负载，属于交流输出模块。图 7-5 分别给出这三种输出模块的电路原理。

如图 7-5a 所示是一个最常用的继电器输出方式模块的电路原理。当 PLC 向某负载输出时，CPU 将用户存储区中相对应的某个状态（0 或 1 的状态）送到该输出端子，经反相器后使电路中输出继电器的线圈得电，同时发光二极管 LED 点亮表示该回路导通。继电器的触点动作并控制外部负载电路的通断。通过分析可以看到，继电器输出还起到了将 PLC 的内

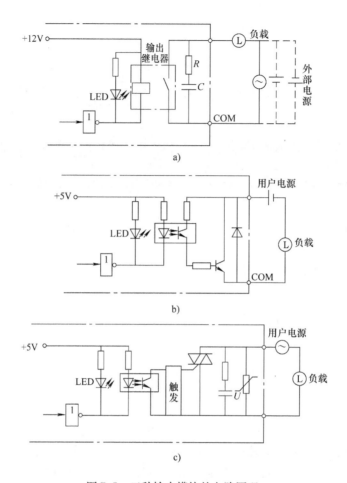

图7-5　三种输出模块的电路原理

a）继电器输出方式模块　b）晶体管输出方式模块　c）双向晶闸管输出方式模块

部电路与外部负载进行电气隔离的作用。值得注意的是，继电器输出方式仅为用户的负载提供一个接通或断开的信号，外部负载工作所需电源要由用户自行提供。负载电源可以是80～250V的交流电源，也可以是5～24V的直流电源。内部继电器的电气寿命与负载性质有关：电阻性负载时一般为50万次左右，电感性负载时一般为10万次左右。

　　如图7-5b所示为晶体管输出方式模块的电路原理。当PLC需要发射输出信号时，在CPU控制下，输出信号经反相器和光电耦合器使晶体管导通，并使相应的负载回路接通，同时发光管LED亮灯显示导通。由于晶体管输出电路中的驱动元件和光电元件的工作电源也由用户电源兼供，因此晶体管输出只能带直流负载而不能带交流负载，用户电源的极性一定不可接错。

　　如图7-5c所示为双向晶闸管输出方式模块的电路原理。SNR－7A是一块包括光电耦合器、触发器和双向SCO驱动元件的厚膜集成电路，其基本工作原理与上述晶体管输出方式模块的电路原理相同。在双向晶闸管两端并联压敏电阻以防止浪涌过电压。RC组成高频滤波电路，可抑制高频信号干扰。双向晶闸管输出电路只能带交流负载，外部负载工作电源由用户提供。

开关量输出接口模块的驱动功率一般较小。继电器输出方式其负载电流一般不超过2A，晶体管输出方式其负载电流一般不超过1A。所以外部负载电源一般都要由用户提供。

开关量输出接口模块通过输出端子与外部负载（用户设备）连接，每一个输出端点可驱动一个负载，典型的负载形式常用的有继电器线圈、接触器线圈、电磁阀线圈以及信号指示灯等。输出接口模块外部接线形式也可分三种，即汇点式、分组式和分隔式，如图7-6所示，其原理与输入接口模块外部接线形式相同。

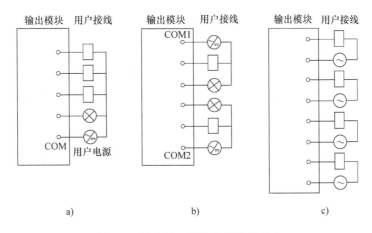

图 7-6　输出接口模块外部接线形式

a）汇点式　b）分组式　c）分隔式

3. 其他类型的 I/O 模块介绍

（1）模拟量 I/O 模块　在工业控制应用过程中，常会遇到一些发生连续变化的物理量（称为模拟量），如电压、电流、温度、流量、压力、速度等。若要将这些物理量送到 PLC中，就必须先把这些模拟量转换成数字量形式，PLC 才能接收并进行运算和处理。这种把模拟量转换成数字量的过程叫作模 – 数转换（Analog to Digit），简称 A – D 转换。同样，把数字量转换成模拟量的过程叫作数 – 模转换（Digit to Analog），简称 D – A 转换。

小型 PLC 通常用于逻辑变量控制，因此一般不配置模拟量 I/O 模块。有些功能较强的小型机会配有数量不多的模拟量 I/O 模块。大中型 PLC 通常可扩展大量的模拟量 I/O 模块。每块模拟量 I/O 模块有 2/4/8/16 路的输入或输出通道，通常输入模块和输出模块是独立分开的，每路通道的 I/O 信号电平有 1~5V、0~10V、–10~+10V 不等。电流为 2~10mA。

（2）快速响应模块　快速响应模块的功能与一般的开关量 I/O 模块功能基本类似，但响应速度要快得多。由于 PLC 以巡回扫描方式运行工作，输入参量的变化一般要在一个扫描周期后才会反映到输出中去，这种输入输出的响应滞后现象不能满足某些要求反应快速的控制过程的要求。采用快速响应模块就可解决这一问题，其响应时延不受 PLC 扫描周期的影响。

（3）拨码开关模块　使用拨码开关模块，可直接通过拨码盘拨码给定时器或计数器置数。使用者可以按十进制数拨码，通过二~十进制编码器将输入的十进制数转换成 BCD 码送入拨码开关模块。如果要用四位十进制数给一个定时器或计数器置数，就需要用四位拨码盘拨数。一个拨码盘对应拨码开关模块的工作示意图如图7-7所示。

（4）高速计数器模块　在工业流程控制应用中，经常需要 PLC 对外部输入的脉冲信号进行计数操作。这些脉冲信号常来自于旋转编码器等装置，当它们的旋转频率很高时，PLC 内的计数器（其最小定时单位为 0.01s/0.1s/1s）就来不及响应，使得计数工作无法进行。因此在要求高速计数的场合都可配置高速计数模块，以满足高频脉冲计数需要。这类模块一般带有微处理器，它可以检测和处理高达 2MHz 的计数脉冲，而且计数脉冲可以调节。

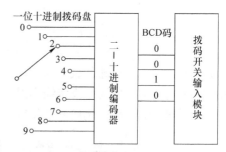

图 7-7　拨码开关工作示意图

（5）通信接口模块　通信接口模块主要用来完成 PLC 与 PLC 之间、PLC 与上位计算机之间以及 PLC 与外部设备之间进行开关量 I/O、寄存器数据、用户程序和诊断信息的串行通信任务。通常，模块配有 RS–232/RS–422 串行接口。两台 PLC 之间的最大通信距离可达 1000m 以上。

除上述所介绍的 I/O 功能模块外，不同 PLC 产品还有多种特殊用途 I/O 功能模块，如打印机接口模块、PID 控制模块、中断输入模块、运动控制模块等。具体使用方法可查阅有关 PLC 的产品手册。

四、电源单元

PLC 的电源可分成系统电源和备用电源。PLC 的系统电源一般接 220V 交流电，可允许电源电压在 ±10% 范围内波动。电源单元的作用是将外部交流电转换成微处理器、存储器以及输入输出等模块正常工作所需的直流电。为保证 PLC 可靠工作，电源单元采用了较多的滤波环节，还采用集成电压调整器进行调节，以适应交流电网的电压波动，对电网过电压或欠电压都有一定程度的保护作用。同时，所采取的屏蔽措施也能有效地防止工业环境中的空间电磁干扰。备用电源的作用主要是保护和防止掉电后 RAM 中的用户程序丢失。一般备用电源采用锂电池，它的使用寿命为 3~5 年左右。如果调试后的用户程序需要长期保持，可采用专用 EPROM 写入器把用户程序固化在 EPROM 芯片内，然后插入 PLC 中的 EPROM 专用插座中即可。

五、编程器

编程器是用户与 PLC 的对话窗口，是重要的外设部件。它供用户对 PLC 应用程序进行输入、编辑、检查及修改操作，并可对用户程序进行监视和故障诊断。

常用的编程器主要有小型简易编程器和智能型编程器等。小型简易编程器的显示器、键盘和接口被制成一个紧凑型的整体。键盘上有数字键、基本指令键和编辑键等常用键；显示器一般采用 LED 或液晶点阵，只能输入和显示助记符指令而不能输入和显示梯形图。小型简易编程器通过专用电缆插入 PLC 接口便可在一定距离内进行编程操作。由于简易编程器体积小、使用方便，因此特别适用于生产现场的编程。对同一系列产品的 PLC，编程器一般可以兼用。

智能型编程器可以看成由个人计算机和编程应用软件组成的智能型编程系统。PLC 生产厂家在个人计算机上开发出编程支持软件并把软件提供给用户，用户通过专用通信接口将 PLC 与功能极强的个人计算机连接起来，利用计算机就可以完成梯形图编程或助记符指令的编程、彩色显示、指令注释、监控、仿真和打印等功能。Windows 版的操作平台使用极为方便，甚至还可通过 MODEM 对 PLC 进行远程监控、编程和调试。

第三节 可编程序控制器的基本工作原理

PLC 的控制原理类似计算机控制系统，即都是在系统软件的支持下，通过执行用户程序控制硬件系统的动作来完成控制任务的。但是 PLC 最广泛的用途是代替复杂的继电器控制系统，实现工业现场的监控和操作，因此 PLC 的工作方法又有自己的特点。下面从应用的角度按 PLC 的工作顺序来说明其工作原理。

一、巡回扫描原理

传统的继电器控制系统是用分裂的元器件连接而成的硬接线系统，如图 7-8a 所示。当控制现场的输入元件（如开关、按钮、触点等）其状态产生变化时，与这些输入元件连接的硬接线系统会产生输出信号，控制输出执行元件（继电器、接触器、电磁阀等）状态的变化进而达到控制和完成生产过程的目的。PLC 控制系统与继电器控制系统的主要区别在于把硬接线系统内的控制、运算关系编程为可执行的用户程序，通过执行该用户程序来完成控制任务。PLC 控制系统如图 7-8b 所示。

当 PLC 开始运行时，用户程序中有大量的操作指令需要执行，但 PLC 是不能同时去执行多个操作指令的，它只能按分时操作原则即按次序每一个时刻执行一个操作指令。由于 CPU 的运算速度极快，因此其输入输出的动作、逻辑运算的过程似乎是同时完成的。这种分时操作的方式称为 CPU 对程序的"扫描"。

PLC 对一个用户程序的扫描并不只执行一次，它从程序的第一条指令开始，在无中断和跳转控制的情况下，按程序逐条扫描执行，直至遇到结束符后又返回第一条指令，如此周而复始的循环执行过程称为"巡回扫描"。巡回扫描的工作方式也可以看成是"串行"的工作方式，这是 PLC 的主要特点，它与传统的继电器控制系统"并行"工作方式有本质的区别。PLC 的这种"串行"工作方式避免了继电器控制系统中出现的触点竞争和时序失配问题。

如图 7-9 所示为 PLC 扫描方式流程图。这个工作过程分内部处理、通信操作、输入处

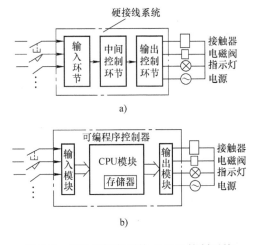

图 7-8 继电器控制系统和 PLC 控制系统
a）继电器控制系统 b）PLC 控制系统

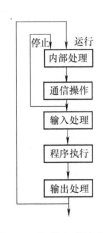

图 7-9 扫描方式流程图

理、程序执行和输出处理等几个阶段。PLC 每扫描完全部用户程序一次所用时间称为"扫描周期"或"扫描时间"。扫描周期与 CPU 运行速度、指令类型以及程序长短有关，一般约为100ms 左右。扫描工作方式简明直观，它大大简化了程序设计，同时为 PLC 的可靠运行提供了有力保证。

二、建立 I/O 映像寄存

PLC 在每一个扫描周期内将现场输入端子的通或断信号（即 ON 或 OFF、"0"或"1"）状态全部读入并存放到用户存储器（RAM）中某一指定区域内，这个区域称为"输入映像寄存区"。CPU 在执行用户程序所需的现场信号都取自输入映像寄存区，而不是随机地到输入接口中直接读取。由于是集中采取现场信号，严格地说每一个输入信号被采集的时间是不同的。但 CPU 的采样速度极快，这种微小的采样时间差并不会对现场控制带来影响，因此认为映像寄存区内的每一位输入状态几乎是同时建立。

程序执行后所产生的输出信号也不是立即向被控执行元件（继电器、电磁阀等）输出，而是先将它们存放在用户存储器中的某特定区域，称之为"输出映像寄存区"。当用户程序扫描结束后，才将所有存放在输出映像寄存区内的控制信息集中输出，从而改变被控执行元件的状态。对于那些在一个扫描周期后状态没有发生变化的信号，就输出与前一个周期同样的信息，因而也不会引起相应执行元件的状态变化。PLC 所具有的建立上述输入输出"映像寄存区"的这一特征，使得 PLC 从控制现场获取信息时，只同某个输入点相对应的内存中某个地址单元内所存储的信号状态发生联系，而 CPU 的一个输出也只是先给 RAM 中某一地址单元设定一个信号状态。因此 PLC 在执行用户程序所规定的运算时，并不与实际控制对象直接相关。这对 PLC 产品的系列化、标准化生产极为有利。

三、PLC 的程序执行过程

PLC 启动运行后就进入用户程序的执行过程，由于 PLC 的工作特点是一边扫描一边执行，它的执行程序过程如图 7-10 所示。从图中可以看到，整个执行程序的扫描过程可分为三个阶段，即输入采样、程序执行和输出刷新。

（1）输入采样阶段　在输入采样阶段，PLC 以扫描方式按顺序将所有输入端的输入信号状态（ON 或 OFF、1 或 0 的信号状态）读入到输入映像存储器中存储起来，这阶段称为输入采样，或输入刷新。在接下来的程序执行期间，即使输入状态又发生变化，输入映像存储器中的内容也不会改变。只能等到下一个周期的采样阶段才可把新的输入信号状态重新读入输入映像存储器中。

（2）程序执行阶段　在程序执行阶段，PLC 对用户程序按顺序进行扫描并逐条解释。程序指令中所出现的任何操作变量状态都从相应的映像存储器单元（如输入/输出映像区、内部继电器映像区、定时/计数映像区等）中读出，经过 CPU 逻辑运算处理，再重新输入各自的映像存储器单元中。

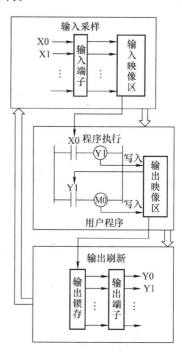

图 7-10　用户程序的执行过程

（3）输出刷新阶段 当程序执行完后，进入输出刷新阶段。PLC 把 CPU 运算处理的状态（ON 或 OFF、1 或 0 的信号状态）由输出映像寄存区转存到输出锁存器，再经输出接口驱动外部的用户负载，这才是 PLC 的实际输出。

PLC 重复循环执行上述三个阶段，每重复一次的时间就是一个扫描周期。在每次扫描过程中，对输入信号采样一次，对输出状态刷新一次，这就保证了 PLC 在执行程序阶段，输入映像存储器和输出锁存器中的信号状态是不变的。

四、输入/输出的滞后响应

由于 PLC 采用扫描方式工作，输入信号只能在输入采样阶段读入。在程序执行阶段，即使输入信号发生变化，输入映像存储器中的状态也不会改变，所以本次扫描不能得到响应，这就是 PLC 的输入/输出的滞后响应现象，如图 7-11 所示。如图 7-11a、b分别是 PLC 的接线图和对应的梯形图。X0为输入继电器，Y0、Y1 和 Y2 分别为输出继电器。当开关 S 合上时，一个输入信号接到PLC 的输入端 X0，输出端 Y0、Y1 和 Y2 则将输出信号送出到外部负载。图 7-11c 是图7-11b 在执行过程中各个控制变量状态的时序图。图中的高电平（ON）和低电平（OFF）分别代表继电器的"通"和"断"。

由图可见，线圈 Y1 和 Y2 的接通要滞后外部输入 S 的接通约一个工作周期，线圈Y0 的接通要滞后外部输入 S 的接通约两个工作周期。具体分析如下：

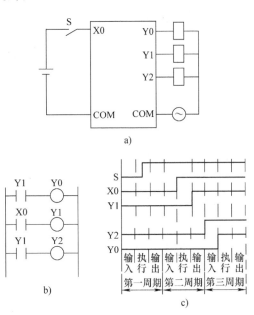

图 7-11　PLC 的输入/输出滞后响应现象
a）接线图　b）梯形图　c）时序图

由于 S 闭合时，第一个周期的输入采样阶段已经过去，因此到第二个工作周期的输入采样阶段，X0 接点的状态才会由 OFF 变为 ON。又由于 PLC 在执行程序时，对梯形图是以自上而下、从左到右的方式进行扫描，所以在第二个工作周期的执行阶段，扫描到 X0 的状态为 ON 时，就立即使输出线圈 Y1 为 ON。同理，扫描到第三行时立即使线圈 Y2 为 ON。但由于在扫描梯形图的第一行后线圈 Y0 状态仍是 OFF，因此第二周期后 Y0 仍然为 OFF，直到第三个采样周期的执行程序阶段才能使 Y0 变为 ON。

由上分析可知，出现响应滞后现象的一个原因与梯形图的设计有关。如在设计时，将图7-11b 中的第一、二行交换，则 Y0 对外部输入 S 的滞后响应时间将减少一个周期。此外，硬件接线也可以引起一定的响应滞后现象，如输入滤波电路的滞后作用、输出继电器的机械滞后作用等。由各种因素所引起的响应滞后时间一般在几十毫秒以内，对于一般机电控制系统而言，PLC 的这种滞后现象是可以忽略不计的。但对于某些输入输出之间需快速响应的系统，则可采取相应的措施，如选用高速度、高性能的 PLC，提高扫描速度；采用快速响应模块、高速计数模块以及不同的中断处理等措施来减少滞后响应时间。

第四节　可编程序控制器的性能指标及其特点

一、PLC 的基本性能指标

PLC 的性能指标是用来衡量其控制功能强弱的技术标准，常用的性能指标主要有如下几个：

（1）存储器容量　存储器容量指的是存放用户程序的 RAM 容量，通常用字（每个字为16 位二进制数）或 KB 来表示，这里的 1K = 1024。一般来说小容量的 PLC 大多用于开关量控制，而大容量的 PLC 用以实现较复杂的控制系统（如模拟量控制、PID 过程控制、数据处理等）。小型机的内存一般为 1KB 到几 KB，大型机的内存几十 KB，有的可达 1 ~ 2MB。

（2）扫描速度　扫描速度是以 PLC 执行 1KB 的用户指令所需时间来衡量，常以 ms/KB 为表示单位。由于对用户程序进行扫描的时间决定了扫描周期，因此扫描速度越快就意味 PLC 的扫描周期越短，响应的速度也越快。但一般 PLC 的扫描速度均可满足常规工业控制的需要，如对输入输出响应速度有特殊要求，可选用扫描速度高的 PLC 产品。

（3）输入/输出（I/O）点数　I/O 的点数是指 PLC 最大输入输出点的总和，这是衡量 PLC 性能和档次的重要指标。I/O 的点数又分为最大开关量 I/O 点数和最大模拟量 I/O 点数。一般小型机 I/O 点数在 256 以下（有些功能较强的小型机配有数量不多的模拟量点数）；中型机 I/O 点数在 256 ~ 2048 之间（模拟量 I/O 点数约在 64 ~ 128 之间）；大型机的 I/O 点数在 2048 以上（模拟量 I/O 点数在 128 以上）。

（4）内部继电器（内存区域）及其类型　PLC 的内部继电器是专供用户程序使用，不同的继电器有一个指定的内存区域，并各自担负着不同的功能。内部继电器不直接对外接负载进行控制，它仅供用户程序内部调用，具有"软"继电器的特征。常用的内部继电器有内部辅助继电器、暂存继电器、保持继电器、定时器/计数器、内部专用继电器等。PLC 的内部继电器种类和数量越多，表明其功能越强。

（5）编程语言（编程指令）　不同的 PLC 机型使用厂家各自开发研制的编程语言，这些编程语言互不兼容，但对应功能的指令都具有可移植性。PLC 的编程语言一般都具备用梯形图语言和助记符指令编程的能力。编程指令又分成基本指令和功能指令两大类，基本指令各种 PLC 共有，而功能指令的条数越多表明 PLC 的软件功能越强。

（6）可扩展性　PLC 的扩展性可分为控制点数的扩展和控制区域的扩展，扩展性也是衡量 PLC 性能的一个重要指标。

控制点数的扩展：不论是整体式结构还是模块式结构的 PLC 本身都带有一定数量的 I/O 点数，当这些 I/O 点数还不能满足用户的控制需要时，就可以采用扩展 I/O 模块的方法增加系统的 I/O 数量。不同的 PLC 机型，其允许扩展的 I/O 点数各不相同。扩展的方法比较简单，只需采用专用扁平电缆把 PLC 的基本单元和扩展单元连接即可。

控制区域的扩展：当几个被控设备或负载分布在某一定范围之内，且各被控设备与 PLC 主机均有较远的距离（如在 100m 以上）。一般的扩展 I/O 单元已不能满足其控制要求，这时就需要采用一种远程 I/O 模块。远程 I/O 模块与 PLC 主机的通信方式为串行通信工作方式，它传递信号的速度较一般的 I/O 扩展单元要慢些，但基本上都能满足一般工业控制的需要。小型 PLC 一般不具有远程扩展 I/O 模块的功能，而大、中型 PLC 的远程扩展 I/O 模块的数量和距离将与具体产品有关，需要时可进一步参见产品说明。

二、PLC 的基本特点

（1）功能齐备，应用广泛 PLC 输入输出功能齐备，能够适应各种形式和性质的开关量输入/输出控制和模拟量输入/输出控制。由于采用了中央处理器以及软件编程，PLC 的控制功能大大增强，一般的 PLC 都具有逻辑判断、计数、定时、步进、跳转、移位、记忆、四则运算和数据传输等功能，还可实现 A－D、D－A 转换、位置控制、生产过程监控及联网通信等功能。既可以进行现场控制，又可用于远距离控制。既可控制单台设备，也可同时控制多台设备。与上位机连接或与多台 PLC 连接可形成网络化通信控制系统。能很好地满足各类工业现场监控的需要。

（2）可靠性高，抗干扰能力强 PLC 是专为在工业环境下应用而设计的控制装置，它在软件和硬件方面吸取了生产现场长期积累的控制经验，采取了多种抗干扰措施，符合严格的技术标准，能够保证 PLC 在恶劣环境的工业现场中正常运行。在机械结构上对耐热、防尘、防潮、抗震等都做了精心设计和考虑，使得 PLC 具有极好的稳定性和较高的可靠性，一般平均无故障工作时间可达几万小时以上。

（3）梯形图语言通俗易懂，编程操作比较方便 PLC 在运行中能较直观地反映现场信号的变化状态和控制系统的运行状态，如 I/O 点的"通""断"状态、通信状态、电源状态、内部工作状态、异常情况显示等都有指示灯显示。这些给操作运行和维护监控人员带来很大方便。PLC 最常用的是梯形图语言，这是一种实时的、图形化的编程语言，在形式上和阅读方法上都与现场电气工程技术人员所熟悉的继电器电路十分相似，很容易被电气技术人员所理解和接受，有利于电气技术人员编写和修改系统程序。

（4）接线简便，扩展灵活 采用继电器－接触器系统控制，需要在输入输出接口上做大量的工作才能完成与控制现场的连接，调试也比较烦琐。而采用 PLC 控制，只需将输入信号的设备（如按钮、开关等）与 PLC 的输入端子相连接，将输出执行元件（继电器、电磁阀等）与 PLC 的输出端子相连接即可。这种控制方式接线简便，工作量少。

由于 PLC 产品系列化和功能模块化，硬件配置相当灵活。用户可以很方便地更换故障模块或按生产工艺要求扩充系统的规模。

（5）体积小，重量轻，功耗低

第五节　可编程序控制器的编程语言

PLC 要完成逻辑控制是通过编程来实现的，编程就是用特定的语言把逻辑控制任务描述出来，并送入 PLC 中执行。

PLC 的一个重要特点就是采用编程语言，它不是一般微机控制常用的汇编语言，而是一种面向控制现场，面向问题的"自然语言"，能清晰、直观地表达被控对象的动作及输入输出关系。这种编程语言符合电气技术人员传统阅读图表习惯，很容易被接受和掌握。

PLC 的编程语言一般由各生产厂家自行研制开发的，不同的 PLC 产品其编程语言也不同，目前尚无统一通用的编程语言。但基本指令的功能是相通的。

下面仅介绍 PLC 常用的几种编程语言及其编程方法。

一、梯形图编程语言

梯形图其形式与常用的继电接触器控制电路十分类似，它直观、形象、实用，为电气技术人员所熟悉，是目前使用最普遍的一种 PLC 编程语言。

梯形图编程法如图 7-12 所示，图 7-12a 是一个简单的继电器控制电路，用梯形图可编制出功能完全相同的操作程序，如图 7-12b 所示。

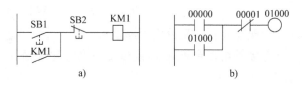

图 7-12　梯形图编程法

a）继电器控制电路　b）梯形图编程

显然，梯形图程序所表达的控制逻辑关系是和继电器电路基本一致的。梯形图中的符号 ┤├、┤╱├、─○ 分别代表控制电路中的常开触点（或常开按钮）、常闭触点（或常闭按钮）和继电器线圈，每一个触点和线圈均给出一个对应的编号。不同产品型号的 PLC，其编号规定不同，但表达的含意是相同的。梯形图虽与继电器电路很相似，但梯形图在实际应用中仍有其严格的规定，具体规定如下：

1）梯形图按自上而下，从左到右的顺序进行排列。以一个继电器线圈为一个控制逻辑行（即为一阶梯层）。每一条逻辑行都起始于左母线，终止于继电器线圈，右母线通常可以省略不画。

2）梯形图中母线的意义类似于继电器电路中的电源线，但它不产生实际的物理电流，而只是假想在梯形图中有"电流"流动，称为"概念电流"。概念电流在梯形图中只能作从左向右的单向流动，改变层次也只能先上后下。

3）梯形图由若干"梯层"组成，每个梯层由若干条并联支路组成，每条支路又有若干个编程符号串联组成。支路或符号的最大串联，并联数都是有一定限制的，具体 PLC 产品有不同规定。

4）梯形图中的继电器线圈不是继电控制电路中的物理继电器，而是与内存映像区中的某一位存储器相对应的，因此称为"软继电器"。如果梯形图中某继电器的线圈"通电"或触点"闭合"，则映像区中对应存储器的状态为高电平"1"；反之，则为低电平"0"。

梯形图中的继电器又分为输出继电器和内部继电器。输出继电器所对应的映像存储器中的信号状态（"1"或"0"），可以通过 I/O 接口去驱动外部负载。内部继电器包括辅助继电器、定时器、计数器、寄存器等，它们所对应的映像存储器中信号状态（"1"或"0"），只可在编程中供梯形图内部使用，不能用作输出控制。

5）输入继电器仅供 PLC 接收外部的输入信号，而不能用内部其他继电器的触点来驱动或输入信号。所以，梯形图中只出现输入继电器的触点，不会出现输入继电器的线圈。梯形图中输入继电器的触点闭合表示信号输入。

6）在梯形图程序中，继电器线圈一般情况下只能出现一次。而继电器触点在编程时则可无限次引用，且既可以是常开触点，也可以是常闭触点。

7）PLC 运行时是按照梯形图符号排列顺序自上而下、从左向右执行程序的，即 PLC 是按照扫描方式顺序执行梯形图程序的。因此不会出现几条并列支路同时动作的情况，使得梯形图设计大为简化。

二、指令符语言

指令符又可称为助记符，这种语言似乎与计算机的汇编语言相类似。但 PLC 的指令符语言要比汇编语言通俗易懂，因此它也是电气人员现场用得较多的一种编程语言。如对应图 7-12b 所示的梯形图，用 OMRON C 系列小型 PLC 指令符可写出其指令程序为

LD	00000
OR	01000
AND NOT	00001
OUT	01000

指令符语言大多用于小型 PLC 的编程或工控现场的编程。小型机一般配置的编程器多为手持简易型编程器，它不能直接用梯形图编程输入，而只能用指令符输入。但手持式编程器携带十分方便。

三、逻辑功能图语言

逻辑功能图语言是在数字逻辑电路设计基础上开发出来的一种图形语言。它采用了数字电路中的图符，逻辑功能清晰，输入输出关系明确，特别适合于熟悉数字电路的设计人员使用。如图 7-12b 可用图 7-13所示的逻辑功能图表示。

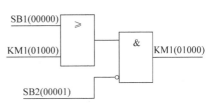

图 7-13　逻辑功能图

四、逻辑代数式（或布尔代数式）语言

逻辑代数式语言是一种用逻辑表达式来编程的语言。它逻辑关系很强，还可采用逻辑函数化简方法，便于表达复杂电路，适合于熟悉逻辑代数和逻辑电路的设计人员使用。图 7-12b 的逻辑代数式可写为

$$\overline{00001} * (00000 + 01000) = 01000$$

除了上述四种编程语言外，有些功能较强的大、中型 PLC 还可采用计算机高级语言，如 BASIC、PASCAL、C 等，使设计人员可以像使用普通计算机一样进行结构化编程，不但能完成逻辑控制、数据处理、PID 调节等，而且能很容易实现 PLC 与计算机的联网通信。

习题与思考题

7-1　PLC 有哪些主要特点？

7-2　PLC 有哪几部分组成？各部分起什么作用？

7-3　PLC 的等效电路由哪几部分组成？试与继电器控制系统进行比较。

7-4　简述 PLC 的基本工作过程。

7-5　什么是 PLC 的基本控制单元？它与 I/O 的扩展单元有何区别和联系？

7-6　开关量输入模块的基本功能是什么？它有哪几种类型？请分别说明其电路原理。

7-7　开关量输出模块的基本功能是什么？它有哪几种类型？分别可用在什么样场合？

7-8　I/O 模块的外部接线形式有哪几种？各有什么特点？

7-9　PLC 还有哪些常用的其他功能（除开关量 I/O 模块以外）的 I/O 模块？试分别说明它们的主要作用。

7-10 PLC 的编程器有哪些类型？各有什么特点？

7-11 什么叫扫描周期？简述 PLC 巡回扫描的工作原理。

7-12 什么叫 PLC 的 I/O 映像区？它在 PLC 的工作中起何作用？

7-13 简述 PLC 在执行用户程序时的基本过程。

7-14 什么是 PLC 的输入输出滞后响应现象？试举例说明 PLC 工作时所出现的这种滞后响应现象。

7-15 PLC 常用的编程语言主要有哪几种？简述各编程语言的特点。

7-16 梯形图与继电器控制原理有哪些异同？用梯形图编程有哪些主要原则？

第八章　OMRON CPM1A 小型可编程序控制器

第一节　OMRON 可编程序控制器概述

日本欧姆龙（OMRON）电机株式会社是世界上生产可编程序控制器（PLC）的著名厂商之一。其产品以其良好的性能价格比被广泛地应用于化学工业、食品加工、材料处理和工业控制过程等领域，在我国也占有极大的市场份额。

OMRON C 系列 PLC 产品门类齐、型号多、功能强、适应面广。大致可以分成微型、小型、中型和大型四大类。整体式结构的微型 PLC 以 C20P 为代表。叠装式（或称紧凑型）结构的微型 PLC 以 CJ 型最为典型，它小且薄（高 90mm、厚 65mm，I/O 单元的宽度仅为 20mm），能与接触器、电源单元等组件并列安装在导轨之上，实现电器控制柜的薄型化、小型化。小型 PLC 以 P 型和 CPM 型最为典型，这两种都属坚固整体型结构。P 型机根据其主机本身所带 I/O 点数不同可有 C20P、C28P、C40P、C60P 四种基本单元，每个基本单元可按需选择 I/O 扩展单元以增加输入输出点数，最大可扩展到 120 个。由于配置了不同的接口单元，P 型机可连接多种外部设备，如编程器、打印机、EPROM 写入器等，并可以和高性能的 C 系列 PLC 联网通信，较适合在小规模控制系统中使用。CPM 型机是继 P 型机之后推出的一款新机型，根据输入输出点数的不同和附加功能的需要，可分为 CPM1A、CPM2A 和 CPM2C 三个系列型号。与 P 型机相比，CPM 型机体积更小、指令更丰富、性能更优越，通过 I/O 扩展可实现 10～140 个输入输出点数的灵活配置，并可连接可编程终端直接从屏幕上进行编程。CPM 型机是 OMRON 产品用户目前选用最多的小型机系列产品。

OMRON 中型机以 C200H 系列最为典型，主要有 C200H、C200HS、C200HX、C200HG 和 C200HE 等型号产品。中型机在程序容量，扫描速度和指令功能等方面都优于小型机，除具备小型机的基本功能外，它同时可配置更完善的接口单元模块，如模拟量 I/O 模块、温度传感器模块、高速记数模块、位置控制模块、通信连接模块等。可以与上位计算机，下位 PLC 及各种外部设备组成具有各种用途的计算机控制系统和网络通信管理系统。OMRON 公司新型高档 CS1 系列 PLC，按其可带输入输出点数的不同和容量的大小可有 9 种型号供用户选择，目前已逐步取代了前期的 C2000H 系列大型 PLC。由于 CS1 系列的设计使工厂自动化生产进入了标准化和信息化的管理时代，因而 CS1 具有更好的基本性能、更佳的连接性和兼容性、更高的设计和开发效能、更强的信息网络和控制器网络通信。OMRON 部分可编程序控制器（PLC）见表 8-1。

在一般的工业控制系统中，小型 PLC 要比大、中型机的应用更广泛。特别在建筑电气设备的控制应用方面，一般采用小型 PLC 都能够满足需求。本章将主要介绍 OMRON 公司 CPM 系列小型 PLC 的组成结构、工作原理、指令系统、简易编程器及其使用方法。

表 8-1　OMRON 部分可编程序控制器（PLC）

型号	特点/质量	功耗	电源电压 50/60Hz	程序容量	附加功能	最大I/O点数	指令执行时间
ZNE 微型	• 适合逻辑控制，小规模自控系统 • 程序设计简单 • 扩展使用灵活 • 重约300g以下	AC 30V 以下 6.5W 以下	AC 100 ~ 240V DC 24V	96行（每行3个输入1个输出）	• 带输入过滤防误动作 • 具有日历/时钟功能 • 密码保护	34	
CPM1A 微小型	• 尺寸紧凑带10、20、31、40I/O点 • 应用于小规模自控系统 • 重约300 ~ 700g	AC 30, 60V 6.2W	AC 100 ~ 240V DC 24V	2048 字	• 快速响应输入 • 高速计数器 • 内部计时器中断 • 模拟量设置（2点） • 1:1 链接、NT 链接、HOST 链接	10 ~ 100	0.72μs
CPM2A 高功能 微小型	• 高速处理 • 带20、30、40及60I/O点 • 同步脉冲控制 • 接线端子可拆卸 • 内置式实时时钟 • 重约600 ~ 1000g	AC 60V 20W	AC 100 ~ 240V DC 24V	4096 字	• 快速响应输入 • 高速计数器 • 模拟 I/O 处理 • 1:1 链接、NT 链接、HOST 链接、无协议链接 • CompoBus/S I/O 接口 • 软 PID 功能 • 内置时钟功能	20 ~ 120	0.64μs
CPM2C 便携式 微小型	• 带10及20I/O点 • 同步脉冲控制 • 接线端子可拆卸 • 重约200 ~ 300g	6W	DC 24V	4096 字	• 快速响应输入 • 高速计数器 • 模拟 I/O 处理 • 1:1 链接、NT 链接、HOST 链接、无协议链接 • CompoBus/S I/O 接口 • 软 PID 功能 • 内置时钟功能 • 内置 RS – 232C	10 ~ 140	1.64μs
CQM1H 小型	• 有四种 CPU 供选 • 备有6种内装板 • 具有协议宏功能 • 支持 Controller link 网络 • 重约500g	AC 60 ~ 120V 50W	AC 100 ~ 240V DC 24V	15.2K 字	• 快速响应输入 • 高速计数器 • 模拟 I/O 处理 • 内部计时器中断 • 外部中断输入 • 1:1 链接、NT 链接、HOST 链接 • CompoBus/S I/O 接口	512	最短 0.37μs

（续）

型号	特点/质量	功耗	电源电压 50/60Hz	程序容量	附加功能	最大I/O 点数	指令执行 时间
C200HX/ HG/HE 中型	• 强大的处理能力和联网能力 • 增强 I/O 容量 • 更快的处理速度 • 改进的专用 I/O 单元 • 高度灵活数据链接功能、处理更多数据 • 带 50 条新指令的高端模块 • 重约 6000g	AC 120V 50W	AC 100 ~ 240V	63.2K 字	• 1:1 链接、NT 链接、HOST 链接、无协议链接第三方串型设备接口、I/O 链接 • 内置 RS-232C • 内置时钟功能 • 宏协议函数、可提供串行设备链接 • CompoBus/S CompoBus/D Modbus 接口	1184	0.1 ~ 0.3μs
CS1/CS1 - H 中型 高档	• 工业界最快的 PLC 处理速度 • 支持 Windows 软件编程 • 设计和开发更高效率 • 强大的和自动的网络信息寻径 • 多任务的程序结构提高设计效率 • 重约 6000g	AC 120V 50W	AC 100 ~ 240V	250K 字	• 1:1 链接、NT 链接、HOST 链接、无协议链接第三方串型设备接口、I/O 链接 • 内置 RS-232C • 内置时钟功能 • 通过以太网接口完成 E - mall 功能 • 宏协议函数、可提供串行设备链接 • CompoBus/S CompoBus/D Modbus 接口	5120	0.04 ~ 0.8μs

第二节　CPM1A 小型 PLC 的组成及特点

一、CPM1A 小型 PLC 的组成

CPM 系列 PLC 采用整体式结构，内部由 CPU 单元、电源、系统程序区、用户程序区、输入/输出接口、I/O 扩展单元、编程器接口及其他外部设备组成。其结构框图如图 8-1 所示。

由图可见，实际是一个微机系统，其各部分作用在上一章节已做介绍，这里仅从外部结构做进一步说明。

1. CPU 单元

CPM 1A 型 CPU 主机单元外形示意图如图 8-2 所示。PLC 的外部连接口主要有 I/O 接线端子、各种外连插座或插槽，以及各种运行信号指示灯等部分。图中所示 I/O 接线端子可直接用来连接控制现场的输入信号（开关、按钮等）和被控执行部件（接触器、电磁阀等）。每一个接线端子俗称一个点数，总的 I/O 端子数就称 I/O 点数。

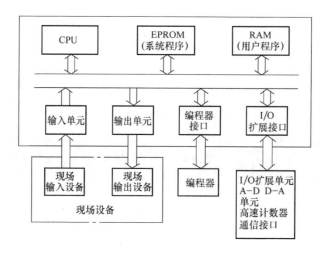

图 8-1 CPM 系列 PLC 的结构框图

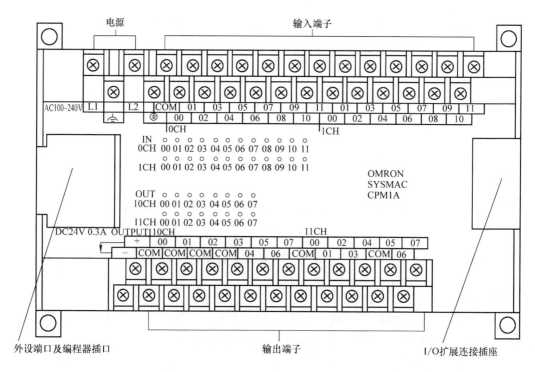

图 8-2 CPM1A 型 CPU 主机单元外形示意图

主机面板上有两个隐藏式插槽。一个是通信编程器插槽，插接手持式编程器即可进行编程和现场调试。如配接一个专用适配器 RS - 232 即可与个人计算机（PC）连接，在视窗（Windows）软件支持下可直接用梯形图进行编程操作，大大改进了编程环境，同时提供了有效的监控和调试功能。另一个是 I/O 扩展插槽，用于连接 I/O 扩展单元。

CPU 主机面板上设有若干 LED 指示灯，其名称及作用介绍如下：

1）输入状态显示指示灯（INPUT）：与每个输入端点——对应并有编号，当外部输入信号接通时，相应的 LED 指示灯亮。

2）输出状态显示指示灯（OUTPUT）：与每个输出端点一一对应并有编号，当 PLC 接通某输出点时，相应的 LED 指示灯亮。

3）电源指示灯（POWER）：PLC 的工作电源一般由外部提供，当工作电源接入时，绿色 POWER 指示灯亮。

4）运行指示灯（RUN）：当 PLC 开始执行用户程序时，RUN 指示灯亮。

5）报警/异常指示灯（ALARM/ERROR）：当机内锂电池显示不足或扫描时间超过规定值时，红色 ALARM 指示灯闪动，提醒用户注意，但 PLC 可以继续运行；当机内自诊断程序检测到程序出错或 I/O 出现异常时，红色 ERROR 指示灯亮，PLC 停止运行。

2. I/O 扩展单元

I/O 扩展单元主要用于增加 PLC 系统的 I/O 点数以满足实际应用的需要，I/O 扩展单元的外形结构如图 8-3 所示。由图中可见，其外形与 CPU 单元有些相似，体积要小些。它只有 I/O 扩展插槽而没有通信编程器插槽。在它的左右两侧设有 I/O 连接插座，当 CPU 单元需要扩展 I/O 点数时，可直接采用带扁平电缆的插头连接即可。CPM 系列机不论是交流电源形式或是直流电源形式都只有 I/O 为 30 点和 40 点的 CPU 才能扩展，且最多连接 3 个 I/O 扩展单元。

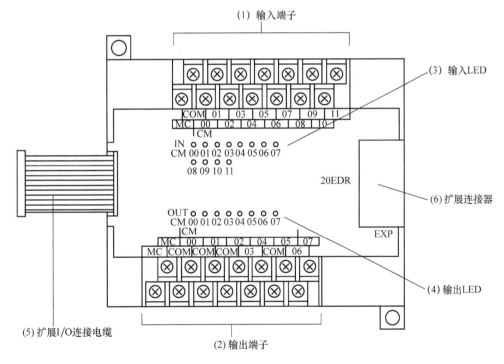

图 8-3　I/O 扩展单元外形结构

3. 编程器

CPM 系列小型机可采用多种编程设备进行编程，在现场调试和编程比较常用的是手持式编程器。这种编程器体积小、结构紧凑、便于携带。它通过连接电缆直接插入编程器槽，在距主机一定距离处即可进行编程。利用手持式编程器可进行用户程序的输入，修改，调试以及对系统运行情况进行监控等操作。手持式编程器只能用助记符号指令输入程序，而不能直接显示梯形图。有关其操作使用方法将在以后介绍。

二、CPM1A 小型 PLC 的主要性能指标

（1）性能参数　CPM1A 型 PLC 的主要性能参数在表 8-2 中列出，同时也列出 C200H 和 CS1H 型的性能参数以示比较。表中所列 I/O 点数为主机本身所带输入输出（I/O）点数和连接扩展单元后所能达到的最大输入输出点数。

表 8-2　OMRON CPM1A 的主要性能参数

指标 ＼ 型号	10～20 点形式	30 点形式	40 点形式	CPM1A	C200H	CS1H
结构	整体式			整体式	模块式（CPU 母板扩展 I/O 母板）	模块式
指令条数	135			139	145	290
基本指令执行时间/μs	0.72～16.2			0.64～7.8	0.1～0.3	0.4～2.4
编程方式	梯形图方式					
程序容量	2048 字			4096 字	7～62K 字	82K 字
I/O 点数：本体（带扩展）	10～20 —	30（18/12） 90（54/36）	40（24/16） 100（60/40）	120max	1184max	5120max
输入继电器	00000～00915（000～009CH）			00000～00915	待 I/O 扩展定[①]	待 I/O 扩展定[①]
输出继电器	01000～01915（010～019CH）			01000～01915	待 I/O 扩展定[①]	待 I/O 扩展定[①]
定时器/计数器	128 位：TIM/CNT000～127			256 位	512 位	4096 位
内部辅助继电器（IR 区域）	512 位：20000～23115（200～231CH）			928 位	3586 位	1904 位
保持继电器（HR）	320 位：HR0000～1915（00～19CH）			320 位	1600 位	8192 位
暂存继电器（TR）	8 位：（TR0～7）			8 位	16 位	
数存储器：（DM）	读/写：1024 字（DM0000～1023） 只读：512 字（DM6144～6655）			读/写：2048 只读：456	1000 字	32K 字
输入量	主要逻辑开关量			开关量为主	开关量、模拟量	
输出方式	继电器、晶体管、晶闸管			同左	继电器、晶体管、晶闸管、D－A	
联网功能	I/O Link 、HostLink（C200、CS1 还可 PCLink）					
工作电源	AC100～240V 或 DC24V、50/60Hz					

① C200H，CS1H 型机的 I/O 点数按 CPU 单元型号和扩展单元数定

（2）输入、输出特性　CPM1A 属于小型的 PLC，一般用于逻辑量的控制系统，因此输入、输出主要是开关量信号，其输入特性和输出特性分别见表 8-3 和表 8-4。

（3）使用条件　CPM 系列机由日本工业化标准 JIS 进行严格考核，能够适应较恶劣的工业生产环境，其各项规格指标见表 8-5。

除上述介绍的一些基本性能规格外，不同型号的 PLC 之间在性能上仍会有某些不同。另外，各种扩展外设也会有相应的型号特性，具体使用可查阅有关手册。

表 8-3　CPM1A 型 PLC 的输入特性（CPU 单元，扩展 I/O 单元）

项目	规　　格	线路图
电源电压	DC 24V ± 10%	输入LED；IN、IN、COM；4.7kΩ(2kΩ)；820Ω(510Ω)；内部回路
输入阻抗	4.7kΩ（高速计数时为2kΩ）	
输入电流	5mA（高速计数时为12mA）	
ON 电压	DC min14.4V	
OFF 电压	DC max5.0V	
ON 延时	1 ~ 128ms①	注：输入电源极性无关
OFF 延时	1 ~ 128ms①	括号中的电阻值为IN0000～IN0002输入端的值

① 实际 ON/OFF 相应时间包括输入常数1ms、2ms、4ms、8ms、16ms、32ms、64ms、128ms（默认值：8ms）

表 8-4　CPM 型 PLC 的输出特性（CPU 单元，扩展 I/O 单元）

继电器输出形式：

项　目			规　　格	电　路　图
最大开关能力			AC 250V，2A	输出显示LED；内部回路；OUT、OUT、COM；最大 AC 250V，2A；DC 24V，2A
			DC 24V，2A	
最小开关能力			DC 5V，10mA	
继电器寿命	电气	电阻负载	15 万次	
		感性负载	10 万次	
	机械		2000 万次	
ON 响应时间			15ms 以下	
OFF 响应时间			15ms 以下	

晶体管输出形式：

项　目	规　　格	电　路　图
最大开关能力	DC 24V，300mA	漏型：输出LED；内部回路；OUT、OUT、COM(−)、DC 24V
漏电流	最大 0.1mA	
剩余电压	最大 1.5V	源型：输出LED；内部回路；COM（+）、OUT、DC 24V
ON 延迟	最大 0.1ms	
OFF 延迟	最大 1ms	

表 8-5　CPM 系列机的规格指标

项　　目		10 点 CPU 单元	20 点 CPU 单元	30 点 CPU 单元	40 点 CPU 单元
电源电压	AC 电源形式	AC 100 ~ 240V，50/60Hz			
	DC 电源形式	DC 24V			
允许电源电压	AC 电源形式	AC 85 ~ 264V			
	DC 电源形式	DC 20.4 ~ 26.4V			
消耗电力	AC 电源形式	AC 30V 以下		AC 60V 以下	
	DC 电源形式	6.5W 以下			
浪涌电流		30A 以下		60A 以下	
供给外部电源（仅 AC 形式）	电源电压	DC 24V			
	电源输出容量	200mA		300mA	
绝缘电阻		AC 端子与机壳之间 20MΩ 以上（在 DC 500V 下）			
绝缘耐压		AC 2300V、50/60Hz、1min（AC 端子与机壳之间），漏电流 10mA 以下			
抗振动		标准 10 ~ 57Hz 振幅 0.075mm，在 X、Y、Z 方向各 80min			
耐冲击		15G，在 X、Y、Z 方向各 3 次			
环境温度		使用温度 0 ~ 55℃，保存温度 − 20℃ ~ + 75℃			
重量		AC 形式：400g DC 形式：300g	AC 形式：500g DC 形式：400g	AC 形式：600g DC 形式：500g	AC 形式：700g DC 形式：600g

三、CPM1A 小型 PLC 的继电器区域分配及通道号

CPM1A 的存储器包括系统存储器和用户存储器。系统存储器主要存放系统管理和监控程序，这些程序被固化在 EPROM 中，用户一般不可访问。用户存储器分为程序区和数据区，程序区用来存放由编程器输入的用户程序，而数据区内则被划分成若干个区域，为 PLC提供不同的软件编程功能。由于采用了电气控制电路中的"继电器"来定义数据区中的位，所以将用户数据区按继电器的类型分为 7 大类区域：即输入/输出继电器区、内部辅助继电器区、内部专用继电器区、暂存继电器区、定时器/计数器区、保持继电器区和数据存储继电器区。区域中的每一位继电器都有"0"或"1"两种状态，而且这些继电器是可以通过程序被寻址访问，所以把这类继电器称为"软"继电器。

OMRON 公司的系列 PLC 采用"通道"（CH）的概念来标识数据存储区中的各类继电器及其区域，即将各类继电器及其区域划分为若干个连续的通道，PLC 则是按通道号对各类继电器进行寻址访问的。CPM1A 型 PLC 的数据区继电器通道号分配见表 8-6。每一个通道包含 16 个位（即二进制位），相当于 16 个继电器。用五位十进制数字就表示一个具体的继电器及其触点号。例如 00001 表示 000 通道的第 01 号继电器；01001 表示 010 通道的第 01 号继电器等，其中的通道号表示了继电器的类别。

1. 输入/输出继电器区

输入/输出继电器区实际上就是外部 I/O 设备状态的映像区，PLC 通过输入/输出继电器区中的各个位与外设建立联系。它们与 I/O 端子之间的关系可见表 8-3、表 8-4 中的输入/输出电路。CPM1A 规定 00000 ~ 00915 为输入继电器区的工作位，000CH ~ 009CH 为其输入通道号，共有 160 个输入继电器；01000 ~ 01915 为输出继电器区的工作位，010CH ~ 019CH

为其输出通道号，共有 160 个输出继电器。CPM1A 输入/输出继电器编号见表 8-7。

表 8-6 数据区继电器通道号分配

名　　　称	点 数	通道号	继电器地址	功　　　能
输入继电器	160 (10 字)	000CH ~ 009CH	00000 ~ 00915	继电器号与外部的输入输出端子相对应（没有使用的输入通道可用作内部继电器号使用）
输出继电器	160 (10 字)	010CH ~ 019CH	01000 ~ 01915	
内部辅助继电器	512 (32 字)	200CH ~ 231CH	20000 ~ 23115	在程序内可以自由使用的继电器
内部专用继电器	384 (24 字)	232CH ~ 255CH	23200 ~ 25507	分配有特定功能的继电器
暂存继电器	8	TR0 ~ 7		回路的分歧点上，暂时记忆 ON/OFF 的继电器
保持继电器	320 (20 字)	HR00CH ~ HR19CH	HR0000 ~ HR1915	在程序内可以自由使用，且断电时也能保持断电前的 ON/OFF 状态的继电器
辅助记忆继电器	256 (16 字)	AR00CH ~ HR15CH	AR0000 ~ AR1515	分配有特定功能的继电器
链接继电器	256 (16 字)	LR00CH ~ HR15CH	LR0000 ~ LR1515	1:1 链接的数据输入输出用的继电器（也能用作内部辅助继电器）
定时器/计数器	128 (8 字)	TIM/CNT 000 ~ 127		定时器、计数器，它们的编程号合用
数据存储继电器 可读/写	1024 字	DM0000 ~ DM0999 DM1022 ~ DM1023		以字为单位（16 位）使用，断电也能保持数据
数据存储继电器 故障履历存入区	22 字	DM1000 ~ DM1021		在 DM1000 ~ 1021 不作故障记忆的场合可作为常规的 DM 使用
数据存储继电器 只读	456 字	DM6144 ~ DM6599		DM6144 ~ 6599、DM6600 ~ 6655 不能用程序写入（只能用外围设备设定）
数据存储继电器 PLC 系统设定区	56 字	DM6600 ~ DM6655		

表 8-7 CPM1A 输入/输出继电器编号

名称	点数	继 电 器 号									
		00000 ~ 00915（000CH ~ 009CH）									
		000CH		001CH		…		008CH		009CH	
输入继电器	160	00	08	00	08			00	08	00	08
		01	09	01	09			01	09	01	09
		02	10	02	10	…		02	10	02	10
		03	11	03	11			03	11	03	11
		04	12	04	12			04	12	04	12
		05	13	05	13			05	13	05	13
		06	14	06	14			06	14	06	14
		07	15	07	15			07	15	07	15

（续）

名称	点数	继电器号										
		01000～01915（010CH～019CH）										
		010CH		011CH		…		018CH		019CH		
输出继电器	160	00	08	00	08			00	08	00	08	
		01	09	01	09			01	09	01	09	
		02	10	02	10			02	10	02	10	
		03	11	03	11	…		03	11	03	11	
		04	12	04	12			04	12	04	12	
		05	13	05	13			05	13	05	13	
		06	14	06	14			06	14	06	14	
		07	15	07	15			07	15	07	15	

应当注意的是表8-7所给出的是允许作为输入/输出继电器的最大范围，而每一个输入/输出继电器与I/O端子的对应关系将根据PLC的主机点数及带扩展情况来确定。例如CPM1A-40CDR为40点CPU单元，有24点输入，16点输出，输入继电器编号分别为00000～00012和00100～00112（共计24点输入），其中000CH和001CH为输入通道号；输出继电器编号分别为01000～01008和01100～01108（共计16点输出），其中010CH和011CH为输出通道号。上述40点的输入/输出继电器均有I/O端子与之相对应，并在主机面板上配有指示灯显示。除此而外，其余的输入/输出继电器编号因没有与其相对应的I/O端子，所以它们只能作为内部继电器使用，其状态不能影响外部负载。如果CPM1A-40需连接一个20点的扩展单元时，其增加的输入/输出继电器编号及通道号由系统进行分配并标识在扩展单元的面板上，同时设有与之对应的I/O端子和指示灯显示。其他点数形式的主机及扩展单元，其继电器的编号和通道号也都有具体规定，在编程序时应注意符合这些具体规定。

2. 内部继电器

除上述输入/输出继电器外，其余的均属内部继电器。内部继电器实质上是一些存储器单元，它们不能直接控制外部负载，只能在PLC内部起各种控制作用。在梯形图中它们也可用线圈和触点来表示，线圈的状态由逻辑关系控制，触点相当于读继电器的状态，因此可在梯形图程序中被无限次使用。CPM1A的内部继电器及其通道号表示可有以下几类：

（1）内部辅助继电器　内部辅助继电器（Auxiliary Relay，AR）的作用是在PLC内部起信号的控制和扩展作用，相当于接触继电器电路中的中间继电器。CPM1A机共有512个的内部辅助继电器，其编号为20000～23115，所占的通道号为200CH～231CH。内部辅助继电器的具体编号见表8-8。当PLC电源中断时，内部辅助继电器将不保持其掉电前的状态。

（2）暂存继电器　暂存继电器（Temporary Relay，TR）用于具有分支点的梯形图程序的编程，它可把分支点的数据暂时储存起来。CPM1A型机提供了8个暂存继电器，其编号为TR0～TR7，在具体使用暂存继电器时，其编号前的"TR"一定要标写以便区别。暂存继电器只能与LD，OUT指令联用，其他指令不能使用TR作数据位。具体使用方法将在指令部分说明。

表8-8　CPM1A 内部辅助继电器编号

名称	点数	继电器号									
		20000 ~ 23115（200CH ~ 231CH）									
		200CH		201CH		202CH		203CH		204CH	
		00	08	00	08	00	08	00	08	00	08
		01	09	01	09	01	09	01	09	01	09
		02	10	02	10	02	10	02	10	02	10
		03	11	03	11	03	11	03	11	03	11
内部辅助继电器	512	04	12	04	12	04	12	04	12	04	12
		05	13	05	13	05	13	05	13	05	13
		06	14	06	14	06	14	06	14	06	14
		07	15	07	15	07	15	07	15	07	15
		…		228CH		229CH		230CH		231CH	
				00	08	00	08	00	08	00	08
				01	09	01	09	01	09	01	09
				02	10	02	10	02	10	02	10
		…		03	11	03	11	03	11	03	11
				04	12	04	12	04	12	04	12
				05	13	05	13	05	13	05	13
				06	14	06	14	06	14	06	14
				07	15	07	15	07	15	07	15

（3）保持继电器　保持继电器（Holding Relay，HR）用于各种数据的存储和操作，它具有停电记忆功能，可以在 PLC 掉电时保持 HR 中的数据不变。保持作用是通过 PLC 内的锂电池实现的。保持继电器的用途与内部辅助继电器基本相同。CPM1A 中的保持继电器共有 320 个，其编号为 HR0000 ~ HR1915，所占的通道号为 HR00 ~ HR19，其具体编号见表 8-9。

表8-9　CPM1A 保持继电器编号

名称	点数	继电器号								
		HR0000 ~ HR1915（00CH ~ 19CH）								
		00CH		01CH		…		18CH		19CH	
		00	08	00	08			00	08	00	08
		01	09	01	09			01	09	01	09
		02	10	02	10			02	10	02	10
保持继电器	320	03	11	03	11	…		03	11	03	11
		04	12	04	12			04	12	04	12
		05	13	05	13			05	13	05	13
		06	14	06	14			06	14	06	14
		07	15	07	15			07	15	07	15

在编程中使用保持继电器时，除了标明其编号外，还要在编号前加上"HR"字符以示区别。例如"HR0001"。

（4）定时器/计数器　CPM1A 提供 128 个定时器/计数器（Timer/Counter Relay），其设定值均通过软件来实现。在程序设计中定时器和计数器数量可任意进行组合，但总数不能超过 128 个。在编程中，用做定时器时，要在其编号前加 TIM，例如 TIM001；用作计数器时，要在其编号前加 CNT，例如 CNT001。在同一程序中，如果某一编号已用作定时器，就不能再用作计数器使用。反之亦然。定时器/计数器的具体编号见表 8-10。

表 8-10　CPM1A 定时器/计数器编号

名　称	点　数	继　电　器　号							
		TIM/CNT000 ~ TIM/CNT127							
		00	16	32	48	64	80	96	112
		01	17	33	49	65	81	97	113
		02	18	34	50	66	82	98	114
		03	19	35	51	67	83	99	115
		04	20	36	52	68	84	100	116
		05	21	37	53	69	85	101	117
		06	22	38	54	70	86	102	118
定时器/计时器	128	07	23	39	55	71	87	103	119
		08	24	40	56	72	88	104	120
		09	25	41	57	73	89	105	121
		10	26	42	58	74	90	106	122
		11	27	43	59	75	91	107	123
		12	28	44	60	76	92	108	124
		13	29	45	61	77	93	109	125
		14	30	46	62	78	94	110	126
		15	31	47	63	79	95	111	127

此外，在 CPM1A 中，对于上述继电器编号，也可以用来进行高速定时（又称高速定时器 TIMH）和可逆计数（又称可逆计数器 CNTR），它们在使用时需要用特殊指令代码来指定。其功能和使用方法将在指令部分说明。

（5）内部专用继电器　内部专用继电器（Special Relay，SR）用于监视 PLC 的工作状态，自动产生时钟脉冲对状态进行判断等。其特点是用户不能对其进行编程，而只能在程序中读取其触点状态。

CPM1A 型 PLC 中常用的 15 个专用继电器及它们的具体编号和功能如下：

1）25200 继电器：高速计数复位标志（软件设置复位）。

2）25208 继电器：外设通信口复位时仅一个扫描周期为 ON，然后回到 OFF 状态。

3）25211 继电器：强制置位/复位的保持标志。在编程模式与监视模式互相切换时，ON 为保持强制置位/复位的接点，OFF 为解除强制置位/复位的接点。

4）25309 继电器：扫描时间出错报警。当 PLC 的扫描周期超过 100s 时，25309 变 ON 并报警，但 CPU 仍继续工作；当 PLC 的扫描周期超过 130s 时，CPU 将停止工作。

5）25313 为常开继电器

6）25314 为常闭继电器

7）25315 继电器：第一次扫描标志。PLC 开始运行时，25315 为 ON 一个扫描周期，然后变 OFF。

8）25500～25502 继电器：时钟脉冲标志。这 3 个继电器用于产生时钟脉冲，可用在定时或构成闪烁电路。

25500－产生 0.1s 脉冲（0.05s ON/0.05s OFF），在电源中断时能保持当前值。

25501－产生 0.2s 脉冲（0.1s ON/0.1OFF），具有断电保持功能。

25502－产生 1s 脉冲（0.5s ON/0.5s OFF），具有断电保持功能。

9）25503～25507 继电器：这 5 个继电器为算术运算标志。

25503－出错标志。若算术运算不是 BCD 码输出时，则 25503 为 ON。

25504－进位标志 CY。若算术运算结果有进位/错位时，则 25504 为 ON。

25505－大于标志 GR。在执行 CMP 指令时，若比较结果"＞"，则 25505 为 ON。

25506－相等标志 EQ。在执行 CMP 指令时，若比较结果"＝"，则 25506 为 ON。

25507－小于标志 LE。在执行 CMP 指令时，若比较结果"＜"，则有 25507 为 ON。

（6）数据存储继电器　数据存储继电器（Data Memory Relay，DM）实际是 RAM 中的一个区域，又称数据存储区（简称 DM 区），它只能以通道的形式访问。CPM1A 型 PLC 提供的读/写数据存储器寻址范围为 DM0000～DM1023（共 1024 字），只读数据存储器寻址范围为 DM6144～DM6655（共 512 字）。编程时需要在通道号前标注"DM"，DM 区具有掉电保持功能。

第三节　指令系统

CPM 系列 PLC 具有比较丰富的指令集，按其功能可分为两大类，即基本指令和特殊功能指令。基本指令是指直接对输入输出进行逻辑操作的一类指令，包括输入、输出和逻辑与、或、非等。这类指令通常使用最多，因此在编程器的键盘上都设有与每个基本指令相对应的梯形图和助记符的符号键，在输入基本指令时只要按下对应键即可。

特殊功能指令（又称专用指令）是指进行数据处理、运算和程序控制等操作的指令，包括算术运算指令、定时器/计数器指令、数据传送指令、数据比较指令等。特殊功能指令在表示方法上比基本指令复杂。为便于编程器操作，每一条特殊功能指令对应指定了一个功能代码，用两位数字表示。在用编程器进行输入操作时只要先按下 FUN 键，再按下功能代码即可。

PLC 指令一般由助记符和操作数两部分组成，助记符表示 CPU 执行此命令所要完成的功能，而操作数则指出 CPU 的操作对象。操作数既可以是前面介绍的通道号和继电器编号，也可以是 DM 区或是立即数。立即数可以用十进制数表示，也可以用十六进制数表示。可能影响执行指令的系统标志有：ER（错误标志）、CY（进位标志）、EQ（相等标志）、GR（大于标志）和 LE（小于标志）等。下面分别介绍各指令的名称、功能及其使用方法。

一、基本指令

1. 取指令

指令符：LD   梯形图符：├──┤├

数　据：触点号。除了数据通道之外的其余继电器均可。

功　能：常开触点与梯形图母线连接指令，用于每一个以常开触点开始的逻辑行。

编程操作：LD　触点号（键入相应触点号数字）

2. 取反指令

指令符：LD NOT   梯形图符：├──┤/├

数　据：范围同 LD 指令。

功　能：常闭触点与梯形图母线连接指令，用于每一个以常闭触点开始的逻辑行。

编程操作：LD　NOT　触点号

在梯形图中，每一个逻辑行必须以一个触点，所以必需使用指令 LD 或 LD NOT。此外，这两条指令还用于电路块中每一条支路的开始或分支点后的分支路的开始，并与其他指令配合使用。

3. 与指令

指令符：AND   梯形图符：─┤├

数　据：触点号。除了暂存继电器触点外，其余继电器触点均可。

功　能：逻辑与操作，即串联一个常开触点。

编程操作：AND　触点号

4. 与反指令

指令符：AND NOT   梯形图符：─┤/├

数　据：触点号。范围同 AND 指令。

功　能：逻辑与非操作，即串联一个常闭触点。

编程操作：AND NOT　触点号

5. 或指令

指令符：OR   梯形图符：─┤├┐

数　据：触点号。范围同 AND 指令。

功　能：逻辑或操作，用于并联一个常开触点。

编程操作：OR　触点号。

6. 或反指令

指令符：OR NOT   梯形图符：─┤/├┐

数　据：触点号。范围同 AND 指令。

功　能：逻辑或反操作，用于并联一个常闭触点。

编程操作：OR NOT　接点号

7. 输出指令

指令符：UOT　　　　梯形图符：—◯ OUT

数　据：继电器线圈号。范围是 01000 ~ 01915，20000 ~ 25515，HR0000 ~ HR1915，TR0 ~ TR7。

功　能：将逻辑行的运算结果输出。即用逻辑运算的结果去驱动一个指定的线圈。

编程操作：OUT　继电器线圈号

8. 输出求反指令

指令符：OUT NOT　　　　梯形图符：—⊘ OUT NOT

数　据：继电器线圈号。范围同 OUT 指令。

功　能：将逻辑行的运算结果求反后输出。即用逻辑运算的结果取反去驱动一个指定的线圈。

编程操作：OUT NOT、继电器线圈号

上述基本指令的编程方法举例说明如下：

例1　LD、LD NOT、OUT、OUT NOT 的用法如图 8-4 所示。

例2　基本逻辑指令的用法如图 8-5 所示。

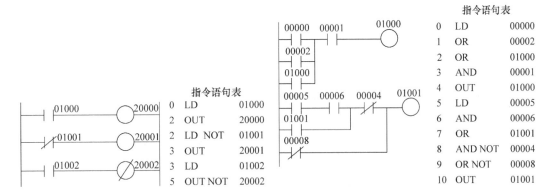

图 8-4　LD、LD NOT、OUT、OUT NOT 的用法　　　图 8-5　基本逻辑指令的用法

9. 电路块与指令

指令符：AND LD　　　　梯形图符：无

数据：无

功能：将两个触点"电路"块串联起来。

编程操作：AND　LD

在使用 AND　LD 指令之前，应先完成要串联的两个"电路"块的指令编程，然后再使用 AND　LD 指令。每个电路块都要从 LD 或 LD　NOT 指令开始编程。

例3　AND LD 指令的用法如图 8-6 所示。

当串联的电路块多于两个时，电路块连接的指令语句方法有两种；一种是电路块逐块连

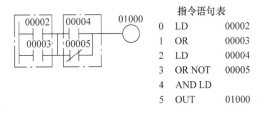

图 8-6　AND LD 指令的用法

接，另一种是把所有电路块指令编写后进行总连接。具体见例4。

例4 实现多个电路块串联时，AND LD指令有两种编程方式，如图8-7所示。

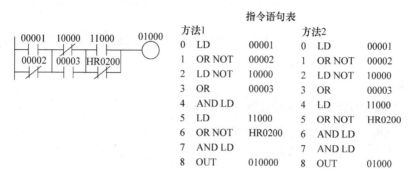

指令语句表

方法1			方法2		
0	LD	00001	0	LD	00001
1	OR NOT	00002	1	OR NOT	00002
2	LD NOT	10000	2	LD NOT	10000
3	OR	00003	3	OR	00003
4	AND LD		4	LD	11000
5	LD	11000	5	OR NOT	HR0200
6	OR NOT	HR0200	6	AND LD	
7	AND LD		7	AND LD	
8	OUT	010000	8	OUT	01000

图8-7 AND LD指令的两种编程方式

方法1是电路块的逐块连接，方法2是电路块编程后总连接，两种编程法的指令条数相同。在使用方法2时要注意两点：① 总连接时，使用 AND LD 指令的条数比实际电路块数少1；② 使用 AND LD 指令的条数≤8，即最多只能有9个电路块相连接。方法1没有此限制。

10. 电路块或指令

指令符：OR LD   梯形图符：无

数据：无

功能：将两个触点"电路"块并联起来。

编程操作：OR LD

在使用 OR LD 指令之前，应先完成要并联的两个"电路"块的指令编程，然后再使用 OR LD 指令完成电路块的并联。每个电路块都要从 LD 或 LD NOT 指令开始编程。

例5 OR LD指令的用法如图8-8所示。

当并联的电路块数≥3时，指令程序也有两种编程方法，具体见例6。

例6 多个电路块并联时，OR LD 指令有两种编程方法，如图8-9所示。

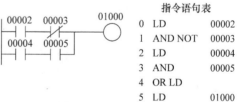

指令语句表

0	LD	00002
1	AND NOT	00003
2	LD	00004
3	AND	00005
4	OR LD	
5	LD	01000

图8-8 OR LD指令的用法

指令语句表

方法1			方法2		
0	LD	00002	0	LD	00002
1	AND NOT	00003	1	AND NOT	00003
2	LD NOT	00004	2	LD NOT	00004
3	AND NOT	00005	3	AND NOT	00005
4	OR LD		4	LD	00006
5	LD	00006	5	AND	00007
6	AND	00007	6	OR LD	
7	OR LD		7	OR LD	
8	OUT	01000	8	OUT	01000

图8-9 OR LD指令的两种编程方法

用编程方法 2 时，要注意的两点与 AND LD 指令相似。

例 7　基本逻辑指令综合应用的梯形图如图 8-10 所示，试用基本逻辑指令编写其指令语句程序。

运用上述基本逻辑指令及块连接指令，编写图 8-10 的指令语句程序如下：

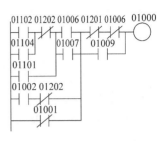

图 8-10　基本逻辑指令综合应用的梯形图

1	LD	01102	9	AND NOT	01202
2	OR	01104	10	OR LD	
3	AND NOT	01202	11	OR	01101
4	OR	01101	12	LD NOT	01201
5	LD	01006	13	AND NOT	01005
6	OR	01007	14	OR	01009
7	AND LD		15	AND LD	
8	LD	01002	16	OUT	01000

在梯形图程序中如果有几个分支输出，并且分支后面还有触点串联时，前面的逻辑指令就不能直接写出其指令程序，这时要用暂存继电器 TR 来暂时保存分支点的状态后再进行编程。TR 不是独立的编程指令，它必须与 LD 或 OUT 指令配合使用。举例如下：

例 8　TR 指令的应用如图 8-11 所示。

指令语句表

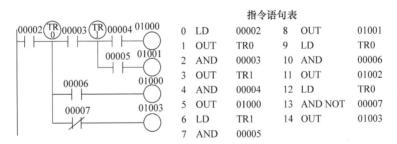

0	LD	00002	8	OUT	01001
1	OUT	TR0	9	LD	TR0
2	AND	00003	10	AND	00006
3	OUT	TR1	11	OUT	01002
4	AND	00004	12	LD	TR0
5	OUT	01000	13	AND NOT	00007
6	LD	TR1	14	OUT	01003
7	AND	00005			

图 8-11　TR 指令的应用

CPM 系列机提供了 8 个暂存继电器 TR0 ～ TR7。每个分支点只用一个 TR，在同一逻辑行中，不能重复使用。若有多个分支点时，要用不同号的 TR 来暂存。在不同逻辑行中，可以重复使用前逻辑行的暂存继电器号，如图 8-12 所示。

11. 定时器指令

指令符：TIM　　　　梯形图符：—○

SV - 设定值

TIM N - 定时器号

数据：占两行。第一行，跟在指令之后为定时器号 N，其范围是 000 ～ 127，表示选定的定时器编号；第二行为定时设定值 SV，范围是 0 ～ 9999，定时单位为 0.1s，例如定时 5s，其设定值是 0050。

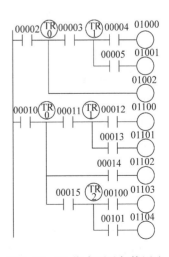

图 8-12　TR 指令可重复使用法

功能：当定时时间到，接通定时器触点。

编程操作：TIM　定时器号 N　设定值 SV

定时器的定时方式为递减型，当输入条件为 ON 时，每经过 0.1s，定时器的当前值减 1，定时设定时间到（即定时当前值减为 0000 时），定时器触点接通并保持。当输入条件为 OFF 时，定时器立即复位，当前值恢复到设定值，其触点断开。定时器作用相当于时间继电器。PLC 电源掉电时，定时器复位。

TIM 指令的用法如图 8-13 所示。

当一个定时器不能满足定时要求时，可采用几个定时器级联使用。用定时器级联扩大定时范围见例 9。

例 9　采用两个定时器组成一个 30min 的定时器，如图 8-14 所示。

图 8-13　TIM 指令的用法　　　　图 8-14　定时器的级联应用

从图中的分析可知，当输入触点 00000 闭合开始计时，到输出继电器 01000 的状态为 ON，总共计时 1800s，即 30min。

12. 计数器指令称

指令符：CNT　　　梯形图符：

N – 计数器号

SV – 设定值

数据：占两行。第一行，跟在指令之后为计数器编号 N，范围是 000 ~ 127；第二行为定时设定值 SV，计数范围是 0000 ~ 9999。

该指令在梯形图中有两个逻辑输入行。如梯形图符所示，CP 端是计数信号输入行（IN）；R 端是计数器的复位输入行，又称置 0 行。

功能：当计数到时，接通计数器触点。作用相当硬件计数器。

编程操作：CNT　计数器号 N　计数设定值 SV

计数器工作方式为递减型，当其输入端（IN）的信号每出现一次由 OFF→ON 的跳变时，计数器的当前数值减 1。当计数值减为零时，产生一个输出信号，使计数器的触点接通并保持。当复位端 R 输入 ON 时，计数器复位，当前值立即恢复到设定值，同时其触点断开。PLC 电源掉电时，计数器当前值保持不变。当 R 端复位信号和 IN 端计数信号同时到达时，复位信号优先。

在编写计数器指令程序时，需要分三步来完成，第一步是计数输入行（IN），第二步是计数复位行（R），最后才是计数器指令。

例 10　CNT 指令的编程应用如图 8-15 所示。

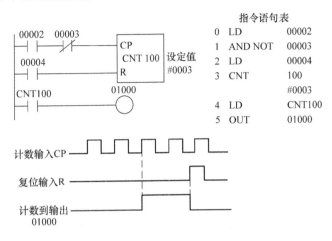

指令语句表

0	LD	00002
1	AND NOT	00003
2	LD	00004
3	CNT	100
		#0003
4	LD	CNT100
5	OUT	01000

图 8-15　CNT 指令的编程应用

例 11　利用计数器级联来扩大计数范围。当需要计数的范围超过 9999 时，可以将几个计数器串联起来使用。如图 8-16 所示，将两个计数器串联使用，可使计数值达到 20000。

例 12　利用一个定时器 TIM000 和一个计数器 CNT001 的组合实现定时功能，其梯形图如图 8-17 所示。TIM000 的设置值为 0050，当输入信号按钮 00000 闭合时，由计时原理可知，每隔 5s，计数器 CNT001 的 IN 端（CP 端）都会出现一个由 OFF→ON 的跳变信号。而CNT 的设定值是 100，所以，从 00000 闭合到继电器 01000 为 ON 输出，总共经过了 500s 的延时。

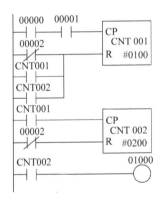

图 8-16　计数器的串联应用

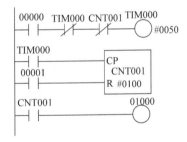

图 8-17　用 TRM 和 CNT 组合实现定时的梯形图

二、功能指令

功能指令又称专用指令，CPM 型 PLC 提供的功能指令主要用来实现程序控制、数据处理和算术运算等。这类指令在简易编程器上一般没有对应的指令键，只是为每个指令规定了一个功能代码，用两位数字表示。在输入这类指令时先按下"FUN"键，再按下相应的代码。下面将介绍主要功能指令。

1. 空操作指令

指令符：NOP（0 0）　　　梯形图符：无

数据：无

编程操作：FUN　0 0

功能：CPU 执行这条指令后不作任何的逻辑操作，即空操作。该指令可用于在输入程序时留出一个地址，以便调试程序时插入指令，还可用于微调扫描时间。在清除用户区内存时，就是利用 NOP 指令填满用户 RAM 空间的。

2. 结束指令

指令符：END（0 1）　　　梯形图符：——END(01) 起始于左母线

数据：无

编程操作：FUN　0 1

功能：程序的最后一条指令，表示程序到此结束。PLC 在执行用户程序时，当执行到 END 指令时就停止执行程序阶段，转入执行输出刷新阶段。如果程序中遗漏 END 指令，编程器执行时则会显示出错信号 "NO END INSET"。当插入 END 指令后，PLC 才能正常运行。

3. 互锁指令

指令符：IL（0 2）　　　梯形图符：IL (02) 在分支点上方

数据：无

编程操作：FUN　0 2

功能：形成分支电路，总是与 LD 指令连用。

4. 互锁清除指令

指令符：ILC（0 3）　　　梯形图符：——ILC (03)

数据：无

编程操作：FUN　0 3

功能：表示互锁程序段结束。

互锁指令 IL 和互锁清除指令 ILC 用来在梯形图的分支处形成新的母线，使某一部分梯形图受到某些条件的控制。IL 和 ILC 指令应当成对配合使用，否则 PLC 显示出错。IL/ILC 指令的功能是：如果控制 IL 的条件成立（即 ON），则顺序执行后续指令，IL/ILC 指令在梯形图中不起任何作用，如同 IL/ILC 指令不存在。若控制 IL 的条件不成立（即 OFF），则 IL 与 ILC 之间的所有梯形图均不执行，即位于 IL/ILC 之间的所有继电器均为 OFF，此时所有定时器将复位，但所有的计数器、移位寄存器及保持继电器均保持当前值。

例 13　IL/ILC 指令的组合应用如图 8-18 所示。

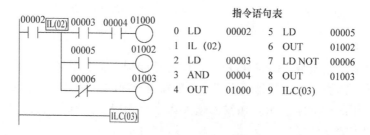

图 8-18　IL/ILC 指令的组合应用

在图 8-18 中，当外接输入触点 00002 闭合（即 ON）时，IL/ILC 互锁条件满足，指令顺序执行。输出继电器 01000、01001、01002 的状态分别由触点 00003、00004、00005 和 00006 决定。当 00002 状态为 OFF 时，互锁条件不满足，输出继电器 01000、01001、01002 则全部 OFF。

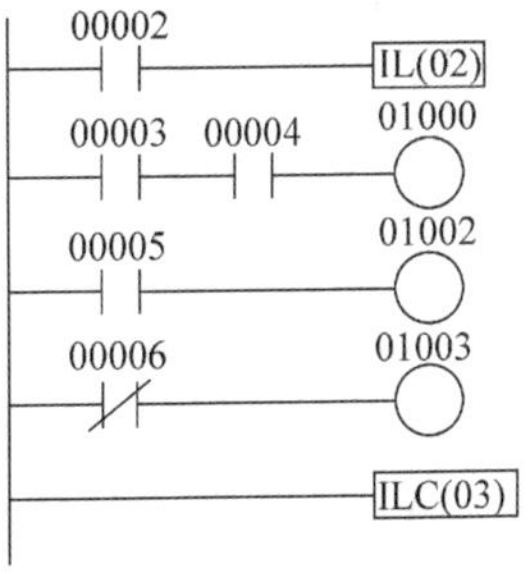

因为 IL 指令后紧跟 LD 指令，所以可以把它当作线圈类指令。将图 8-18 重新排列可得图 8-19 形式，显然二者功能相同，而图 8-19 的梯形图结构更加清晰。

图 8-19　IL/ILC 指令应用的另一种形式

对于同一个具有分支结构的电路，可用 IL/ILC 指令，又可用 TR 指令来编程。但由于 IL/ILC 指令比 LD TR 和 OUT TR 占存储地址少，一般应尽可能使用 IL/ILC 指令为宜。

5. 跳转指令

指令符：JMP（04）　　　梯形图符：│JMP（04）│位于分支点上方

数据：无

编程操作：FUN　04

功能：程序转移。

6. 程序转移结束

指令符：JME（05）　　　梯形图符：————│JME（05）│起始于左母线

数据：无

编程操作：FUN　05

功能：程序转移结束。

JMP/JME 指令组用于控制程序分支。当 JMP 条件为 OFF 时，程序转去执行 JME 后面的第一条指令；当 JMP 的条件为 ON 时，整个梯形图按顺序执行，如同 JMP/JME 指令不存在一样。JMP/JME 指令的应用如图 8-20 所示。

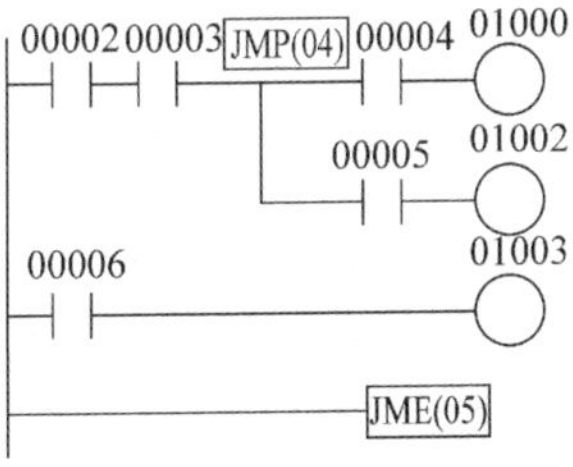

指令语句表

0	LD	00002	5 LD	00005
1	AND	00003	6 OUT	01002
2	JMP		7 LD	00006
3	LD	00004	8 OUT	01003
4	OUT	01000	9 JEM	

图 8-20　JMP/JME 指令的应用

JMP 之后必须是 LD 指令，所以可把它作为线圈指令对待，据此，JMP/JME 指令应用的另一种梯形图形式如图 8-21 所示。显然，这种梯形图表达形式更为直观。

在使用 JMP/JME 指令时要注意，若 JMP 的条件为 OFF，则 JMP/JME 之间的继电器状态为：输出继电器保持目前状态；定时器/计数器及移位寄存器均保持当前值。另外 JMP/JME 指令应配对使用，否则 PLC 显示出错。

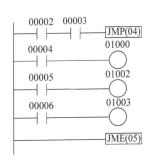

图 8-21　JMP/JME 指令应用的另一种形式

7. 锁存指令

指令符：KEEP（11）　　　　梯形图符：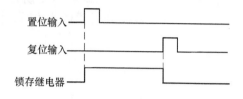

数据：01000～01915、20000～25515、HR0000～HR1915。

编程操作：FUN　11　继电器号

功能：相当于锁存器，当置位端（S 端）条件为 ON 时，KEEP 继电器一直保持 ON 状态，直到复位端（R 端）条件为 ON 时，才使之变 OFF。若 SET 端和 RES 端同时为 ON，则 KEEP 继电器优先变为 OFF。锁存继电器时序图如图 8-22 所示。

图 8-22　锁存继电器时序图

锁存继电器指令编写必须按置位行（S 端），复位行（R 端）和 KEEP 继电器的顺序来编写。KEEP 指令应用见例 14。

例 14　KEEP 指令的编程方法如图 8-23 所示。

KEEP 指令主要用于线圈的保持，即继电器的自锁电路可用 KEEP 指令代替，如图 8-24 所示。

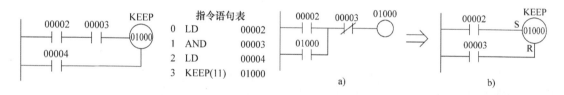

图 8-23　KEEP 指令的编程方法　　　　图 8-24　用 KEEP 指令代替自锁电路

另须注意，如果上述两个梯形图分别用于互锁程序段 IL～ILC 中间时，若 IL 的条件为 OFF，则图 8-24a 中的 01000 将变为 OFF，而图 8-24b 中的 01000 将保持原来状态。

8. 前沿微分指令

指令符：DIFU（13）　　　　梯形图符：

DIFU (13)
数据

数据：01000～01915、20000～25515、HR0000～HR1915。

编程操作：FUN　13　继电器号

功能：执行条件由 OFF→ON 变化时，在一个扫描周期内，指定继电器为 ON。编程举例见例 15。

例 15　DIFU 指令的编程方法及时序图如图 8-25 所示。

在例中，当接于 00003 的输入开关断开时，与它对应的输入继电器 OFF，在内部电路中的 00003 触点 ON，接于 00002 的开关由 OFF→ON 时，01000 闭合一个扫描周期后又释放，定时波形见时序图。

9. 后沿微分指令

指令符：DIFD（14）　　　　　梯形图符：

数据：01000～01915、20000～25515、HR0000～HR1915。

编程操作：FUN　14　继电器号

功能：执行条件由 ON→OFF 变化时，在一个扫描周期内，指定继电器为 ON。

上述两条微分指令都是在输入状态发生变化时才起作用。在程序运行中，一直接通的输入条件，不会令 DIFU 指令执行。同样，一直处于断开的输入条件不会令 DIFD 指令执行，见例 16。

例 16　DIFD 指令的编程方法及时序图如图 8-26 所示。

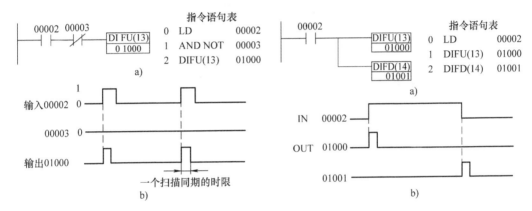

图 8-25　DIFU 指令的编程方法及时序图　　　图 8-26　DIFD 指令的编程方法及时序图

编程中注意，在同一梯形图中使用的 DIFU 和 DIFD 指令总数不超过 48 个，编程器上显示"DIF OVER"，表示微分指令溢出，并将第 49 个微分指令作废，即当作 NOP 指令执行。

10. 快速定时器指令处理

指令符：TIMH（15）　　　　　梯形图符：

N – 定时器号

SV – 设定值

数据：占两行。一行为定时器号 000～127，另一行为设定值 SV。

设定值指定的定时时间，可以是常数，也可以由通道 000CH～019CH、20000CH～25515CH、HR0000～HR1915 的内容决定，但必须为四位 BCD 码。

编程操作：FUN　15　定时器号　设定值。

功能：与基本指令中的普通定时器作用相似，唯一区别是 TIMH 定时精度为 0.01s，定时范围为 0～99.99s。

例 17　以常数作为 TIMH 设定值的编程方法如图 8-27 所示。

高速定时器的工作过程是，当定时器的输入接通（00004 为 ON）就开始计时，定时器的当前值每隔 0.01s 减 1。定时时间到，当前值变为 0，定时器的触点接通（即为 ON）。当定时器的输入断开时即复位，当前值回复到设定值。使用高速定时器的触点时，不必加后缀字母 H。

例18 以通道内容作为 TIMH 设定值如图 8-28 所示。

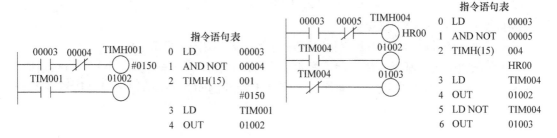

图 8-27 以常数作为 TIMH 设定值的编程方法　　图 8-28 以通道内容作为 TIMH 设定值

在编写梯形图程序中，使用 TIMH 的定时器号应在 000 ~ 127 范围内，不得与 TIM 或 CNT 使用相同号。

11. 可逆计数器指令

指令符：CNTR（12）　　　梯形图符：

$$\begin{array}{|c|}\hline \text{ACP} \\ \hline \text{SCP} \\ \hline \text{R} \quad \text{CNTR(12)} \\ \hline \end{array}$$

SV – 设定值

数据：计数器号 000 ~ 127，设定范围 0000 ~ 9999。

设定值可以是常数，也可以用通道号，其内容与 TIMH 指令相同。

编程操作：FUN　12　计数器号　设定值 SV。

功能：对外部信号进行加 1 或减 1 的环形计数。

CNTR 是一个环形计数器，它的梯形图线圈有三个输入端：递增输入端 ACP、递减输入端 SCP 和复位输入端 R。CNTR 指令的编程见例 19。

例19 CNTR 指令的编程方法及时序图如图 8-29 所示。

当计数器的当前值为设定值（即 5000）时，ACP 端再输入一个正跳变（正向加 1），则当前值变为 0000，计数器输出为 ON；若计数器的当前值为 0000 时，SCP 端再输入一个正跳变（反向减 1），则当前值变为了设定值，计数器输出为 ON。在使用 CNTR 指令编程时须注意，若 APC 和 SCP 端同时为 ON，则不能进行计数操作。当 R 端为 ON 时，计数器的当前值变为

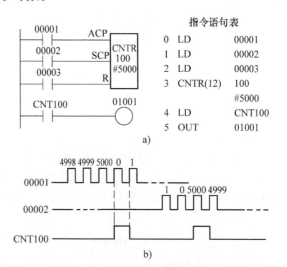

图 8-29 CNTR 指令的编程方法及时序图
a) CNTR 编程方法　b) CNTR 时序图

0000，并不接收输入信号。另外若 CNTR 位于 IL/ILC 指令之间时，当 IL 条件为 OFF 时，则 CNTR 将保持当前值。

12. 数据移位指令（又称移位寄存器指令）

指令符：SFT（10）　　　梯形图符：

IN	SFT(10)
CP	首通道号
R	末通道号

数据：以通道为单位。首通道号为 D1，末通道号为 D2。

000CH ~ 019CH，200CH ~ 252CH，HR00 ~ HR19，DM0000 ~ DM0123。

编程操作：FUN　10　D1　D2

功能：相当于一个串行输入移位寄存器。

移位寄存器必须按照输入（IN）、时钟（CP）、复位（R）和 SFT 指令的顺序进行编程。当移位时钟由 OFF→ON 时，将一个或几个通道的内容按照从低位到高位的顺序移动，最高位溢出丢失，最低位由输入数据填充。当复位端输入 ON 时，参与移位的所有通道数据复位，即都为 OFF。一个通道的移位举例见例 20。

例 20　SFT 指令的编程方法及时序图如图 8-30 所示。

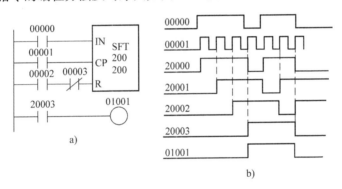

图 8-30　SFT 指令的编程方法及时序图

a）SFT 编程方法　b）SFT 时序图

若把例中梯形图的最后一行改为 20015 控制 01000 时，可把移位寄存器 16 位的内容一位一位地输出。当 00002 变为 ON 时，200 号通道数据置零。

如果需要多于 16 位的数据进行移位，可以将几个通道级连起来。图 8-31 是用三个通道串联起来得到 48 位数据移位的梯形图。移位脉冲信号用 PLC 内部 1s 的时钟脉冲，由 25502 产生。

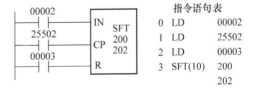

图 8-31　48 位数据移位梯形图

移位指令在使用时须注意：

1）起始通道和结束通道，必须在同一种继电器中才能组成移位寄存器使用。

2）起始通道号≤结束通道号。

13. 通道移位指令（又称字移位指令）

指令符：WSFT（16）　　　　梯形图符：

| WSFT(16) |
| 首通道号 |
| 末通道号 |

数据：以通道为单位。首通道号为 D1，末通道号为 D2。

000CH ~ 019CH，200CH ~ 252CH，HR00 ~ HR19，DM0000 ~ DM1023。

编程操作：FUN　16　D1　D2

功能：以通道为单位的串行移位。

通道移位指令执行时，当移位条件为 ON，WSFT 从首通道向末通道依此移动一个字，原首通道 16 位内容全部复位，原末通道中的 16 位内容全部移出丢失。编程举例如图 8-32 所示。

例 21　三个通道的 WSFT 指令编程

在图 8-32 的梯形图中，由于使用了微分指令，即使00002 变为 ON 后一直保持不变，WSFT 指令也只能执行一次，若不用 DIFU 指令而将00002 直接作为控制 WSFT 的条件，则在00002 一直为 ON 的情况下，CPU 每扫描一次 WSFT 指令，移位就被执行一次。

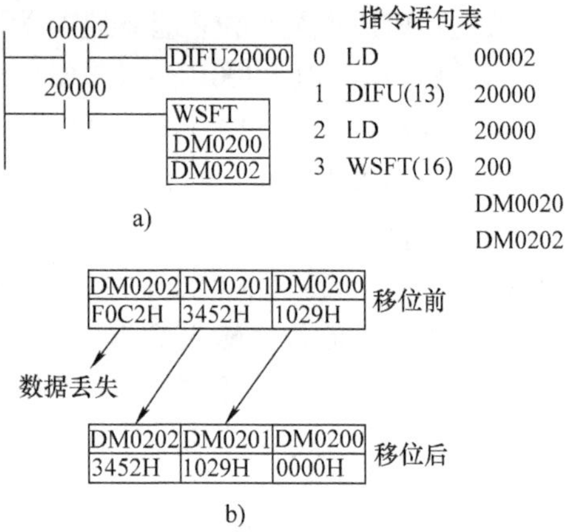

WSFT 指令在使用时须注意：

1）首通道和末通道必须是同一类型的继电器。

2）首通道号≤末通道号。

3）当移位条件为 ON 时，CPU 每扫描一次程序就执行一次 WSFT 指令。如只要程序执行一次，则应该用微分指令。

	指令语句表
00002	0　LD　　　00002
DIFU20000	1　DIFU(13)　20000
20000	2　LD　　　20000
WSFT	3　WSFT(16)　200
DM0200	DM0020
DM0202	DM0202
a)	

| DM0202 | DM0201 | DM0200 | 移位前 |
| F0C2H | 3452H | 1029H | |

数据丢失

| DM0202 | DM0201 | DM0200 | 移位后 |
| 3452H | 1029H | 0000H | |

b)

图 8-32　WSFT 指令的编程
a）梯形图　b）移位过程

14. 比较指令

指令符：CMP（20）　　　　梯形图符：

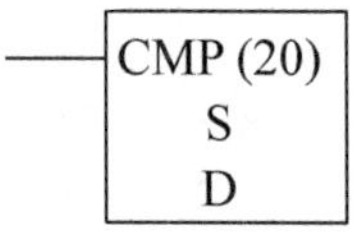

| CMP (20) |
| S |
| D |

数据：见表 8-11，源数据 S，目的通道 D。

编程操作：FUN　20　S　D

功能：将 S 中的内容与 D 的内容进行比较，其比较结果送到 CPU 的内部专用继电器 25505、25506、25507 中进行处理后输出，见表 8-12。

比较指令 CMP 用于将通道数据 S 与另一通道数据 D 中的十六进制数或四位常数进行比较，S 和 D 中至少有一个是通道数据。其编程方法见例 22。

表 8-11　CMP 指令输出范围

S，D
000CH ~ 019CH
200CH ~ 231CH
HR00 ~ HR19
TIM/CNT000 ~ 127
DM0000 ~ DM1023
四位常数

表 8-12　CMP 指令的比较结果

SMR	25505	25506	25507
S > D	ON	OFF	OFF
S = D	OFF	ON	OFF
S < D	OFF	OFF	ON

例 22　图 8-33 是一个用 200 通道中的数据与一个常数进行比较的编程示例。

图中若输入信号 00002 为 ON 时，200CH 中的数又正好等于 D9C5，则专用继电器 25506 为 ON 输出，从而使输出继电器 01000 为 ON。

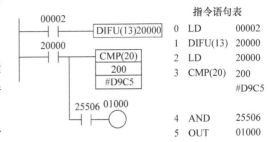

指令语句表

0	LD	00002
1	DIFU(13)	20000
2	LD	20000
3	CMP(20)	200
		#D9C5
4	AND	25506
5	OUT	01000

图 8-33　CMP 指令的编程方法

例 23　CMP 指令的应用举例如图 8-34 所示，用一个定时器完成三个定时控制任务。

定时器 TIM000 预先设置为 30s（#0300）。用两个 CMP 指令来监视其当前值。第一个 CMP 的常数为 10s（#0100），第二个常数为 20s（#0200）。当触点 00002 为 ON，TIM000 开始定时，到 10s 时 25506 第一次 ON，使继电器 01000 为 ON；到 20s 时 25506 第二次为 ON，使继电器 01001 为 ON；当定时到 30s 时由于 TIM000 为 ON，使继电器 01002 变 ON。

需要说明的是，一般情况下，CMP 指令所用到的比较数据为 4 位十六进制数，但在与 TIM 或 CNT 的当前值进行比较时，CMP 指令中使用的常数应为 BCD 码。图 8-34 所示梯形图的指令语言程序读者可自行编写。

15. 数据传送指令

指令符：MOV（21）　　梯形图符：

```
——| MOV (21) |
   |    S     |
   |    D     |
```

数据：源数据 S，目标 D。数据范围见表 8-13。

编程操作：FUN　21　S　D

功能：把 S 中的源数据传送到目标 D 所指定的通道中去。

16. 数据求反传送指令

指令符：MOVN（22）　　梯形图符：

```
——| MOVN (22) |
   |     S     |
   |     D     |
```

图 8-34　CMP 指令的应用举例

数据：源数据 S，目标 D。数据范围同 MOV 指令。

编程操作：FUN　22　S　D。

功能：把 S 中的源数据求反后，传送到目标 D 所指定的通道中去。

MOV 指令把一个指令通道的数据或一个 4 位十六进制常数（源数据 S）传送到另一个指定通道（目标通道 D）中。

MOVN 指令先把源数据 S 求反后再传送至目标 D。在编写指令程序时，这两条指令都各占一个地址号，但在表中占三行位置。

例 24　传送指令的编程应用如图 8-35 所示。

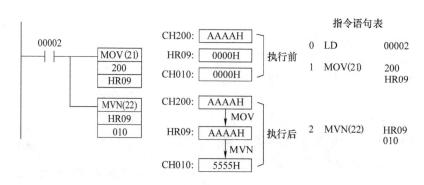

图 8-35　MOV/MOVN 指令的编程应用

当 00002 为 ON 时，CPU 每扫描程序一次，MOV/MOVN 指令就被执行一次。若要求传送过程只进行一次，则应当使用 DIFU 或 DIFD 指令。

17. 置位进位位指令

指令符：STC（40）　　　　梯形图符：————| STC (40) |

数据：无

编程操作：FUN　40

功能：将进位标志继电器 25504 置位（即置 ON）。

18. 复位进位位指令

指令符：CLC（41）　　　　梯形图符：————| CLC (41) |

数据：无

编程操作：FUN　41

功能：强制将 25504 复位（即置 OFF）。

上述两条指令是对进位位的强制操作指令。通常在执行加、减运算操作之前应先执行 CLC 指令来清除进位位，以确保运算结果的正确。

19. 加法指令

指令符：ADD（30）　　　　梯形图符：————| ADD (30) / S1 / S2 / D |

数据：指令占四行，数据三个。被加数 S1、加数 S2、相加结果 D。数据范围见表 8-13。

编程操作：FUN　30　S1　S2　D。

功能：D←S1 + S2 + Cy（进位）。

ADD 指令将两个四位 BCD 数相加，结果送入指定的通道。加数和被加数可以是通道中的数据，也可以是任意的常数。

例 25　ADD 指令的编程如图 8-36 所示。

表 8-13　ADD 指令数据范围

S	D
000CH～019CH	010CH～019CH
200CH～231CH	200CH～231CH
HR00～HR19	HR00～HR19
TIM/CNT000～TIM/CNT127	DM0000～DM1023
DM0000～DM1023	—
四位常数	—

在梯形图中，若 200CH 的数据为 0153，则执行 ADD 指令后 HR9CH 中的数据为 1387，专用继电器 25504 状态为 OFF；若 200CH 通道的数据为 9795，则执行 ADD 指令后 HR9CH 中的内容为 1029，并产生了进位，专用继电器 25504 的状态为 ON。

使用 ADD 指令须注意：

1）执行加法运算前必须加一条清进位标志指令 CLC（41）参加运算。

2）被加数和加数必须是 BCD 数，否则 25503 置 ON，不执行 ADD 指令。

3）若相加后结果有进位，则进位标志继电器 25504 为 ON；若和为零，则专用继电器 25506 变为 ON。

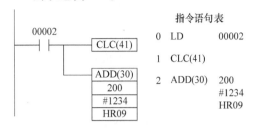

图 8-36　ADD 指令的编程

20. 减法指令

指令符：SUB（31）　　　　梯形图符：

```
  ┌──────────┐
──┤ SUB (31) │
  │    S1    │
  │    S2    │
  │    D     │
  └──────────┘
```

数据：被减数 S1，减数 S2，相减结果 D。数据范围同 ADD 指令。

编程操作：FUN　31　S1　S2　D

功能：D←S1 − S2 − Cy（进位）。

SUB 指令的功能是把两个四位 BCD 数做带借位减法，差值送入指定通道。在编写 SUB 指令语言时，必须指定被减数、减数和差值的存放通道，所以这条指令有一个地址，占四行。

例 26　减法指令的编程举例。

在图 8-37 的梯形图中，当 00002 置 ON 时，执行用 200CH 通道中的数减去保持继电器 HR01 通道中的数，结果送入指定的 HR02 通道中。

使用 SUB 指令须注意：

1）执行 SUB 指令前必须先用 CLC（41）指令清进位标志（25504）。

```
                          指令语句表
00002                    0  LD      00002
──┤├──────────┐CLC(41)
              │          1  CLC(41)
              ├──────────
              │ SUB(31)  2  SUB(31)  200
              │  200               HR01
              │  HR01              HR02
              │  HR02
```

图 8-37　SUB 指令的编程应用

2）被减数和减数必须是 BCD 数，否则专用继电器 25503 为 ON，CPU 将不执行 SUB 指令作减法操作。

3）若运算结果有借位，则 25504 置 ON；若运算结果为零，则 25506 为 ON。

21. BCD 数→二进制数转换指令

指令符：BIN（23）　　　　梯形图符：

```
  ┌──────────┐
──┤ BIN (23) │
  │    S     │
  │    D     │
  └──────────┘
```

数据：数据有两个。S 为源数据，D 为存放转换结果的通道号，其数据范围见表 8-14。

编程操作：FUN 23 S D

功能：将源通道 S 中的四位十进制数转换成 16 位二进制数，结果送入通道 D 中。

表 8-14 BIN 指令数据范围

S1/S2	D
000CH ~ 019CH	010CH ~ 019CH
200CH ~ 231CH	200CH ~ 231CH
HR00 ~ HR19	HR00 ~ HR19
TIM/CNT000 ~ TIM/CNT127	—
DM0000 ~ DM1023， DM6144 ~ DM6655[①]	DM0000 ~ DM1023
四位常数	—

① 不能用程序写入（只能用外围设备设定）。

例 27 BIN 指令编程及执行结果如图 8-38 所示。

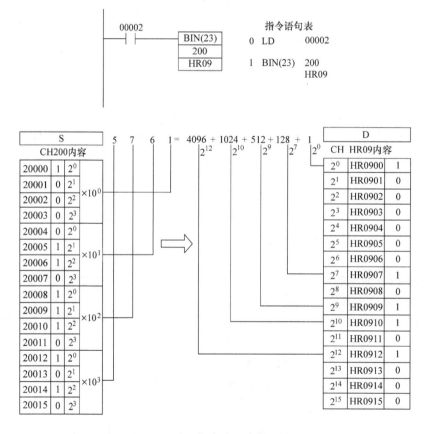

图 8-38 BIN 指令编程及执行结果

设源通道 200CH 中的内容为 BCD 数 5761，当梯形图中 00002 触点闭合，执行 BIN 指令后，将 BCD 数转换为二进制数 0001011010000001（十六位二进制数 1681H），存放到保持继电器的 HR00 通道中去。须注意，若源通道中的数据不是 BCD 码数，25503 置 ON，CPU 将不执行 BIN 指令。

22. 二进制数→BCD 数转换指令

指令符：BCD（24）　　　　　梯形图符：

```
        ┌─────────┐
        │ BCD (24)│
        │   S     │
        │   D     │
        └─────────┘
```

数据：数据有两个。S 为源数据，D 为存放转换结果的通道号，其数据范围同 BIN 指令。

编程操作：FUN　24　S　D

功能：将源通道 S 中的十六位二进制数转换成四位 BCD 数，结果送入 D 通道中。

例 28　将源通道 200CH 中的数据 1088H 转换成十进制数，结果存放在 HR09 通道中。BCD 指令编程及执行结果如图 8-39 所示。

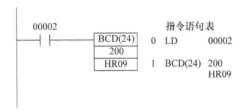

```
      00002              指令语句表
──────┤├──────┌─────────┐   0  LD        00002
                │BCD(24)  │
                │  200    │   1  BCD(24)   200
                │  HR09   │             HR09
                └─────────┘
```

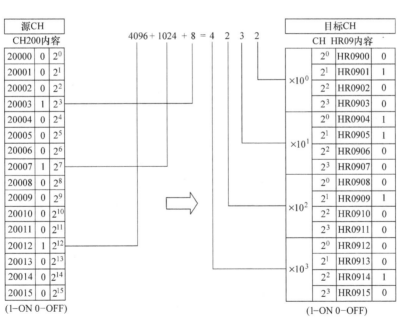

图 8-39　BCD 指令编程及执行结果

在梯形图中，当 00002 闭合（置 ON），200CH 数据被转换成 BCD 码数 4232，并存放到保持继电器 HR09 通道中去。

23. 数字译码指令

指令符：MLPX（76）　　　　　梯形图符：

```
        ┌─────────┐
        │MLPX (76)│
        │   S     │
        │   B     │
        │   D     │
        └─────────┘
```

数据：有三个数据，占四行。源通道号 S，数字目标 B，目的通道 D。其数据范围见表8-15。

表 8-15　MLPX 指令数据范围

S	B	D
000 ~ 019CH	000 ~ 019CH	000 ~ 019CH
200 ~ 231CH	200 ~ 231CH	200 ~ 231CH
HR00 ~ HR19	HR00 ~ HR19	HR00 ~ HR19
TIM/CNT000 ~ 127	TIM/CNT000 ~ 127	—
DM0000 ~ 1023 DM6144 ~ 6655*	DM000 ~ 1023	DM000 ~ 1023 DM6144 ~ 6655*
—	#0000 ~ 0033	—

注：不能用程序写入（只能用外围设备设定）。

编程操作：FUN　76　S　B　D

功能：将源通道的四位十六进制数中的一位或几位进行译码，结果存放到目的通道。

如果源数据 S 表示为 S3、S2、S1、S0，数字目标 B 要指定对其中的几位和哪几位进行译码，即有两项指定内容，所以数字目标 B 的有效位是两位（B 是一个四位 BCD 数字），规定低两位有效，格式如下：

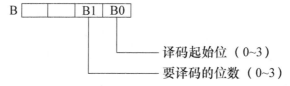

B0 指定了从源数据的第几位开始译码，如"0"表示从最低位 0 位开始，"1"表示从次低位 1 位开始，依此类推；B1 给出要译码的位数，"0"表示 1 位，"1"表示 2 位，"2"表示 3 位，"3"表示 4 位。例如 B 设置为 0023，则表示从源通道的最高位 4 位开始译码，要对 3 位数译码，译码顺序为 S3、S2、S1。数字目标 B 可以是常数，也可以是通道内容。

一位源数据的译码结果需用一个目标通道来存放，当译码位数 B1 > 1 时，存放译码结果的目的通道数 D 也要相应增加。这时的 D 仅指第一个通道号，其他的通道号依次加 1。

例 29　译码指令的编程示例如图 8-40 所示。

如上图中，当触点 00002 置 ON 时，执行对 010CH 通道中的第一位数字进行译码，结果使 HR09 通道中的第十位 HR0909 置 ON；当触点 00003 为 ON 时，执行译码指令对 DC1000 中的三位数字进行译码，第一位译码结果放入 HR00 通道中，第二位译码结果放入 HR01 通道中，第三位则放入 HR02 通道中。

24. 数字编码指令

指令符：DMPX（77）　　　　梯形图符：

```
┌─────────┐
│ DMPX(77)│
│    S    │
│    D    │
│    B    │
└─────────┘
```

数据：占四行，有三个数据。源通道号 S，目的通道 D，数字目标 B。其数据范围见表8-16。

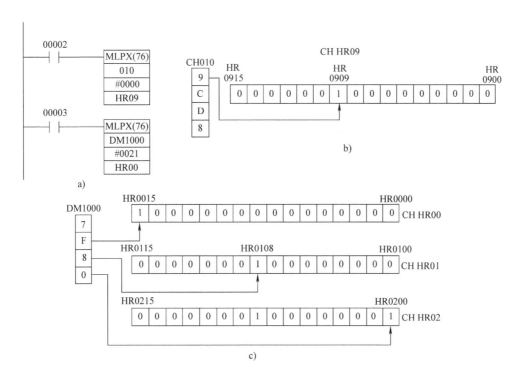

图 8-40　MPLX 指令的编程及执行结果

a）MPLX 用法　b）单位译码执行结果　c）多位移码执行结果

编程操作：FUN　77　S　D　B

功能：DMPX 指令的功能与 MPLX 相反，它把源通道 S 中为 ON 的最高位的编码（一个十六进指数或 4 位二进指数）送入到目标通道 D 中指定的数字位。

表 8-16　DMPX 指令数据范围

S	D	B
000 ~ 019CH	000 ~ 019CH	000 ~ 019CH
200 ~ 231CH	200 ~ 231CH	200 ~ 231CH
HR00 ~ HR19	HR00 ~ HR19	HR00 ~ HR19
TIM/CNT000 ~ 127	—	TIM/CNT000 ~ 127
DM0000 ~ 1023 DM6144 ~ 6655*	DM000 ~ 1023	DM000 ~ 1023 DM6144 ~ 6655*
—	—	#0000 ~ 0033

注：不能用程序写入（只能用外围设备设定）。

由于目的通道可以存放 4 个源数据的编码结果，该指令最多可对 4 个通道的内容进行编码，S 则作为源数据的起始通道号。数字目标 B 需指出要编码的源通道数和 D 中存放编码结果的起始位，它可以是常数，也可以是通道内容。

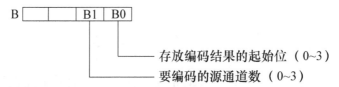

存放编码结果的起始位（0~3）

要编码的源通道数（0~3）

例如 B 设置为 0022，则表示有三个通道的内容有编码，其结果从 D 中的 D2 位开始依次存放，即存放顺序为 D2、D1、D0。

例 30 编码指令 DMPX 的编程示例如图 8-41 所示。

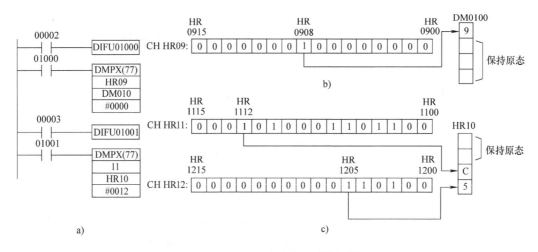

图 8-41 DMPX 指令的编程及执行结果

a）MPLX 用法 b）0002 "ON" 的执行结果 c）0003 "ON" 的执行结果

图中，00002 输入置 ON，HR09 中状态为 "1" 的最高位 HR0908 的内容转换为十六进制数 8（或二进制数 1000），并将此结果送到目的通道 DM0100 指定的最低位。当 00003 输入置 ON 时，执行指令将完成多通道编码，即将源通道 011CH，012CH 中状态为 1 的最高位进行编码，并将结果送入到目标通道 HR10 中的指定位中。梯形图中加 DIFU（或 DIFD）指令表示只执行一次程序指令。

以上介绍是一些常用的专用指令，通常不同型号的 PLC 按其使用功能的不同还有一些特殊用途的专用指令，读者可参阅其使用手册。

第四节 在编程中应注意的基本原则

采用梯形图语言编程是 PLC 的一大优点，也是 PLC 能在各个领域被广泛应用的根本原因。虽然不同型号的 PLC 其指令系统及助记符也完全不同，但在设计梯形图时所要遵循的原则基本是相同的。

一、编程原则

梯形图中的每一逻辑行必须从左边母线以触点输入开始，以线圈结束。左边母线代表逻辑控制回路的高电位，右母线代表逻辑低电位。逻辑电流从左向右传递，若回路导通则使各种继电器、定时器、计数器、寄存器等线圈动作。线圈右边的母线一般可以不画出。

1）梯形图要以触点开始，也就是不能以线圈输入开始。如果在实际应用中需要由线圈开始时，可利用内部专用继电器作开始触点，并保证运行时为 ON，如图 8-42 所示。

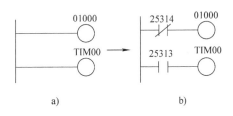

图 8-42　逻辑行以触点输入开始
a）错误　b）正确

① 以线圈结束即线圈右面不能再连接触点，如图 8-43 所示。这里的线圈是指 "OUT" "TIM" "CNT" 等指令及一些可以作为线圈对待的应用指令，它们的数据就是 "继电器" 线圈号。

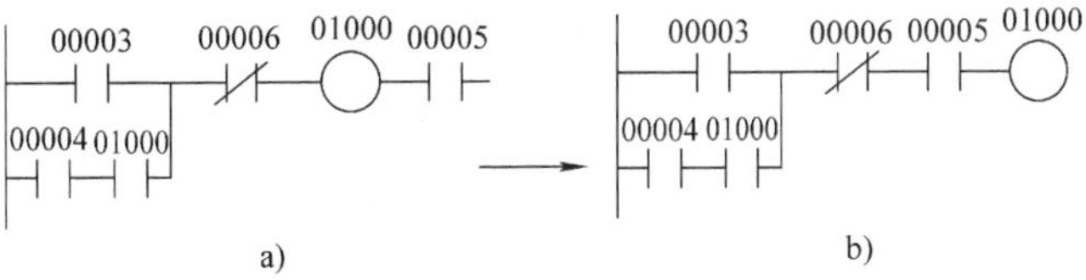

图 8-43　逻辑行以线圈结束
a）错误　b）正确

② 线圈的右边母线可以不画，这是由于梯形图中只是软件逻辑行，只要逻辑关系成立，线圈输出就被接通，而并没有实际的电流通道。

2）通常，某个编号的 "继电器" 线圈在同一梯形图程序中只能使用一次，而 "继电器" 触点可以被无限次使用，且既可以是常开形式，也可以是常闭形式。由于触点可无限次读取，可不必采用复杂的电路来减少触点数目，因此大大简化了软件程序的设计。

3）输入继电器的线圈在梯形图中将不再出现，它的功能已包含在外部信号驱动电路中。因此，梯形图中输入继电器的触点用以表示对应点的输入信号，它既可以是常开形式，也可以是常闭形式，且可以被无限次读取使用。

4）一段完整的梯形图程序必须以 END 指令结束，END 是 PLC 执行程序的结束标志，否则运行将显示出错。

5）指令语言程序设计的原则是：按梯形图由上到下、从左到右的顺序进行。有些指令的数据占一行，有些占据二行甚至四行，但一条指令只能有一个地址码。

二、电路分块原则

对于较复杂的梯形图，在编写指令语言时应先将程序进行分段（又称电路的分块），然后逐段进行编程。

例 1　完成如图 8-44 所示梯形图的指令语言的设计编写。

1）程序分段：按从上到下、自左向右的顺序将电路分为 a、b、c、d、e、f 共 6 段，如图 8-45 所示。

2）逐段编程：按先上后下、先左后右的顺序分段设计，逐块连接。如图 8-46 所示。

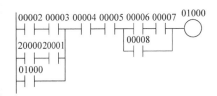

图 8-44　目标梯形图

例 2　完成图 8-47 所示梯形图电路的编程

该梯形图电路可分为两块：并联电路块 a、串联电路块 b，逐块编程后用 "块与" 指令连接。

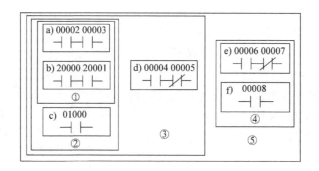

图 8-45　梯形图程序分段

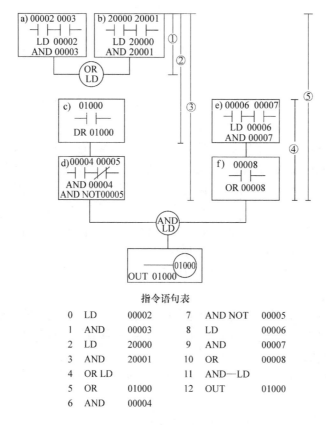

指令语句表

0	LD	00002	7	AND NOT	00005
1	AND	00003	8	LD	00006
2	LD	20000	9	AND	00007
3	AND	20001	10	OR	00008
4	OR LD		11	AND—LD	
5	OR	01000	12	OUT	01000
6	AND	00004			

图 8-46　逐段编程

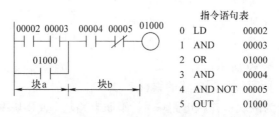

指令语句表

0	LD	00002
1	AND	00003
2	OR	01000
3	AND	00004
4	AND NOT	00005
5	OUT	01000

图 8-47　并联电路块与串联电路块的连接

例3　完成图 8-48 所示梯形图电路的编程。

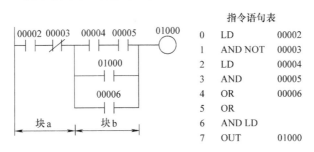

指令语句表

0	LD	00002
1	AND NOT	00003
2	LD	00004
3	AND	00005
4	OR	00006
5	OR	
6	AND LD	
7	OUT	01000

图 8-48　串联电路块与并联电路块的连接

该梯形图电路可分为两块：串联电路块 a、并联电路块 b，逐块编程后用"块与"指令连接。

例4　完成图 8-49 所示梯形图的编程。

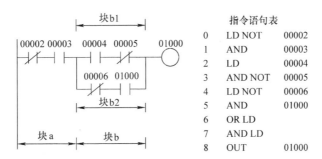

指令语句表

0	LD NOT	00002
1	AND	00003
2	LD	00004
3	AND NOT	00005
4	LD NOT	00006
5	AND	01000
6	OR LD	
7	AND LD	
8	OUT	01000

图 8-49　分块编程

先将电路分为 a、b 两块，再将电路块 b 分为两个串联电路块 b1 和 b2，b1 和 b2 用"块或"指令连接为块 b，然后块 b 和块 a 再用"块与"指令进行连接。

例5　完成图 8-50 所示两个并联电路块的串联编程。

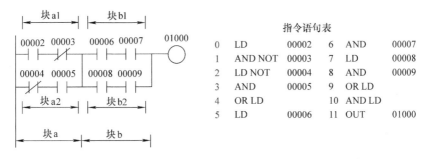

指令语句表

0	LD	00002	6	AND	00007
1	AND NOT	00003	7	LD	00008
2	LD NOT	00004	8	AND	00009
3	AND	00005	9	OR LD	
4	OR LD		10	AND LD	
5	LD	00006	11	OUT	01000

图 8-50　两并联电路块的串联编程

先将电路分为 a、b 两并联电路块，再把每块分为两个串联块后用"块或"指令连接，最后块 a 和块 b 用"块与"指令进行连接。

三、梯形图简化原则

下面介绍几种常见的梯形图简化电路的编写方法，读者可在实践中不断加以总结和补充。

1）以串联触点开始，与并联电路块相"与"的逻辑行。可将串联触点放在并联电路块之后，可以减少"块与"连接指令，如图 8-51 所示。

2）并联电路块中，将单点支路放在多点支路之下，可节省"或"连接指令，如图 8-52 所示。

3）对于多分支输出的电路，把分支点后直接输出的支路放在上面行，可节省 TR 指令，如图 8-53 所示。这是因为上面行的 OUT 指令已代替 TR 指令，表示分支的输出。读者可写出指令语句表自行进行比较。

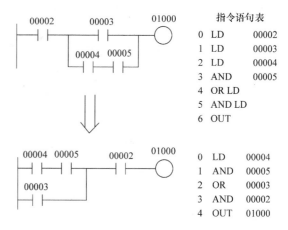

图 8-51 简单串并联电路的简化

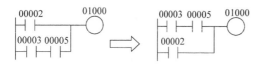

图 8-52 电路的重新排列

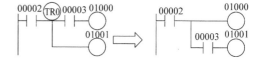

图 8-53 分支电路的简化

4）对于较复杂的串并联电路，将串联触点分到各并联支路中，可使重排后的梯形电路结构清晰、编程方便，如图 8-54 所示。

图 8-55 是重排后的梯形电路，读者可自行编写指令语句表。从指令语句表可以看出，该电路结构清晰、编程方便，但指令语句可能不是最简的。

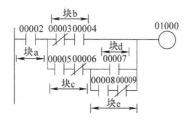

图 8-54 较复杂的串并联电路

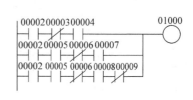

图 8-55 重排后的梯形电路图

需要注意的是，重排后的电路不应改变原来电路的基本功能。例如，图 8-56a 是一个重排后的电路，为节省 TR 指令将 01000 输出支路放在 OUT 20000 之下，但当输入 00002 为 ON 时，线圈 01000 不会输出 ON（而原设计是要求 01000 输出为 ON），这时将输入触点

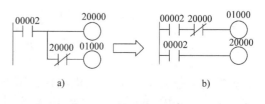

图 8-56 电路重排示例（1）

00002 分配到各支路中去即可解决这一问题，如图 8-56b 所示。

5）电路简化的综合使用。如对图 8-57a 所示电路进行简化，采用上述方法 4 和方法 2 进行电路的重排后可得图 8-57b 所示电路。

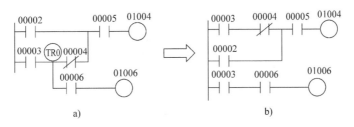

图 8-57　电路重排示例（2）

6）"桥"式梯形电路不能直接编程。可利用"桥"触点的多次使用，经"拆桥"后再编程，如图 8-58 和图 8-59 所示。图 8-59b 还可进一步简化，读者可自行练习。

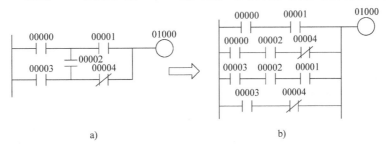

图 8-58　桥式电路重排示例（1）

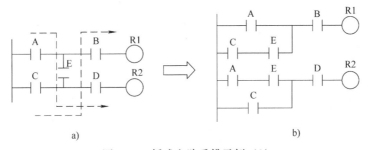

图 8-59　桥式电路重排示例（2）

第五节　基本电路的梯形图编程举例

为进一步熟悉前面介绍的基本指令，下面结合实际应用，介绍几个典型的电路编程作为练习。由于较为简单，这里仅给出它们的梯形图，读者可自行编写出指令语言程序。

一、基本指令的编程举例

例 1　异步电动机丫/△减压起动控制。设电动机主电路如图 8-60a 所示，接触器KM1 ~ KM3 的作用分别为控制电源、丫形起动和△形运行。现要求：按下起动按钮 SB1 后，电动机 M 先作丫形起动，10 分钟以后自动转换为△形运行。在任何情况下，若按下停止按钮 SB2 或热继电器触点 FR 动作，都会使电动机停止。

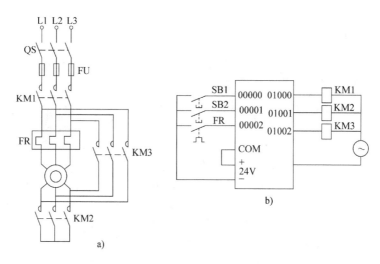

图 8-60　Y/△减压起动主电路及 PLC 连接图

a）主电路　b）PLC 连接图

根据控制要求可知，现场有三个开关量信号需要送入 PLC，即都为 PLC 的输入信号。有三个开关量信号需要接受 PLC 的控制，即为 PLC 的输出信号。列出现场信号与 PLC 的I/O通道各变量的对应关系，见表8-17，称为I/O分配表。

表 8-17　Y/△减压起动 PLC 控制的 I/O 分配表

输入		输出	
现场信号	PLC 地址	现场信号	PLC 地址
起动按钮 SB1	00000	电源接触器 KM1	01000
停止按钮 SB2	00001	Y形起动接触器 KM2	01001
热继电器触点 FR	00002	△形运行接触器 KM3	01002

对于同一个控制问题，可以设计出不同的梯形图。最直观的办法是按继电接触器电路的形式来设计，如图8-61a所示。但这种方法还不能充分发挥 PLC 软件的编程能力。当要实现的控制功能较多时，往往会使梯形图的形式显得比较复杂，故此法常用于简单电路控制下的梯形图编程。图8-61b是另一种梯形图形式，其充分利用了 PLC 中继电器软触点可以无限次使用的特点，按被控对象的工作顺序和 PLC 的扫描过程，把每个动作用相应的梯级表示出来。这样的梯形图层次较清楚，便于理解和编程。对于图8-61b所示的梯形图，可以像分析继电器电路那样分析其工作原理。本例比较简单，具体分析读者可自行练习。

图8-60b给出了实现本例功能的 PLC 连接图。图中输入电源 DC 24V 由 PLC 内部提供，接触器 KM1～KM3 线圈分别连接到输出点 01000～01002 上，可采用汇点方式并外接交流电源。

二、信号锁存和停电保持

1）某些情况，要求当执行指令时能立即起动所控制的设备，而指令执行过后仍能保持当前状态。

例2　常用的信号锁存控制电路。设某个控制系统的控制要求为：当第一次发出起动指令时，控制设备立即起动工作；当第二次再发出同一起动信号时，则要求设备自动停止

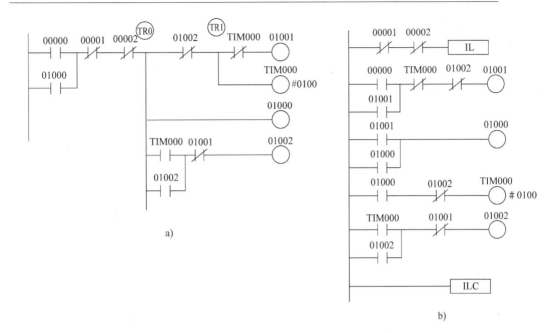

图 8-61 丫/△减压起动控制梯形图的不同设计法

a) 丫/△控制梯形图之一 b) 丫/△控制梯形图之二

工作。

实现上述功能的梯形电路如图 8-62 所示。当输入信号 00000 触点 ON 一次即断开，则继电器 20000 接通一个扫描周期，使锁存继电器 01000 的 S 端置 ON，即 01000 被起动。这时 20000 已跳变为 OFF，但 01000 的 ON 状态被锁存。当第二次发出起动信号时（即 00000 触点再次为 ON 时），在继电器 20000 为 ON 的一个扫描周期内，KEEP 01000 的 S、R 端均满足 ON 条件，但由于复位优先，因此 01000 停止工作。

2）在某些情况，要求停电之后再上电时，能立即恢复系统停电之前的控制状态。

例 3 常用的停电保持电路。假定某设备由继电器 01000 控制，要求当发出起动指令时，立即起动工作，此后一直保持工作状态。当 PLC 失电后再次恢复供电时，继电器 01000 能够自行投入工作。

实现上述功能的梯形图可有两种形式，分别如图 8-63a、b 所示。图 8-63a 是按继电器控制电路中自锁电路形式设计的，图 8-63b 采用了锁存指令 KEEP 来实现 HR00 继电器的接通保持和断开。00000 和 00001 分别为起动和停止控制信号。

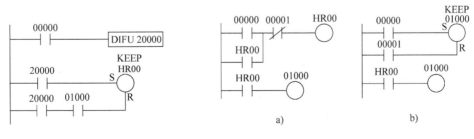

图 8-62 信号锁存控制电路

图 8-63 停电保持功能的电路

a) 用自锁电路设计 b) 用锁存指令实现

三、移位控制应用

例4　采用移位寄存器指令 SFT 可实现生产工序的移位控制。设某装配生产线的顺序控制原理图如图 8-64a 所示。由图可见，该生产线共有 16 个工位，在第一个工位上按有传感器 S，用来检测零部件的输入。生产线每 5s 移动一个工位。设偶数工位分别要完成 8 个不同的操作工序，而奇数工位仅用于传送零件。当合上起动开关 SB1 时，生产线开始工作，若无零件输入或按停止钮 SB2 时，各操作均停止执行。

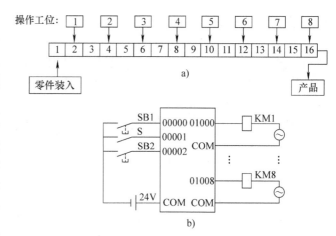

图 8-64　生产线示意图和 PLC 的 I/O 分配图
a）生产线示意图　b）PLC 的 I/O 分配图

图 8-64b 是 PLC 的 I/O 分配图，其中接触器 KM1 ~ KM8 分别控制对应的 8 个操作工序。

将 16 个工位看作 SFT 指令的 16 位，根据控制要求，每 5s 移动一个工位，因此 SFT 的 CP 端输入应该是周期为 5s 的时钟脉冲序列。图 8-65 是生产线工序控制梯形图，图中定时器 TIM000 和继电器 20000 配合可产生上述的时钟脉冲信号 20000，其原理在定时器指令中已介绍。

现把零件的输入信号 00001 作为 SFT 的输入信号 IN，在移位时钟 CP 的控制下，每隔 5s 把零件传送一个工位。由于 SFT 的奇数位与生产线奇数工位是一一对应的，所以用 SFT 的奇数位去控制各个输出操作。当发出停止信号时（按下 00002），为使操作立即停止，需用 00002 信号作为 SFT 的复位端信号。梯形图及其他控制功能读者可自行进一步分析。

顺便指出，在图 8-65 的控制梯形图中，若 PLC 电源失电，SFT 的数据将会丢失。如果希望 PLC 断电之后再恢复供电时，生产线仍继续断电前的操作，则图中的移位寄存器和输出继电器都应采用保持继电器 HR。

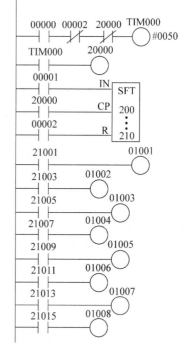

图 8-65　生产线工序控制梯形图

四、数据传送和比较指令的控制应用

数据传送指令 MOV 和数据比较指令经常配合在一起使用，可容易地实现某些逻辑功能较为复杂的控制操作。

例5　实现运料小货车的方向控制。如图 8-66 所示为运料小车工作示意图。

设小车在 5 个送料位置上各自设有一个位置开关 SQ1 ~ SQ5，在控制屏上设有与各料位所对应的按钮开关 SB1 ~ SB5 及一个起动按钮 SB。

当按下 SB 时，系统开始工作。控制要求：不论小车在哪一站待命，只要操作人员按下

SBn（$n=1\sim5$），则小车立即起动，到 n 号料位停止。

图 8-67 是实现送料控制的 PLC 接线图，从图中可以看出 I/O 分配关系。

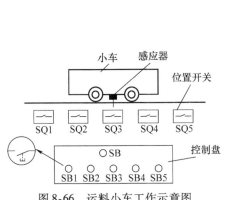

图 8-66　运料小车工作示意图

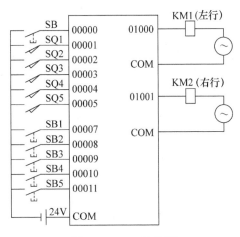

图 8-67　PLC 接线图

如图 8-68 所示是运料小车方向控制梯形图，其设计原理如下：利用两组传送指令操作，把小车当前所处的料位编号（即限位开关 SQ1～SQ5 的编号）传送到 200 通道，把操作人员命令小车运达料位的编号（即 SB1～SB5 的编号）传送到 201 通道。然后将两个通道的数据进行比较，若 200CH ＞ 201CH，说明现小车位于操作人员指定料位的右边，则比较结果应使输出 01000 为 ON，KM1 动作控制小车左行；同理，若 200CH ＜ 201CH，则比较结果应使小车右行。只有当小车当前位置与要求的位置相一致时，即 200CH ＝ 201CH 时，小车停止运行。比较结果用 PLC 的内部专用继电器 25505（＞）、25506（＝）和 25507（＜）送出。

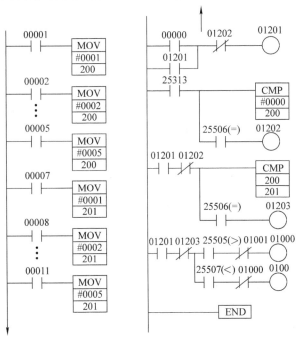

图 8-68　运料小车方向控制梯形图

从图 8-67 可见，小车位置代码和控制命令代码的传送部分是不受起动信号按钮 00000 控制的，即任何时候 PLC 都可以接收位置和指令信号，但小车必须在系统发出起动命令后才能按要求运行。专用继电器 25313 是一个常开触点，它所连接的比较指令是判断 200CH 通道中的数据是否为 0000，若是，表明小车没有停在料位上，即为不正常状态，故使继电器 01202 置 ON。此时，即使按下外部起动按钮 00000，由于常闭触点 01202 打开，使起控制作用的继电器 01201 不能接通，所以小车运行方向的判断和运行驱动部分的梯形图不能执行。

梯形图 8-68 中的最后两个梯级是完成送料小车的方向控制部分，其基本原理在前面已作叙述，读者可结合梯形图自行分析。

习题与思考题

8-1 试写出图 8-69 所示梯形图的指令语言程序。

8-2 梯形图如图 8-70 所示，试分别用 TR 指令和 IL – ILC 指令写出其指令语言程序。

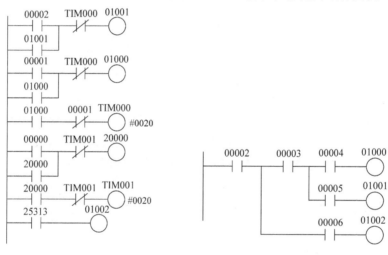

图 8-69 习题 8-1 图   图 8-70 习题 8-2 图

8-3 指令语言程序见表 8-18，试编写出相应的梯形图。

表 8-18 指令语言程序

地　址	指　令	数　据	地　址	指　令	数　据
00000	LD	00000	00012	LD	23215
00001	OR	10000	00013	OR	HR0009
00002	AND NOT	00007	00014	SFT	HR00
00003	OUT	20000			HR00
00004	LD	20000	00015	LD	HR0000
00005	AND NOT	HR0009	00016	AND	20000
00006	DIFU	20001	00017	OR	HR0005
00007	LD	20000	00018	AND NOT	00001
00008	MOV		00019	OUT	01000
		#0001	00020	LD	HR0008
		HR00	00021	OUT	01006
00009	LD	23211	00022	TIM	00
00010	LD	20002			#0020
00011	AND NOT	00001	00023	END	

8-4　梯形图如图 8-71 所示，试画出其时序图并说明输入 00002 与输出 01000 的关系。指出图中常开触点 25315 的作用如何？

8-5　如图 8-72 所示为计数控制梯形图。设输入 00001 为脉冲信号，问当输入多少个脉冲时，输出 01000 将由"OFF"变为"ON"？

8-6　试设计能满足图 8-73 所示时序图关系的梯形图。

8-7　试设计梯形图：当输入信号 00000 每"ON"一次，由输出 01000 产生一个宽度为 1.5s 的脉冲（00000 每次"ON"的时间长短不一定要相等，但均大于扫描时间）。

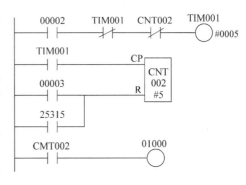

图 8-71　习题 8-4 图

8-8　有一运料传输系统，由给料机构和 1 号带～3 号带轮输送机组成，它们各由 1MD～4MD 电动机驱动，其原理如图 8-74 所示。现要求起动顺序为：1 号带→2 号带→3 号带→给料机构，每两台电动机的起动间隔为 5s；停止顺序为：给料机构→3 号带→2 号带→1 号带，每两台电动机的起动间隔为 1.5s。试设计编写实现上述功能的梯形图，并写出其指令程序。

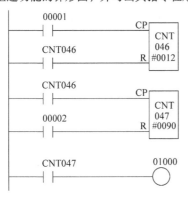

图 8-72　习题 8-5 图

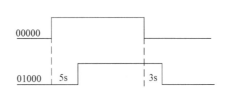

图 8-73　习题 8-6 图

8-9　已知梯形图如图 8-75 所示，试针对下列情况分别画时序图：

（1）00002 为"OFF"，00000 为"ON"，00001 输入 4 个脉冲信号。

（2）00002 和 00000 均为"OFF"，00001 输入 5 个脉冲信号。

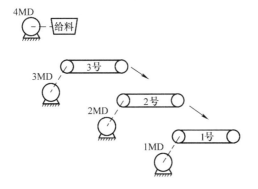

图 8-74　习题 8-8 图

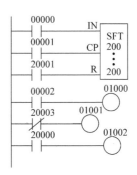

图 8-75　习题 8-9 图

8-10 设置计数器 CNT 100 中存放的当前计数值为 S，现要求当 325 < S < 1100 时使输出 01000 为 "ON"，试编写出相应的梯形图程序。

8-11 设宾馆用自动洗衣机的洗涤过程包括起动，进水，洗涤，排水，脱水等动作，其工作流程图如图 8-76 所示。现采用 OMRON CPM1A 型机控制，其 I/O 分配见表 8-19。试画出其控制梯形图，并对设计步骤进行必要的解释说明。

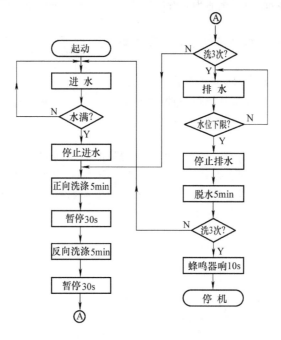

图 8-76 习题 8-11 图

表 8-19 I/O 分配

输　　入		输　　出	
起动按钮（常开）	00000	运行指示	01000
停止按钮（常开）	00001	进　水	01001
高水位开关（液面淹没时接通）	00002	排　水	01002
低水位开关（液面淹没时接通）	00003	正向洗涤	01003
		反向洗涤	01004
		脱　水	01005
		蜂鸣器	01006

第九章 三菱 FX$_{2N}$ 系列可编程序控制器

第一节 FX$_{2N}$ 系列可编程序控制器概述

三菱公司近年来推出的 FX 系列 PLC 有 FX$_0$、FX$_2$、FX$_{0S}$、FX$_{0N}$、FX$_{1N}$、FX$_{2N}$、FX$_{2NC}$、FX$_{3U}$ 等系列型号。其中 FX$_{2N}$ 系列 PLC 是 FX 系列 PLC 中较为先进的超级微型 PLC。FX$_{2N}$ 系列 PLC 拥有非常高的运行速度（对每条基本指令的执行时间只需要 0.08μs，对每条应用指令的执行时间为 1.25μs）、高级的功能逻辑选件及定位控制等特点。FX$_{2N}$ 系列 PLC 具有从 16 路到 256 路 I/O 的多种应用的选择方案，适用于在多个基本组件间的连接、模拟控制、定位控制等用途，是一套可以满足多样化广泛需要的 PLC。它有 27 条基本指令，其基本指令的执行速度超过了许多大型 PLC。有多种特殊功能模块，如模拟量输入/输出模块、高速计数模块、脉冲输出模块、位置控制模块。有多种 RS-232C/RS-422/RS-485 串行通信模块或功能扩展模块，可实现模拟量控制、位置控制和联网通信等功能。

该型 PLC 可进行数据检索、数据排列、三角函数运算、平方根运算、浮点小数运算等数据处理，还具有脉冲输出（20kHz/直流 5V，10kHz/直流 12~24V）、脉宽调制、PID 控制指令等功能。

FX$_{2N}$ 系列 PLC 外形如图 9-1 所示。

FX$_{2N}$ 系列 PLC 具有以下特点：

1）集成型和高性能：CPU、电源、输入输出三位一体。对 6 种基本单元，可以最小 8 点为单位连接 I/O 扩展设备，最大可以扩展 I/O 为 256 点。

2）高速运算：基本指令的执行速度为 0.08μs 指令。

3）宽裕的存储器规格：内置 8000 步的 RAM 存储器，安装存储盒后，最大可扩展到 16000 步。

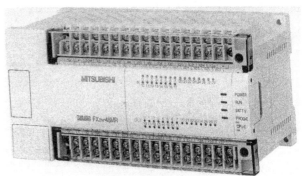

图 9-1 FX$_{2N}$ 系列 PLC 外形

4）丰富的软器件范围：有辅助继电器 3072 点、定时器 256 点、计数器 235 点、数据寄存器 8000 点。

三菱 FX$_{2N}$ PLC 基本单元有 16/32/48/64/80/128 共 6 种基本规格，见表 9-1。扩展单元见表 9-2，相应扩展模块见表 9-3。功能模块见表 9-4。内置的用户存储器为 8KB，使用存储卡盒后，最大容量可扩展至 16KB，编程指令达 327 条，有 3072 点辅助继电器、1000 多点状态继电器、200 多点定时器、200 多点 16 位加计数器、35 点 32 位加/减计数器、8000 多点 16 位数据寄存器、128 点跳步指针、15 点中断指针。这为应用程序的设计提供了丰富的资源。

FX$_{2N}$型PLC的型号可表示如下：

$$\underset{①}{\underline{FX_{2N}}}—\underset{②}{\underline{128}}\ \underset{③}{\underline{M}}\ \underset{④}{\underline{R}}—\underset{⑤}{\underline{001}}$$

①为PLC系列名称；②为输入和输出点数总和，128为64点输入和64点输出；③为单元种类：M—基本单元，E—输入输出混合扩展模块及扩展单元，EX—输入专用扩展模块，EY—输出专用扩展模块；④为输出形式：R—继电器输出，S—晶闸管输出，T—晶体管输出；⑤为其他区分：001—专为中国推出的产品。

例：型号FX$_{2N}$—128MR—001表示为FX$_{2N}$型PLC，64点输入和64点输出，128点基本单元，继电器输出方式，专为中国推出的产品。

表9-1　FX$_{2N}$系列PLC基本单元

型　　号			输入点数	输出点数	扩展模块可用点数
继电器输出	晶闸管输出	晶体管输出			
FX$_{2N}$-16MR-001	—	FX$_{2N}$-16MT-001	8	8	24~32
FX$_{2N}$-32MR-001	FX$_{2N}$-32MS-001	FX$_{2N}$-32MT-001	16	16	24~32
FX$_{2N}$-48MR-001	FX$_{2N}$-48MS-001	FX$_{2N}$-48MT-001	24	24	48~64
FX$_{2N}$-64MR-001	FX$_{2N}$-64MR-001	FX$_{2N}$-64MT-001	32	32	48~64
FX$_{2N}$-80MR-001	FX$_{2N}$-80MR-001	FX$_{2N}$-80MT-001	40	40	48~64
FX$_{2N}$-128MR-001	—	FX$_{2N}$-128MT-001	64	64	48~64

表9-2　FX$_{2N}$系列PLC扩展单元

型　　号			输入点数	输出点数	扩展模块可用点数
继电器输出	晶闸管输出	晶体管输出			
FX$_{2N}$-32ER	—	FX$_{2N}$-32ET	16	16	24~32
FX$_{2N}$-48ER	—	FX$_{2N}$-48ET	24	24	48~64

表9-3　FX$_{2N}$系列PLC扩展模块

型　　号				输入点数	输出点数
输　　入	继电器输出	晶闸管输出	晶体管输出		
FX$_{2N}$-16EX	—	—	—	16	—
FX$_{2N}$-16EX-C	—	—	—	16	—
FX$_{2N}$-16EXL-C	—	—	—	16	—
—	FX$_{2N}$-16EYR	FX$_{2N}$-16EYS	—	—	16
—	—	—	FX$_{2N}$-16EYT	—	16
—	—	—	FX$_{2N}$-16YET-C	—	16

表9-4　FX$_{2N}$系列PLC功能模块

种类	型号	功能摘要
定位高速计数器	FX$_{2N}$-1PG	脉冲输出模块，单轴用，最大频率100kHz，顺序控制程序控制
	FX$_{2N}$-1HC	高速计数模块，1相1输入，1相2输入：最大50kHz，2相序输入：最大50kHz
模拟输入模块	FX$_{2N}$-4AD	模拟输入模块，12位4通道电压输入：直流±10V；电流输入：直流±20mA

（续）

种类	型号	功能摘要
模拟量 输出模块	FX$_{2N}$-4AD-PT	模拟量输出模块，12 位 4 通道，电压输出：±10V；电流输出：（+4～+20）mA
	FX$_{2N}$-4AD-TC	PT-100 型温度传感器用模块，4 通道输入
	FX$_{2N}$-4AD-TC	热电偶型温度传感器用模块，4 通道输入
通信模块	FX$_{2N}$-232IF	RS-232C 通信用，1 通道
功能扩 展板	FX$_{2N}$-8AV-BD	容量转换器，模拟量 8 点
	FX$_{2N}$-232-BD	RS-232C 通信用板（用于连接各种 RS-232 设备）
	FX$_{2N}$-422-BD	RS-232C 通信用板（用于连接外部设备）
	FX$_{2N}$-485-BD	RS-485 通信用板（用于计算机链路，并联链路）
	FX$_{2N}$-CNV-BD	FX$_{0N}$转换器连接用板（不需电源）

第二节　FX$_{2N}$系列可编程序控制器的编程元件及其编号

　　FX$_{2N}$系列 PLC 内部有 CPU、存储器、输入/输出接口单元等硬件资源，这些硬件资源在其系统软件的支持下，使 PLC 具有很高的功能。与单片机或 DSP 系统一样，在 PLC 的 RAM 存储区中有存放数据的存储单元。由于 PLC 是由继电-接触器控制发展而来的，而且在设计时考虑到便于电气技术人员学习和接受，因此将其存放数据的存储单元用继电器来命名。按存放数据的性质把这些数据存储器 RAM 命名为输入继电器区，输出继电器区，辅助继电器区，状态寄存器区，定时器、计数器区，数据寄存器区，变址寄存器区等。人们通常把这些继电器称为编程元件，用户在编程时必须了解这些编程元件的符号和编号。

　　需要特别指出的是，不同厂家，甚至同一厂家不同型号 PLC 的编程元件的数量和种类都不一样，图 9-2 是 FX$_{2N}$ 型 PLC 编程元件的组成框图。

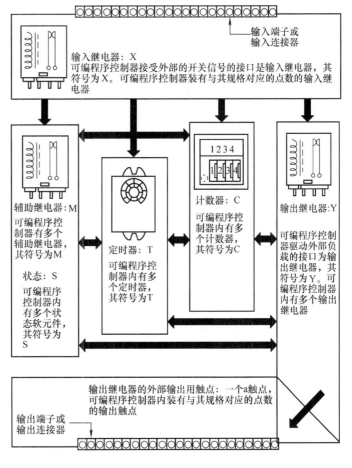

图 9-2　FX$_{2N}$系列 PLC 编程元件的组成框图

一、输入继电器和输出继电器

输入继电器（X）是 PLC 接受外部输入的开关量信号的窗口。PLC 将外部信号的状态读入并存储在输入映像寄存器内，即输入继电器中。外部输入电路接通时对应的映像寄存器为 ON（"1"状态），断开时为 OFF 状态（"0"状态）。输入端可以外接常开触点或常闭触点，也可以接多个触点组成的串并联电路或电子传感器（如接近开关）。在梯形图中，线圈的吸合和释放只取决于 PLC 外部触点的状态。可以多次使用输入继电器的常开触点和常闭触点，且次数不限。输入电路的时间常数一般小于 10ms。输入继电器的元件号为八进制表示，即 X0～X127，最多 128 点。输入继电器必须由外部信号驱动，不能用程序驱动，所以在程序中不可以出现它的线圈。

输出继电器（Y）是 PLC 向外部负载发送信号的窗口。输出继电器用来将可编程序控制器的输出信号传送给输出模块，在由后者驱动外部负载输出继电器的线圈在程序设计中只能使用一次。

FX$_{2N}$ 系列 PLC 的输入继电器和输出继电器的元件用字母和八进制表示，输入继电器、输出继电器的编号与接线端子的编号一致。FX$_{2N}$ 系列 PLC 的输入/输出继电器元件号见表 9-5。

表 9-5　FX$_{2N}$ 系列 PLC 的输入/输出继电器元件号

形式	型　号						
	FX$_{2N}$-16M	FX$_{2N}$-32M	FX$_{2N}$-48M	FX$_{2N}$-64M	FX$_{2N}$-80M	FX$_{2N}$-128M	扩展时
输入	X0～X7 8 点	X0～X17 16 点	X0～X27 24 点	X0～X37 32 点	X0～X47 40 点	X0～X77 64 点	X0～X267 184 点
输出	Y0～Y7 8 点	Y0～Y7 16 点	Y0～Y7 24 点	Y0～Y7 32 点	Y0～Y7 40 点	Y0～Y7 64 点	Y0～Y7 184 点

二、辅助继电器

辅助继电器（M）是 PLC 内部具有的继电器，这种继电器有别于输入、输出继电器，它不能获取外部的输入，也不能直接驱动外部负载，只在程序中使用。辅助继电器是 PLC 中数量最多的一种继电器。FX$_{2N}$ 系列 PLC 的辅助继电器有通用辅助继电器、断电保护辅助继电器和特殊辅助继电器。

在 FX$_{2N}$ 系列 PLC 中，除了输入继电器和输出继电器的元件号采用八进制外，其他编程元件号均采用十进制。

1. 通用辅助继电器

FX$_{2N}$ 的辅助继电器的元件编号为 M0～M499，共 500 点。如果 PLC 运行时电源突然中断，输出继电器和 M0～M499 将全部变为 OFF。若电源再次接通，除了因外部输入信号而变为 ON 的以外，其余的仍保持 OFF 状态。

2. 断电保持辅助继电器 M500～M3071

FX$_{2N}$ 系列 PLC 若发生断电，输出继电器和通用辅助继电器全部成为断开状态，上电后，这些状态不能恢复。但是根据控制对象的不同，也可能需要记忆停电前的状态，再运行时再现这些状态，断电保持辅助继电器就用于上述目的。

3. 特殊辅助继电器

FX$_{2N}$ 内有 256 个特殊辅助继电器，地址编号为 M8000～M8255，它们用来表示 PLC 的某些状态，提供时钟脉冲和标志（如进位、借位标志等），设定 PLC 的运行方式，或者用于步进顺控、禁止中断、设定计数器的计数方式等。特殊辅助继电器可以分为两类：只能利用其触点的特殊辅助继电器和线圈驱动型。

（1）触点型（只读型）特殊辅助继电器　这类辅助继电器的线圈由 PLC 自动驱动，用户只可用其触点，如：

1）M8000：运行监视器（在 PLC 运行中接通），M8001 与 M8000 逻辑相反。

2）M8002：初始脉冲（仅在运行开始时瞬间接通），M8003 与 M8002 逻辑相反。

3）M8005：PLC 后备锂电池电压过低时接通。

4）M8011、M8012、M8013 和 M8014 分别是产生 10ms、100ms、1s 和 1min 时钟脉冲的特殊辅助继电器。

（2）线圈型（可读可写型）特殊辅助继电器　这类辅助继电器由用户驱动其线圈，使 PLC 执行特定的操作。如 M8033、M8034 的线圈等。

1）M8033 的线圈"通电"时，PLC 由 RUN 进入 STOP 状态后，映像寄存器与数据寄存器中的内容保持不变。

2）M8034 的线圈"通电"时，全部输出被禁止。

3）M8039 的线圈"通电"时，PLC 以 D8039 中指定的扫描时间工作。

其余的辅助继电器的功能在这就不一一列举了，读者可查 FX₂N 的用户手册。应注意没有定义的特殊辅助继电器不可在用户程序中出现。

三、状态继电器

状态继电器（S）是用于编制顺序控制程序的一种编程元件，它与后述的步进顺控指令配合使用，通常状态继电器有下面 5 种类型：

1）初始状态继电器 S0 ~ S9 共 10 点。

2）回零状态继电器 S10 ~ S19 共 10 点，供返回原点用。

3）通用状态继电器 S20 ~ S499，没有断电保护功能，但是用程序可以将它们设定为有断电保护功能状态。

4）断电保持状态继电器 S500 ~ S899 共 400 点。

5）报警用状态继电器 S900 ~ S999 共 100 点。

不用步进顺控指令时，状态继电器 S 可以作为辅助继电器（M）使用。供报警用的状态继电器，可用于外部故障诊断的输出。

四、定时器

PLC 中的定时器（T）相当于继电-接触器控制系统中的时间继电器。它是 PLC 内部累计时间增量的重要编程元件，主要用于延时控制。它由一个设置值寄存器字、一个当前值寄存器字和一个用来存储其输出触点状态的映像寄存器位组成。

在程序编写过程中，设定值可以用常数 K 进行设定，也可以用数据寄存器 D 的内容进行设定。定时器根据时钟脉冲累计定时，三菱 FX₂N 系列 PLC 内部提供的时钟脉冲有 1ms、10ms、100ms 三种，若所累计脉冲数达到设定值时，输出触点动作。累计时间等于设定值等于时钟脉冲。

定时器的编号见表 9-6（编号按十进制分配）。定时器有通用定时器和积算定时器两种类型，见表9-7。

表9-6 FX_{2N}系列 PLC 定时器编号

FX$_{2N}$系列	T0 ~ T199 200 点	T200 ~ T245 46 点	T246 ~ T249 4 点 执行中断用 断电保护型	T250 ~ T255 6 点 断电保护型	功能扩展板 8 点
	子程序用 T192 ~ T199				

表9-7 定时器的类型

名 称	16 位定时器（设定值 K0 ~ K32767）（共 256 点）	
通用定时器	T0 ~ T199（共 200 点） 100ms 时钟脉冲 （T192 ~ T199 中断用）	T200 ~ T245（共 46 点） 10ms 时钟脉冲
积算定时器	T246 ~ T249（共 4 点） 1ms 时钟脉冲 （执行中断电池备用）	T250 ~ T255（共 6 点） 100ms 时钟脉冲 （电池备用）

1. 定时器的基本用法

图9-3 为通用定时器的基本用法，当 X0 触点闭合时，定时器 T200 的线圈得电，如果 X0 触点在 1.23s 之内断开，T200 的当前值复位为 0；如果达到或大于 1.23s，T200 的常

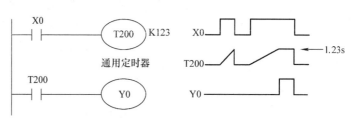

图9-3 通用定时器的基本用法

开触点闭合，T200 的当前值保持为 K123 不变。X0 触点断开后，线圈失电，触点断开，定时器的值变为 K0，它和通电延时型时间继电器的动作过程完全一致。

图9-4 为积算定时器的基本用法，当 X0 触点闭合时，定时器 T250 的线圈得电，如果 X0 触点在 12.3s 之内断开，T250 的当前值保持不变，当 X0 触点再次闭合时，定时器接着前面的值继续计时，当 X0 触点接通的累计时间达到或大于 12.3s，T250 的常开触点闭合，T250 的当前值保持为 K123 不变。之后 X0 触点断开，线圈失电，当前值仍保持为 K123 不变。如要使其复位，需要用复位指令 RST，如图9-4 所示，当 X1 触点闭合时定时器复位，T250 触点断开，定时器的值变为 K0。

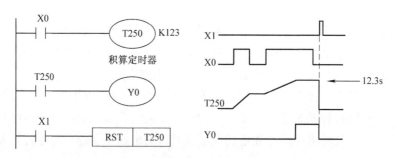

图9-4 积算定时器的基本用法

2. 定时器设定值的设定方法

1）常数设定方法：用于固定延时的定时器，如图 9-5a 所示的设定值为十进制常数设定。

2）间接设定方法：一般用数据寄存器 D 存放设定值，数据寄存器 D 中的值可以是常数，也可以是用外部输入开关或数字开关输入的变量，间接设定方法灵活方便，但是一般需要占用一定数量的输入量。如图 9-5b 所示，数据寄存器 D5 存放的数为定时器 T10 的设定值，当 X1 =0 时，D5 存放的数为 K500；当 X1 =1 时，D5 存放的数为 K100；当 X0 触点闭合时，T10 的当前值等于 D5 存放的值，T10 的触点动作。

3）机能扩充板设定方法：用 FX$_{2N}$-8AV-D 型机能扩充板，安装在 PLC 基本单元上，扩充板上有 8 个可变电阻旋钮可以输入 8 点模拟量，并把模拟量转换成 8 位二进制数（0 ~ 255）。当设定值大于 255 时，可以用乘法指令（MUL）乘以一个常数使之变大作为定时器的设定值。如图 9-5c 所示，当 X1 触点闭合时，将 FX$_{2N}$-8AV-D 型机能扩充板上的 0 号可变电阻旋钮所设定的值传送到数据寄存器 D2 中作为定时器 T5 的设定值。

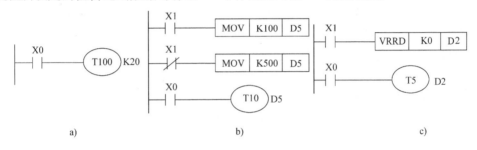

图 9-5　定时器设定方式

五、计数器

计数器（C）用于累计其输入端脉冲电平由低到高的次数，其结构与定时器类似，通常设定值在程序中赋予，有时也根据需求在外部进行设定。

计数器可用常数 K 作设定值，也可用数据寄存器 D 的内容作为设定值。如果计数器输入端信号由 OFF 变为 ON 时，计数器以加 1 或减 1 的方式进行计数，当计数器加到设定的值或计数器减为"0"时，计数器得电，其相应触点动作。

三菱 FX$_{2N}$ 系列 PLC 提供了两类计数器：内部计数器和高速计数器。内部计数器是 PLC 在执行扫描操作时对内部信号 X、Y、M、S、T、C 等进行计数的计数器，要求输入信号的接通和断开的时间应比 PLC 的扫描周期时间要长；高速计数器的响应速度快，因此对于频率较高的计数就必须采用高速计数器。

1. FX$_{2N}$ 系列 PLC 的内部计数器的编号

FX$_{2N}$ 系列 PLC 的内部计数器的编号见表 9-8。

表 9-8　三菱 FX$_{2N}$ 系列 PLC 的内部计数器的编号

	16 位加计数器 0 ~ 32767 计数		32 位加/减计数器 −2，147，483，648 ~ +2，147，483，647 计数	
	一般用	停电保持	停电保持专用	特殊用
FX$_{2N}$ 系列	C0 ~ C99　100 点	C10 ~ C199	C200 ~ C219　　20 点	C220 ~ C234　15 点

（1）16 位加计数器　16 位加计数器的元件编号为 C0 ~ C199。其中 C0 ~ C99 为通用型，

C100～C199 为断电保持型。设定值为 K1～K32767。图 9-6 为 16 位加计数器的工作过程示意图。

图 9-6 中加计数器 C0 对 X11 的上升沿进行计数，当计到设定值 6 时就保持为 6 不变，同时 C0 的触点动作，使 Y0 线圈得电。如要计数器 C0 复位，需用复位指令 RST。当 X10 触点闭合时执行复位指令，计数器 C0 的计数值为 0，同时 C0 的触点复位。在 X10 触点闭合执行复位指令时，计数器不能计数。

通用型计数器（C0～C99）在失电后，计数器将自动复位，计数值为 0。断电保持型计数器（C100～C199）在失电后，计数器的计数值将保持不变，来电后接着原来的计数值计数。

和定时器一样，计数器的设定值也可以间接设定。

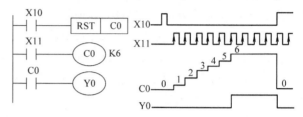

图 9-6　16 位加计数器的工作过程示意图

（2）32 位加/减计数器　32 位加/减计数器共有 35 个，元件编号为 C200～C234，其中 C200～C219（共 20 点）为通用型，C220～C234（共 15 点）为断电保持型，它们的设定值为 -2147483648～+2147483647，可由常数 K 设定，也可以用数据寄存器 D 来间接设定。32 位设定值存放在元件号相连的两个数据寄存器中。如果指定的寄存器为 D0，则设定值实际上是存放在 D1 和 D0 中，其 D1 中放高 16 位，D0 中放低 16 位。

32 位加/减计数器 C200～C234 可以加计数，也可以减计数，其加/减计数方式由特殊辅助继电器 M8200～M8234 设定。当特殊辅助继电器为 1 时，对应的计数器为减计数；为 0 时为加计数。

（3）典型计数器应用举例

1）循环计数器：图 9-7 所示为循环计数器。计数器 C0 对 X0 向上升沿计数，当计数到设定值 10 时，其计数器 C0 线圈下面的 C0 触点闭合，Y0 得电；在第二个扫描周期，C0 线圈上面的 C0 触点闭合，将计数器 C0 复位，计数值为 0，C0 触点只接通一个扫描周期，之后 C0 反复重新开始上述计数过程。

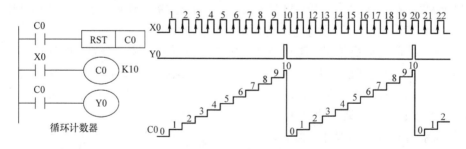

图 9-7　循环计数器

2）长延时定时器：一个定时器 T 的最长延时时间为 32767×0.1s≈0.91h，如果要取得长延时，可以用计数器 C 对脉冲计数的方法来实现。图 9-8a 为 8h 长延时定时器，当 X0=1 时，计数器 C0 对特殊辅助继电器 M8013 的秒脉冲计数，当计数值达到 28800 时（即为 8h），C0 触点闭合，Y0 线圈得电。当 X0=0 时，X0 常闭触点闭合，使计数器 C0 复位。

图 9-8b 为 24h 定时器，它对 M8014 的分脉冲计数。

图 9-8a 对 M8013 的秒脉冲计数产生 1s 的负误差。

图 9-8b 对 M8014 的分脉冲计数产生 1min 的负误差。

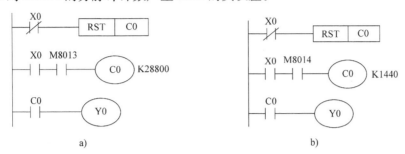

图 9-8　长延时定时器

a）8h 定时器　b）24h 定时器

2. 高速计数器

内部信号计数器的计数方式和扫描周期有关，所以不能对高频率的输入信号计数，而高速计数器采用中断工作方式，和扫描周期无关，可以对高频率的输入信号计数。高速计数器只对固定的输入继电器（X0～X7）进行计数，见表 9-9。

表 9-9　高速计数器

	一相一计数输入											一相二计数输入					AB 相计数输入				
	C235	C236	C237	C238	C239	C240	C241	C242	C243	C244	C245	C246	C247	C248	C249	C250	C251	C252	C253	C254	C255
X0	U/D						U/D			U/D		U	U		U		A	A		A	
X1		U/D					R			R		D	D		D		B	B		B	
X2			U/D					U/D			U/D		R		R			R		R	
X3				U/D				R			R			U		U			A		A
X4					U/D				U/D		U/D			D		D			B		B
X5						U/D			R		R			R		R			R		R
X6									S					S					S		
X7										S						S					S
	1 型						2 型				3 型	1 型		2 型		3 型	1 型		2 型		3 型

注：U—加计数输入，D—减计数输入，R—复位输入，S—起动输入，A—A 相输入，B—B 相输入。

FX₂ₙ 型 PLC 中共有 21 点高速计数器（C235～C255），高速计数器分为 3 种类型：一相一计数输入型、一相二计数输入型和 AB 相计数输入型。每种类型中还可分为 1 型、2 型和 3 型。1 型只有计数输入端，2 型有计数输入端和复位输入端，3 型有计数输入端、复位输入端和起动输入端。

高速计数器具有停电保持功能，也可以利用参数设定变为非停电保持型。如果不作为高速计数器使用时也可作为 32 位数据寄存器使用。

高速计数器的输入继电器（X0～X7）不能重复使用，例如梯形图中使用了 C241，由于 C241 占用了 X0、X1，所以 C235、C236、C244、C246 等就不能使用了。所以，虽然高速计数器有 21 个，但最多可以使用 6 个。

一相一计数输入型高速计数器只有一个计数输入端，所以要用对应的特殊辅助继电器（M8235～M8245）来指定。例如 M8235 线圈得电（M8235 = 1），则计数器 C235 为减计数方式，如 M8235 线圈失电（M8235 = 0），计数器 C235 为加计数方式。

一相二计数输入型和 AB 相计数输入型有两个计数输入端，它们的计数方式由两个计数输入端决定。例如计数器 C246 为加计数时，M8246 常开触点断开，C246 为减计数时，M8246 常开触点闭合。高速计数器对应的特殊辅助继电器见表 9-10。

表 9-10　高速计数器对应的特殊辅助继电器

计数器编号	一相一计数输入型高速计数器										
计数器编号	C235	C236	C237	C238	C239	C240	C241	C242	C243	C244	C245
指定减计数特殊辅助继电器	M8235	M8236	M8237	M8238	M8239	M8240	M8241	M8242	M8243	M8244	M8245
计数器编号	一相二计数输入型高速计数器					AB 相计数输入型高速计数器					
计数器编号	C246	C247	C248	C249	C250	C251	C252	C253	C254	C255	
指定减计数特殊辅助继电器	M8246	M8247	M8248	M8249	M8250	M8251	M8252	M8253	M8254	M8255	

下面介绍各种高速计数器的使用方法。

（1）一相一计数输入型高速计数器　一相一计数输入型高速计数器的编号为 C235 ~ C245，共有 11 点。它们的计数方式及触点动作与普通 32 位计数器相同。作加计数时，当计数值达到设定值时，触点动作并保持；作减计数时，小于设定值则复位。其计数方式取决于对应的特殊辅助继电器 M8235 ~ M8245。

图 9-9 为一相一计数输入型高速计数器。图 9-9a 中的 C235 只有一个计数输入 X0，当 X12 闭合时 M8235 得电，C235 为减计数方式，反之为加计数方式。当 X12 闭合时，C235 对计数输入 X0 的脉冲进行计数，和 32 位内部计数器一样，在加计数方式下，当计数值≥设定值时，C235 触点动作。当 X11 闭合时，C235 复位。

图 9-9b 中的 C245 有一个计数输入 X2、一个复位输入 X3 和一个起动输入 X7。当 X13 闭合时 M8245 得电，C245 为减计数方式，反之为加计数方式。当起动输入 X7 闭合时，C245 对计数输入 X2 的脉冲进行计数，在加计数方式下，当计数值≥设定值时，C245 触点动作。当 X3 闭合时，C245 复位。用 RST 指令也可以对 C245 复位，但受到扫描周期的影响，速度比较慢，也可以不编程。

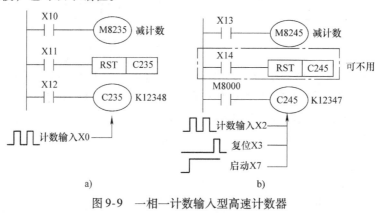

图 9-9　一相一计数输入型高速计数器
a）1 型　b）3 型

（2）一相二计数输入型高速计数器　一相二计数输入型高速计数器的编号为 C246 ~ C250，有 5 点。每个计数器有两个外部计数输入端子：一个是加计数输入脉冲端子，另一个是减计数输入脉冲端子。

一相二计数输入型高速计数器如图 9-10 所示。图 9-10a 中 X0 和 X1 分别为 C246 的加计数输入端和减计数输入端。C246 是通过程序进行起动及复位的，当 X12 触点闭合时，C246 对 X0 或 X1 的输入脉冲计数，如 X0 有输入脉冲，C246 为加计数，加计数时 M8246 触点不动作；如 X1 有输入脉冲，C246 为减计数，减计数时 M8246 触点动作。当 X11 触点闭合时，C246 复位。

如图 9-10b 是 C250 带有外复位和外起动端的情况。图中 X5 及 X7 分别为复位端及起动端，它们的工作情况和图 9-10a 基本相同。

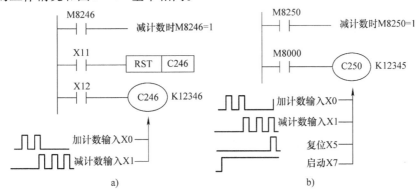

图 9-10　一相二计数输入型高速计数器

a）1 型　b）3 型

（3）AB 相计数输入型高速计数器　AB 相计数输入型高速计数器的编号为 C251 ~ C255，共 5 点。AB 相计数输入型高速计数器的两个脉冲输入端子是同时工作的，其计数方向的控制方式由 A、B 两相脉冲间的相位决定。

如图 9-11 所示，当 A 相信号为"1"期间，B 相信号在该期间为上升沿时为加计数，反之，B 相信号在该期间为下降沿时是减计数。其余功能与一相二输入型相同。

如图 9-11a 所示，当 C251 为加计数时，M8251 触点不动作；当 C251 为减计数时，M8251 触点动作。当 X11 触点闭合时，C251 复位。

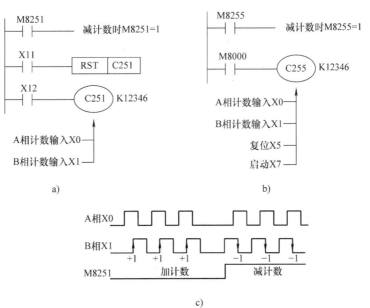

图 9-11　AB 相计数输入型高速计数器

a）1 型　b）3 型　c）AB 相计数时序图

高速计数器设定值的设定方法和普通计数器相同，也有直接设定和间接设定两种方式。也可以使用功能指令修改高速计数器的设定值及当前值。

高速计数器的当前值达到设定值时，如果要将结果立即输出，要采用高速计数器的专用比较指令。

六、数据寄存器

数据寄存器（D）在 PLC 应用中是专门用来存储数据的软元件，供数据传送、数据比较、数据运算等操作。数据寄存器的长度为双字节（16 位）。也可以把两个寄存器合并起来存放一个 4 字节（32 位）的数据。

1. 通用数据寄存器 D0 ~ D199

通用数据寄存器的内容在 PLC 运行状态，只要不改写，原有数据不会丢失。当 PLC 由运行（RUN）转为停止（STOP）时，该类数据寄存器的数据均为零。当特殊辅助继电器 M8033 置"1"时，PLC 由 RUN 转为 STOP 时，数据可以保持。

2. 断电保持数据寄存器 D200 ~ D7999

数据寄存器 D200 ~ D511（共 312 点）有断电保持功能。利用外部设备的参数设定，可改变通用数据寄存器与有断电保护功能的数据寄存器的分配，D490 ~ D509 供通信用。D512 ~ D7999 的断电保持功能不能用软件改变，可用 RST 和 ZRST 指令清除它们的内容。

3. 特殊数据寄存器 D8000 ~ D8255

特殊数据寄存器 D8000 ~ D8255 共 256 点，用来监控 PLC 的运行状态，如电池电压、扫描时间、正在动作的状态的编号等。

4. 变址寄存器 V/Z

变址寄存器通常用来修改元件的地址编号，V 和 Z 都是 16 位寄存器，可进行数据的读与写。将 V 和 Z 合并使用，可进行 32 位操作，其中 Z 为低 16 位。

FX$_{2N}$ 系列 PLC 的变址寄存器有 16 个点，V0 ~ V7 和 Z0 ~ Z7。当 V0 = 8，Z1 = 20 时，指令 MOV D5V0 D10Z1，则数据寄存器的元件号 D5V0 实际上相当于 D13（5 + 8 = 13），D10Z1 则相当于 D30（10 + 20 = 30）。

七、其他编程元件

1. 指针

分支用指针（P）用来表示跳转指令（CJ）的跳转目标和子程序调用指令（CALL）调用的子程序入口地址。中断用指针（I）用来说明某一中断源的程序入口标号。在梯形图中，指针放在左侧母线的左边。

2. 嵌套层数

嵌套层数用来指定嵌套的层数的编程元件，该指令与主控指令 MC 和 MCR 配合使用，在 FX$_{2N}$ 系列 PLC 中，该指令的范围为 N0 ~ N7。

3. 常数（K、H、E）

常数是程序进行数据处理时必不可少的编程元件，分别用字母 K、H 和 E 来表示，其中 K 表示十进制整数，可用于指定定时器或计数器的设定值或应用指令操作数中的数值；H 表示十六进制整数，主要用于指定应用指令列表中操作的数值；E 表示浮点数，主要用于指定应用数的操作数的数值。

第三节　基本指令功能

基本逻辑指令是 PLC 中最基本的编程语言，掌握它就初步掌握了 PLC 的使用方法，各种型号的 PLC 基本指令都大同小异。FX$_{2N}$系列 PLC 共有基本指令 27 条，基本指令一般由助记符和操作元件组成，助记符是每一条基本指令的符号，它表明操作功能；操作元件是被操作的对象。有些基本指令只有助记符，没有操作元件。

一、LD、LDI、OUT 指令

1. 指令格式

LD、LDI 和 OUT 指令助记符及功能见表 9-11。

表 9-11　LD、LDI、OUT 指令助记符及功能

助记符	功能	回路表示和可用软元件	程序步长
LD（取）	常开触点逻辑运算开始	X, Y, M, S, T, C	1 步
LDI（取反）	常闭触点逻辑运算开始	X, Y, M, S, T, C	1 步
OUT（输出）	线圈驱动	Y, M, S, T, C	Y, M:1, S 特 M:2, T:3, C:3～5

2. 指令说明

LD：取指令。用于与母线连接的常开触点，或触点组开始的常开触点。

LDI：取反指令。用于与母线连接的常闭触点，或触点组开始的常闭触点。

OUT：驱动线圈的输出指令。可用于输出继电器、辅助继电器、定时器、计数器、状态寄存器等，但不能用于输入继电器。输出指令用于并行输出，可多次重复使用。

例 1　写出图 9-12a 所示梯形图的指令表。

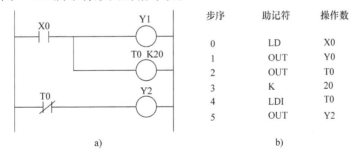

步序	助记符	操作数
0	LD	X0
1	OUT	Y0
2	OUT	T0
3	K	20
4	LDI	T0
5	OUT	Y2

a)　　　　　　　　　　　　　　b)

图 9-12　梯形图和指令表

a）梯形图　b）指令表

拿到梯形图后，要从上到下、自左到右的顺序将梯形图阅读清楚，充分了解各触点之间的逻辑关系，然后应用基本指令写出指令语句表，如图 9-12b 所示。

二、AND、ANI 指令

1. 指令格式

AND、ANI 指令助记符及功能见表 9-12。

表 9-12　AND、ANI 指令助记符及功能

助记符、名称	功能	回路表示和可用软元件	程序步长
AND 与	常开触点串联连接	X，Y，M，S，T，C	1 步
ANI 与	常闭触点串联连接	X，Y，M，S，T，C	1 步

2. 指令说明

AND、ANI 串联触点数量不受限制，该指令可多次使用。AND，ANDI 的操作元件为 X，Y，M，S，T，C。当继电器的常开触点或常闭触点与其他继电器的触点组成的电路块串联时，也使用 AND 指令或 ANI 指令。

例 2　写出如图 9-13a 所示梯形图的指令表。

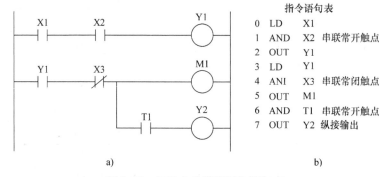

指令语句表

```
0  LD    X1
1  AND   X2   串联常开触点
2  OUT   Y1
3  LD    Y1
4  ANI   X3   串联常闭触点
5  OUT   M1
6  AND   T1   串联常开触点
7  OUT   Y2   纵接输出
```

a)　　　　　　　　　　　　　　　　b)

图 9-13　与指令的梯形图和语句表

a) 梯形图　b) 指令表

图 9-13b 中 OUT M1 后的 OUT Y2 称为纵接输出或连接输出，若这样的纵接输出如果顺序不错，可重复多次使用。但限于图形编辑器和打印机页面，尽量做到一行不超过 10 个触点和一个线圈，行数不要超过 24 行。

三、OR、ORI 指令

1. 指令格式

OR、ORI 指令助记符及功能见表 9-13。

表 9-13　OR、ORI 指令助记符及功能

助记符、名称	功能	回路表示和可用软元件	程序步长
OR 或	常开触点的并联连接	X，Y，M，S，T，C	1 步
ORI 或非	常闭触点的并联连接	X，Y，M，S，T，C	1 步

2. 指令说明

OR、ORI 指令一般紧跟在 LD、LDI 指令后，可作为并联一个触点（常开或常闭）指令，可连续多次使用。但限于图形编辑器和打印机页面，建议尽量使用的数量在 24 行以下。

例 3　在两人抢答系统中，当主持人允许抢答时，先按下抢答按钮的进行回答，且指示

灯亮，主持人可随时停止回答。分别使用 PLC 梯形图、基本指令实现这一控制功能。

设主持人用转换开关 SA 来设定允许/停止状态，甲的抢答按钮为 SB0，乙的抢答按钮为 SB1，抢答指示灯为 HL1、HL2。SA、SB0、SB1 分别为与 PLC 输入端子 X0、X1、X2 连接。HL1、HL2 分别与 PLC 输出端子 Y0 和 Y1 连接。或指令的梯形图和指令语句表如图 9-14 所示。

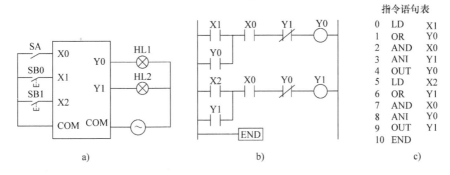

图 9-14 或指令的梯形图和指令表

四、ANB 电路块的串联指令

1. 指令格式

电路块是指由两个或两个以上的触点连接构成的电路。

ANB（And Block）：块"与"操作指令，用于两个或两个以上触点并联在一起的回路块的串联连接。

ANB 块与指令助记符及功能见表 9-14。

表 9-14 ANB 块与指令助记符及功能

助记符、名称	功能	回路表示和可用软元件	程序步长
ANB 电路块与	并联电路块的串联连接	无软元件	1 步

2. 指令说明

将并联回路块进行"与"操作时，回路块开始用 LD 或 LDI 指令，回路块结束后用 ANB 指令连接起来。

ANB 指令不带元件编号，是一条独立指令，ANB 指令可串联多个并联电路块，支路数量没有限制。

例 4 ANB 指令的使用如图 9-15 所示。

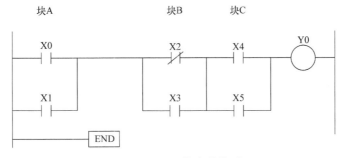

图 9-15 ANB 指令的使用

该程序段对应的指令表如下：

0	LD	X0
1	OR	X1
2	LDI	X2
3	OR	X3
4	ANB	
5	LD	X4
6	OR	X5
7	ANB	
8	OUT	Y0

块 A、块 B、块 C、①、②

块 C 与块①相与

指令表 1

LD	X0	
OR	X1	
LDI	X2	
OR	X3	
LD	X4	
OR	X5	
ANB		
ANB		
OUT	Y0	

指令表 2

本例的梯形图用指令编程时有两种方式，在指令表 1 中，先将块 A、块 B 编程，然后块 A 与块 B 相与产生结果①。然后再编写块 C 程序，块 C 再与前面结果①相与产生结果②。这种编程方法，ANB 使用的次数无限制。另一种方法编程如指令表 2 所示，先编写每个块的程序，然后再连续使用 ANB 块与指令。由于受到操作数长度的限制，使用 LD、LDI 指令，其个数应限制在 8 个以下，因此，ANB 块指令个数也应在 8 个以下。

五、ORB 块或指令

1. 指令格式

ORB（Or Block）块"或"操作指令，用于两个或两个以上的触点串联在一起的回路块的并联连接。

ORB 指令助记符及功能见表 9-15。

表 9-15　ORB 指令助记符及功能

助记符名称	功能	回路表示和可用软元件	程序步长
ORB 电路块或	串联电路块的并联连接	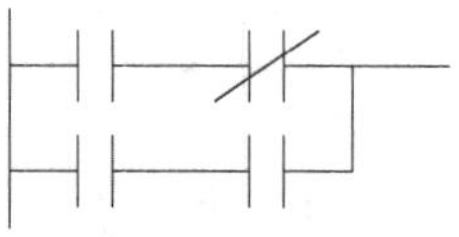 无软元件	1 步

2. 指令说明

将串联回路块并联连接进行"或"操作时，回路的起点以 LD、LDI 开始，而支路的终点要用 ORB 指令，ORB 指令是一种独立指令，其后不带操作元件，可以看作电路块之间的一条连接线。如需多个电路块并联连接，应在每个电路块之后使用一个 ORB 指令，用这种方法编程时并联电路块的个数没有限制；也可将所有要并联的电路块依次写出，然后在这些电路块的末尾集中写出 ORB 指令，但这时 ORB 指令最多使用 7 次。

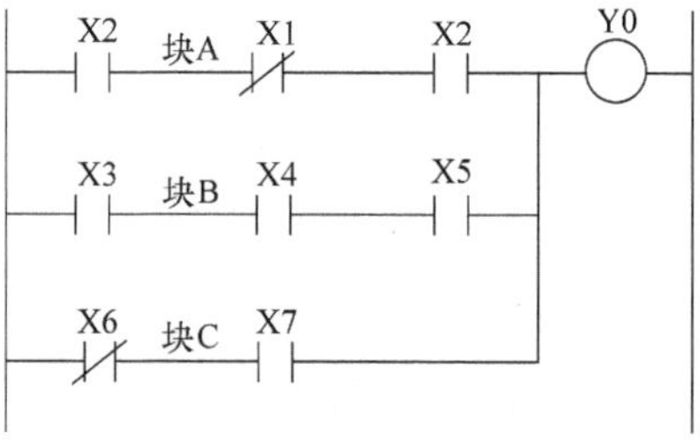

例5　ORB 指令的使用如图 9-16 所示。

该程序段对应的指令表如下：

图 9-16　ORB 指令的使用

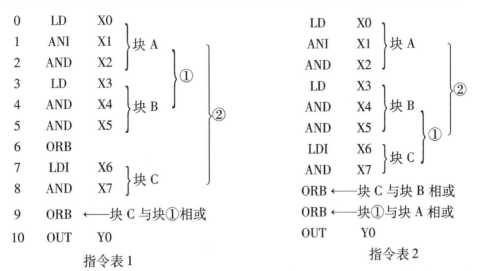

指令表 1　　　　　　　　　　　　指令表 2

梯形图用指令编程也有两种方法。在指令表 1 中，先对块 A，块 B 进行编程，然后块 A 与块 B 相"或"（ORB）产生结果①，再编写块 C 程序，块 C 再与前面结果①相"或"产生结果②，这种编程方法对 ORB 的使用没有限制。另一种编程方法如指令表 2 所示，先编好每个块的程序，然后再连续使用 ORB 块或指令。同 ANB 块与指令一样，块或指令连续使用的个数限制在 8 个以下。

六、SET、RST 指令

1. 指令格式

SET、RST 指令都可用于输出继电器、状态继电器和辅助继电器，用作置位和复位操作。SET、RST 指令助记符及功能见表 9-16。

表 9-16　SET、RST 指令助记符及功能

助记符、名称	功能	回路表示和可用软元件	程序步长
SET 置位	动作保持	─┤├──[SET　Y,M,S]─	Y、M ：1 步 S、特殊 M ：2 步
RST 复位	消除动作保持，当前值及寄存器清零	─┤├──[RST　Y,M,S,T,C,D,V,Z]─	T、C ：2 步 D、V、C、特殊 D ：3 步

2. 指令说明

SET 指令用于 Y、M、S，RST 指令用于复位 Y、M、S、T、C，或字元件 D、V 和清零。

对同一编程元件，可多次使用 SET 和 RST 指令，最后一条次执行的指令将决定当前的状态。RST 可以将数据寄存器 D、变址寄存器 Z 和 V 的内容清零，还可用来复位积算定时器 T246 ~ T255 和计数器。

SET 和 RST 指令的功能与数字电路中 RS 触发器的功能相似，SET 与 RST 指令之间可以插入别的指令。如果它们之间没有别的指令，后一条指令有效。如果两者对同一软元件操作的执行条件同时满足，则 RST 指令优先执行。

例 6　SET、RST 指令的典型应用如图 9-17 所示。图 9-17c 为置位优先电路，其特点是 RST 指令在前，SET 指令在后。其控制原理与图 9-17a 基本一样，不同的是如果 X0 和 X1 同时闭合，即同时执行 SET 和 RST 指令，Y0 线圈不得电。

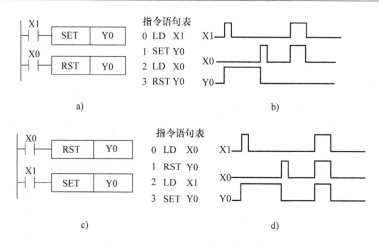

图 9-17　SET、RST 指令典型应用

a）复位优先电路　b）复位优先时序图　c）置位优先电路　d）置位优先时序图

七、MPS、MRD、MPP 多重输出指令

1. 指令格式

MPS、MRD、MPP 指令助记符和功能见表 9-17。

表 9-17　MPS、MRD、MPP 指令助记符和功能

助记符、名称	功能	回路表示和可用软元件	程序步长
MPS（Push）	入栈		1 步
MRD（Read）	读栈	MPS　MRD	1 步
MPP（Pop）	出栈	MPP　　操作元件：无	1 步

2. 指令说明

在可编程控制器中有 11 个被称为栈的记忆运算中间结果的存储器。使用一次 MPS 指令，就将此刻的运算结果送入栈的第一段存储，再次使用 MPS 就会将先前存储的数据移入栈的下一段。使用 MPP 指令，各数据按顺序向上移动，将最上端的数据读出，同时该数据从栈中消失。MRD 是读出最上端所存数据的专有指令，栈内的数据不发生移动。这些指令都是不带软元件编号的独立指令。堆栈示意图如图 9-18 所示。

例 7　MPS、MRD、MPP 指令的使用如图 9-19 所示。

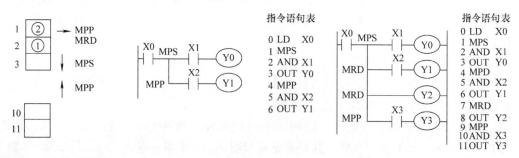

图 9-18　堆栈示意图　　　　　图 9-19　MPS、MRD、MPP 指令的使用

八、PLS、PLF 指令

1. 指令格式

PLS、PLF 指令助记符及功能见表 9-18。

表 9-18　PLS、PLF 指令助记符及功能

助记符、名称	功能	回路表示和可用软元件	程序步长
PLS 上升沿脉冲	上升沿微分输出	├─┤├─┤ PLS │Y、M ├　　　　　除特殊的 M 以外	2 步
PLF 下降沿脉冲	下降沿微分输出	├─┤├─┤ PLF │Y、M ├　　　　　除特殊的 M 以外	2 步

2. 指令说明

PLF 指令称为"上升沿脉冲微分"指令，用于在脉冲信号的上升沿时，其操作元件的线圈得电一个扫描周期，产生一个扫描周期的脉冲输出。

PLF 指令称为"下降沿脉冲微分"指令，用于在脉冲信号的下降沿时，其操作元件的线圈得电一个扫描周期，产生一个扫描周期的脉冲输出。

PLS 指令有时可用于计数器移位寄存器复位输入、置位/复位指令和数据指令输入等。如果在 PLS 指令脉冲输出期间，用转移指令使 PLS 指令转移，则该脉冲输出仍保持接通。

例 8　PLS 指令和 PLF 指令的使用如图 9-20 所示。

当 X1 和 X2 接通时，M5 相应地置位和复位。

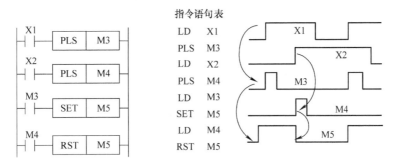

图 9-20　PLS 指令和 PLF 指令的使用

九、MC、MCR 指令

1. 指令格式

在编程时，通常会遇到许多线圈同时受一个或一组触点控制的情况。如果每个线圈的控制电路中都串入相同的触点，将占用很多存储单元。在 FX$_{2N}$系列 PLC 中，使用主控指令可轻松地解决这个问题。MC、MCR 指令助记符及功能见表 9-19。

2. 指令说明

每一主控模块均以 MC 指令开始，MCR 指令结束，它们必须成对使用。

与主控触电相连的触点必须用 LD 或 LDI 指令，即执行 MC 指令后，母线移到主控触点后面去了，MCR 使左侧母线回到原来的位置。

若执行指令的条件满足时，直接执行 MC 与 MCR 之间的程序；若条件不满足，不执行 MC 与 MCR 之间的程序，并且非积算定时器和用 OUT 指令驱动的元件均复位；积算定时器、计数器、用 SET/RST 指令驱动的元件保持当前的状态。

表9-19 MC、MCR 指令助记符及功能

助记符、名称	功能	回路表示和可用软元件		程序步长
MC 主控	主控电路块起点	MC N YM M除特殊辅助继电器外		3步
MCR 主控复位	主控电路块终点	MCR N	N 为嵌套层数	2步

在 MC 指令区内使用 MC 指令称为主控嵌套。主控嵌套的层数为 N0 ~ N7，N0 为最高层，N7 为最低层。在没有嵌套结构时，通常用 N0 编程，N0 的使用次数没有限制。在有嵌套时，MCR 指令将同时复位低的嵌套层。

堆栈指令 MPS、MRD、MPP 指令适用于分支电路比较少的梯形图，而主控指令适用于分支电路比较多的情形，这样可以避免在中间分支电路上多次使用 MRD 指令。

例9 MC、MCR 主控指令的编程实例如图9-21 所示。在本例中，MC M0、MC M1 等 MC 触点，是应该分别与母线相连的常开触点。与该常开触点相连的其他触点，用 LD（LDI）指令连接，即把母线移到 MC 触点的后面。

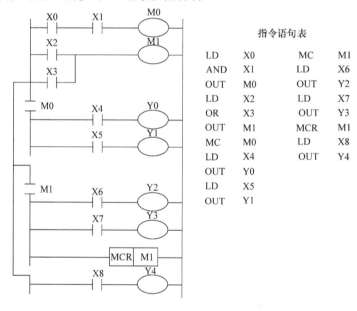

图9-21 MC、MCR 指令的编程实例

十、LDP、LDF、ANDP、ANDF、ORP 和 ORF 指令

1. 指令格式

LDP、LDF、ANDP、ANDF、ORP 和 ORF 脉冲指令助记符及功能见表9-20。

2. 指令说明

LDP、LDF、ANDP、ANDF、ORP 和 ORF 指令称为边沿单接点指令，它们都是逻辑运算指令，其指令规则和 LD、AND 和 OR 相同，只是指令表达的触点性质不同。LDP、ANDP、ORP 是进行上升沿检测的触点指令，它们所驱动的编程元件仅在指定编程元件的上升沿到来时接通一个扫描周期；LDF、ANDF、ORF 是进行下降沿检测的触点指令，它们所驱动的编程元件仅在指定编程元件的下降沿到来时接通一个扫描周期。

表 9-20 LDP、LDF、ANDP、ANDF、ORP 和 ORF 指令助记符及功能

助记符、名称	功能	回路表示和可用软元件	程序步长
LDP 取脉冲上升沿	上升沿检测运算开始	X、Y、M、S、T、C	2 步
LDF 取脉冲下降沿	下降沿检测运算开始	X、Y、M、S、T、C	2 步
ANDP 与脉冲上升沿	上升沿检测串联连接	X、Y、M、S、T、C	2 步
ANDF 与脉冲下降沿	下降沿检测串联连接	X、Y、M、S、T、C	2 步
ORP 或脉冲上升沿	上升沿检测并联连接	X、Y、M、S、T、C	2 步
ORF 或脉冲下降沿	下降沿检测并联连接	X、Y、M、S、T、C	2 步

例 10 边沿单触点指令梯形图和指令表的对应关系如图 9-22 所示。

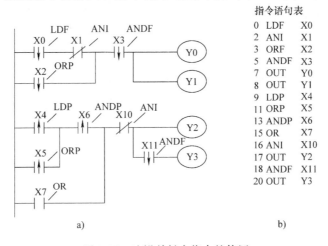

图 9-22 边沿单触点指令的使用
a) 梯形图 b) 指令表

十一、INV 取反指令

1. 指令格式

INV 取反指令助记符及功能见表 9-21。

2. 指令说明

INV（Inverse）指令是将执行该指令之前的运算结果取反，无操作软元件。

需要注意的是，INV 指令不可直接与母线连接，也不能像 OR、ORI、ORP、ORF 指令那样单独并联使用。

表 9-21 INV 取反指令助记符及功能

助记符、名称	功能	回路表示和可用软元件	程序步长
INV 取反	运算结果的取反	软元件：无	1 步

例11 INV 对 LD 开始的触点逻辑结果取反如图 9-23 所示。在图 9-23a 中，取反指令 INV 是使它前面的以 LD 开始的 X0、X1 并联触点的逻辑结果取反，相当于图 9-23b。

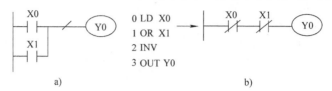

a) b)

图 9-23 INV 对 LD 开始的触点逻辑结果取反

十二、NOP、END 指令

1. 指令格式

NOP、END 指令助记符及功能见表 9-22。

表 9-22　NOP、END 指令助记符及功能

助记符、名称	功能	回路表示和可用软元件		程序步长
NOP 空操作	无操作	⊣├　NOP　软元件：无 没有回路表示		1 步
END 结束	输入输出处理以及返回到 0 步	⊣├　END　软元件：无		1 步

2. 指令说明

NOP 指令称为空操作指令，无任何操作元件。它不执行操作，但要占用一个程序步。其主要功能是在调试程序时，取代一些不需要的指令。另外，在程序中使用 NOP 指令可以延长扫描周期。若在普通指令之间加入空操作指令，PLC 可继续工作，就如同没有加入 NOP 指令一样。

END 指令表示程序结束。当程序执行到 END 指令时，END 以后指令就不能被执行，而是进入到最后输出处理阶段，这样就可以缩短扫描周期。在程序调试时，可在程序中插入若干 END 指令，将程序分成若干段，在确定前面程序段无误后，依次删除 END 指令，直至程序结束。

第四节　步进指令及编程方法

三菱公司的小型 PLC 在基本逻辑指令之外增加了两条步进梯形图指令 STL（Step Ladder）和 RET，是一种符合 IEC 1131—3 标准中定义的 SFC（Sequential Function Chart）通用流程图语言。顺序功能图也叫状态转移图，相当于国家标准"电气制图"（GB 6988.6—1986）的功能表图（Function Charts）。SFC 图特别适合于步进顺序的控制，而且编程十分直观、方便、便于读图，初学者也很容易掌握和理解。

一、状态转移图与步进梯形图指令

在顺序控制中，生产过程按顺序、有秩序地连续工作。因此可以将一个较复杂的生产过程分成若干步，每一步对应生产过程的一个控制任务，即一个工步或一个状态。且每个工步都需要一定的条件，也需要一定的方向，这就是转移条件和转移方向。图 9-24 描述了一辆运料小车的运行过程。按下起动按钮 X0（非自锁）后，Y0 线圈得电并自锁，电动机正转，小车前进。压动前限位开关 X1 后，小车停止，Y1 线圈得电装料，T0 得电延时 8s。T0 延时

时间到后，Y2 得电并自锁，电动机反转，小车后退，Y1 与 T0 失电，装料停止。压动限位开关 X2 后，小车停止，Y3 线圈得电后开底门卸料，同时 T1 线圈得电延时 6s，T1 延时时间到后常闭触点断开，Y3 失电，底门关闭，小车完成一次动作，等待下一次起动指令。

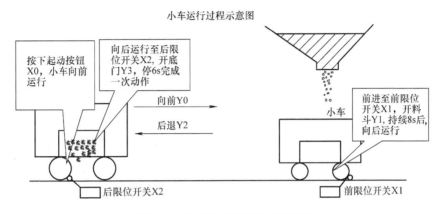

图 9-24　装料小车运行过程示意图

小车运行梯形图如图 9-25 所示。从图 9-25 中可以发现以下问题：

1）工艺动作表达烦琐。

2）梯形图涉及的连锁较复杂，处理起来比较麻烦。

3）梯形图可读性差，很难从梯形图看出具体控制工艺过程。

因此，为了程序编制的直观性和复杂控制逻辑关系的分解与综合，提出了状态转移图。状态转移图描述控制系统的控制过程、功能和特性，是设计 PLC 顺序控制程序的有力工具。

状态转移图的编程思想是将一个复杂的控制过程分解为若干个工作状态，弄清各个状态的工作细节，再依据总的控制顺序要求，将这些状态联系起来，形成状态转移图，进而编绘梯形图程序。图 9-24 装料小车的运动框图如图 9-26 所示，状态转移图如图 9-27 所示。

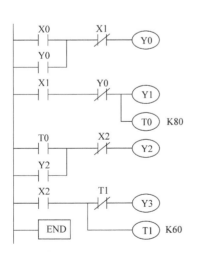

图 9-25　小车运行梯形图

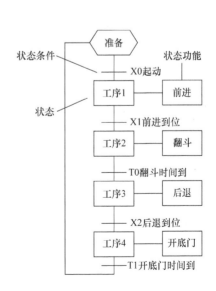

图 9-26　小车运动框图

从图 9-26 可以看出，状态转移图的使用大大简化了控制任务。程序的可读性很强，能清晰地看到全部控制工艺过程。

在 PLC 中，每个状态用 PLC 中的状态元件（状态继电器）表示。FX$_{2N}$ 系列 PLC 内部的状态继电器一览表见表 9-23。

表 9-23　FX$_{2N}$ 系列 PLC 状态继电器一览表

类别	状态继电器编号	数量	功能说明
初始化状态继电器	S0 ~ S9	10	初始化
返回状态继电器	S10 ~ S19	10	用 IST 指令时原点回归用
普通型状态继电器	S20 ~ S499	480	用在 SFC 的中间状态
掉电保持型状态继电器	S500 ~ S899	400	具有停电记忆功能，停电后再起动，可继续执行
诊断、报警用状态继电器	S900 ~ S999	100	用于故障诊断或报警

在用状态转移图编写程序时，状态继电器可以按顺序连续使用。但是状态继电器的编号要在指定的类别范围内选取；各状态继电器的触点可自由使用，使用次数无限制；在不用状态继电器进行状态转移图编程时，状态继电器可作为辅助继电器使用，用法和辅助继电器相同。

将图 9-27 所示工作过程进行状态分配如下：

S0　　PLC 上电做好准备

S20　前进（输出 Y0，驱动电动机 M 正转）

S21　翻斗车（输出 Y1，同时计时 T0 开始工作）

S22　后退（输出 Y2，驱动电动机 M 反转）

S23　开底门（输出 Y3，同时计数器 T1 开始工作）

二、步进指令及编程

1. 指令格式

步进顺控指令助记符及功能见表 9-24。

2. 步进指令说明

1）步进触点需与梯形图左母线连接。使用 STL 指令

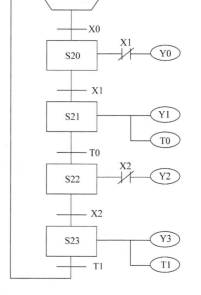

图 9-27　小车往复运动的状态转移图

后，凡是以步进触点为主体的程序，用后必须用 RET 指令返回母线。步进返回指令的用法如图 9-28 所示。由此可见，步进指令具有主控功能。

表 9-24　步进顺控指令助记符及功能

助记符、名称	功能	回路表示和可用软元件	程序步长
步进开始（STL）	步进梯形图开始	STL　　　　　　　　　　S0 ~ S899	1 步
步进结束（RET）	步进梯形图结束	RET	1 步

2）使用 S 指令后的状态继电器（有时亦称步进继电器），才具有步进控制功能。这时除了提供步进常开触点外，还可提供普通的常开触点与常闭触点，如图 9-29 所示，但 STL 指令只适用于步进触点。

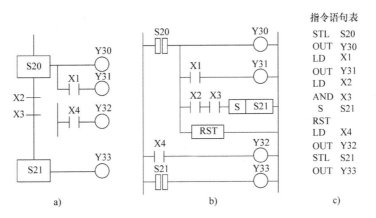

图 9-28　步进返回指令的用法
a）状态转移图　b）步进梯形图　c）指令程序

3）只有步进触点闭合时，它后面的电路才能动作。如果步进触点断开，则其后面的电路将全部断开。当需保持输出结果时，可用 S 和 R 指令来实现，如图 9-30 所示。图中，只有 S30 接通时，Y1 才断开，即从 S20 接通开始到 S30 接通为止，这段时间为 Y1 持续接通时间。

4）使状态继电器复位的方法。有些状态继电器具有断电保护功能，即断电后再次通电，动作从断电时的状态开始。但在某些情况下需要从初始状态 开始执行动作，这时则需要复位所有的状态。此时应使用功能指令实现状态复位操作，如图 9-31 所示。当 M71 接通时，功能指令 ZRST 指令执行的结果使 S20～S100 的状态全部复位（断开）。

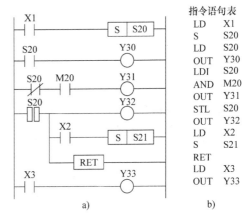

图 9-29　步进继电器提供步进触点和普通触点
a）步进梯形图　b）指令程序

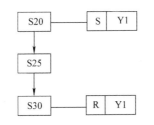

图 9-30　用 SET/RST 指令保持输出

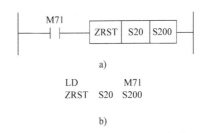

图 9-31　用功能指令对状态复位
a）梯形图　b）指令程序

5）如果不用 STL 步进触点时，状态继电器可作为普通辅助（中间）继电器 M 用，这时其功能与 M 相同。

6）步进指令后面可以使用 CJP/EJP 指令，但不能使用 MC/MCR 指令。

7）在时间顺序步进控制电路中，只要不是相邻步进工序，同一个定时器可在这些步进工序中使用，这可节省定时器。

对于复杂的多流程步进控制的处理及编程方法，将在下面介绍。

三、多流程过程的步进顺序控制

多流程过程是指具有两个以上的顺序动作过程，其状态转移图具有两条以上的状态转移支路。下面先介绍多流程过程的结构形式，再讨论其步进顺序控制方法。

1. 状态转移图的基本结构

（1）单流程结构　单流程状态由一系列顺序转移的状态组成，即每个状态后面只跟有一个状态，如图9-32a所示。

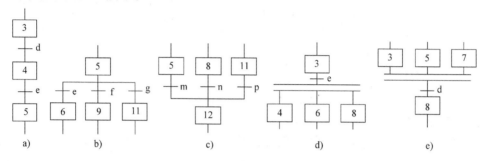

图9-32　状态转移图基本结构

a）单流程　b）选择分支　c）选择合并　d）并联分支　e）并联合并

有一个机械动作如下：①按下起动按钮台车前进，一直到限位开关 LS11 动作，台车后退；②台车后退时，直到限位开关 LS12 动作，停 5s 后再前进，直到限位开关 LS13 动作，台车后退；③不久限位开关再动作，这时驱动台车的电动机停止。给出了台车机械动作的过程，分作两次前进和后退，进程长度不一样。I/O 分配表见表9-25。

表9-25　I/O 分配表

输　　　入		输　　　出	
起动按钮	X0	前进	Y0
停止按钮	X1	后退	Y1
开关 LS11	X2		
开关 LS12	X3		
开关 LS13	X4		

对应的 PLC 接线图如图9-33所示。

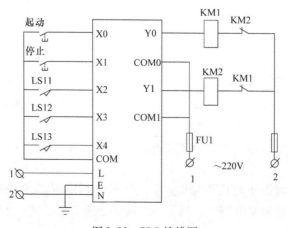

图9-33　PLC 接线图

状态转移图程序如图 9-34 所示。

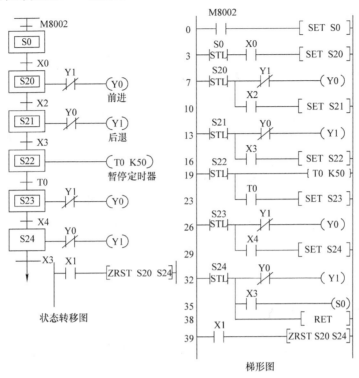

图 9-34 状态转移图程序

指令语名表如下：

0	LD	M8002	20	OUT	T0	K50
1	SET	S0	23	LD	T0	
3	STL	S0	24	SET	S23	
4	LD	X0	26	STL	S23	
5	SET	S20	27	LDI	Y1	
7	STL	S20	28	OUT	Y0	
8	LDI	Y1	29	LD	X4	
9	OUT	Y0	30	SET	S24	
10	LD	X2	32	STL	S24	
11	SET	S21	33	LDI	Y0	
13	STL	S21	34	OUT	Y1	
14	LDI	Y0	35	LD	X3	
15	OUT	Y1	36	OUT	S0	
16	LD	X3	38	RET		
17	SET	S22	39	LD	X1	
19	STL	S22	40	ZRST	S20	S24
			45	RST	S0	

（2）选择分支与合并结构 每一步的后面仅有一个转换，每个转换的选择分支结构如

图 9-32b 所示，转换符号只能位于水平线之下。例如图中步 5 为当前步时，若转换条件的逻辑组合值为 "1" 时，则发生由步 5→步 6 的转移。同理若 f=1 时，则发生由步 5→步 9 的转移。

图 9-32c 的结构是选择合并。在这种结构中转换符号只允许位于水平连线之上。如果步 5 是当前步时，转换条件 m=1，则发生由步 5→步 12 的转移。

一般情况下在选择分支及选择合并结构中只允许同时选择一个流程。

（3）并联分支与合并结构　并联分支结构如图 9-32d 所示，当转换条件 e=1 时，由步 3 同时转移到步 4、6、8。图中的双水平线表示转换是同时进行的，在双横线之上只允许有一个转换条件的逻辑组合关系。

图 9-32e 为并联合并结构。图中若步 3、5、7 都为当前步，则在转换条件 d=1 时，将同时转移到步 8，即步 3、5、7 同时关闭，步 8 变为当前步。在表示同步转移的双线之下，只允许有一个转换标记。

（4）跳步与循环结构　跳步与循环均是选择分支结构的特殊情况于逆向分支。具体结构在后面将进行说明。

2. 多流程步进顺序控制

跳步属于正向分支流程的一种，而循环后任何复杂的多流程过程状态转移图都可以分解为选择、并联、跳步和循环等基本结构。

掌握了这几种基本环节的编程方式，就可以对任何复杂的状态转移图设计出对应的梯形图。

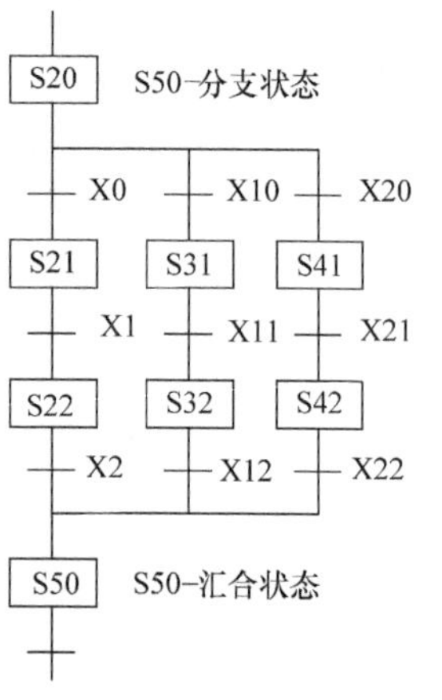

（1）选择性分支与汇合的状态转移图　以图 9-35 为例，必须是 X0、X10、X20 不同时接通。例如，在 S20 动作时，若 X0 接通，则动作状态就向 S21 转移，S20 变为不动作。因此，即使以后 X10、X20 动作，S31、S41 也不会动作。汇合状态 S50，可被 S22、S32、S42 中任意一个驱动。

使用传送带，将大、小球分类选择传送的机械，如图 9-36 所示。左上方为原点，其动作顺序为下降、吸住、上升、右行、下降、释放、上升、左行。此外，机械臂下降，当电磁铁压着大球时，下限限位开关 LS2 断开；压着小球时，LS2 导通。

像这种大小分类选择或判别合格与否的 SFC 图，可用图 9-37 所示的选择性分支与汇合的状态转移图表示。

（2）并行性分支与汇合　多个流程全部同时执行的分支被称为并

图 9-35　选择性分支与汇合的状态转移图

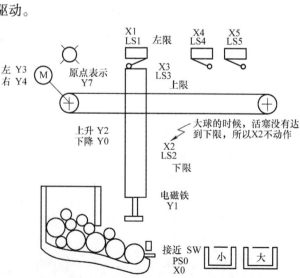

图 9-36　使用传送带，将大、小球分类选择传送的机械

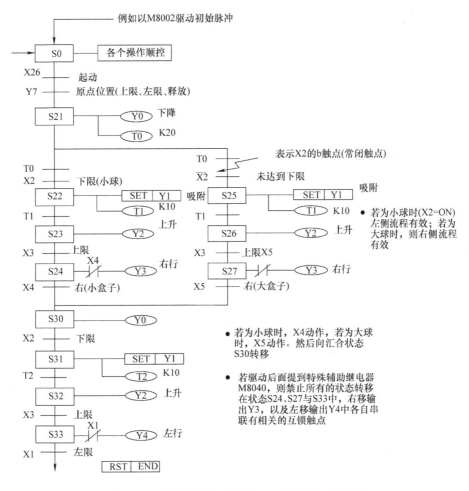

图 9-37 选择性分支与汇合的 SFC 图的状态转移图

行分支。以图 9-38 为例，在 S20 动作时，若 X0 接通，则 S21、S24、S27 同时动作，各分支流程开始动作。当各流程动作全部结束时，若 X7 接通，则汇合状态 S30 开始动作，转移前的各状态 S23、S26、S29 全部变为不动作。这种汇合，有时又被称为等待汇合（先完成的流程要等所有流程动作结束后再汇合，然后继续动作）。

将零件 A、B、C 分别并行加工，零件加工后进行装配，这也是并行型分支与汇合流程。

下面以图 9-39 按钮式人行横道线为例，说明并行分支与汇合的流程。

可编程序控制器从 STOP-RUN 转换时，初始状态 S0 动作，通常车道信号灯为绿，而人行道信号灯为红。按下人行道按钮 X0 或 X1，则状态 S21 为车道信号灯为绿；状态 S30 中的人行道信号灯已经为红，此时状态无变化。30s 后，车道信号为黄灯；再过 10s 车道信号变为红灯。此后，定时器 T2（5s）起动，5s 后人行道变为绿灯。15s 后，人行道绿灯开始闪烁（S32 = 暗，S33 = 亮）。闪

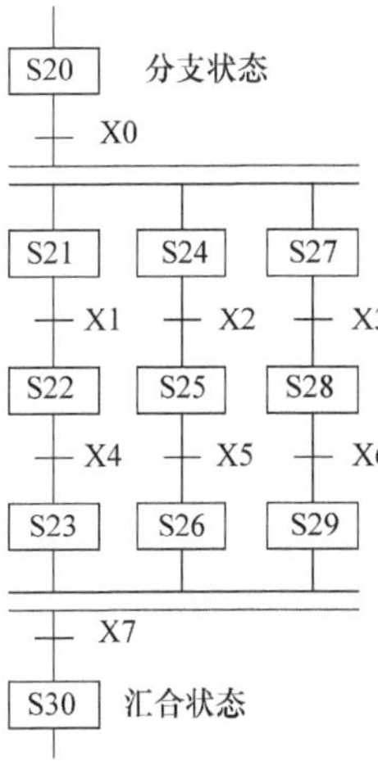

图 9-38 并行性分支与汇合

227

烁时 S32、S33 反复动作，计数器 C0（设定值为 5 次）触点一接通，动作状态向 S34 转移，人行道变为红灯，5s 后返回初始状态。在动作过程中，即使按动人行道按钮 X0、X1 也无效。按钮式人行横道线状态转移图如图 9-40 所示。

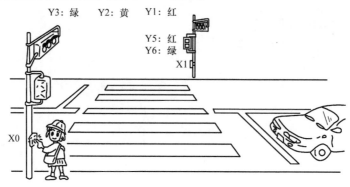

图 9-39　按钮式人行横道线

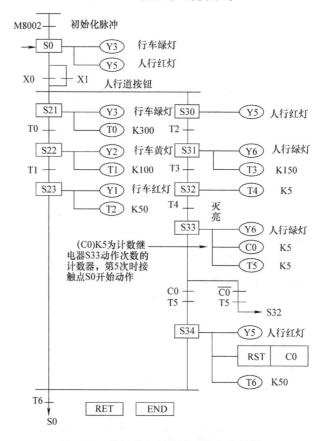

图 9-40　按钮式人行横道线状态转移图

第五节　功能指令的基本知识

利用前面介绍的基本顺序指令和步进梯形指令，可编制几乎所有的普通应用程序。

FX₂ₙ系列 PLC 还有 90 多条功能指令，用于编制其他特殊程序，诸如进行高速处理和数据传输、计数器特殊应用、算术运算、模拟数据处理等，从而扩大了其应用范围。

功能指令与基本逻辑指令不同，基本逻辑指令是用逻辑符表示的，其梯形图为继电器触点连接图；而功能指令用子程序号表示，其梯形图为功能线圈。

功能指令实际上就是一个个功能不同的子程序。随着集成电路技术的发展，小型 PLC 的运算速度、存储容量不断增加，其功能指令的功能也越来越强，许多以前难以实现的功能，现在通过使用功能指令轻易实现，大大提高了 PLC 的实用价值。本书因篇幅所限，只能对功能指令进行简单介绍，如果读者想要进一步地了解功能指令的使用方法，可查阅三菱公司的 FX₂ₙ系列 PLC 有关手册。

另外，在大型以及新出现的小型 PLC 中，功能指令采用计算机通用的助记符形式，如图 9-41 所示。

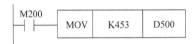

图 9-41　助记符形式功能指令示意图

一、功能指令的表示形式和含义

功能指令表示格式与基本指令不同，功能指令用 FNC00 ~ FNC294 表示，并给出了对应的助记符（大多用英文名称或缩写表示）。例如 FNC45 的助记符是 MEAN（平均），若使用简易编程器时输入 FNC45，若采用智能编程器或在计算机上编程时也可输入助记符 MEAN（平均）。有些功能指令仅使用指令段（FNC 编号），但在更多的场合中则是将其与操作数组合在一起使用。有的功能指令没有操作数，而大多数功能指令有 1 ~ 4 个操作数。功能指令的指令段通常占 1 个程序步，16 位操作数占 2 步，32 位操作数占 4 步。

应用指令由 3 部分组成：功能编号 FNC、助记符和操作数。

使用功能指令需要注意功能框中各参数所指的含义，现以加法指令做出说明。图 9-42 所示为加法指令格式和相关参数。

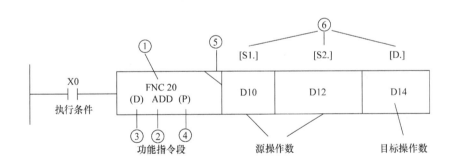

图 9-42　加法指令格式和相关参数
①—功能代号　②—助记符　③—数据长度（D）指示　④—脉冲/连续执行指令标志　⑤—某些特殊指令执行的符号　⑥—操作数

二、功能指令的分类和操作数说明

FX₂ₙ系列 PLC 功能指令的分类有如下 14 类：

（1）程序流程控制指令　　（2）传送与比较指令　　（3）算术与逻辑运算指令
（4）循环与移位指令　　　（5）数据处理指令　　　（6）高速处理指令
（7）方便指令　　　　　　（8）外部输入输出指令　（9）外部串行接口控制指令

（10）浮点运算指令　　　（11）实时时钟指令　　　（12）触点比较指令

（13）定位指令　　　　　（14）外围设备指令

功能指令相当于基本指令中的逻辑线圈指令，用法基本相同，只是逻辑线圈指令所执行的功能比较单一，而功能指令类似一个子程序，可以完成一系列较完整的控制过程。

FX_{2N}型PLC功能指令的图形符号与基本指令中的逻辑线圈指令也基本相同，在梯形图中用框表示。图9-43是基本指令和功能指令对照的梯形图示例。

图9-43a、b梯形图的功能都是一样的，当X1 = 1时将M0 ~ M2全部复位。功能指令采用计算机通用的助记符和操作数（元件）的方式。FX_{2N}型PLC的功能指令有128种，在FX系列PLC中是较多的一种。功能指令主要用于数据处理，因此，除了可以使用X、Y、M、S、T、C等软继电器元件外，使用更多的是数据寄存器D、V、Z。

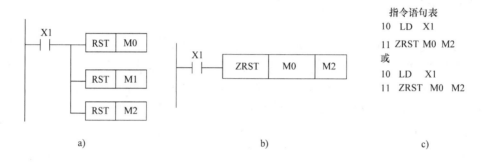

图9-43　基本指令和功能指令对照的梯形图示例

a）基本指令梯形图　b）功能指令梯形图　c）功能指令语句表

功能指令操作数的含义见表9-26。

表9-26　功能指令操作数的含义

字软元件	位软元件
K：十进制数	X：输入继电器（X）
H：十六进制整数	Y：输出继电器（Y）
KnX：输入继电器（X）的位指定	M：辅助继电器（M）
KnY：输出继电器（Y）的位指定	S：状态继电器（S）
KnS：状态继电器（S）的位指定	
T：定时器（T）的当前值	
C：计数器（C）的当前值	
D：数据寄存器（文件寄存器）	
V、Z：变址寄存器	

三、功能指令表

表9-27 ~ 表9-40列出了FX_{2N}系列功能指令，按其功能进行了分类。

1. 程序流程控制指令（FNC00 ~ FNC09 共10条）

程序流程控制指令包括条件跳转、子程序、中断、主程序结束、监视定时器和循环等指令，见表9-27。

2. 传送与比较指令（FNC10 ~ FNC19 共10条）

传送与比较指令包括数据比较、区间比较、数据传送、位传送、BIN 转换等指令，见表 9-28。

表 9-27　程序流程控制指令

指令分类	功能号 FNC NO.	指令助记符	功能
程序流程	00	CJ	条件跳转
	01	CALL	子程序调用
	02	SRET	子程序返回
	03	IRET	中断返回
	04	E1	中断许可
	05	DI	中断禁止
	06	FEND	主程序结束
	07	WDT	监视定时器
	08	FOR	循环范围开始
	09	NEXT	循环范围终了

表 9-28　传送与比较指令

指令分类	功能号 FNC NO.	指令助记符	功能
传送与比较	10	CMP	比较
	11	ZCP	区间比较
	12	MOV	传送
	13	SMOV	移位传送
	14	CML	倒转传送
	15	BMOV	一并传送
	16	FMOV	多点传送
	17	XCH	交换
	18	BCD	BCD 转换
	19	BIN	BIN 转换

3. 四则逻辑运算指令（FNC20 ~ FNC29 共 10 条）

四则逻辑运算指令包括二进制的加（ADD）、减（SUB）、乘（MUL）、除（DIV）、逻辑与（WAND）等 10 条指令，见表 9-29。

表 9-29　四则逻辑运算指令

指令分类	功能号 FNC NO.	指令助记符	功能
四则逻辑运算	20	ADD	BIN 加法
	21	SUB	BIN 减法
	22	MUL	BIN 乘法
	23	DIV	BIN 除法
	24	INC	BIN 加 1
	25	DEC	BIN 减 1
	26	WAND	逻辑字与
	27	WOR	逻辑字或
	28	WXOR	逻辑字异或
	29	NEG	求补码

4. 移位指令（FNC30 ~ FNC39 共 10 条）

循环和移位指令是用于对一个存储单元的二进制数进行左/右循环移动指定位数的指令，包括右循环（ROR）、左循环（ROL）、带进位右循环（RCR）、位左移（SFTL）等 10 条指令，见表 9-30。

5. 数据处理指令（FNC40 ~ FNC49 共 10 条）

数据处理指令是数据进行各种处理的指令，包括批次复位（ZRST）、编码（ENCO）、平均值（MEAN）、BIN 整数转换二进制浮点数（FLT）等 10 条指令，见表 9-31。

表9-30　移位指令

指令分类	功能号 FNC NO.	指令助记符	功能
循环移位	30	ROR	循环右移
	31	ROL	循环左移
	32	RCR	带进位循环右移
	33	RCL	带进位循环左移
	34	SFTR	位右移
	35	SFTL	位左移
	36	WSFR	字右移
	37	WSFL	字左移
	38	SFWR	移位写入
	39	SFRD	移位读出

表9-31　数据处理指令

指令分类	功能号 FNC NO.	指令助记符	功能
数据处理	40	ZRST	批次复位
	41	DECO	译码
	42	ENCO	编码
	43	SUM	ON 位数
	44	BON	ON 位数判定
	45	MEAN	平均值
	46	ANS	信号报警置位
	47	ANR	信号报警复位
	48	SOR	BIN 开方
	49	FLT	BIN 整数转换二进制浮点数

6. 高速处理指令（FNC50～FNC59 共 10 条）

高速处理指令主要用来提高系统的处理速度，包括输入/输出刷新、滤波器调整、矩阵输入、高速计数器比较置位/复位等 10 条指令，见表 9-32。

表9-32　高速处理指令

指令分类	功能号 FNC NO.	指令助记符	功能
高速处理	50	REF	输入/输出刷新
	51	REFF	滤波器调整
	52	MTR	矩阵输入
	53	HSCS	比较置位（高速计数器）
	54	HSCR	比较复位（高速计数器）
	55	HSZ	区间比较（高速计数器）
	56	SPD	脉冲密度
	57	PLSY	脉冲输出
	58	PWM	脉冲调制
	59	PLSR	带加减速的脉冲输出

7. 方便指令（FNC60～FNC69 共 10 条）

方便指令主要采用一些简单的顺序控制程序来实现控制的功能，包括状态初始化、数据查找、凸轮控制、斜坡信号等 10 条指令，见表 9-33。

8. 外围设备输入输出指令（FNC70～FNC79 共 10 条）

外围设备指令主要是 PLC 的输入输出和外围设备进行数据交换的指令。这类指令通过简练的程序及外部接线就能实现复杂的控制，包括数据键输入、16 键输入、数字开关、BFM 读出/写入等 10 条指令，见表 9-34。

表 9-33　方便指令

指令分类	功能号 FNC NO.	指令助记符	功能
方便指令	60	IST	初始化状态
	61	SER	数据查找
	62	ABSD	凸轮控制（绝对方式）
	63	INCD	凸轮控制（增长方式）
	64	TTMR	示教定时器
	65	STMR	特殊定时器
	66	ALT	交替输出
	67	RAMP	斜坡信号
	68	ROTC	旋转工作台控制
	69	SORT	数据排列

表 9-34　外围设备输入输出指令

指令分类	功能号 FNC NO.	指令助记符	功能
外围设备输入输出	70	TKY	数据键输入
	71	HKY	16 键输入
	72	DSW	数字式开关
	73	SEGD	7 段译码
	74	SEGL	7 段码按时间分割显示
	75	ARWS	箭头开关
	76	ASC	ASCⅡ码变换
	77	PR	ASCⅡ码打印输出
	78	FROM	BFM 读出
	79	TO	BFM 写入

9. 外围设备 SER 指令（FNC80 ~ FNC86，FNC88 共 8 条）

外围设备 SER 指令包括与串行通信有关的指令、8 进制位传送、电位器读出、PID 运算等 8 条指令，见表 9-35。

表 9-35　外围设备 SER 指令

指令分类	功能号 FNC NO.	指令助记符	功能
外围设备 SER	80	RS	串行
	81	PRUN	8 进制位传送
	82	ASCI	HEX- ASCⅡ转换
	83	HEX	ASCⅡ- HEX 转换
	84	CCD	校验码
	85	VRRD	电位器读出
	86	VRSC	电位器刻度
	88	PID	PID 运算

10. 浮点数运算指令（FNC110，FNC111，FNC118 ~ FNC123，FNC127，FNC129 ~ FNC132，FNC147 共 14 条）

浮点数运算指令用于浮点数的处理，浮点数为 32 位，包括浮点数的比较、变换、四则运算、开二次方和三角函数等 14 条指令，见表 9-36。

11. 定位运算指令（FNC155 ~ FNC159 共 5 条）

定位运算用于实现 PLC 内置的脉冲输出的定位功能，包括 ABS 当前值读取、原点回归、可变速脉冲输出、相对位置控制等 5 条指令，见表 9-37。

12. 时钟运算指令（FNC160～FNC163，FNC166，FNC167，FNC169 共 7 条）

时钟运算指令用于对 PLC 内部的时钟数据进行比较、运算等处理，包括时钟数据比较、时钟数据区间比较、时钟数据加法等 7 条指令，见表 9-38。

表 9-36　浮点数运算指令

指令分类	功能号 FNC NO.	指令助记符	功能
浮点数运算	110	ECMP	二进制浮点数比较
	111	EZCP	二进制浮点数区间比较
	118	EBCD	二进制浮点数-十进制浮点数转换
	119	EBIN	十进制浮点数-二进制浮点数转换
	120	EADD	二进制浮点数加法
	121	ESUB	二进制浮点数减法
	122	EMUL	二进制浮点数乘法
	123	EDIV	二进制浮点数除法
	127	ESOR	二进制浮点数开方
	129	INT	二进制浮点数-BIN 整数转换
	130	SIN	浮点数 SIN 运算
	131	COS	浮点数 COS 运算
	132	TAN	浮点数 TAN 运算
	147	SWAP	上下字节变换

表 9-37　定位运算指令

指令分类	功能号 FNC NO.	指令助记符	功能
定位运算	155	ABS	ABS 当前值读出
	156	ZRN	原点回归
	157	PLSY	可变速的脉冲输出
	158	DRVI	相对定位
	159	DRVA	绝对定位

表 9-38　时钟运算指令

指令分类	功能号 FNC NO.	指令助记符	功能
时钟运算	160	TCMP	时钟数据比较
	161	TZCP	时钟数据区间比较
	162	TADD	时钟数据加法
	163	TSUB	时钟数据减法
	166	TRD	时钟数据读出
	167	TWR	时钟数据写入
	169	HOUR	计时指令

13. 外围设备指令（FNC170～FNC171，FNC176～FNC177 共 4 条）

外围设备指令用于格雷码变换和对模拟量模块读取/写入等 4 条指令，见表 9-39。

表 9-39　外围设备指令

指令分类	功能号 FNC NO.	指令助记符	功能
外围设备	170	GRY	格雷码变换
	171	GBIN	格雷码逆变换
	176	RD3A	模拟块读出
	177	WR3A	模拟块写入

14. 触点比较指令

触点比较指令是使用 LD、AND、OR 与比较条件（相等、大于和不大于等 6 种）组合而构成的指令。它们与比较指令不同点在于触点比较指令本身相当于触点，结果取决于比较的条件是否成立。具体见表 9-40。

表 9-40　触点比较指令

指令分类	功能号 FNC NO.	指令助记符	功能
触点比较	224	LD =	$(S1) = (S2)$
	225	LD >	$(S1) > (S2)$
	226	LD <	$(S1) < (S2)$
	228	LD < >	$(S1) \neq (S2)$
	229	LD ≤	$(S1) \leq (S2)$
	230	LD ≥	$(S1) \geq (S2)$
	232	AND =	$(S1) = (S2)$
	233	AND >	$(S1) > (S2)$
	234	AND <	$(S1) < (S2)$
	236	AND < >	$(S1) \neq (S2)$
	237	AND ≤	$(S1) \leq (S2)$
	238	AND ≥	$(S1) \geq (S2)$
	240	OR =	$(S1) = (S2)$
	241	OR >	$(S1) > (S2)$
	242	OR <	$(S1) < (S2)$
	244	OR < >	$(S1) \neq (S2)$
	245	OR ≤	$(S1) \leq (S2)$
	246	OR ≥	$(S1) \geq (S2)$

第六节　常用环节编程与技巧

前面学习了 FX₂N 系列 PLC 指令系统，本节将介绍一些在应用程序中常用的基本环节的编程和实例。当掌握它们的编程思路后，可把这些程序改造成自己使用的 PLC 上运行的程序。

一、常用基本环节

1. 延时电路

PLC 的定时器一般多为通电延时定时器，如图 9-44 所示，即输入条件为 ON，定时器线圈通电，定时器的设定值开始作减运算，直至设定值减到零时，其常开触点闭合，常闭触点断开。

当定时器的输入断开时，定时器立即复位，即由当前值恢复到设定值，使其常开触点断开，常闭触点闭合。但有时需要另一种定时器，即从某个输入条件断开时开始延时，这就是断电延时定时器，如图 9-45 所示。

当 X0 为 ON 时，其常开触点闭合，输出继电器 Y30 接通并自保持，但定时器 T45 却无法接通。只有 X0 断开，且断开时间达到设定值（10s）时，Y30 才由 ON 变 OFF，实现了断电延时。

2. 长时定时器

FX₂N 系列 PLC 最大计时时间为 999s，为产生更长的设定时间，可用将多个定时器、计数器联合使用，扩大其延时时间。

（1）长时定时器 1　如图 9-46 所示，输入 X000 导通后，输出 Y030 在 $t_1 + t_2$ 的延时之

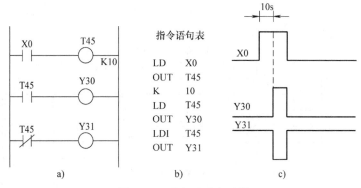

图 9-44　通电延时定时器

a）梯形图　b）指令程序　c）时序图

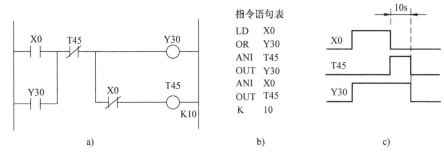

图 9-45　断电延时定时器

a）梯形图　b）指令程序　c）时序图

后也接通，延时时间为两个定时器设定值之和。

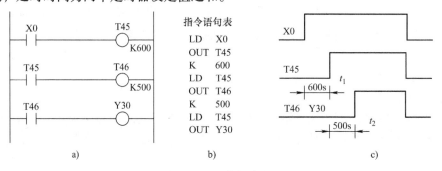

图 9-46　长时定时器 1

a）梯形图　b）指令程序　c）时序图

（2）长时定时器 2　用一个定时器和一个计数器连接以形成一个等效倍乘的定时器，如图 9-47 所示。梯形图的第 1 行形成一个设定值为 $200(t_1)$ s 的自复位计时器，T45 的动合触点每 200s 接通一次，每次接通为一个扫描周期，C46 对这个脉冲进行计数，计到 $300(n)$ 次时，C46 的动合触点闭合。即输入 X0 转为导通后，输出 Y30 在 $(t_1 + \Delta t) \times n$ 的延时之后亦通，Δt 为一个扫描周期。由于 Δt 很短，可近似认为输出 Y30 的延时为 $t_1 \times n$，即一个计时器和一个计数器连接，等效定时器的延时为计时器设定值和计数器设定值之积。

3. 闪光电路

闪光电路是广泛应用的一种实用控制电路，它既可以控制灯光的闪烁频率，又可以控制

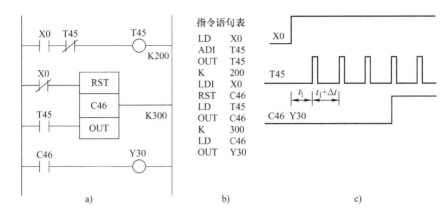

图 9-47　长时定时器 2
a）梯形图　b）指令程序　c）时序图

灯光的通断时间比。同样的电路也可控制其他负载，如电铃、蜂鸣器等。实现灯光控制的方法很多，常用的方法是用两个定时器或两个计数器来实现。

闪光电路如图 9-48 所示，X0 计数器复位输入按钮，X1 为闪光起动输入控制开关，M72 为一个特殊继电器，其功能是产生周期为 0.1s 的时钟脉冲。C46、C47 为两个计数器，此例中仍将闪光的频率设为亮 1s、灭 1s，所以将两个计数器的常数设置为 10。Y30 是输出继电器，控制负载灯的通断。当接通起动输入控制开关 X1 后，计数器 C46 就接受 M72 的时钟脉冲，当计数到 10 个 0.1s 的时钟脉冲即 1s 后，C46 动作，其常开触点接通输出继电器 Y30 的线圈并保持，使灯亮。Y30 的另外两个常开触点，一个接通 C47 的计数输入，一个使 C46 复位。当 C47 计数到 M72 产生的 10 个时钟脉冲后，C47 动作，其常闭触点断开输出继电器 Y30 的线圈，使灯灭。C47 的常开触点在灯灭后使 C47 复位，为 C47 的下次计数做好准备。在 Y30 断开后，其常开触点又断开了计数器 C46 的复位信号，使 C46 重新开始计数，1s 后灯亮，如此循环，直到断开 X1 为止，这样就实现了闪光控制。如果想改变闪光频率或调整灯的通断时间比，只需改变两个计数器的常数即可。

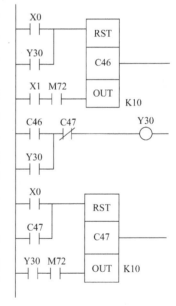

图 9-48　闪光电路

4. 多谐振荡电路

多谐振荡电路可产生按特定的通/断间隔的时序脉冲，常用它来作为脉冲信号源，也可用它代替传统的闪光报警继电器，作为闪光报警。以下是通过 PLC 编程来实现的多谐振荡电路。

（1）可调脉宽的多谐振荡电路　如图 9-49 所示，当输入 X000 接通后，Y030 出现一个脉冲，这个脉冲可用定时器的预置值（t_1）来设定脉冲通断时间，脉冲的导通时间为 $t_1 + \Delta t$，脉冲的间断时间为 t_1，由于一次扫描时间 Δt 很短，可近似认为该脉冲的导通和间断时间相等。

（2）不同占空比的多谐振荡电路　不同占空比的多谐振荡电路如图 9-49 所示。当输入

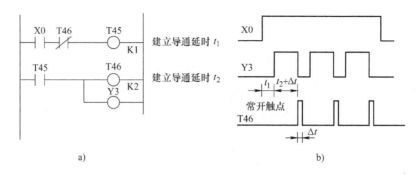

图9-49　不同占空比的多谐振荡电路

a）梯形图　b）时序图

X400接通后，Y430出现一个导通时间为$t_2 + \Delta t$，间断时间为t_2的脉冲。这个脉冲的占空比可用改变这两个定时器的预置值加以改变。

5. 单按钮起停控制电路

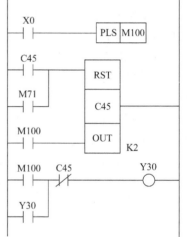

图9-50　用计数器实现的单
按钮起停控制电路

通常一个电路的起动和停止控制是由两只按钮分别完成的，当一台PLC控制多个这种具有起停操作的电路时，将占用很多输入点。一般小型PLC的输入/输出点是按3∶2的比例配置的，由于大多数被控设备是输入信号多，输出信号少，有时在设计一个不太复杂的控制电路时，也会面临输入点不足的问题，因此用单按钮实现起停控制的意义日益重要，这也是目前广泛应用单按钮起停控制电路的一个直接原因。

用计数器实现的单按钮起停控制电路如图9-50所示。用于起停控制的输入信号按钮接在输入点X0，当按一下X0时，由脉冲微分指令使M100产生一个扫描周期的脉冲，该脉冲使输出Y30起动并自保持，同时起动计数器C45计数一次，当第二次按一下按钮X0时，M100又产生一个脉冲，由于计数器C45的计数值达到设定值，计数器C45动作，其常开触点使C45复位，为下次计数做好准备，其常闭触点断开输出Y30回路，实现了用一只按钮完成的单数次计数起动、双数次计数停止的控制。

用单按钮控制起停输出电路，也可用微分指令和SET/RST指令来实现，如图9-51所示。图中Y30输出驱动设备，X0外接按钮。第一次按下按钮X0，产生微分脉冲置位M200，Y30导通输出；第二次按下按钮X0，又产生的微分脉冲复位M200，Y30断开输出。

用单按钮控制起停输出电路的方法还有多种，读者可根据所学的知识自行设计。

6. 常闭触点输入的编程处理

在编制梯形图时，对输入外部信号的触点是常闭触点的情况，应特别注意。

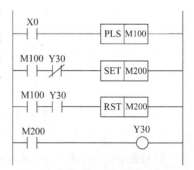

图9-51　用微分指令和SET/RST
指令来实现起停控制电路

图 9-52 所示的是电动机起停保电路两种不同形式的 PLC 输入输出接线图和梯形图。停止按钮 SB2 和热继电器 FR，既可以常闭触点形式接入 PLC（见图 9-52a），也可以常开触点形式（见图 9-52b），它们实现的功能相同。通常图 9-52b 的形式比较简单，与原继电接触系统原理图相似，不易出错。

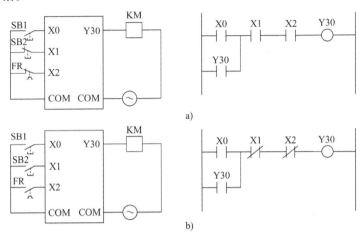

图 9-52　用不同的输入信号完成相同的控制任务

二、功能指令编程

1. 倒计时显示定时器 T0 的当前值

倒计时显示定时器 T0 的当前值如图 9-53 所示。

图 9-53　倒计时显示定时器 T0 的当前值

定时器 T0 的设定值为 35.0s，计时单位为 0.1s，不显示小数位，所以用 359 减去 T0 作为倒计时数，当 T0 = 0 时，D2 = 359，显示前两位数即为 35；当 T0 = K350 时，D2 = 009，显示前两位数即为 00。

2. 使用乘除法实现移位（扫描）控制

用乘除法指令实现灯组的移位循环。有一组灯 15 个，接于 Y0 ~ Y16，要求：当 X0 为 ON，灯正序每隔 1s 单个移位，并循环；当 X1 为 ON 且 Y0 为 OFF 时，灯反序每隔 1s 单个移位，至 Y0 为 ON 停止，其控制梯形图如图 9-54 所示。

上述程序是利用乘 2、除 2 实现目标数据中 "1" 的移位的。

3. 圆盘 180°正反转

圆盘如图 9-55a 所示，初始状态下，限位开关 SQ 受压，常闭触点断开，X0 = 0，Y0 = 0。按起动按钮 SB1，X0 = 1；松开时，X0 下降沿触点接通，执行一次解码 DECO 指令使 Y0 = 1，圆盘正转，转动后 SQ 触点闭合；转动 180°后 SQ 又受压，常闭触点断开，X0 下

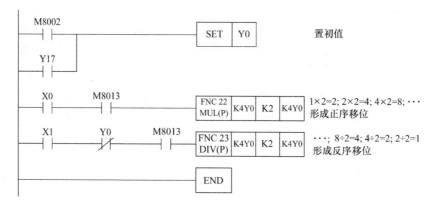

图 9-54　灯组正反序移位控制梯形图

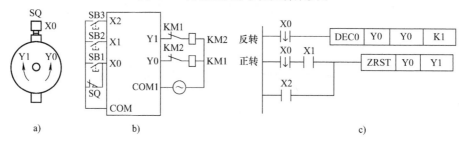

图 9-55　圆盘 180°正反转

a）圆盘示意图　b）PLC 接线图　c）圆盘 180°正反转梯形图

降沿又接通一次，再执行一次 DECO 指令。由于 Y0 = 1，解码后使 Y1 = 1、Y0 = 0，圆盘又反转，转动 180°后又正转，并不断重复上述过程。按住停止按钮 SB2，X1 = 1，当圆盘碰到限位开关 SQ 时停止。如按停止按钮 SB3，则 Y0 和 Y1 立即复位，圆盘停止。

三、特殊功能模块典型应用

1. 模拟量输入输出模块

下面程序中，FX$_{2N}$-4AD-TC 模块占用特殊模块编号 2 的位置（也就是第三个紧靠可编程序控制器的单元）。K 型热电偶用于 CH1，J 型热电偶用于 CH2，CH3 和 CH4 不使用。平均数为 4。输入通道 CH1 和 CH2 以℃表示的平均值分别保存在数据寄存器 D0 和 D1 中。

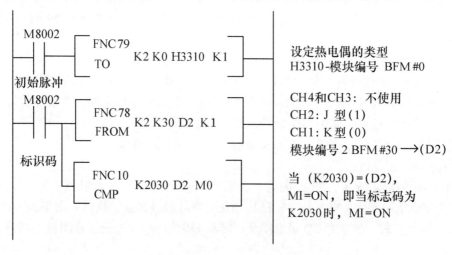

　　此初始化步骤检查在位置 2 的特殊功能模块的确是 FX₂ₙ-4AD-TC，即它的单元标志码是否是 K2030（BFM#30）。这一步是可选的，不过它提供了确定系统是否正确配置的软件检查。

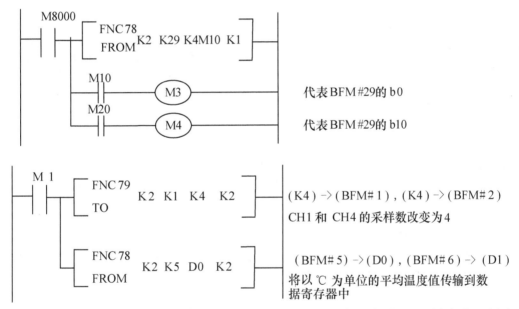

　　这一步提供了对 FX₂ₙ-4AD-TC 的错误缓冲存储器（#29）的可选监控。如果在 FX₂ₙ-4AD-TC 中存在错误，BFM#29 的 b0 位将设为 ON。它可以被此程序步读出，并且作为一个 FX₂ₙ 可编程序控制器中的位设备输出（此例中是 M3）额外的错误设备可以采用同样的方式输出，比如 BFM#29 数字范围错误的 b10。

　　这一步是对 FX₂ₙ-4AD-TC 输入通道实际读数，是程序中仅有的必须步骤。例中的 "TO" 指令设置输入通道 CH1 和 CH2，并对 4 个采样值读数取平均值。

　　"FROM" 指令读取 FX₂ₙ-4AD-TC 输入通道 CH1 和 CH2 的平均温度（BFM#5 ~ BFM#8）。如果需要读取直接温度，则以 BFM#9 和 BFM#10 代替来读取数值。

　　2. 高速计数模块的应用

　　以下例子使用了 FX₂ₙ-1HC 高速计数器单元。根据需要，也可加入其他指令如计数器当前值的读取、状态等。

该模块可进行两相 50kHz 脉冲的计数，计数速度比 PLC 的内置高速计数器（两相—30kHz，单相—60kHz）的计数速度高。它可以直接进行比较和输出。

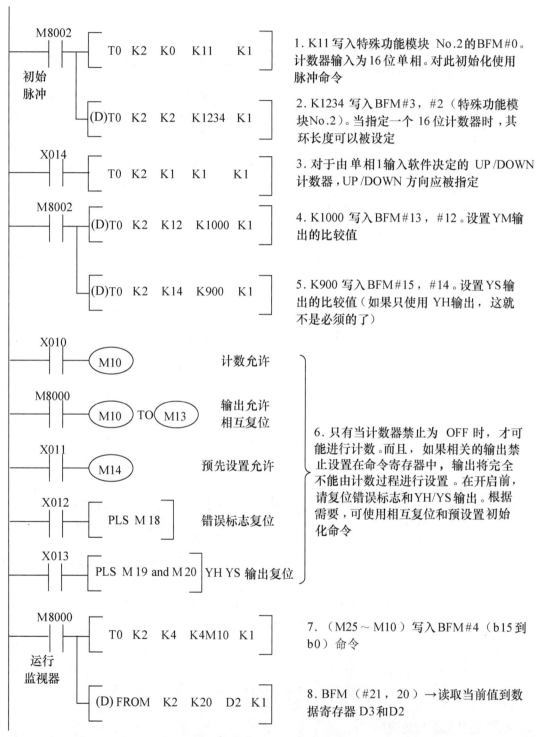

梯形图	说明
M8002 初始脉冲 — T0 K2 K0 K11 K1	1. K11 写入特殊功能模块 No.2 的 BFM#0。计数器输入为 16 位单相。对此初始化使用脉冲命令
(D)T0 K2 K2 K1234 K1	2. K1234 写入 BFM#3，#2（特殊功能模块 No.2）。当指定一个 16 位计数器时，其环长度可以被设定
X014 — T0 K2 K1 K1 K1	3. 对于由单相 1 输入软件决定的 UP/DOWN 计数器，UP/DOWN 方向应被指定
M8002 — (D)T0 K2 K12 K1000 K1	4. K1000 写入 BFM#13，#12。设置 YM 输出的比较值
(D)T0 K2 K14 K900 K1	5. K900 写入 BFM#15，#14。设置 YS 输出的比较值（如果只使用 YH 输出，这就不是必须的了）
X010 — (M10) 计数允许	
M8000 — (M10) TO (M13) 输出允许 相互复位	6. 只有当计数器禁止为 OFF 时，才可能进行计数。而且，如果相关的输出禁止设置在命令寄存器中，输出将完全不能由计数过程进行设置。在开启前，请复位错误标志和 YH/YS 输出。根据需要，可使用相互复位和预设置初始化命令
X011 — (M14) 预先设置允许	
X012 — PLS M18 错误标志复位	
X013 — PLS M19 and M20 YH YS 输出复位	
M8000 运行监视器 — T0 K2 K4 K4M10 K1	7.（M25～M10）写入 BFM#4（b15 到 b0）命令
(D) FROM K2 K20 D2 K1	8. BFM（#21，20）→读取当前值到数据寄存器 D3 和 D2

第七节 编程实例

1. 两台电动机顺序起动联锁控制电路

这种电路的继电-接触控制电路图如图 9-56a 所示，PLC 控制的输入输出接线如图 9-56b 所示，梯形图如图 9-56c 所示，对应的指令程序如图 9-56d 所示。采用 PLC 控制的工作过程如下：

合上电源开关 QS，按下起动按钮 SB2，输入继电器 X0 常开触点闭合，输出继电器 Y30 线圈接通并自锁，接触器 KM1 得电吸合，电动机 M1 起动。同时 Y30 常开触点闭合，定时器 T45 开始计时（K 值由用户设定），延时 K 值时间后，T45 常开触点闭合，Y31 线圈接通并自锁，KM2 得电吸合，电动机 M2 起动。可见只有 M1 先起动，M2 才能起动。按下停机按钮 SB1，X1 常闭触点断开；M1 过载时，热继电器 FR1 常开触点闭合，X2 常闭触点断开，这两种情况都能使 Y30、Y31、T45 线圈回路断开，KM1 和 KM2 失电释放，两台电动机都停下来。如果 M2 过载时，FR2 和 X3 动作，Y31 和 KM2 线圈回路都断开，M2 停转，但 M1 仍继续运行。

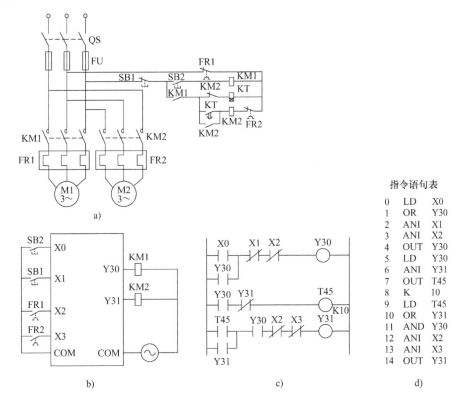

图 9-56 两台电动机顺序起动联锁控制线路

a）继电-接触控制电路 b）PLC 控制输入输出接线 c）梯形图 d）指令语句表

2. 十字路口交通灯的自动控制

在十字路口，要求东西方向和南北方向各通行 35s，并周而复始。在南北方向通行时，东西方向的红灯亮 35s，而南北方向的绿灯先亮 30s 后再闪 3s（0.5s 暗，0.5s 亮）后黄灯亮 2s。

在东西方向通行时，南北方向的红灯亮35s，而东西方向的绿灯先亮30s后再闪3s（0.5s暗，0.5s亮）后黄灯亮2s。

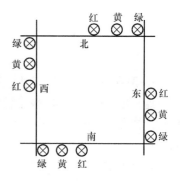

十字路口的交通灯布置如图9-57所示。由于东西方向和南北方向的通行时间都一样，为了简化编程，减少定时器的数量，将十字路口交通灯通行时间加以改动，如图9-58所示。

图9-57 十字路口的交通灯布置

这是一个由时间控制的电路，共分6个时间段，东西方向和南北方向各有3个，由于东西方向和南北方向通行时间一样，可考虑用3个定时器。定时器的设定时间可按题目给定的30s、3s、2s来设定，也可以按图9-46来设定。

图9-59是按图9-58的时间来设定的，图9-59a中，T0和Y17组成一个振荡电路，在T0的控制下，Y17产生30s断，30s通的振荡波形，如图9-59b所示，Y17和Y27反相，分别控制东西方向和南北方向的红灯。当Y17＝1时，断开南北方向的红灯Y27，连接绿灯Y4和黄灯Y5，Y4和Y5由T1、T2控制。绿灯的闪亮由1s的时钟脉冲M8013来控制（M8013的通断时间由内部时钟控制，与程序无关，用于要求不高的场合，如要求较高可采用T1触点控制振荡电路来代替M8013）。

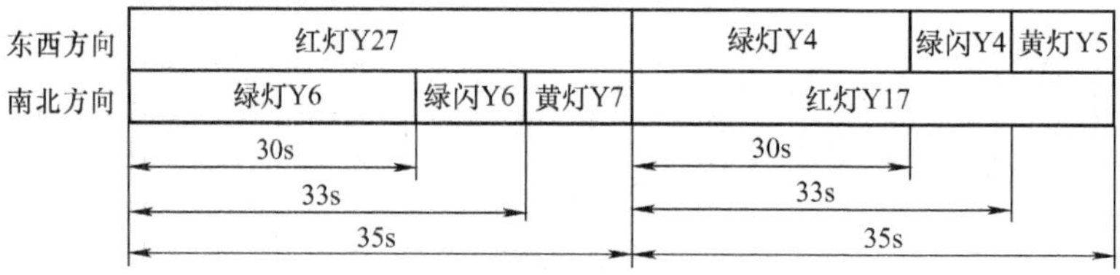

| 东西方向 | 红灯Y27 | | 绿灯Y4 | 绿闪Y4 | 黄灯Y5 |
| 南北方向 | 绿灯Y6 | 绿闪Y6 | 黄灯Y7 | 红灯Y17 | |

图9-58 十字路口交通灯通行时间图

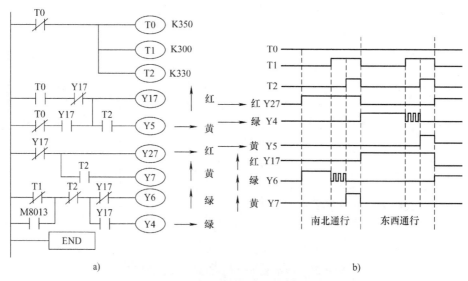

a)　　　　　　　　　　　　　　b)

图9-59 十字路口交通灯控制梯形图和时序图
a）交通灯控制梯形图　b）时序图

3. 小车行驶控制

假设有一自动生产线，用电动机拖动小车，电动机正转小车前进，电动机反转小车后退。对小车运行的控制要求为：小车从原点 A 出发驶向 1 号位，抵达后立即返回原位；接着直向 2 号位驶去，到达后立即返回原位；第三次出发一直驶向 3 号位，到达后返回原位。必要时，像上述一样小车出发三次运行一个周期后能停下来；根据需要小车也能重复上述运行过程，不停地运行下去，直到按下停止按钮 SB2 为止。小车行驶控制如图 9-60 所示。

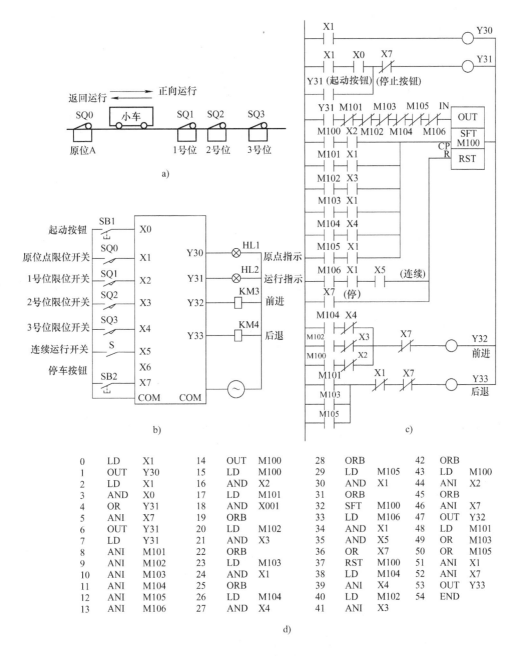

图 9-60　小车行驶控制

a）小车行驶示意图　b）PLC 控制输入输出接线　c）梯形图　d）指令语句表

1）当小车处在原位时，压下原位限位开关 SQ0，X1 接通 Y30，原点指示灯亮。

2）小车向 1 号位行驶。按下起动按钮 SB1，Y31 被 X0 触点接通并自锁，运行指示灯亮并保持于整个运行过程。此时 Y31 的常开触点接通移位寄存器的数据输入端 IN，M100 置 "1"（其常闭触点断开，常开触点闭合），M100 和 X2 的常闭触点接通 Y32 线圈，前进接触器 KM3 得电吸合，电动机正转，小车向 1 号位驶去。

3）小车返回原位。当小车行至 1 号位时，压动限位开关 SQ1 动作，X2 常闭触点断开 Y32 线圈回路，KM3 失电释放，电动机停转，小车停止前进。与此同时 X2 接通移位寄存器移位输入 CP 端，将 M100 中的 "1" 移到 M101，M101 常闭触点断开，M100 补 "0"，而 M101 常开触点闭合，Y33 接通，接触器 KM4 得电吸合，电动机反转，小车后退，返回原位。

4）小车驶向 2 号位又返回原位。当小车碰到原位限位开关 SQ0，X1 断开 Y33 线圈通路，KM4 失电释放，电动机停转，小车停止。与此同时，X1 与 M101 接通移位输入通路，将 M101 中的 "1" 移到 M102，M100 的 "0" 移到 M101，M100 仍补 "0"。M102 接通 Y32 线圈，小车驶向 2 号位。当小车再次行驶到 1 号位时，虽然压动 SQ1 动作，X2 动作，但不影响小车继续驶向 2 号位（因为 M102 和 X3 仍接通 Y32，M100 为 "0"），直至小车碰到 2 号位限位开关 SQ2，X3 断开 Y32，小车才停止前进。与此同时，X3 与 M102 接通移位输入通路，将 M102 中的 "1" 移到 M103，M103 为 "1"，其余位全为 "0"。M103 接通 Y33 线圈，小车返回原位。

5）小车驶向 3 号位再返回原位。当小车碰到 SQ0 开关时，X1 断开 Y33，小车停止后退。同时 M103 和 X1 接通移位输入通路，M103 移位到 M104，M103 为 "0"，M104 为 "1"，M104 和 X4 接通 Y32，小车向 3 号位驶去。小车再次经过 1 号位和 2 号位，但因为 M100 — M103 均为 "0"，不会移位，M104 和 X4 仍接通 Y32，直到小车碰到 3 号位限位开关 SQ3 动作，X4 才断开 Y32 线圈回路，小车才停止前进。这时 M104 和 X4 接通移位输入通路，M104 移位到 M105，M105 为 "1"，其他位为 "0"，M105 和 X1 接通 Y33，电动机反转，小车后退，返回原位。

6）小车运行一周。小车返回原位压下原位限位开关 SQ0，X1 又断开 Y33，小车停止运行。同时 M105 和 X1 接通移位输入通路，M105 移位到 M106，M106 为 "1"，其余位均为 "0"，即 M100 ~ M105 的常开触点均为断态。这时如果连续运行开关 S 仍未合上，X5 仍断开，那么移位寄存器不会复位，M100 仍为 "0"，则小车正向出发往返运行三次（一周）后，就在原位停下来了。

7）小车连续运行与停止。如果需要小车在运行一周期后继续运行下去，则合上连续运行开关 S，X5、X1 和 M106 接通复位输入端 R，移位寄存器复位，M100 重新为 "1"，M100 与 X2 又接通 Y32，小车又开始第二周期运行，并且一周期又一周期地连续运行下去，直到按下停机按钮 SB2，X7 触点断开，Y32 和 Y33 线圈回路断开，小车才立即停止运行。同理，如果发生意外情况，不论小车运行在什么位置，只要按下停车按钮 SB2，电动机立即停转，小车停止，系统也恢复原来状态。图中未设置手动控制环节。

4. 居室防盗报警系统

在本例中，房屋主人有两项功能的 "响铃"。一项是当作门铃使用，另一项当作警铃，如图 9-61 所示。

在两种情况下用同一个输出驱动响铃。使用 PLSY 指令改变响铃的次数和频率，从而控制每种操作要求的不同声音。一个高音量连续的铃声用作警报，而短促两鸣的声音用作报告有客来访。其相应程序及其说明如图 9-62 所示。

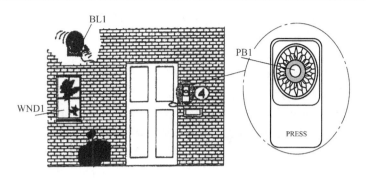

图 9-61　居室防盗报警系统

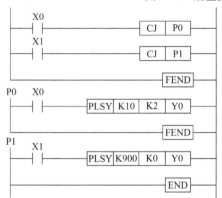

器件	PC软元件	说明
PB1	X0	门铃按钮
WND1	X1	窗检测器
BL1	Y0	门/警报铃
PLSY	FNC 57	PLSY应用指令
CJ	FNC 00	CJ应用指令
FEND	FNC 06	FEND 应用指令
	P0	门铃子程序
	P1	警报铃子程序

图 9-62　居室防盗报警系统的程序及说明

一个主程序不允许使用两个 PLSY 指令，但可以把每种情况插入到由条件跳转指令调用的主程序中，当两种情况中的任一种满足条件时，调用相应的子程序。在本例中，使用门铃时，程序跳转至 P0 处，即表示程序 P0 的程序被激活。当要求使用警铃时，P1 被调用，因此程序跳转至指针 P1 处。

一旦条件跳转被激活，只有当遇到一个 FEND 或 END 指令时，它才被复位。

习题与思考题

9-1　画出以下指令的梯形图。

0	LD	X4	9	K	60	18	LD	C63
1	ANI	T55	10	LDI	X4	19	OUT	C64
2	OUT	T55	11	RST	C63	20	K	4
3	K	60	12	LD	C62	21	LD	C64
4	LDI	X4	13	AND	T55	22	OUT	Y32
5	OR	C62	14	OUT	C63	23	END	
6	RST	C62	15	K	20			
7	LD	T55	16	LDI	X4			
8	OUT	C62	17	RST	C64			

9-2　根据图 9-63 所示的梯形图写出指令程序。

9-3　图 9-64 中有错漏之处，试在原图基础上改正，并画出改正后的梯形图。

9-4　设计一个每隔12s产生一个脉冲的定时脉冲电路。

9-5 写出图9-65所示梯形图的指令程序，并绘出Y030与X000关系的时序图。本电路能否实现单按钮控制起动停止的功能？

9-6 用STL指令设计出图9-66对应的梯形图。

9-7 用STL指令设计出图9-67对应的梯形图。

9-8 一水箱如图9-68所示，用两个液位开关（SQ1，SQ2）测量水位，当水位低于SQ1时，进水阀YV自动打开进水；当水位达到SQ2时，进水阀YV自动关闭。画出PLC梯形图。

9-9 有4台电动机M1～M4，控制要求为：按M1～M4的顺序起动，即前级电动机不起动，后级电动机不能起动。前级电动机停止时，后级电动机也停止，如M2停止时，M3～M4也停止。试设计其梯形图并写出相应的指令程序。

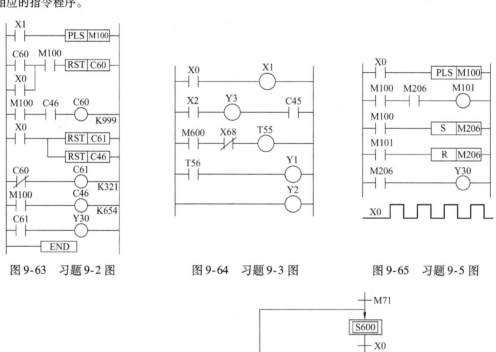

图9-63 习题9-2图   图9-64 习题9-3图   图9-65 习题9-5图

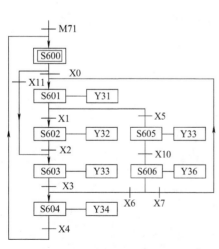

图9-66 习题9-6图

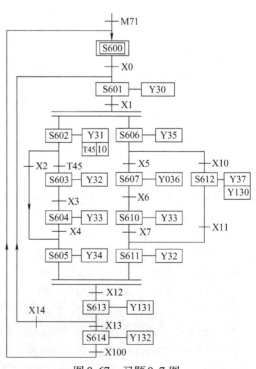

图9-67 习题9-7图

9-10　设计一个彩灯自动循环控制电路，要求用输出继电器 Y30～Y37 分别控制第 1 盏灯至第 8 盏灯，按第 1 盏灯至第 8 盏灯的顺序闪亮，后一盏灯闪亮后前一盏灯熄灭，间隔时间 1s 反复循环下去，只有断开电源开关后彩灯才熄灭。试绘出其梯形图并写出相应的指令程序。

9-11　设 Y30、Y31、Y32 分别控制红、绿、黄三灯。现要求当按下按钮 X1 后，各灯按图 9-69 的规律变化。

9-12　如图 9-70 所示的传送带输送工件，数量为 30 个。连接 X0 端子的光电传感器对工件进行计数。当计件数量小于 20 时，指示灯常亮；当计件数量等于或大于 20 以上时，指示灯闪烁；当计件数量为 30 时，10s 后传送带停机，同时指示灯熄灭。试用区间比较指令 ZCP 设计 PLC 程序。

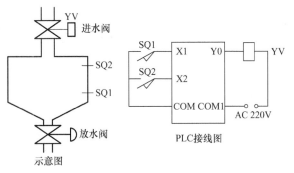

图 9-68　习题 9-8 图

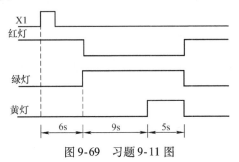

图 9-69　习题 9-11 图

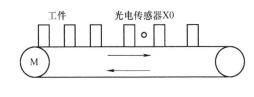

图 9-70　习题 9-12 图

第十章　SIEMENS S7-200 可编程序控制器

第一节　S7 系列可编程序控制器概述

一、概述

德国西门子（SIEMENS）公司是世界上著名的，也是欧洲最大的电气设备制造商，1973年研制成功欧洲第一台可编程序控制器，1975 年推出 SIMATIC S3 系列可编程序控制器，1979年推出 SIMATIC S5 系列可编程序控制器，20 世纪末推出了 SIMATIC S7 系列 PLC。S7 系列可编程序控制器分为 S7-400、S7-300、S7-200 三个系列，分别为 S7 系列的大、中、小型可编程序控制器系统。本章的重点是从工程应用的角度了解 S7-200 系统的构成、指令系统及编程软件的使用。

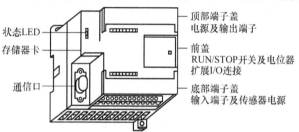

图 10-1　S7-200 PLC

SIMATIC S7-200 系列 PLC 具有极高的可靠性、丰富的指令集、易于掌握、便捷的操作、丰富的内置集成功能、实时特性、强劲的通信能力、丰富的扩展模块，适用于各行各业各种场合中的检测、监测及自动化控制的需要。图 10-1 所示为 S7-200 PLC，S7-200 CPU 将一个微处理器、一个集成电源和数字量 I/O 点集成在一个紧凑的封装中，从而形成了一个功能强大的微型 PLC，在下载了程序之后，S7-200 将保留所需的逻辑，用于监控应用程序中的输入/输出设备。S7-200 系列的强大功能使其无论在独立运行中，或相互连成网络皆能实现复杂控制功能。因此 S7-200 系列具有极高的性能/价格比。

二、S7-200 系列 PLC 的系统组成

S7-200 系列的可编程序控制器是整体式结构，根据其控制规模的大小（即输入/输出点数的多少），可以选择相应主机单元的 CPU。同其他的 PLC 一样，S7-200 的系统基本组成也是由主机单元加编程器。在需要对系统进行扩展时，系统中还可以增加的单元包括：模拟量扩展单元模板、数字量扩展单元模板、通信模板、网络设备、人机界面 HMI 等。S7-200 的基本构成如图 10-2 所示。

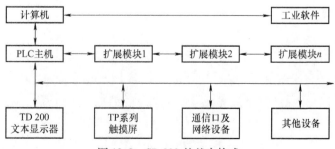

图 10-2　S7-200 的基本构成

S7-200 型的 PLC 主机单元的 CPU 共有两个系列：CPU21X 系列和 CPU22X 系列。CPU21X系列 CPU 包括 CPU212、CPU214、CPU215、CPU216；CPU22X 系列 CPU 包括 CPU221、CPU222、CPU224、CPU224XP 和 CPU226。CPU21X 系列属于 S7-200 的第一代产品，是即将被淘汰的产品，本书不做具体的介绍，目前的主流产品是 CPU22X 系列。除了 CPU221 主机以外，其他 CPU 主机均可以进行系统扩展。图 10-3 展示一台带有扩展模块的 S7-200 PLC。

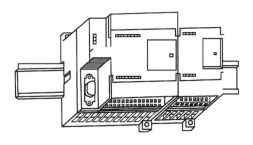

图 10-3　带有扩展模块的 S7-200 PLC

三、S7-200 的 CPU22X 系列 PLC 的主要技术数据

（1）S7-200 的 CPU22X 系列 PLC 的主要技术数据见表 10-1。

表 10-1　CPU22X 系列 PLC 的主要技术数据

特性		CPU221	CPU222	CPU224	CPU224XP	CPU226
外形尺寸/mm		90×80×62	90×80×62	120.5×80×62	190×80×62	190×80×62
存储器						
用户程序		2048 字节	2048 字节	4096 字节	4096 字节	4096 字节
用户数据		1024 字节	1024 字节	2560 字节	2560 字节	2560 字节
掉电数据保存时间/h	内置超级电容	50h	50h	100h	100h	100h
	外插电池卡	连续使用 200 天				
I/O						
数字量 I/O		6 入/4 出	8 入/6 出	14 入/10 出	14 入/10 出	24 入/16 出
模拟量 I/O		无	无	无	2 输入/1 输出	无
数字 I/O 映像区		256（128 入/128 出）				
模拟 I/O 映像区		无	32（16 入/16 出）	64（32 入/32 出）		
允许最大扩展模块		无	2 个	7 个		
允许最大智能模块		无	2 个	7 个		
高速计数 单相 两相		4 个计数器 4 个 30kHz 2 个 20kHz	4 个计数器 4 个 30kHz 2 个 20kHz	6 个计数器 6 个 30kHz 4 个 20kHz	总共 6 个计数器 4 个 30kHz 2 个 200kHz 3 个 20kHz 1 个 100kHz	6 个计数器 6 个 30kHz 4 个 20kHz
脉冲输出		2 个 20kHz（仅限于 DC 输出）			2 个 100kHz （仅限于 DC 输出）	2 个 20kHz （仅限于 DC 输出）
常规						
定时器		256 定时器；4 个定时器（1ms）；16 定时器（10ms）；236 定时器（100ms）				
计数器		256（由超级电容或电池备份）				
内部存储器位 掉电保存		256（由超级电容或电池备份） 112（存储在 EEPROM）				

（续）

特性	CPU221	CPU222	CPU224	CPU224XP	CPU226
时间中断	2 个 1ms 分辨率				
边沿中断	4 个上升沿和/或 4 个下降沿				
模拟电位器	1 个 8 位分辨率		2 个 8 位分辨率		
布尔量运算执行速度	0.22μs 每条指令				
实时时钟	可选卡件		内置		
卡件选项	存储卡、电池卡、时钟/电池卡		存储卡和电池卡		
集成的通信功能					
端口（受限电源）	RS-485 ×1		RS-485 ×2		
PPI、DP/T 波特率	9.6、19.2、187.5Kbit/s				
自由口波特率	1.2～15.2Kbit/s				
每段最大电缆长度	使用隔离的中继器：187.5Kbit/s 可达 1000m、38.4Kbit/s 可达 1200m 未使用隔离中继器：50m				
最大站点数	每段 32 个站，每个网络 126 个站				
最大主站数	32				
点到点（PPI 主站模式）	是（NETR/NETW）				
MPI 连接	共 4 个，2 个保留（1 个给 PG，1 个给 OP）				
浮点运算	有				
布尔指令执行速度	0.22μs /指令				

（2）S7-200 的基本功能及特点

1）S7-200 的输入和输出特性。PLC 是通过输入/输出端子与现场设备构成一个完整的 PLC 控制系统，综合考虑现场使用设备的特性及 PLC 的输入/输出特性，才能更好地使用 PLC 的功能。

S7-200 PLC 的输入/输出信号与内部电路之间是经过光电耦合或继电器相隔离。输出信号有继电器输出型和晶体管（DC）输出型，CPU22X 的输入/输出特性见表 10-2 和表 10-3。

S7-200 的数字量输入信号的要求均为 DC 24V，"1"信号为 DC 15～35V，输入电路的一次和二次用光电"0"信号为 0～5V，经过光电耦合隔离后进入 PLC 中。

表 10-2　输入特性

CPU	CPU221	CPU222	CPU224	CPU226
输入滤波	0.2～12.8ms			
中断输入	I0.0～I0.3			
高速计数器输入	I0.1～I0.5			
每组点数	2，4	4，4	8，6	13，11
电缆长度	非屏蔽输入 300m，屏蔽输入 500m，屏蔽中断输入及高速计数器 50m			

在表 10-3 中，电源电压是指 PLC 的工作电压，输出电压是根据用户提供的负载工作电压决定，每组点数是指全部输出端子可以分成几个隔离组，每个隔离组中有几个输出端子。例如：CPU224 中，4/3/3 表示共有 10 个输出端子分成 3 个隔离组，每个隔离组中的输出端

子数为 4 个，3 个，3 个，由于每个隔离组中有一个公共端，所以每个隔离组可以单独施加不同的负载工作电压。如果所有输出的负载工作电压相同，可以将这些公共端并联起来。

表 10-3　输出特性

CPU	CPU221		CPU222		CPU224		CPU226	
类型	晶体管	继电器	晶体管	继电器	晶体管	继电器	晶体管	继电器
电源电压	DC 24V	85～AC 264V	DC 24V	AC 85～264V	DC 24V	AC 85～264V	DC 24V	AC 85～264V
输出电压	DC 24V	DC 24V, AC 24～230V	DC 24V	DC 24V, AC 24～230V	DC 24V	DC 24V, AC 24～230V	DC 24V	DC 24V, AC 24～230V
输出点数	4	4	6	6	10	10	16	16
每组点数	4	1/3	6	3/3	5/5	4/3/3	8/8	4/5/7
输出电流/A	0.75	2	0.75	2	0.75	2	0.75	2

2）当主机单元模板上的 I/O 点数不够使用时，或者需要使用模拟量来控制时，可以通过增加扩展单元模板的方法，对输入/输出点数进行扩展（CPU221 主机除外）。

在进行 I/O 扩展时要综合考虑 CPU 主机模块的扩展能力、映像寄存器的数量及在 DC 5V 情况下最大扩展电流。

第二节　S7-200 CPU 存储器的数据类型及寻址方式

S7-200 CPU 将信息存储在不同的存储器单元中，每个单元都有地址。S7-200 CPU 使用数据地址访问所有的数据，称为寻址。数字量和模拟量输入/输出点，中间运算数据等各种数据具有各自的地址定义方式。S7-200 的大部分指令都需要指定数据地址。

1. 数据格式

S7-200 CPU 以不同的数据格式保存和处理信息。S7-200 支持的数据格式完全符合通用的相关标准。它们占用的存储单元长度不同，内部的表示格式也不同。这就是说，数据都有各自规定的长度，表示的数值范围也不同。S7-200 的 SIMATIC 指令系统针对不同的数据格式提供了不同类型的编程命令。

数据格式和取值范围见表 10-4。

表 10-4　数据格式和取值范围

寻址格式	数据长度（二进制位）	数据类型	取值范围
BOOL（位）	1（位）	布尔数（二进制位）	真（1），假（0）
BYTE（字节）	8（字节）	无符号整数	0～255, 0～FF（H）
INT（整数）	16（字）	有符号整数	−32768～32767 8000～7FFF（H）
WORD（字）		无符号整数	0～65535; 0～FFFF（H）

（续）

寻址格式	数据长度（二进制位）	数据类型	取值范围
DINT（双整数）		有符号整数	$-2147483648 \sim 2147483647$ 8000 0000 ~ 7FFF FFFF（H）
DWORD（双字）	32（双字）	无符号整数	$0 \sim 4294967295$ 0 ~ FFFF FFFF（H）
REAL（实数）		IEEE 32位单精度浮点数	$-3.402823E+38 \sim -1.175495E-38$（负数）； $+1.175495E-38 \sim +3.402823E+38$（正数） 不能绝对精确地表示零
ASCII	8（字节）/个	字符列表	ASCII字符、汉字内码 （每个汉字2字节）
STRING（字符串）		字符串	1~254个ASCH字符、汉字内码 （每个汉字2字节）

2. 数据的寻址长度

在S7-200系统中，可以按位、字节、字和双字对存储单元寻址。寻址时，数据地址以代表存储区类型的字母开始，随后是表示数据长度的标记，然后是存储单元编号；对于二进制位寻址，还需要在一个小数点分隔符后指定位编号。位寻址举例如图10-4所示。字节寻址举例如图10-5所示。

注：I表示存储器是输入过程映像区

图10-4 位寻址举例

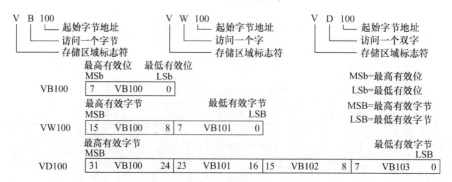

图10-5 字节寻址举例

可以看出，VW100 包括 VB100 和 VB101；VD100 包含 VW100 和 VW102，即 VB100、VB101、VB102 和 VB103 这 4 个字节。值得注意的是，这些地址是互相交叠的。

当涉及多字节组合寻址时，S7-200 遵循"高地址、低字节"的规律。如果将 16#AB（十六进制立即数）送入 VB100，16#CD 送入 VB101，则 VW100 的值将是 16#ABCD。即 VB101 作为高地址字节，保存数据的低字节部分。

3. 各数据存储区寻址

（1）输入过程映像寄存器（I）　在每次扫描周期的开始，CPU 对物理输入点进行采样，并将采样值写入输入过程映像寄存器中。可以按位、字节、字或双字来存取输入过程映像寄存器中的数据。

位：　　　　　　　　　I［字节地址］.［位地址］I0.1

字节、字或双字：I［长度］［起始字节地址］IB4 IW1 ID0

（2）输出过程映像寄存器（Q）　在每次扫描周期的结尾，CPU 将输出过程映像寄存器中的数值复制到物理输出点上。可以按位、字节、字或双字来存取输出过程映像寄存器中的数据。

位：　　　　　　　　　Q［字节地址］.［位地址］Q1.1

字节、字或双字：Q［长度］［起始字节地址］QB5 QW1 QD0

（3）变量存储区（V）　可以用变量存储区存储程序执行过程中控制逻辑操作的中间结果，也可以用它来保存与工序或任务相关的其他数据。可以按位、字节、字或双字来存取变量存储区中的数据。

位：　　　　　　　　　V［字节地址］.［位地址］V10.2

字节、字或双字：V［长度］［起始字节地址］VB100 VW200 VD300

（4）位存储区（M）　可以用位存储区作为控制继电器来存储中间操作状态和控制信息。可以按位、字节、字或双字来存取位存储区中的数据。

位：　　　　　　　　　M［字节地址］.［位地址］M26.7

字节、字或双字：M［长度］［起始字节地址］MB0 MW13 MD20

（5）定时器存储区（T）　在 S7-200 CPU 中，定时器可用于时间累计。定时器寻址有两种形式：

当前值：16 位有符号整数，存储定时器所累计的时间。

定时器位：按照当前值和预置值的比较结果置位或者复位。

两种寻址使用同样的格式，用定时器地址（T＋定时器号，如 T33）来存取这两种形式的定时器数据。究竟使用哪种形式取决于所使用的指令。

位：T［定时器号］T37

字：T［定时器号］T96

（6）计数器存储区（C）　在 S7-200CPU 中，计数器可以用于累计其输入端脉冲电平由低到高的次数。计数器有两种寻址形式：

当前值：16 位有符号整数，存储累计值。

计数器位：按照当前值和预置值的比较结果来置位或者复位。

可以用计数器地址（C＋计数器号，如 C0）来存取这两种形式的计数器数据。究竟使用哪种形式取决于所使用的指令。

位：C［计数器号］C0

字：C［计数器号］C255

（7）高速计数器（HC） 高速计数器对高速事件计数，它独立于 CPU 的扫描周期。高速计数器有一个 32 位的有符号整数计数值（或当前值）。若要存取高速计数器中的值，则应给出高速计数器的地址，即存储器类型加上计数器号（如 HC0）。高速计数器的当前值是只读数据，可作为双字（32 位）来寻址。

格式：HC［高速计数器号］HC1

（8）累加器（AC） 累加器是可以像存储器一样使用的读写存储区。例如，可以用它来向子程序传递参数，也可以从子程序返回参数，以及用来存储计算的中间结果。S7-200 提供 4 个 32 位累加器（AC0、AC1、AC2 和 AC3）。可以按字节、字或双字的形式来存取累加器中的数值。被操作的数据长度取决于访问累加器时所使用的指令。

（9）顺序控制继电器（S） 顺序控制继电器位用于组织机器操作或进入等效程序段的步进控制。顺序控制继电器（SCR）提供控制程序的逻辑分段，可以按位、字节、字或双字来存取 S 位。

位：　　　　　　　S［字节地址］.［位地址］　　S3.1

字节、字、双字：　S［长度］［起始字节地址］　SB4 SW24 SD20

（10）局部存储器（L） S7-200 PLC 有 64 个字节的局部存储器，其中 60 个可以用作暂时存储器或者给子程序传递参数。如果用梯形图或功能块图编程，STEP7-Micro/WIN32 保留这些局部存储器的最后 4 个字节。如果用语句表编程，可以寻址所有的 64 个字节，但是不要使用局部存储器的最后 4 个字节。

局部存储器和变量存储器很相似，主要区别是变量存储器是全局有效的，而局部存储器是局部有效的。全局是指同一个存储器可以被任何程序存取（例如，主程序、子程序或中断程序），局部是指存储器区和特定的程序相关联。S7-200 PLC 给主程序分配 64 个字节的局部存储器，给每一级子程序嵌套分配 64 个字节的局部存储器，给中断程序也分配 64 个字节的局部存储器。子程序不能访问分配给主程序、中断程序或其他子程序的局部存储器；同样地，中断程序也不能访问分配给主程序或子程序的局部存储器。

S7-200 PLC 根据需要分配局部存储器。即当执行主程序时，分配给子程序或中断程序的局部存储器是不存在的。当出现中断或调用一个子程序时，需要分配局部存储器。新的局部存储器可以重新使用分配给不同子程序或中断程序的相同局部存储器。

局部存储器在分配时 PLC 不进行初始化，初始值可能是任意的。当在子程序调用过程中传递参数时，在被调用子程序的局部存储器中，由 CPU 代替被传递的参数的值。局部存储器在参数传递过程中不接受值，在分配时不被初始化，也没有任何值。

可以按位、字节、字或双字访问局部存储器。可以把局部存储器作为间接寻址的指针，但不能作为间接寻址的存储器区。

位：　　　　　　　L［字节地址］.［位地址］　　L0.2

字节、字、双字：　L［长度］［起始字节地址］　LB33 LW10 LD15

（11）特殊存储器（SM） 特殊存储器位为 CPU 与用户程序之间传递信息提供了一种手段。可以用这些位选择和控制 S7-200CPU 的一些特殊功能。用户可以按位、字节、字或者双字的形式来存取。

位：　　　　　　　　　　SM［字节地址］.［位地址］　　SM0.1

字节、字或者双字：SM［长度］［起始字节地址］　　SMB86

表 10-5 给出了常用的特殊存储器位，其他特殊存储器的用途可查阅 S7-200 系统手册。

（12）模拟量输入（AI）　S7-200 将模拟量值（如温度或电压）转换成 1 个字长（16位）的数据。可以用区域标志符（AI）、数据长度（W）及字节的起始地址来存取这些值。因为模拟值输入为 1 个字长，且从偶数位字节（如 0，2，4）开始，所以必须用偶数字节地址（如 AIW0，AIW2，AIW4）来存取这些值。模拟量输入值为只读数据。模拟量转换的实际精度是 12 位。

格式：AIW［起始字节地址］AIW4

（13）模拟量输出（AQ）　S7-200 把 1 个字长（16位）数字值按比例转换为电流或电压。可以用区域标志符（AQ）、数据长度（W）及字节的起始地址来改变这些值。因为模拟量为一个字长，且从偶数字节（如 0，2，4）开始，所以必须用偶数字节地址（如 AQW0，AQW2，AQW4）来改变这些值。模拟量输出值为只写数据。模拟量转换的实际精度是 12 位。

格式：AQW［起始字节地址］AQW4

表 10-5　常用的特殊存储器位

特殊存储器位			
SM0.0	该位始终为 1	SM1.0	操作结果 = 0
SM0.1	首次扫描时为 1	SM1.1	结果溢出或非法值
SM0.2	保持数据丢失时为 1	SM1.2	结果为负数
SM0.3	开机进入 RUN 时为 1 一个扫描周期	SM1.3	被 0 除
SM0.4	时钟脉冲：30s 闭合/30s 断开	SM1.4	超出表范围
SM0.5	时钟脉冲：0.5s 闭合/0.5s 断开	SM1.5	空表
SM0.6	时钟脉冲：闭合 1 个扫描周期/断开 1 个扫描周期	SM1.6	BCD 到二进制转换出错
SM0.7	开关放置在 RUN 位置时为 1	SM1.7	ASCⅡ到十六进制转换出错

S7-200 CPU 存储器范围和特性见表 10-6。

表 10-6　S7-200 CPU 存储器范围和特性

描　　述	CPU222	CPU224/CPU226
用户程序大小	2048 字	4096 字
用户数据大小	1024 字	2560 字
输入映像寄存器	I0.0 ~ I15.7	
输出映像寄存器	Q0.0 ~ Q15.7	
模拟量输入（只读）	AIW0 ~ AIW30	AIW0 ~ AIW62
模拟量输出（只写）	AQW0 ~ AQW30	AQW0 ~ AQW62
变量存储器（V）[①]	V0.0 ~ V2047.7	V0.0 ~ V5119.7

（续）

描　述	CPU222	CPU224/CPU226
局部存储器（L）②	L0. 0 ~ L63. 7	
位存储器（M）	M0. 0 ~ M31. 7	
特殊存储器（SM）	SM0. 0 ~ SM179. 7	
（只读）	SM0. 0 ~ SM29. 7	
定时器	256（T0 ~ T255）	
有记忆接通延迟 1ms	T0，T64	
有记忆接通延迟 10ms	T1 ~ T4，T65 ~ T68	
有记忆接通延迟 100ms	T5 ~ T31，T69 ~ T95	
接通/关断延迟 1ms	T32，T96	
接通/关断延迟 10ms	T33 ~ T36，T97 ~ T100	
接通/关断延迟 100ms	T37 ~ T63，T101 ~ T255	
计数器	C0 ~ C255	
高速计数器	HC0、HC3、HC4、HC5	HC0 ~ HC5
顺序控制继电器（S）	S0. 0 ~ S31. 7	
累加寄存器	AC0 ~ AC3	
跳转/标号	0 ~ 255	
调用/子程序	0 ~ 63	
中断程序	0 ~ 127	
PID 回路	0 ~ 7	
通信端口号	0	

① 所有的 V 存储器都可以存储在永久存储器区。

② LB60- LB63 为 STEP 7- Micro/WIN 32 的 3. 0 版本或以后的版本软件保留。

常数值见表 10-7。

表 10-7　常数值

数制	格式	举　例
十进制	［十进制数］	20 047
十六进制	16#［十六进制数］	16#4E4F
二进制	2#［二进制数］	2#1010_0101_1010_0101
ASCII	'［ASCII 码文本］'	'Text goes between single quotes. '
字符串	"［字符串文本］"	"ASCⅡ文本和中文"
实数	ANSI/IEEE 754—1985	+1. 175 495E-38（正数）； -1. 175 495E-38（负数）； 0. 0；10. 05

第三节 S7-200 可编程序控制器的指令系统

为了完成多种多样的自动化任务，S7-200 提供了许多类型的指令。在 S7-200 的 CPU 中有两类基本指令集：SIMATIC 指令集和 IEC 1131-3 指令集。IEC 标准中定义的指令少于 SIMATIC 指令集，因此可以用 SIMATIC 指令完成更多功能。并且，基于计算机的编程软件 STEP 7-Micro/WIN 32 提供不同的编辑器选择，可以利用这些指令创建控制程序。SIMATIC 指令集是西门子公司专门为 S7 系列 PLC 设计的，可以用语句表 STL 编辑器、梯行图 LAD 编辑器和功能块 FBD 编辑器 3 种语言进行编程，而语句表 STL 编辑器和梯形图 LAD 编辑器是 PLC 最基本的编程语言，绝大多数 PLC 是用梯形图和语句表编程的。

本节将以梯形图和语句表这两种基本的编程语言来介绍 S7-200 的指令系统。

在 S7-200 的指令系统非常丰富，指令功能很强，主要包括以下几种：

1）位操作指令，包括逻辑控制指令、定时器指令、计数器指令和比较指令。

2）运算指令，包括四则运算、逻辑运算、数学函数指令。

3）数据处理指令，包括传送、移位、字节交换和填充指令。

4）表功能指令，包括对表的存取和查找指令。

5）转换指令，包括数据类型转换、编码和译码、七段码指令和字符串转换指令。

在基本指令中，位操作指令是其他所有指令应用的基础，非常重要，因此是需要重点掌握的内容。除位操作指令外，其他的基本指令反映了 PLC 对数据的运算和处理能力，这些指令拓宽了 PLC 的应用领域。

一、基本逻辑指令

1. LD（Load）、LDN（Load Not）和 =（Out）

LD：常开触点逻辑运算开始，装入常开触点。

LDN：常闭触点逻辑运算开始，装入常闭触点。

=：输出指令，线圈驱动。

图 10-6 给出了 LD、LDN、= 指令的梯形图及语句表。LD、LDN 指令总是与母线相连（包

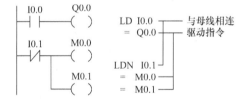

图 10-6 LD、LDN、= 指令的梯形图及语句表

括在分支点引出的母线）。= 指令不能用于输入继电器，但可以并联连续使用。具有图 10-6 中的最后两条指令结构的输出形式，称为并联输出。

2. 触点串联指令 A（And）和 AN（And Not）

A：常开触点串联连接。

AN：常闭触点串联连接。

图 10-7 给出了 A、AN 指令的梯形图及语句表。A、AN 指令应用于单个触点的串联（常开或常闭），可以连续使用。具有图 10-7 中的最后 3 条指令结构的输出形式，称为连续输出。A 和 AN 的操作数为：I、Q、M、SM、T、C、V、S。

3. 触点并联指令 O（Or）和 ON（Or Not）

O：常开触点并联连接。

ON：常闭触点并联连接。

图10-8给出了O、ON指令的梯形图及语句表。O、ON指令应用于并联单个触点，紧接在LD、LDN之后使用，可以连续使用。O、ON指令的操作数为：I、Q、M、SM、T、C、V、S。O、ON指令的梯形图及语句表如图10-8所示。

```
LD   I0.0
AN   M0.0
A    I0.1
=    Q0.0

LD   Q0.0
AN   I0.2
=    M0.0
AN   I0.3
=    M0.1
```

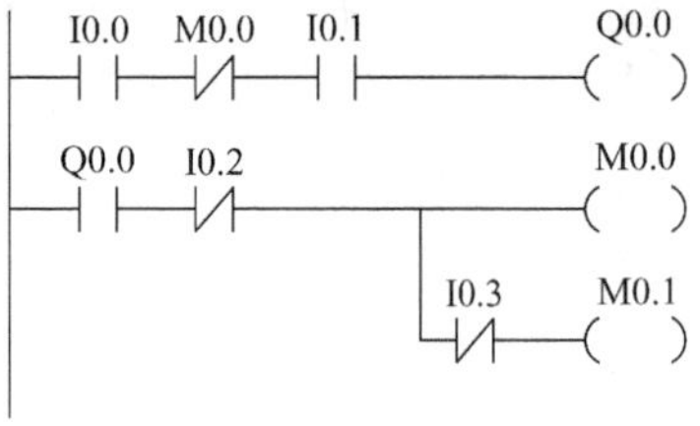

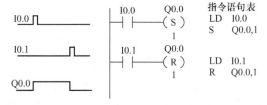

图10-7　A、AN指令的梯形图及语句表

指令语句表

```
LD   I0.0
ON   I0.1
O    I0.2
AN   M0.0
A    I0.1
=    Q0.0
LD   Q0.0
AN   I0.2
O    I0.2
O    I0.3
=    M0.0
AN   I0.3
=    M0.1
```

图10-8　O、ON指令的梯形图及语句表

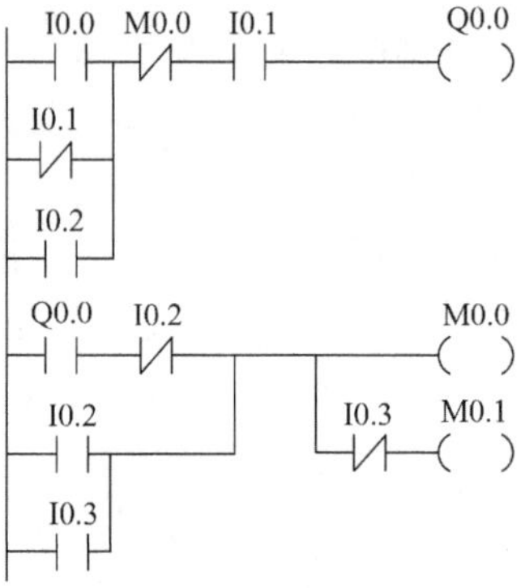

4. 置位、复位指令S（Set）/R（Reset）

S置位即置1，R复位即置0。置位和复位指令可以将位存储区的某一位开始的一个或多个（最多可达255个）同类存储器位置1或置0。

S：置位指令，将由操作数指定的位（开始的1位至最多255位）置“1”，并保持。R：复位指令，将由操作数指定的位（开始的1位至最多255位）置“0”，并保持。S、R指令的时序图、梯形图及语句表如图10-9所示。I0.0的上升沿从而使Q0.0接通并保持，即使I0.0断开也不再影响Q0.0。I0.1的上升沿使I0.1闭合，从而使Q0.0断开并保持断开状态，直到I0.0的下一个脉冲到来。对同一元件可以多次使用S/R指令（与“=”指令不同）。实际上图10-9所示的例子组成一个S-R触发器，当然也可把次序反过来组成R-S触发器。但要注意，由于扫描工作方式，故写在后面的指令具有优先权。

在使用S、R这两条指令时需指明3点：①操作性质（S/R）；②开始位（Bit）；③位的数量（N）。

开始位的操作数为：Q、M、SM、T、C、V、S。数量位的操作数为：VB、IB、QB、MB、SMB、LB、SB、AC、常数等。操作数被置“1”后，必须通过R指令清“0”。

指令语句表

```
LD   I0.0
S    Q0.0,1

LD   I0.1
R    Q0.0,1
```

图10-9　S、R指令的时序图、梯形图及语句表

5. 脉冲生成指令EU（Edge Up）和ED（Edge Down）

EU指令在对应输入（I0.0）有上升沿时，产生一宽度为扫描周期的微分脉冲，ED指令在对应输入（I0.0）有下降沿时，产生一宽度为扫描周期的微分脉冲，EU、ED指令的时序图、梯形图及语句表如图10-10所示。

6. 逻辑结果取反指令NOT

NOT指令用于将NOT指令左端的逻辑运算结果取反。NOT指令无操作数，NOT指令的

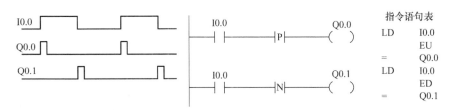

图 10-10　EU、ED 指令的时序图、梯形图及语句表

梯形图及语句表如图 10-11 所示。

7. 立即数指令 I（Immediate）（LDI、LDNI、AI、ANI、OI、ONI、=I、SI、RI）

为了使输入/输出的响应更快，S7-200 通过引入立即存取指令-LDI、LDNI、AI、ANI、OI、ONI、=I、SI、RI 加快系统的响应速度。在程序中遇到立即指令时，若涉及输入触点，则 CPU 绕过输入映像寄存器，直接读入输入点的通断状态作为等量齐观处理的依据，但不对映像寄存器作刷新处理。若涉及输出线圈，则将除结果写入映像寄存器 PIQ 外，更直接以结果驱动实际输出而不等待程序结束指令。立即数指令的梯形图及语句表如图 10-12 所示。

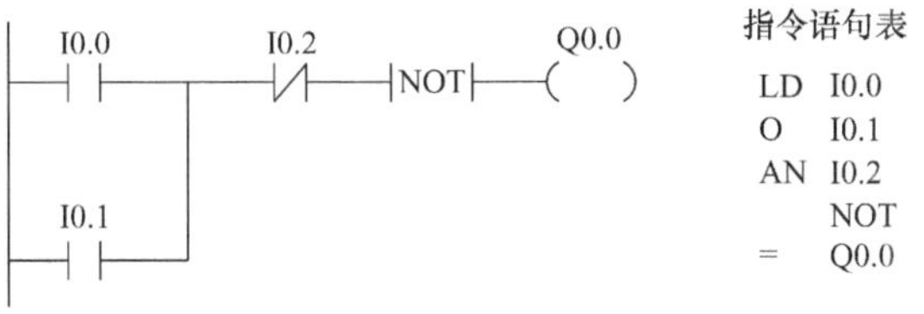

图 10-11　NOT 指令的梯形图及语句表 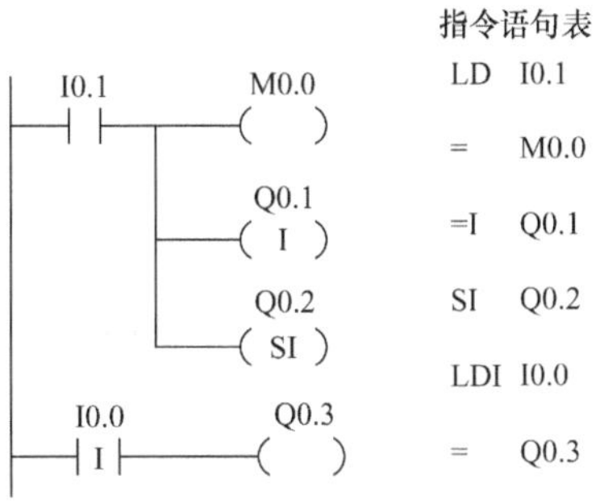　　　图 10-12　立即数指令的梯形图及语句表

二、复杂逻辑指令

对于复杂的逻辑指令要用到堆栈。S7-200 有一个 9 位的堆栈，栈顶用来存储逻辑运算的结果。堆栈中的数据一般按"先进后出"的原则存取。与堆栈有关的指令见表 10-8。

表 10-8　与堆栈有关的指令

指令格式 （语句表）	功　能	说　　明	操作数
ALD	栈装载与指令	在梯形图中用于将并联电路块进行串联连接	无操作数
OLD	栈装载或指令	在梯形图中用于将串联电路块进行并联连接	
LPS	逻辑推入栈指令	在梯形图中的分支结构中，用于生成一条新的母线，左侧为主控逻辑块时，第一个完整的从逻辑行从此处开始（注意：使用 LPS 指令时，本指令为分支的开始，以后必须有分支结束指令 LPP。即 LPS 和 LPP 指令必须成对出现）	
LPP	逻辑弹出栈指令	在梯形图的分支结构中，用于将 LPS 指令生成一条新的母线进行恢复（注意：使用 LPP 指令时，必须出现在 LPS 的后面）	

（续）

指令格式 （语句表）	功　能	说　　明	操作数
LRD	逻辑读栈指令	在梯形图中的分支结构中，当左侧为主控逻辑块时，开始第二个和后边更多的从逻辑块（注意：LPS 后第一个和最后一个从逻辑块不用本指令）	无操作数
LDS n	装入堆栈指令		n：0~8 的整数

OLD（OrLoad），可用于串联电路块的并联连接。用 OLD 指令的梯形图及语句表如图 10-13 所示。

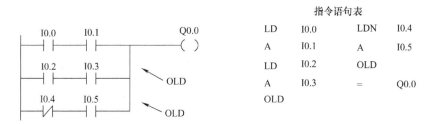

图 10-13　用 OLD 指令的梯形图及语句表

OLD 指令使用说明：

1）几个串联支路并联连接时，其支路的起点以 LD、LDN 开始，支路终点用 OLD 指令。

2）如需将多个支路并联，从第二条支路开始，在每一支路后面加 OLD 指令。用这种方法编程，对并联支路的个数没有限制。

3）OLD 指令无操作数。

ALD（AndLoad），可用于并联电路块的串联连接。用 ALD 指令的梯形图及语句表如图 10-14 所示。

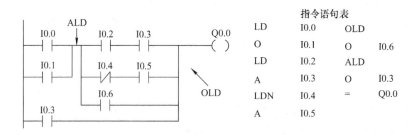

图 10-14　用 ALD 指令的梯形图及语句表

ALD 指令使用说明：

1）分支电路（并联电路块）与前面电路串联连接时，使用 ALD 指令。分支的起始点用 LD、LDN 指令，并联电路块结束后，使用 ALD 指令与前面电路串联。

2）如果有多个并联电路块串联，顺次以 ALD 指令与前面支路连接，支路数量没有限制。

3）ALD 指令无操作数。

图 10-15 中的例子说明了堆栈指令的使用过程。

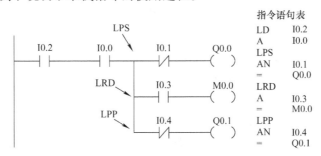

图 10-15　堆栈指令的使用

三、定时、计数器和比较指令

1. 定时器指令

S7-200 的 CPU22X 系列的 PLC 系统提供 3 种类型的定时器：通电延时定时器 TON、有记忆通电延时定时器 TONR 和断电延时定时器 TOF，总共提供 256 个定时器 T0~T255，其中 TONR 为 64 个，其余 192 个可定义为 TON 或 TOF。定时精度（时间增量/时间单位/分辨率）可分为 3 个等级：1ms、10ms、100ms。定时器的定时精度及编号见表 10-9。

定时器的定时时间为：$T = PT \times S$。式中，T 为定时器的定时时间；PT 是定时器的设定值，数据类型为整数型；S 是定时器的精度。

定时器指令需要 3 个操作数：编号、设定值和使能输入端。

表 10-9　CPU22X 系列定时器的定时精度及编号

定时器类型	定时精度/ms	最大当前值/s	定时器号
TON TOF	1	32.767	T32，T96
	10	327.67	T33~T36，T97~T100
	100	3276.7	T37~T63，T101~T255
TONR	1	32.767	T0，T64
	10	327.67	T1~T4，T65~T68
	100	3276.7	T5~T31，T69~T95

（1）接通延时定时器指令 TON　接通延时定时器指令 TON 用于单一间隔的定时。在梯形图中，TON 指令是以功能框的形式编程，它有两个输入端：IN 为启动定时器输入端，PT 为定时器的设定值输入端。上电周期或首次扫描，定时器状态位 OFF，当前值为 0。当定时器的输入端 IN 接通时，定时器状态位为 OFF，定时器当前值从 0 开始工作计时，定时器当前值等于或大于设定值时，定时器状态位 ON，常闭触点断开，常开触点闭合，当前值继续计数到 32767。无论何时，只要 IN 为 OFF，TON 的当前值被复位到 0。

在语句表中，接通延时定时器的指令格式为：TON T×××（定时器编号），PT
例：TON T33，100
TON 的梯形图和语句表如图 10-16 所示。

当定时器 T33 的使能输入端 I0.0 为 ON 时，T33 开始工作计时，定时器 T33 的当前寄存器从 0 开始增加。当 T33 的当前值达到设定值 PT（图例为 1s）时，T33 的定时器状态位

（bit）为 ON，T33 的常开触点闭合，使得 Q0.3 为 ON。此时 T33 的当前值继续累加到最大值。在程序中也可以用复位指令 R 使定时器复位。

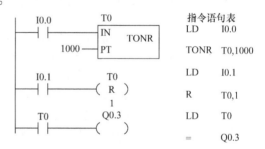

（2）有记忆接通延时定时器指令 TONR　有记忆接通延时定时器指令 TONR 用于多个时间间隔的累计定时。上电周期或首次扫描，定时器状态位 OFF，当前值保持。

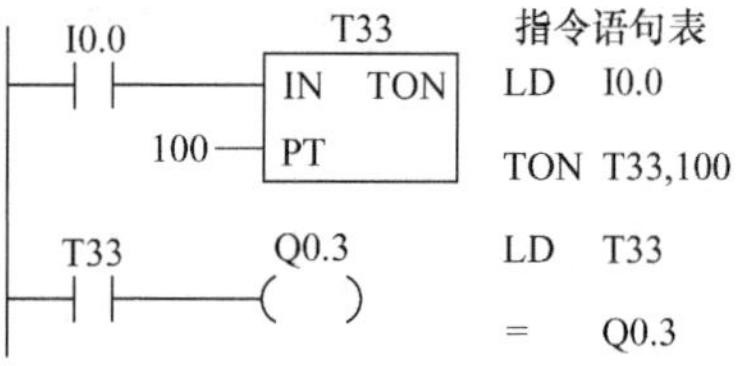

图 10-16　TON 的梯形图和语句表

使能输入接通时，定时器状态位为 OFF，当前值从 0 开始计数时间。使能输入断开，定时器状态位和当前值保持最后状态。使能输入再次接通时，当前值从上次的保持值继续计数，当累计当前值达到预设值时，定时器状态位为 ON，当前值连续计数到 32767。在梯形图中，TONR 指令是以功能框的形式编程，指令名称为 TONR，它有两个输入端：IN 为启动定时器输入端，PT 为定时器的设定值输入端。当定时器的输入端 IN 为 ON 时，定时器开始工作计时；当定时器的当前值大于等于设定值时，定时器被置位，其常开触点接通，常闭触点断开，定时器继续计时，一直计时到最大值 32767。如果在定时器的当前值小于设定值时，IN 变成 OFF，TONR 的值保持不变，当 IN 为 ON 时，TONR 在当前值基础上继续计时，直至当前值大于等于设定值。

在语句表中，保持型接通延时定时器的指令格式为：TONR T×××（定时器编号），PT

例：　TONR　T0,1000

TONR 的梯形图和语句表如图 10-17 所示。

当定时器 T0 的使能输入端 I0.0 为 ON 时，T0 开始工作计时，定时器 T0 的当前寄存器从 0 开始增加。当 I0.0 为 OFF 时，T0 的当前值保持。当 I0.0 再次为 ON 时，T0 在当前值基础上继续计时，直至 T0 当前值大于等于设定值 PT（图例为 1s）时，T0 的定时器状态位（bit）为 ON，T0 的常开触点闭合，使得 Q0.3 为 ON。此时 T0 的当前值继续累加

图 10-17　TONR 的梯形图和语句表

到最大值或 T0 复位。当定时器动作后，必须用复位指令 R 使定时器复位。即使 I0.0 为 OFF 时，T0 也不会复位。

（3）断开延时定时器指令 TOF　断开延时定时器指令 TOF 用于输入断开后单一间隔的定时。系统上电或首次扫描时，定时器状态位（bit）为 OFF，当前值为 0。使能输入接通时，定时器状态位为 ON，当前值为 0。当使能输入由接通到断开时，定时器开始计数，当前值达到预设值时，定时器状态位 OFF，当前值等于预设值，停止计数。TOF 复位后，如果使能输入再有从 ON 到 OFF 的负跳变，则可实现再次启动。在梯形图中，TOF 指令是以功能框的形式编程，指令名称为 TONF，它有两个输入端：IN 为启动定时器输入端，PT 为定时器的设定值输入端。当定时器的输入端 IN 为 ON 时，定时器状态位为 ON，但是其定时器当前值为 "0"。只有当 I0.0 为 OFF 时，定时器才开始计时，当定时器的当前值大于等于设定值时，定时器被复位，常开触点断开，常闭触点接通，定时器停止计时。

在语句表中，接通延时定时器的指令格式为：TOF T×××（定时器编号），PT

例：　TOF　T2,100

TOF 的梯形图和语句表如图 10-18 所示。

当定时器 T2 的使能输入端 I0.0 为 ON 时，T2 的状态为 ON，当 I0.0 为 OFF 时，T2 开始工作计时，定时器 T2 的当前寄存器从 0 开始增加，直至当前值达到设定值 PT，T2 的状态位（bit）为 OFF，当前值等于设定值，停止累加计数。在程序中也可以用复位指令 R 使定时器复位。

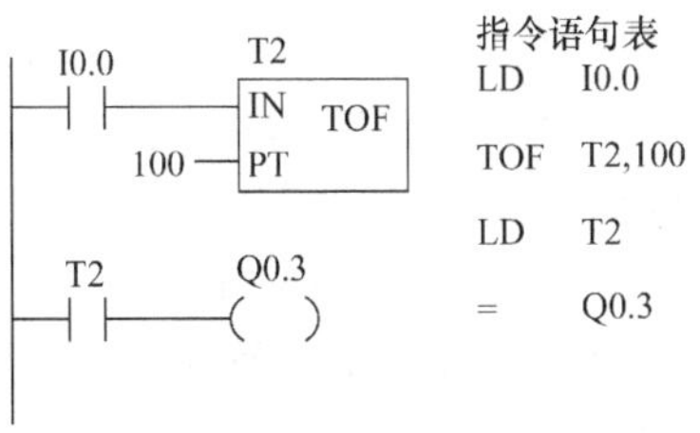

图 10-18　TOF 的梯形图和语句表

对于 S7-200 系列 PLC 的定时器，必须注意的是：1ms、10ms、100ms 定时器的刷新方式是不同的。1ms 定时器由系统每隔 1ms 刷新一次，与扫描周期及程序处理无关，因此当扫描周期较长时，在一个周期内可能被多次刷新，其当前值在一个周期内不一定保持一致；10ms 定时器则由系统在每个扫描周期开始时自动刷新，由于是每个扫描周期只刷新一次，故在每次程序处理期间，其当前值为常数；100ms 定时器则在该定时器指令执行时才被刷新。

由于定时器内部刷新机制的原因，图 10-19a 所示定时器循环计时（自复位）电路若选用 1ms 或 10ms 精度，运行时会出现错误，而图 10-19b 所示电路可保证 1ms、10ms、100ms 这 3 种定时器均运行正常。只有了解了 3 种定时器不同的刷新方式，才能编写出可靠的程序。

另外，1ms、10ms、100ms 定时器的定时精度不同，其预设值必须大于最小需要的时间间隔。使用 1ms 定时器要确保至少 56ms 的时间间隔，预设值应大于 57。使用 10ms 定时器要确保至少 140ms 的时间间隔，预设值应大于 15。使用 100ms 定时器要确保至少 2100ms 的时间间隔，预设值应大于 22。

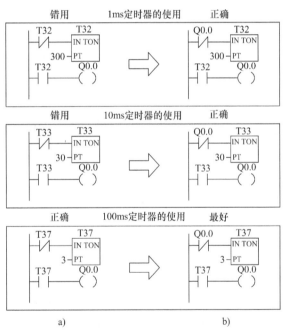

图 10-19　定时器应用示例

2. 计数器指令

计数器用来累计输入脉冲的次数。计数器也是由集成电路构成，是应用非常广泛的编程元件，经常用来对产品进行计数。

S7-200 计数器指令有 3 种类型：递增计数器指令 CTU、增减计数器指令 CTUD 和递减计数器指令 CTD，共计 256 个，可以根据实际情况和编程需要，对某个计数器的类型进行定义，编号为 C0～C255。指令操作数有 4 方面：编号、预设值、脉冲输入和复位输入。每个计数器只能使用一次，不能重复使用同一计数器的线圈编号。每个计数器有一个 16 位的当前值寄存器及一个状态位，最大计数值 PV 的数据类型为整数型 INT，寻址范围为：VW、IW、QW、NW、MW、SW、SMW、LW、AIW、T、C、AC、*VD、*AC、*LD 及常数。

（1）递增计数器指令 CTU　递增计数器指令 CTU 在首次扫描 CTU 时，其状态位为

OFF，当前值为0。脉冲输入的每个上升沿，计数器计数1次，当前值增加1个单位，当前值达到预设值时，计数器位ON，当前值继续计数到32767停止计数。复位输入有效或执行复位指令，计数器自动复位，即计数器位OFF，当前值为0。在梯形图中，递增计数器以功能框的形式编程，指令名称CTU，它有CU、LD和PV共3个输入端。PV为设定值输入，CU为计数脉冲的启动输入端，CU为ON时，在脉冲输入的每个上升沿，计数器计数1次，当前值寄存器增加1个单位，如果当前值达到预设值PV时，计数器状态位为ON，计数器动作，当前值继续递增计数，最大可达到32767。CU由ON变为OFF时，计数器的当前值停止计数，并保持当前值不变；当CU又变为ON时，计数器在当前值基础上继续递增计数。R为复位输入有效或执行复位指令，当R端为ON时，计数器复位，即计数器状态位为OFF，当前值为0。也可以通过复位指令R使CTU计数器复位。

在语句表中，递增计数器的指令格式为：CTU　C×××，PV

例：CTU　C20，3

递增计数器的梯形图、语句表和时序图如图10-20所示。

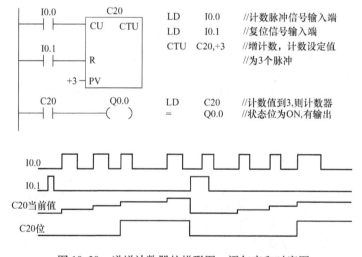

图10-20　递增计数器的梯形图、语句表和时序图

（2）递减计数器指令CTD　递减计数器指令CTD在首次扫描CTD时，其状态位为OFF，当前值为设定值。在梯形图中，递减计数器以功能框的形式编程，指令名称CTD，它有CD、LD和PV共3个输入端。PV为设定值输入，CD为计数脉冲的启动输入端，CD为ON时，在脉冲输入的每个上升沿，计数器计数1次，当前值寄存器减1个单位，如果当前值减到预0时，计数器状态位为ON，计数器动作。计数器当前的值为0。LD为复位输入有效或执行复位指令，当LD端为ON，计数器复位，即计数器状态位为OFF，当前值为设定值。也可以通过复位指令LD使CTD计数器复位。

在语句表中，递减计数器的指令格式为：CTD　C×××，PV

例：CTD　C40，4

递减计数器的梯形图、语句表和时序图如图10-21所示。

（3）增减计数器指令CTUD　增减计数器指令CTUD在首次扫描CTUD时，其状态位为OFF，当前值为0。在梯形图中，递增计数器以功能框的形式编程，指令名称CTUD，它有两个脉冲输入端 CU 和 CD，1 个设定值输入端 PV 和 1 个复位输入端 R。CU 为递增计数脉冲的输入端，在 CU 的脉冲输入的每个上升沿，计数器计数 1 次，当前值寄存器增加 1 个单位。CD 为递减计数脉冲的输入端，在 CD 的脉冲输入的每个上升沿，计数器计数 1 次，当前值寄存器递减 1 个单位。如果当前值达到预设值 PV 时，计数器状态位为 ON，计数器 CTUD 动作。R 为复位输入有效或执行复位指令，当 R 端为 ON 时，计数器 CTUD 复位，即计数器 CTUD 状态位为 OFF，当前值为 0。也可以通过复位指令 R 使 CTUD 计数器复位。

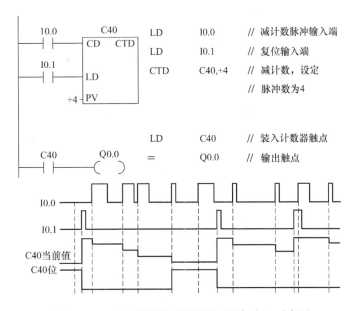

图 10-21　递减计数器的梯形图、语句表和时序图

　　增减计数器的计数范围为 -32768 ~ 32767。当 CTUD 计数到最大值 32767 后，如 CU 端又有计数脉冲输入，在这个计数脉冲的上升沿，使当前值寄存器跳变到最小值 -32768；反之，在当前值为最小值 -32768 后，如 CD 端又有计数脉冲输入，在这个计数脉冲的上升沿，使当前值寄存器跳变到最大值 32767。

　　在语句表中，增减计数器的指令格式为：CTUD　C×××，PV

　　例：CTUD　C30，5

　　增减计数器的梯形图、语句表和时序图如图 10-22 所示。

　　3. 比较指令

　　比较指令是将两个操作数 IN1 和 IN2 按指定的条件作比较，条件成立时触点就闭合。比较运算符有：等于（=），大于等于（≥），大于（>），小于（<），不等于（<>）。在梯形图中，比较指令是以常开触点的形式编程的，在常开触点的中间注明比较参数和比较运算符。当比较的结果为真时，该动触点就闭合。在功能块图中，比较的结果是以功能框的形式编程的。当比较的结果为真时，输出接通。在语句表中，比较指令与基本逻辑指令 LD、A 和 O 进行组合后编程的。当比较的结果为真时，PLC 将栈顶置 1。

　　比较指令的类型有：字节（BYTE）比较、整数（INT）比较、双字整数（DINT）比较和实数（REAL）比较。比较指令的操作数 IN1 和 IN2 的寻址范围见表 10-10。

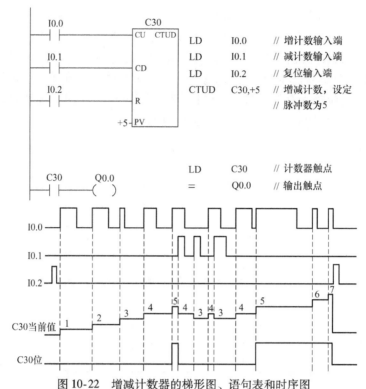

図 10-22 增减计数器的梯形图、语句表和时序图

表 10-10 比较指令的操作数 IN1 和 IN2 的寻址范围

操作数	类型	寻 址 范 围
IN1 IN2	BYTE	VB、IB、QB、MB、SB、SMB、LB 等
	INT	VW、IW、QW、MW、SW、SMW、LW、AIW、T、C 等
	DINT	VD、ID、QD、MD、SD、SMD、LD、HC 等
	REAL	VD、ID、QD、MD、SD、SMD、LD 等

（1）字节比较指令　字节比较用于比较两个字节型整数值 IN1 和 IN2 的大小，字节比较是无符号的。比较式可以是 LDB、AB 或 OB 后直接加比较运算符构成。如：LDB =、AB < >、OB≥等。

整数 IN1 和 IN2 的寻址范围：VB、IB、QB、MB、SB、SMB、LB、∗VD、∗AC、∗LD 和常数。

指令格式例：

LDB = VB10, VB12

AB < >MB0, MB1

OB≤AC1, 116

（2）整数比较指令　整数比较用于比较两个一字长整数值 IN1 和 IN2 的大小，整数比较是有符号的（整数范围为 16#8000 ~ 16#7FFF 之间）。比较式可以是 LDW、AW 或 OW 后直接加比较运算符构成。如：LDW =、AW < >、OW≥等。

整数 IN1 和 IN2 的寻址范围：VW、IW、QW、MW、SW、SMW、LW、AIW、T、C、AC、∗VD、∗AC、∗LD 和常数。

指令格式例：

LDW＝VW10，VW12

AW＜＞MW0，MW4

OW≤AC2，1160

（3）双字整数比较指令 双字整数比较用于比较两个双字长整数值 IN1 和 IN2 的大小，双字整数比较是有符号的（双字整数范围为 16#80000000 和 16#7FFFFFFF 之间）。

指令格式例：

LDD＝VD10，VD14

AD＜＞MD0，MD8

OD≤AC0，1160000

LDD≥HC0，∗AC0

（4）实数比较指令 实数比较用于比较两个双字长实数值 IN1 和 IN2 的大小，实数比较是有符号的（负实数范围为 −1.175495E−38 和 −3.402823E+38，正实数范围为 +1.175495E−38 和 +3.402823E+38）。比较式可以是 LDR、AR 或 OR 后直接加比较 ≥≤≥运算符构成。

指令格式例：

LDR＝VD10，VD18

AR＜＞MD0，MD12

OR≤AC1，1160.478

AR＞∗AC1，VD100

（5）数据比较指令应用实例

一自动仓库存放某种货物，最多6000箱，需对所存的货物进出计数。货物多于 1000 箱，灯 L1 亮；货物多于 5000 箱，灯 L2 亮。

分析：需要检测某种货物的进、出货情况，可以用增减计数器进行统计。L1 和 L2 分别受 Q0.0 和 Q0.1 控制，数值 1000 和 5000 分别存储在 VW20 和 VW30 字存储单元中。

比较指令应用实例的梯形图、语句表和时序图如图 10-23 所示。

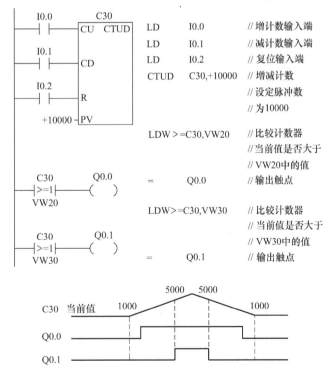

图 10-23 比较指令应用实例的梯形图、语句表和时序图

四、程序控制指令

1. 结束指令 END

有条件结束指令 END 根据前面的逻辑关系，终止用户主程序，并返回主程序起始点。该指令只能用在主程序，而不能用在子程序或中断程序中。

2. 暂停指令 STOP

暂停指令使 CPU 立即终止程序的执行，强迫 CPU 从 RUN 方式转变为 STOP 方式。如果暂停指令在中断程序中执行，该中断立即停止，但继续扫描程序的剩余部分，直至本次扫描完成后，终止程序的执行。

如图 10-24 所示的程序中，当 I0.0 接通时 Q0.0 有输出，若 I0.1 接通，终止用户程序，Q0.0 仍保持接通，下面的程序不会执行，并返回主程序起始点。若 I0.0 断开，接通 I0.2，则 Q0.1 有输出，若将 I0.3 接通则 Q0.0 与 Q0.1 均复位，CPU 转为 STOP 方式。

3. 顺序控制继电器指令

顺序控制继电器指令梯形图如图 10-25 所示。

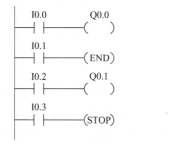

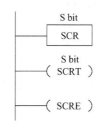

图 10-24　结束指令、暂停指令的使用　　　图 10-25　顺序控制继电器指令梯形图

S bit，是顺序控制继电器标号。顺序控制继电器有一个使能位（即状态位），从 SCR 开始到 SCRE 结束的所有指令组成 SCR 段。SCR 是一个顺序控制继电器（SCR）段的开始，当 S bit 使能位为 1 时，允许 SCR 段工作。SCR 段必须用 SCRE 指令结束。

SCRT 指令执行 SCR 段的转移。它一方面对下一个 SCR 使能位置位，以使下一个 SCR 段工作；另一方面又同时对本段 SCR 使能位复位，以使本段 SCR 停止工作。SCR 指令只能用在主程序中，不可用在子程序和中断服务程序中。

分析图 10-26 所示指令，它是用顺序控制继电器指令编写的两条街交通灯变化的部分程序。

4. 跳转及标号指令

跳转及标号指令成对出现在程序中，跳转指令（JMP）可使程序流程转移到同一程序中指定的标号（n）处。标号指令（LBL）是使程序跳转到指定的目标位置

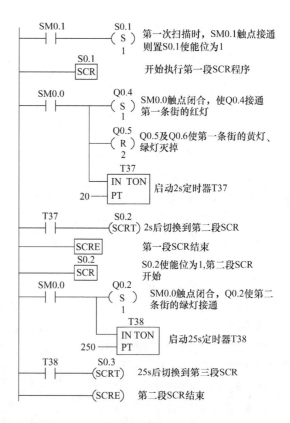

图 10-26　顺序控制继电器指令使用

（n）。跳转及标号指令可以分别用在主程序、子程序或中断程序中。但不能从主程序跳到子程序或中断程序，同样也不能从子程序或中断程序跳出。

操作数 n：0 ~ 255。

下面分析图 10-27 所示指令的执行顺序。当 JMP 条件满足（即 I0.0 为 ON 时），程序跳转执行 LBL 标号以后的指令，而在 JMP 和 LBL 之间的指令一概不执行，在这个过程中即使 I0.1 接通也不会有 Q0.1 输出。当 JMP 条件不满足时，则当 I0.1 接通 Q0.1 有输出。

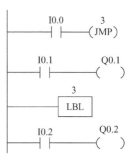

图 10-27　跳转指令的使用

五、其他指令

1. 算术运算指令

算术运算指令见表 10-11。

表 10-11　算术运算指令

名称	指令格式（语句表）	功能	说明	操作数寻址范围
加法指令	+ I IN1, OUT	整数加法	两个 16 位符号整数相加，得到一个 16 位整数 执行结果：IN1 + OUT = OUT（在 LAD 和 FBD 中为：IN1 + IN2 = OUT）	IN1，IN2，OUT：VW，IW，QW，MW，SW，SMW，LW，T，C，AC，*VD，*AC，*LD IN1 和 IN2 还可以是 AIW 和常数
	+ D IN1, IN2	双整数加法	两个 32 位符号整数相加，得到一个 32 位整数 执行结果：IN1 + OUT = OUT（在 LAD 和 FBD 中为：IN1 + IN2 = OUT）	IN1，IN2，OUT：VD，ID，QD，MD，SD，SMD，LD，AC，*VD，*AC，*LD IN1 和 IN2 还可以是 HC 和常数
	+ R IN1, OUT	实数加法	两个 32 位实数相加，得到一个 32 位实数 执行结果：IN1 + OUT = OUT（在 LAD 和 FBD 中为：IN1 + IN2 = OUT）	IN1，IN2，OUT：VD，ID，QD，MD，SD，SMD，LD，AC，*VD，*AC，*LD IN1 和 IN2 还可以是常数
减法指令	– I IN1, OUT	整数减法	两个 16 位符号整数相减，得到一个 16 位整数 执行结果：OUT – IN1 = OUT（在 LAD 和 FBD 中为：IN1 – IN2 = OUT）	同整数加法
	– D IN1, OUT	双整数减法	两个 32 位符号整数相减，得到一个 32 位整数 执行结果：OUT – IN1 = OUT（在 LAD 和 FBD 中为：IN1 – IN2 = OUT）	同双整数加法
	– R IN1, OUT	实数减法	两个 32 位实数相加，得到一个 32 位实数 执行结果：OUT – IN1 = OUT（在 LAD 和 FBD 中为：IN1 – IN2 = OUT）	同实数加法

（续）

名称	指令格式（语句表）	功能	说明	操作数寻址范围
乘法指令	*I IN1，OUT	整数乘法	两个16位符号整数相乘，得到一个16位整数 执行结果：IN1 * OUT = OUT（在LAD和FBD中为：IN1 * IN2 = OUT）	同整数加法
	MUL IN1，OUT	整数完全乘法	两个16位符号整数相乘，得到一个32位整数 执行结果：IN1 * OUT = OUT（在LAD和FBD中为：IN1 * IN2 = OUT）	IN1，IN2：VW，IW，QW，MW，SW，SMW，LW，AIW，T，C，AC，*VD，*AC，*LD和常数 OUT：VD，ID，QD，MD，SD，SMD，LD，AC，*VD，*AC，*LD
	*D IN1，OUT	双整数乘法	两个32位符号整数相乘，得到一个32位整数 执行结果：IN1 * OUT = OUT（在LAD和FBD中为：IN1 * IN2 = OUT）	IN1，IN2，OUT：VD，ID，QD，MD，SD，SMD，LD，AC，*VD，*AC，*LD IN1和IN2还可以是HC和常数
	*R IN1，OUT	实数乘法	两个32位实数相乘，得到一个32位实数 执行结果：IN1 * OUT = OUT（在LAD和FBD中为：IN1 * IN2 = OUT）	IN1，IN2，OUT：VD，ID，QD，MD，SD，SMD，LD，AC，*VD，*AC，*LD IN1和IN2还可以是常数
除法指令	/I IN1，OUT	整数除法	两个16位符号整数相除，得到一个16位整数商，不保留余数 执行结果：OUT/IN1 = OUT（在LAD和FBD中为：IN1/IN2 = OUT）	同整数乘法
	DIV IN1，OUT	整数完全除法	两个16位符号整数相除，得到一个32位结果，其中低16位为商，高16位为结果 执行结果：OUT/IN1 = OUT（在LAD和FBD中为：IN1/IN2 = OUT）	同整数完全乘法
	/D IN1，OUT	双整数除法	两个32位符号整数相除，得到一个32位整数商，不保留余数 执行结果：OUT/IN1 = OUT（在LAD和FBD中为：IN1/IN2 = OUT）	同双整数乘法
	/R IN1，OUT	实数除法	两个32位实数相除，得到一个32位实数商 执行结果：OUT/IN1 = OUT（在LAD和FBD中为：IN1/IN2 = OUT）	同实数乘法

（续）

名称	指令格式（语句表）	功能	说明	操作数寻址范围
数学函数指令	SQRT IN，OUT	二次方根	把一个32位实数（IN）开二次方，得到32位实数结果（OUT）	IN，OUT：VD，ID，QD，MD，SD，SMD，LD，AC，∗VD，∗AC，∗LD IN还可以是常数
	LN IN，OUT	自然对数	对一个32位实数（IN）取自然对数，得到32位实数结果（OUT）	
	EXP IN，OUT	指数	对一个32位实数（IN）取以e为底数的指数，得到32位实数结果（OUT）	
	SIN IN，OUT	正弦	分别对一个32位实数弧度值（IN）取正弦、余弦、正切，得到32位实数结果（OUT）	
	COS IN，OUT	余弦		
	TAN IN，OUT	正切		
增减指令	INCB OUT	字节增	将字节无符号输入数加1 执行结果：OUT + 1 = OUT（在LAD和FBD中为：IN + 1 = OUT）	IN，OUT：VB，IB，QB，MB，SB，SMB，LB，AC，∗VD，∗AC，∗LD IN还可以是常数
	DECB OUT	字节减	将字节无符号输入数减1 执行结果：OUT − 1 = OUT（在LAD和FBD中为：IN − 1 = OUT）	
	INCW OUT	字增	将字（16位）有符号输入数加1 执行结果：OUT + 1 = OUT（在LAD和FBD中为：IN + 1 = OUT）	IN，OUT：VW，IW，QW，MW，SW，SMW，LW，T，C，AC，∗VD，∗AC，∗LD IN还可以是AIW和常数
	DECW OUT	字减	将字（16位）有符号输入数减1 执行结果：OUT − 1 = OUT（在LAD和FBD中为：IN − 1 = OUT）	
	INCD OUT	双字增	将双字（32位）有符号输入数加1 执行结果：OUT + 1 = OUT（在LAD和FBD中为：IN + 1 = OUT）	IN，OUT：VD，ID，QD，MD，SD，SMD，LD，AC，∗VD，∗AC，∗LD IN还可以是HC和常数
	DECD OUT	双字减	将字（32位）有符号输入数减1 执行结果：OUT − 1 = OUT（在LAD和FBD中为：IN − 1 = OUT）	

2. 逻辑运算指令

逻辑运算指令见表10-12。逻辑运算对逻辑数（无符号数）进行逻辑与、逻辑或、逻辑异或、取反等处理。

在LAD和FBD中，对两数IN1和IN2逻辑运算，或对单数OUT取反，结果由OUT输出。可以设定OUT和IN2指向同一内存单元，这样可以节省内存。

在STL中，对两数IN1和OUT逻辑运算，或对单数OUT取反，结果由OUT输出。

表 10-12　逻辑运算指令

名称	指令格式（语句表）	功能	说　明	操　作　数
字节逻辑运算指令	ANDB IN1，OUT	字节与	将字节 IN1 和 OUT 按位作逻辑与运算，输出结果 OUT	IN1，IN2，OUT：VB，IB，QB，MB，SB，SMB，LB，AC，＊VD，＊AC，＊LD IN1 和 IN2 还可以是常数
	ORB IN1，OUT	字节或	将字节 IN1 和 OUT 按位作逻辑或运算，输出结果 OUT	
	XORB IN1，OUT	字节异或	将字节 IN1 和 OUT 按位作逻辑异或运算，输出结果 OUT	
	INVB OUT	字节取反	将字节 OUT 按位取反，输出结果 OUT	
字逻辑运算指令	ANDW IN1，OUT	字与	将字 IN1 和 OUT 按位作逻辑与运算，输出结果 OUT	IN1，IN2，OUT：VW，IW，QW，MW，SW，SMW，LW，T，C，AC，＊VD，＊AC，＊LD IN1 和 IN2 还可以是 AIW 和常数
	ORW IN1，OUT	字或	将字 IN1 和 OUT 按位作逻辑或运算，输出结果 OUT	
	XORW IN1，OUT	字异或	将字 IN1 和 OUT 按位作逻辑异或运算，输出结果 OUT	
	INVW OUT	字取反	将字 OUT 按位取反，输出结果 OUT	
双字逻辑运算指令	ANDD IN1，OUT	双字与	将双字 IN1 和 OUT 按位作逻辑与运算，输出结果 OUT	IN1，IN2，OUT：VD，ID，QD，MD，SD，SMD，LD，AC，＊VD，＊AC，＊LD IN1 和 IN2 还可以是 HC 和常数
	ORD IN1，OUT	双字或	将双字 IN1 和 OUT 按位作逻辑或运算，输出结果 OUT	
	XORD IN1，OUT	双字异或	将双字 IN1 和 OUT 按位作逻辑异或运算，输出结果 OUT	
	INVD OUT	双字取反	将双字 OUT 按位取反，输出结果 OUT	

3. 移位与循环指令

移位与循环指令见表 10-13。移位与循环指令对无符号数进行移位处理，可广泛应用在一个数字量输出点对应多个相对固定状态的情况。

在 LAD 和 FBD 中，对输入数据 IN 进行移位，结果输出至 OUT。

在 STL 中，对 OUT 进行移位，结果输出至 OUT。

表 10-13　移位与循环指令

名称	指令格式（语句表）	功能	说明	操 作 数
字节移位指令	SRB OUT, N	字节右移	将字节 OUT 右移 N 位，最左边的位依次用 0 填充	IN, OUT, N: VB, IB, QB, MB, SB, SMB, LB, AC, ＊VD, ＊AC, ＊LD IN 和 N 还可以是常数
	SLB OUT, N	字节左移	将字节 OUT 左移 N 位，最右边的位依次用 0 填充	
	RRB OUT, N	字节循环右移	将字节 OUT 循环右移 N 位，从最右边移出的位送到 OUT 的最左位	
	RLB OUT, N	字节循环左移	将字节 OUT 循环左移 N 位，从最左边移出的位送到 OUT 的最右位	
字移位指令	SRW OUT, N	字右移	将字 OUT 右移 N 位，最左边的位依次用 0 填充	IN, OUT: VW, IW, QW, MW, SW, SMW, LW, T, C, AC, ＊VD, ＊AC, ＊LD IN 还可以是 AIW 和常数 N: VB, IB, QB, MB, SB, SMB, LB, AC, ＊VD, ＊AC, ＊LD, 常数
	SLW OUT, N	字左移	将字 OUT 左移 N 位，最右边的位依次用 0 填充	
	RRW OUT, N	字循环右移	将字 OUT 循环右移 N 位，从最右边移出的位送到 OUT 的最左位	
	RLW OUT, N	字循环左移	将字 OUT 循环左移 N 位，从最左边移出的位送到 OUT 的最右位	
双字移位指令	SRD OUT, N	双字右移	将双字 OUT 右移 N 位，最左边的位依次用 0 填充	IN, OUT: VD, ID, QD, MD, SD, SMD, LD, AC, ＊VD, ＊AC, ＊LD IN 还可以是 HC 和常数 N: VB, IB, QB, MB, SB, SMB, LB, AC, ＊VD, ＊AC, ＊LD, 常数
	SLD OUT, N	双字左移	将双字 OUT 左移 N 位，最右边的位依次用 0 填充	
	RRD OUT, N	双字循环右移	将双字 OUT 循环右移 N 位，从最右边移出的位送到 OUT 的最左位	
	RLD OUT, N	双字循环左移	将双字 OUT 循环左移 N 位，从最左边移出的位送到 OUT 的最右位	
移位寄存器指令	SHRB DATA, S_BIT, N	寄存器移位	将 DATA 的值（位型）移入移位寄存器；S_BIT 指定移位寄存器的最低位，N 指定移位寄存器的长度（正向移位＝N，反向移位＝－N）	DATA, S_BIT: I, Q, M, SM, T, C, V, S, L N: VB, IB, QB, MB, SB, SMB, LB, AC, ＊VD, ＊AC, ＊LD, 常数

4. 交换和填充指令

交换和填充指令见表 10-14。

表 10-14 交换和填充指令

名称	指令格式（语句表）	功能	说明	操 作 数
换字节指令	SWAP IN	交换字节	将输入字 IN 的高位字节与低位字节的内容交换，结果放回 IN 中	IN：VW，IW，QW，MW，SW，SMW，LW，T，C，AC，＊VD，＊AC，＊LD
填充指令	FILL IN，OUT，N	存储器填充	用输入字 IN 填充从 OUT，开始的 N 个字存储单元 N 的范围为 1～255	IN，OUT：VW，IW，QW，MW，SW，SMW，LW，T，C，AC，＊VD，＊AC，＊LD IN 还可以是 AIW 和常数，OUT 还可以是 AQW N：VB，IB，QB，MB，SB，SMB，LB，AC，＊VD，＊AC，＊LD，常数

5. 表功能指令

表功能指令见表 10-15。表功能指令仅对字型数据进行操作。一个表中第一个字表示表的最大允许长度（TL）；第二个字表示表中现有数据项的个数（EC）。每次将新数据添加到表中时，EC 值加 1。最多 100 个存表数据。

表 10-15 表功能指令

名称	指令格式（语句表）	功能	说明	操 作 数
表存数指令	ATT DATA，TABLE	填表	将一个字型数据 DATA 添加到表 TABLE 的末尾。EC 值加 1	DATA，TABLE：VW，IW，QW，MW，SW，SMW，LW，T，C，AC，＊VD，＊AC，＊LD DATA 还可以是 AIW，AC 和常数
表取数指令	FIFO TABLE，DATA	先进先出取数	将表 TABLE 的第一个字型数据删除，并将它送到 DATA 指定的单元。表中其余的数据项都向前移动一个位置，同时实际填表数 EC 值减 1	DATA，TABLE：VW，IW，QW，MW，SW，SMW，LW，T，C，＊VD，＊AC，＊LD DATA 还可以是 AQW 和 AC
表取数指令	LIFO TABLE，DATA	后进先出取数	将表 TABLE 的最后一个字型数据删除，并将它送到 DATA 指定的单元。剩余数据位置保持不变，同时实际填表数 EC 值减 1	

（续）

名称	指令格式（语句表）	功能	说明	操作数
表查找指令	FND = TBL，PTN，INDEX FND < > TBL，PTN，INDEX FND < TBL，PTN，INDEX FND > TBL，PTN，INDEX	查找数据	搜索表 TBL，从 INDEX 指定的数据项开始，用给定值 PTN 检索出符合条件（ = ，< > ，< ，> ）的数据项 如果找到一个符合条件的数据项，则 INDEX 指明该数据项在表中的位置。如果一个也找不到，则 INDEX 的值等于数据表的长度。为了搜索下一个符合的值，在再次使用该指令之前，必须先将 INDEX 加 1	TBL：VW，IW，QW，MW，SMW，LW，T，C，* VD，* AC，* LD PTN，INDEX：VW，IW，QW，MW，SW，SMW，LW，T，C，AC，* VD，* AC，* LD PTN 还可以是 AIW 和 AC

6. 转换指令

转换指令见表10-16。

表 10-16　转换指令

名称	指令格式（语句表）	功能	说明	操作数
数据类型转换指令	BTI IN，OUT	字节转换为整数	将字节输入数据 IN 转换成整数类型，结果送到 OUT，无符号扩展	IN：VB，IB，QB，MB，SB，SMB，LB，AC，* VD，* AC，* LD，常数 OUT：VW，IW，QW，MW，SW，SMW，LW，T，C，AC，* VD，* AC，* LD
	ITB IN，OUT	整数转换为字节	将整数输入数据 IN 转换成一个字节，结果送到 OUT。输入数据超出字节范围（0～255）则产生溢出	IN：VW，IW，QW，MW，SW，SMW，LW，T，C，AIW，AC，* VD，* AC，* LD，常数 OUT：VB，IB，QB，MB，SB，SMB，LB，AC，* VD，* AC，* LD
	DTI IN，OUT	双整数转换为整数	将双整数输入数据 IN 转换成整数，结果送到 OUT	IN：VD，ID，QD，MD，SD，SMD，LD，HC，AC，* VD，* AC，* LD，常数 OUT：VW，IW，QW，MW，SW，SMW，LW，T，C，AC，* VD，* AC，* LD
	ITD IN，OUT	整数转换为双整数	将整数输入数据 IN 转换成双整数（符号进行扩展），结果送到 OUT	IN：VW，IW，QW，MW，SW，SMW，LW，T，C，AIW，AC，* VD，* AC，* LD，常数 OUT：VD，ID，QD，MD，SD，SMD，LD，AC，* VD，* AC，* LD

（续）

名称	指令格式（语句表）	功能	说明	操 作 数
数据类型转换指令	ROUND IN, OUT	取整	将实数输入数据 IN 转换成双整数，小数部分四舍五入，结果送到 OUT	IN, OUT: VD, ID, QD, MD, SD, SMD, LD, AC, *VD, *AC, *LD
	TRUNC IN, OUT	取整	将实数输入数据 IN 转换成双整数，小数部分直接舍去，结果送到 OUT	IN 还可以是常数 在 ROUND 指令中 IN 还可以是 HC
	DTR IN, OUT	双整数转换为实数	将双整数输入数据 IN 转换成实数，结果送到 OUT	IN, OUT: VD, ID, QD, MD, SD, SMD, LD, AC, *VD, *AC, *LD IN 还可以是 HC 和常数
	BCDI OUT	BCD 码转换为整数	将 BCD 码输入数据 IN 转换成整数，结果送到 OUT。IN 的范围为 0~9999	IN, OUT: VW, IW, QW, MW, SW, SMW, LW, T, C, AC, *VD, *AC, *LD
	IBCD OUT	整数转换为 BCD 码	将整数输入数据 IN 转换成 BCD 码，结果送到 OUT。IN 的范围为 0~9999	IN 还可以是 AIW 和常数 AC 和常数
编码译码指令	ENCO IN, OUT	编码	将字节输入数据 IN 的最低有效位（值为 1 的位）的位号输出到 OUT 指定的字节单元的低 4 位	IN: VW, IW, QW, MW, SW, SMW, LW, T, C, AIW, AC, *VD, *AC, *LD, 常数 OUT: VB, IB, QB, MB, SB, SMB, LB, AC, *VD, *AC, *LD
	DECO IN, OUT	译码	根据字节输入数据 IN 的低 4 位所表示的位号将 OUT 所指定的字单元的相应位置 1, 其他位置 0	IN: VB, IB, QB, MB, SB, SMB, LB, AC, *VD, *AC, *LD, 常数 IN: VW, IW, QW, MW, SW, SMW, LW, T, C, AQW, AC, *VD, *AC, *LD
段码指令	SEG IN, OUT	七段码生成	根据字节输入数据 IN 的低 4 位有效数字产生相应的七段码，结果输出到 OUT, OUT 的最高位恒为 0	IN, OUT: VB, IB, QB, MB, SB, SMB, LB, AC, *VD, *AC, *LD IN 还可以是常数
字符串转换指令	ATH IN, OUT, LEN	ASCII 码转换为十六进制	把从 IN 开始的长度为 LEN 的 ASCII 码字符串转换成十六进制数，并存放在以 OUT 为首地址的存储区中。合法的 ASCII 码字符的十六进制值在 30H~39H, 41H~46H 之间，字符串的最大长度为 255 个字符	IN, OUT, LEN: VB, IB, QB, MB, SB, SMB, LB, *VD, *AC, *LD LEN 还可以是 AC 和常数

除所列之外，对于字符串转换指令还有十六进制转换为 ASCII 码，整数到 ASCII 码，双整数到 ASCII 码，实数到 ASCII 码。指令格式、相关说明和操作数范围可参考 S7-200 系统手册。

六、特殊指令

S7-200 PLC 中一些完成特殊功能的硬件要通过特殊指令来使用，从而实现特定的复杂的控制目的。由于本书篇幅限制，不再介绍，读者若需要了解，请查阅 S7-200 系统使用手册。

第四节　S7-200 可编程序控制器的程序设计

可编程序控制器应用系统设计主要分两大部分：硬件设计和软件设计。硬件设计就是根据电气控制系统的控制要求、工艺要求和技术要求等对 PLC 进行选型和硬件的配置工作；软件设计就是 PLC 的应用程序设计，也是整个 PLC 控制系统的核心。

系统设计的原则：在可编程序控制器控制系统的设计中，应该最大限度地满足生产机械或生产流程对电气控制的要求。在满足控制要求的前提下，力求 PLC 控制系统简单、经济、安全、可靠、操作和维修方便，而且应使系统能尽量降低使用者长期运行的成本。

设计一个 PLC 控制系统有多种途径：可以在原有的继电接触控制系统基础上加以改造，形成可编程序控制器的控制系统。第十一章将对系统的设计做详细的分析。

下面就 S7-200 可编程序控制器控制系统运行方式和软件设计进行介绍。

一、系统的运行方式

PLC 控制系统有 3 种运行方式，即手动、半自动和自动。

（1）手动运行方式　手动运行方式不是控制系统的主要运行方式，而是用于设备调试、系统调整和特殊情况下的运行方式，因此它是自动运行方式的辅助方式。所谓特殊情况是指系统在故障情况下运行，从这个意义上讲，手动方式又是自动运行方式或半自动运行方式中的一种补充。

（2）半自动运行方式　半自动运行方式的特点是系统在启动和运行过程中的某些步骤需要人工干预才能进行下去。半自动方式多用于检测手段不完善，需要人工判断或某些设备不具备自控条件，需要人工干涉的场合。

（3）自动运行方式　自动运行方式是控制系统的主要运行方式。这种运行方式的主要特点是在系统工作过程中，系统按给定的程序自动完成被控对象的动作，不需要人工干预。系统的启动可由 PLC 本身的启动系统进行，也可由操作人员确认并按下启动响应按钮后，PLC 自动启动系统。

由于 PLC 本身的可靠性很高，如果可靠性设计措施有效，控制系统设计合理，应用控制系统可以设计成自动或半自动运行方式中的任意一种，调试用的程序亦可进入 PLC。

二、西门子 S7-200 PLC 的程序结构设计

熟悉了 PLC 的基本控制指令后，就可以进行 PLC 系统的程序设计。在程序设计中，程序结构设计与数据结构设计是程序设计的重要内容。合理的程序结构与 PLC 内存资源的合理分配使用，不仅决定着应用程序的编程质量，而且对编程周期以及程序调试都有很大影响。在系统设计时，对过程或设备的分解以及创建的各项功能说明书，是程序结构设计与数据设计的主要技术依据。

STEP 7不仅从不同层次充分支持合理的程序结构设计，而且也简化了结构设计的复杂程度。一个复杂的自动化过程可以被分解并定义为一个或多个项目（Project），而对于每个项目，又可以进一步分解并定义给一个或多个CPU，每个CPU有一个控制程序（CPU_PROGRAM）。它分成不同的项目，这样，一个很复杂的控制任务的结构设计，就被简化为各个CPU程序的结构设计。项目间或项目中的各CPU程序之间能以某种方式联网，实现信息共享。如在S7协议支持下，MPI网以全局数据通信的方式可方便地建立起联系，实现一个项目中各CPU共享信息。典型的过程控制任务是只有一个项目，该项目下也仅有一个CPU程序。

每一个CPU程序又可依据时间特性或事件触发特性的差异分类编入不同的组织块（OB）中。例如，需要以固定时间间隔循环执行的那部分程序编入组织块OB35中，为PLC正常运行而需进行初始化的程序编入组织块OB100中。又如，由硬件触发的中断服务程序编入组织块OB40中，对程序执行中产生的同步错误的响应处理程序编入组织块121或组织块122等。

S7-200的程序有3种：主程序、子程序、中断程序。主程序只有一个，名称为OB1。子程序可以达到64个，名称分别为SBR0 ~ SBR63。子程序可以由子程序或中断程序调用。中断程序可以达到128个，名称分别为INT0 ~ INT127。中断方式有输入中断、定时中断、高速计数中断、通信中断等中断事件引发，当CPU响应中断时，可以执行中断程序。

为了适应设计程序的不同需求，STEP 7为设计程序提供了3种程序设计方法，即线性化编程、分块式编程以及结构化编程。

1. 线性化编程

线性化编程就是将用户程序按照顺序连续放置在一个指令块内，比如写在OB1中。即一个简单的程序块内包含系统的所有指令。线性化编程不带分支，通常是OB1程序按事先准备好的顺序执行每一条指令，它类似于硬接线的继电器逻辑，所有的指令都在一个块内，此方法适合于单人编写程序的工程，如图10-28所示线性结构。显然，线性程序结构简单，一目了然。但是，当控制工程大到一定程度之后，仅仅采用线性程序就会使整个程序变得庞大而难以编制、难以调试了。由于只有一个程序文件，软件管理的功能相对简单。但是，由于所有的

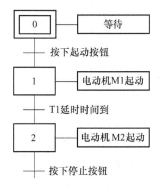

图10-28 线性结构

指令都在一个块内，即使程序的某些部分并没有使用，每个扫描周期所有的程序都要执行一次。这时，此种方法不能有效地利用CPU。另外，如果在程序中有多个设备，其指令相同，但参数不同，将只能用不同的参数重复编写这段控制程序。

2. 分块式编程

分块式编程是把一项控制任务分成多个小的任务块，每个任务块的控制任务根据具体情况分别放到子程序中，或者放到中断程序中。CPU通过组织块OB内指令不断地调用这些子程序或者被中断程序。在分块式编程中，主循环程序和被调用的块之间仍没有数据的交换。但是，每个功能区被分成不同的块，这样就便于几个人同时编程，而相互之间没有冲突。另外，把程序分成若干小块，将易于对程序调试和查找故障。OB1中的程序包含有调用不同块的指令。由于每次循环中不是所有的块都执行，只有需要时才调用有关的程序块，这样CPU

将更有效地得到利用。一些用户对模块化编程不熟悉，开始时此方法看起来没有什么优点，但是，一旦理解了这个技术，编程人员将可以编写更有效和更易于开发的程序。

3. 结构化编程

结构化编程把过程要求的类似或相关的功能进行分类，并试图提供可以用于几个任务的通用解决方案。向指令块提供有关信息（以参数形式），结构化程序能够重复利用这些通用模块。

OB1（或其他块）中的程序都可以调用这些通用执行块，和分块式编程不同，通用的数据和代码可以共享。在进行某项工程过程控制或某种机器控制进行程序设计时，存在有部分控制逻辑常常被重复使用。此类情况的程序设计可以用结构化程序设计方法设计用户程序。这样，可以编一些通用的指令块，以便控制相似或重复的功能，避免重复程序设计工作。S7-200 要求任何被其他程序调用的块必须在调用前被设计出来，因此，FB 和 FC 要在 OB1 程序之前设计并存在。

第五节　常用环节编程与实例

前面学习了 S7-200 系列 PLC 指令系统，本节将介绍一些在应用程序中常用的基本环节的编程和实例。当掌握它们的编程思路后，可把这些程序改造成自己使用的 PLC 上运行的程序。

一、常用基本环节

1. 长时定时器

S7-200 的最大计时时间为 3276.7s，为产生更长的设定时间，可用将多个定时器、计数器联合使用，扩大其延时时间。

（1）长时定时器方案一　在图 10-29 中，输入 I0.1 导通后，输出 Q0.0 在 $t_1 + t_2$ 的延时之后亦接通，延时时间为两个定时器设定值之和。

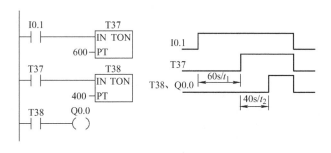

图 10-29　长时定时器方案一

（2）长时定时器方案二　用一个定时器和一个计数器连接以形成一个等效倍乘的定时器，如图 10-30 所示。梯形图的第 1 行形成一个设定值为 20（t_1）的自复位计时器，T37 的动合触点每 2s 接通一次，每次接通为一个扫描周期，C4 对这个脉冲进行计数，计到 300（n）次时，C4 的动合触点闭合。即输入 I0.0 转为导通后，输出 Q0.0 在 $(t_1 + \Delta t) \times n$ 的延时之后亦通，Δt 为一个扫描周期。由于 Δt 很短，可近似认为输出 Q0.0 的延时为 $t_1 \times n$，即一个计时器和一个计数器连接，等效定时器的延时为计时器设定值和计数器设定值之积。

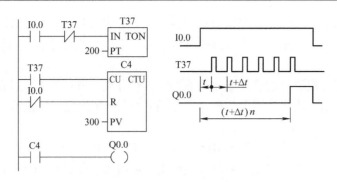

图 10-30　长时定时器方案二

2. 闪烁电路

闪烁电路是广泛应用的一种控制电路，它既可以控制灯光的闪烁频率，又可以控制灯光的通断时间比。同样的电路也可控制其他负载，如电铃、蜂鸣器等。实现灯光控制的方法很多，常用的方法是用两个定时器或两个计数器来实现。

图 10-31 中，I0.1 的常开触点接通后，T33 的 IN 输入端为 1 状态，T33 开始定时。1s 后定时时间到，T33 的常开触点接通，使 Q0.0 变为 ON，同时 T34 开始定时。2s 后 T34 的定时时间到，它的常闭触点断开，使 T33 的 IN 输入端变为 0 状态，T33 的常开触点断开，使 Q0.0 变为 OFF，同时使 T34 的 IN 输入端变为 0 状态，其常闭触点接通，T33 又开始定时。以后Q0.0 的线圈将这样周期性地"通电"和"断电"，直到 I0.0变为 OFF，Q0.0 线圈"通电"和"断电"的时间分别等于T34 和 T33 的设定值。

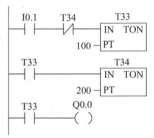

图 10-31　闪烁电路

闪烁电路实际上是一个具有正反馈的振荡电路，T33 和 T34 的输出信号通过它们的触点分别控制对方的线圈，形成了正反馈。

特殊存储器位 SM0.5 的常开触点可提供周期为 1s、占空比为 0.5 的脉冲信号，可以用它来驱动需要闪烁的指示灯。

3. 单钮起停控制电路

通常一个电路的起动和停止控制是由两个按钮分别完成的，当一台 PLC 控制多个这种具有起停操作的电路时，将占用很多输入点。一般小型 PLC 的输入/输出点是按 3:2 的比例配置的，由于大多数被控设备是输入信号多，输出信号少，有时在设计一个不太复杂的控制电路时，也会面临输入点不足的问题，因此用单按钮实现起停控制的意义日益重要，这也是目前广泛应用单按钮起停控制电路的一个直接原因。

用计数器实现的单按钮起停控制电路如图 10-32 所示。用于起停控制的输入信号按钮接在输入点 I0.0。当按一下 I0.0 时，由脉冲微分指令使 M0.0 产生一个扫描周期的脉冲，该脉冲使输出 Q0.0 起动并自保持，同时起动计数器 C1 计数一次，当第二次按下按钮 I0.0 时，M0.0 又产生一个脉冲，由于计数器 C1 的计数值达到设定值，计数器 C1 动作，其常开触点使 C1 复位，为下次计数做好准备；其常闭触点断开输出 Q0.0 回路，实现了用一只按钮完成的单数次计数起动、双数次计数停止的控制。

　　单按钮起停控制电路也可用微分指令和 S/R 指令来实现，如图 10-33 所示。图中 Q0.0 输出驱动设备，I0.0 外接按钮。第一次按下按钮 I0.0，产生微分脉冲置位 M0.1，Q0.0 导通输出；第二次按下按钮 I0.0，又产生的微分脉冲复位 M0.1，Q0.0 断开输出。

　　用单按钮控制起停输出电路的方法还有多种，读者可根据所学的知识自行设计。

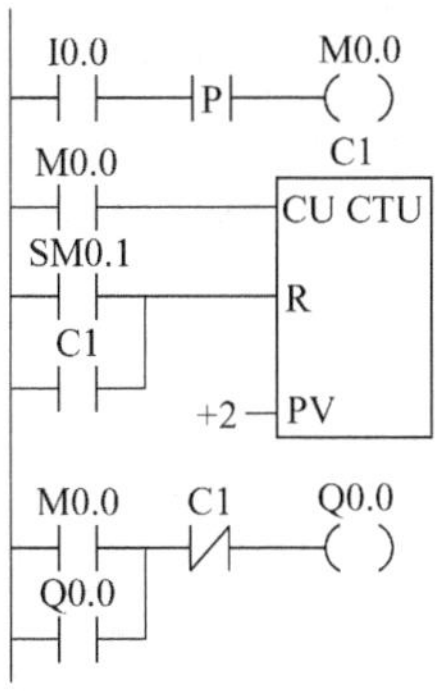

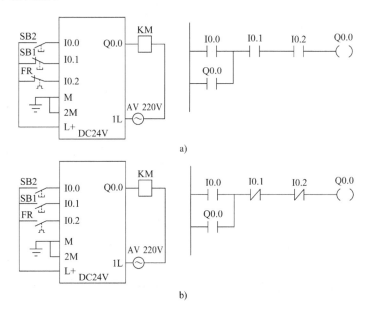

图 10-32　用计数器实现的单按钮起停控制电路 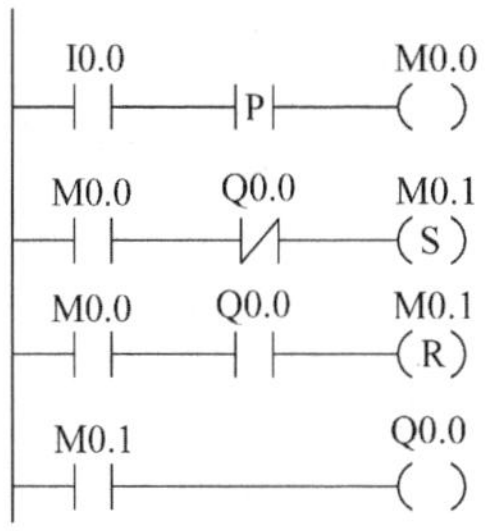　　图 10-33　用 S/R 指令实现的单按钮起停控制电路

　　4. 常闭触点输入的编程处理

　　在编制梯形图时，对输入外部信号的触点是常闭触点的情况应特别注意。图 10-34 所示的是电动机起停保电路两种不同形式的 PLC 输入输出接线图和梯形图。停止按钮 SB₁ 和热继电器 FR，既可以常闭触点形式接入 PLC（见图 10-34a），也可以常开触点形式接入 PLC（见图 10-34b），它们实现的功能相同。通常图 10-34b 的形式比较简单，与原继电接触系统原理图相似，不易出错。

图 10-34　电动机起停保电路两种不同形式的 PLC 输入输出接线图和梯形图

　　二、实例

　　1. 简单的逻辑控制

　　某产品需要用电动机进行工作，电动机是采用单向运行，其控制要求在按下起动按钮时，电动机运行，按下停止按钮时，电动机停止运行。

设计步骤：

（1）控制系统的硬件设计　本例采用的 PLC 为 S7-200 的 CPU222，由于 PLC 负载能力有限，一般不能直接驱动电动机，而是通过控制接触器的线圈来进行控制电动机的运转。工业上常用绿灯来表示电动机的运行状态，用红灯来表示电动机的停止状态。明确了控制要求后，首先要对编程元件进行地址分配，在电动机单向运行的起动/停止控制中，有两个输入控制器件：起动按钮 SB1 和停止按钮 SB2；三个输出器件：接触器线圈 KM，绿色指示灯 HL1，红色指示灯 HL2，其编程元件的地址分配见表 10-17。

表 10-17　电动机起动/停止控制的编程元件的地址分配

编程元件	I/O 端子	电路器件	作用
输入继电器	I0.0	SB1	起动按钮
	I0.1	SB2	停止按钮
输出继电器	Q0.0	KM	接触器线圈
	Q0.1	HL1	绿色指示灯
	Q0.2	HL2	红色指示灯

（2）控制系统的软件设计　根据地址分配，连接如图 10-35 所示电路。因为本控制比较简单，可考虑线性编程，如图 10-36 所示。

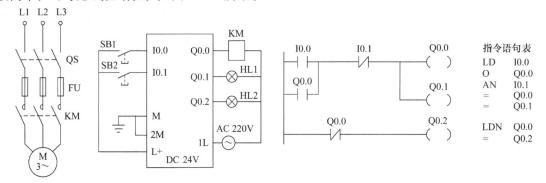

图 10-35　电动机起动/停止控制的 I/O 接线图　　图 10-36　电动机起动/停止控制的梯形图程序

2. 顺序与定时控制

下面举一定时器的例子来加深对定时器的了解。传送带运输机工作示意图如图 10-37 所示，图中三台传送带运输机分别由电动机 M1、M2、M3 驱动。要求：按起动按钮 SB1 后，起动时的顺序为 M1、M2、M3，间隔时间为 5s。按停止按钮 SB2 后，停车时的顺序为 M3、M2、M1，间隔时间为 3s。三台电动机 M1、M2、M3 分别通过接触器 KM1、KM2、KM3 接通三相交流电源，用 PLC 控制接触器的线圈。图 10-38 为顺序控制时序图。

设计步骤：

（1）控制系统的硬件设计　本例采用的 PLC 为 S7-200 的 CPU222，明确了控制要求后，首先要对编程元件进行地址分配，编程元件的地址分配见表 10-18。根据地址分配，顺序控制的 I/O 接线图如图 10-39 所示。

（2）控制系统软件设计　顺序控制的梯形图如图 10-40 所示。

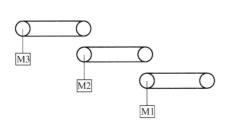

图 10-37　传送带运输机工作示意图

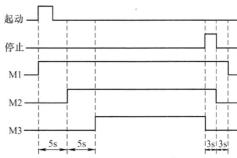

图 10-38　顺序控制时序图

表 10-18　编程元件的地址分配

编程元件	I/O 端子（编程地址）	电路器件（定时器 PT 值）	作　用
输入继电器	I0.0	SB1	起动按钮
	I0.1	SB2	停止按钮
输出继电器	Q0.0	KM1	M1 接触器
	Q0.1	KM2	M2 接触器
	Q0.2	KM3	M3 接触器
定时器（100ms）	T37	50	起动时第一段时间
	T38	50	起动时第二段时间
	T39	30	停车时第一段时间
	T40	30	停车时第二段时间
辅助继电器	M0.0	—	停车时保持第一段时间
	M0.1	—	停车时保持第二段时间

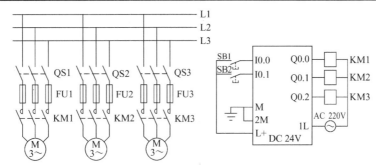

图 10-39　顺序控制的 I/O 接线图

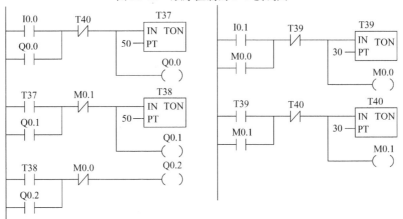

图 10-40　顺序控制的梯形图

3. 顺序控制（步进控制）

图 10-41 是一个装/卸料小车的行程控制系统示意图，下面用顺序控制（常称为步进控制）来设计。

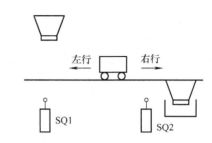

图 10-41　装/卸料小车的行程控制系统示意图

设计步骤：

（1）控制系统的硬件设计　根据控制要求：①初始位置，小车在左端，左限位开关 SQ1 被压下；②按下起动按钮 SB1，小车开始装料；③8s 后装料结束，小车自动开始右行，碰到右限位开关 SQ2 时，停止右行，小车开始卸料；④5s 后卸料结束，小车自动左行，碰到左限位开关 SQ1 后，停止左行，开始装料；⑤延时 8s 后装料结束，小车自动右行……，如此循环，直到按下停止按钮 SB2，在当前循环完成后，小车结束工作。

（2）编程元件地址分配　输入/输出继电器和其他编程元件地址分配分别见表 10-19 和表10-20。根据地址分配，装/卸料小车控制的 I/O 接线图如图 10-42 所示。

表 10-19　输入/输出继电器地址分配

编程元件	I/O 端子	电路器件	作　用
输入继电器	I0.0	SB1	起动按钮
	I0.1	SB2	停止按钮
	I0.2	SQ2	右限位开关
	I0.3	SQ1	左限位开关
输出继电器	Q0.0	KM1	装料接触器
	Q0.1	KM2	右行接触器
	Q0.2	KM3	卸料接触器
	Q0.3	KM4	左行接触器

表 10-20　其他编程元件地址分配

编程元件	编程地址	PT 值	作　用
定时器（0.1s）	T37	80	左端装料延时
	T38	50	右端装料延时
辅助继电器	M0.0		记忆停止信号
顺序控制继电器 SCR	S0.0		初始步
	S0.1		第一步，装料
	S0.2		第二步，右行
	S0.3		第三步，卸料
	S0.4		第四步，左行

（3）控制系统软件设计　步进控制程序可借助于状态流程图来编程，装/卸料小车的状态流程图如图 10-43 所示，参考梯形图程序如图 10-44 所示。

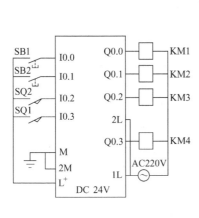

图 10-42 装/卸料小车控制的 I/O 接线图

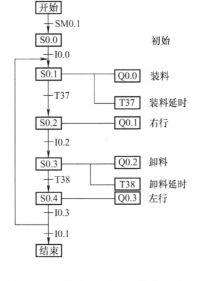

图 10-43 装/卸料小车的状态流程图

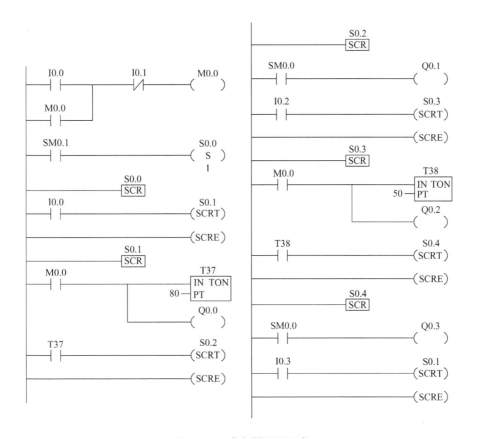

图 10-44 参考梯形图程序

第六节   S7-200 可编程序控制器模拟量处理方法

S7-200 系列 PLC 不仅集成了强大的系统处理能力,而且其模块式结构还可以通过配接各种扩展模块达到扩展功能、扩大控制能力的目的。其中模拟量扩展模块可以使 PLC 方便地应用于需要对模拟量进行控制的场合,当实际应用变化时,PLC 还可以相应地进行扩展,并可非常容易地调整用户程序。本节概要地介绍这种接口单元的特点和使用方法。

一、模拟量扩展模块的基本性能

模拟量扩展模块具有与基本单元相同的设计特点。目前配合 S7-200 使用的模拟量扩展模块,根据其输入/输出点数的不同有 EM231、EM232、EM235 三种。表 10-21 是其主要技术指标。

表 10-21   模拟量扩展模块的主要技术指标

特性 \ 型号	EM231	EM232	EM235
点数	4 路模拟量输入	2 路模拟量输出	4 路模拟量输入,2 路模拟量输出(实际的物理点数为:4 输入,1 输出)
隔离(现场与逻辑电路间)	无	无	无
模拟量输入特性			
输入类型	差分输入		差分输入
输入范围	单极性电压:0～10V,0～5V 双极性电压:±5V,±2.5V 电流:0～20mA		单极性电压:0～10V,0～5V,0～1V,0～500mV,0～100mV,0～50mV 双极性电压:±10V,±5V,±2.5V,±1V,±500mV,±250mV,±100mV,±50mV,±25mV 电流:0～20mA
输入分辨率	电压:2.5mV(0～10V,±5V 时),1.25mV(0～5V,±2.5V 时) 电流:5μA(0～20mA 时)		电压:12.5μV(0～50mV,±25mV 时),25μV(0～100mV,±50mV 时),125μV(0～500mV,±250mV 时),250μV(0～1V,±500mV 时),1.25mV(0～5V,±2.5V 时),2.5mV(0～10V,±5V 时),5mV(±10V 时) 电流:5μA(0～20mA 时)
模数转换时间	<250μs		<250μs
分辨率	12 位 A-D 转换器		12 位 A-D 转换器
数据字格式	单极性全量程范围: -32000～+32000 双极性全量程范围: 0～32000		单极性全量程范围: -32000～+32000 双极性全量程范围: 0～32000

（续）

特性　＼　型号	EM231	EM232	EM235
模拟量输出特性			
信号范围			电压输出：±10V 电流输出：0～20mA
数据字格式			电压输出：−32000～+32000 电流输出：0～32000
分辨率（满量程）			电压输出：12 位 电流输出：11 位
精度（典型值，25℃）			电压输出：满量程的 ±0.5% 电流输出：满量程的 ±0.5%
稳定时间			电压输出：100μs 电流输出：2ms
最大驱动（24V 用户电源）			电压输出：最小 5000Ω 电流输出：最大 500Ω

二、S7-200 系列的模拟量扩展配置

模拟量扩展模块能与 CPU222/224/226 配合使用，但是不同型号的 CPU 其扩展能力不同，CPU222 最多可连接两个扩展模块，其模拟量可组合成 8 输入/2 输出或 4 输出，CPU224/226 最多可连接 7 个扩展模块，其模拟量可组合成 28 输入/7 输出或 14 输出。

图 10-45 为模拟量扩展模块 EM235 外部端子接线图。图中上半部分是 A、B、C、D 共 4 路模拟量输出，每一路输出都有 " + "" – " 和 "R"（信号地）三个接线端子；图中下半部分 "V0""I0" 和 "M0"（公共端）是两路模拟量输出的接线端子，分别带一路电压负载和一路电流负载。

模拟量扩展模块的模拟信号输入/输出类型既可以是单极性或双极性电压，也可以是电流，根据模块信号的不同，还有多种电压或电流范围。在模块上可以通过面板上的 DIP 开关来设定信号的类型和范围。

图 10-46 所示为 EM231 的校准和配置面板，通过 DIP 开关可以对 EM231 进行设置，开关 1、2 和 3 可选择模拟量输入范围，所有的输入设置成相同的模拟量输入范围，可能的设置组合见表 10-22。在表 10-22 中，ON 为接通，OFF 为断开。

EM231 配置面板左边的固定端子块用于连接 DC 24V 电源和接地，增益调节旋钮用于调零及调节增益。

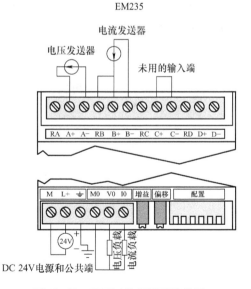

图 10-45　EM235 外部端子接线图

图 10-46　EM231 的校准和配置面板

表 10-22　EM231 输入范围设置

单极性			满量程输入	分辨率
SW1	SW2	SW3		
ON	OFF	ON	0 ~ 10V	2.5mV
	ON	OFF	0 ~ 5V	1.25mV
			0 ~ 20mA	5μA
双极性			满量程输入	分辨率
SW1	SW2	SW3		
OFF	OFF	ON	±5V	2.5mV
	ON	OFF	±2.5V	1.25mV

三、模拟量输入/输出数据的处理

对于模拟量输入，A – D 转换后的 12 位读数，其数据格式是左端对齐的。输入数据字格式如图 10-47 所示，最高有效位是符号位：0 表示是正值数据字。对单极性格式，3 个连续的 0 使得 ADC 计数数值每变化 1 个单位，数据字以 8 为单位变化。对双极性格式，4 个连续的 0 使得 ADC 计数数值每变化 1 个单位，数据字以 16 为单位变化。转换后的模拟量输入值为 1 个字长（16 位）的只读数据，可以用区域标识符（AI）、数据长度（W），及字节的起始地址来存取这些值。因为模拟输入量为 1 个字长，且从偶数位字节（如 0，2，4）开始，所以必须用偶数字节地址（如 AIW0，AIW2，AIW4）来存取这些值。

图 10-47　输入数据字格式

对于模拟量输出，需要经过 D – A 转换的 12 位读数，其输出数据格式是左端对齐的。如图 10-48 所示为 CPU 中模拟量输出字中 12 位数据值的存放位置。最高有效位：0 表示正值数字，数据在装载到 DAC 寄存器之前，4 个连续的 0 是被裁断的，这些位不影响输出信号值。可以用区域标志符（AQ）、数据长度（W）及起始字节地址来置模拟输出字。因为模拟输出量为 1 个字长，且从偶数位字节（如 0，2，4）开始，必须使用偶数字节地址（如 AQW0，AQW2，AQW4）来设置这些值。S7-200 把 1 个字长（16 位）数字值按比例转换为电流或电压，用户程序无法读取这个模拟输出值。

图 10-48 输出数据字格式

习题与思考题

10-1 写出图 10-49 所示梯形图的语句表程序。

10-2 写出图 10-50 所示梯形图的语句表程序。

10-3 画出图 10-51a 中语句表程序对应的梯形图。

10-4 画出图 10-51b 中语句表程序对应的梯形图。

10-5 画出图 10-51c 中语句表程序对应的梯形图。

10-6 有 3 台电动机，要求起动时，每隔 10min 依次起动 1 台，每台运行 8h 后自动停机。在运行中可用停止按钮将 3 台电动机同时停机。试设计梯形图程序。

10-7 设计一个智力竞赛抢答控制装置。

（1）当出题人说出问题且按下按钮 SB1 后，在 10s 之内，4 个参赛者中只有最早按下抢答按钮的人抢答有效。

（2）每个抢答桌上安装 1 个抢答按钮，1 个指示灯。抢答有效时，指示灯快速闪亮 3s，赛场中的音响装置响 2s。

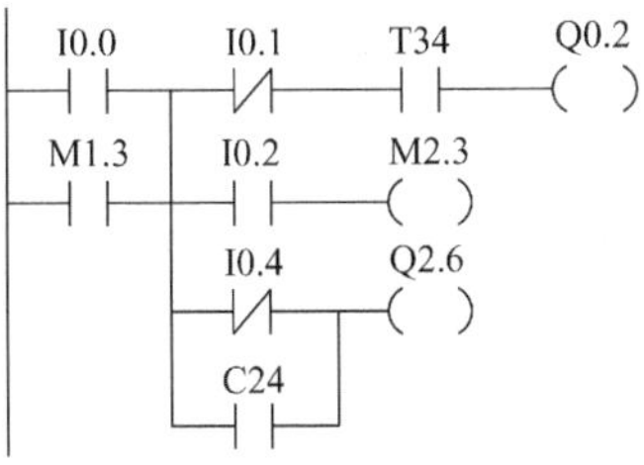

图 10-49 习题 10-1 图 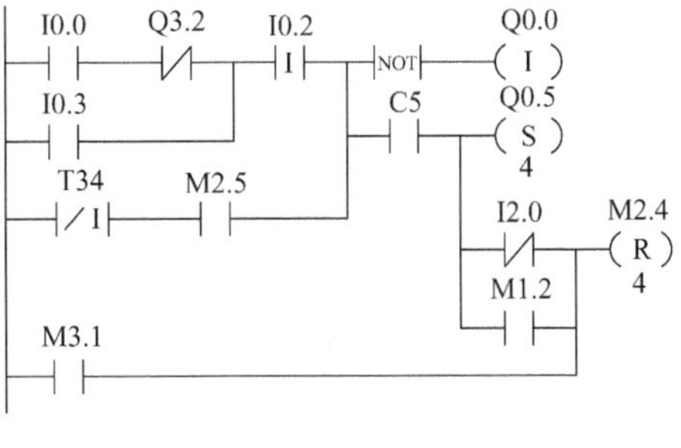   图 10-50 习题 10-2 图

LDI	I0.2			LD	I0.7
AN	I0.0			AN	I2.7
O	Q0.3	LD	I0.1	LDI	Q0.3
ONI	I0.1	AN	I0.0	ON	I0.1
LD	Q2.1	LPS		A	M0.1
OI	M3.7	AN	I0.2	OLD	
AN	I1.5	LPS		LD	I0.5
LDN	I0.5	A	I0.4	A	I0.3
A	I0.4	=	Q2.1	O	I0.4
OLD		LPP		ALD	
ON	M0.2	A	I4.6	ON	M0.2
ALD		R	Q0.3,1	NOT	
O	I0.4	LRD		=I	Q0.4
EU		A	I0.5	LD	I2.5
=	M3.7	=	M3.6	LDN	M3.5
AN	I0.4	LPP		ED	
NOT		AN	I0.4	CTU	
SI	Q0.3,1	TON	T37,25	C41,30	
a)		b)		c)	

图 10-51　习题 10-3 ~ 习题 10-5 图

第十一章　可编程序控制器系统设计及辅助设备应用

前几章中已介绍了几种国内应用较广的可编程序控制器的硬件结构、基本原理以及软件的编制方法。本章将结合几个具体的应用，阐述在工业过程控制中设计 PLC 控制系统的方法和应注意的事项，使读者对 PLC 的使用和设计有一个比较全面的了解。本章还将介绍与 PLC 配合使用的辅助设备和技术。

第一节　可编程序控制器系统设计的内容和步骤

由于应用 PLC 的场合是多种多样的，随着 PLC 自身功能的不断增强，它所控制的系统也来越复杂，因此不可能归纳出一个适合任何 PLC 控制系统设计的全面详细的准则与步骤，这里只叙述 PLC 控制系统设计的基本原则、内容和步骤。

一、PLC 控制系统设计的基本原则

为使设计出的系统具有科学性、合理性和实用性，任何 PLC 控制系统的设计应遵循以下基本原则：

1）最大限度地满足被控对象的工艺要求。在设计前应认真分析、研究被控设备（或过程）的工艺流程及特点，从而明确控制的任务和范围。并与有关专业设计人员密切配合，共同拟定控制方案，协同处理设计中涉及的有关问题。

2）综合考虑设备或生产过程的操作要求、工艺指标、原材料及能源消耗、安全规范等多种因素，合理地选择现场信号及控制参数。

3）保证设计出的控制系统在特定的现场条件下能安全可靠地工作。

4）在满足控制要求的前提下，应尽量使系统简单、经济，便于操作和维修。

5）应保证主要控制功能由 PLC 完成，外部元件及电路只起辅助控制作用。考虑生产的发展和工艺的改进，在选择容量时应适当留有裕量。

二、PLC 控制系统设计的基本内容

（1）了解被控系统的工艺要求，各控制对象的动作顺序，相互之间的约束关系等　此项最好采用流程图表示，同时确定所有的控制参数，如模拟量的精度要求，开关量的点数等。

（2）控制方案的确定

1）实现参数控制的具体方案，确定采用可编程序控制器进行控制所需的软硬件结构。

2）系统控制的通信要求和网络结构设计。如果没有通信网络，则这一步可略去。

3）硬件结构设计。例如输入端口的数目及类型，输出端口的数目及接口要求，A－D 和 D－A 转换器的个数及位数等，以及主控制器的结构要求，如时钟频率、插槽数量、内存及 ROM 空间的容量等。

4）软件框图设计，画出软件流程框图，标出子程序功能及调用条件和出口参数等。

（3）系统设计

1）选择机型及相关的功能模板。选择 PLC，应包括机型的选择、容量的选择、I/O 模块选择、电源模块的选择等。

2）输入输出的定义。机型选好后，系统设计人员需慎重考虑输入输出定义问题。所谓输入输出的定义是指整体输入输出点的分布和每个输入输出点的名称定义，它们会给程序编制、系统调试和文本打印等带来方便。

在对输入输出进行分配和名称定义之后，要写出输入输出变量列表，以备编程时使用。表内应将模板端子、地址号与信息名称一一对应。

3）绘制 I/O 口连接图。根据系统所用的输入设备（按钮、操作开关、限位开关、传感器等）、输出设备（继电器、接触器、信号灯等执行元件）以及由输出设备驱动的控制对象（电动机、电磁阀等），作出安装接线图。

4）系统控制软件的设计。这是系统设计中工作量最大的工作，主要包括设计梯形图、语句表（即程序清单）或控制系统流程图。

控制程序是控制整个系统工作的条件，是保证系统正常、安全、可靠工作的关键。因此，控制系统的设计必须经过反复调试、修改，直到满足要求为止。

5）必要时还需设计控制台（柜）。

6）编制控制系统的技术文件。包括说明书、电器图及电器元件明细表等。

传统的电器图，一般包括电器原理图、电器布置图及电器安装图。在 PLC 控制系统中，这一部分图可以统称为"硬件图"。它在传统电器图的基础上增加了 PLC 部分，因此在电器原理图中应增加 PLC 的 I/O 连接图。

此外，在 PLC 控制系统的电器图中还应包括程序图（梯形图），即"软件图"。向用户提供"软件图"，便于用户生产发展或工艺改进时修改程序，并有利于用户在维修时分析和排除故障。

三、可编程序控制器控制系统设计的一般步骤

设计 PLC 控制系统的一般步骤如图 11-1 所示。

1）根据生产的工艺过程分析控制要求。

2）根据控制要求确定所需的用户输入输出设备。

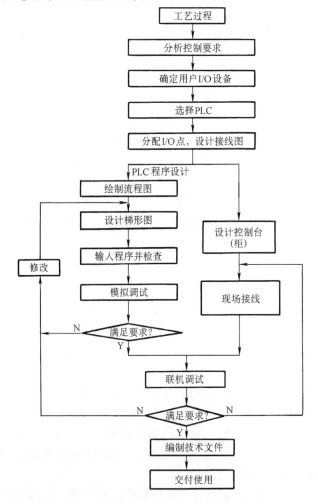

图 11-1 PLC 控制系统的一般步骤

3）选择 PLC。

4）分配 I/O 点，列出 I/O 分配表，设计 PLC 外部连接图。

5）进行 PLC 程序设计，同时可进行控制台（柜）的设计和现场施工。

6）输入并调试程序。将程序输入到 PLC 中，经检查无误后先进行模拟调试，然后再进行系统调试。如果控制系统是由几个部分组成，则应先作局部调试，然后再进行整体调试；如果控制程序的步序较多，则可先进行分段调试，然后再连接起来总调。调试中出现的问题要逐一排除，直至调试成功。

7）程序固化。若程序需频繁修改，可选用 RAM，若长期使用不需改变，可选用 EPROM 或 EEPROM。把已调试通过的程序写入 EPROM 或 EEPROM，将程序固化，利用 EPROM 或 EEPROM 使 PLC 工作。

第二节　可编程序控制器系统的硬件设计

控制系统的硬件设计主要包括：根据控制要求确定用户输入输出设备，选择 PLC，控制系统的可靠性设计（运行方式、电源、抗干扰、环境、冗余、故障处理）。

一、可编程序控制器的选择

随着 PLC 的推广普及，其种类和数量越来越多，而且功能也日趋完善。近年来，从美国、日本、德国等国家引进的 PLC 产品，及国内厂家组装或自行开发的产品已有几十个系列，上百种型号。PLC 的品种繁多，其结构形式、性能、容量、指令系统、编程方法、价格等各有不同，适用场合也各有侧重。因此，合理选择 PLC，对于提高 PLC 控制系统的技术经济指标起着重要作用。

（一）机型的选择

机型选择的基本原则应是在功能满足要求的前提下，保证可靠、维护使用方便以及最佳的功能价格比，具体应考虑以下几方面：

1. 结构合理、机型统一

（1）单体控制的小系统　对于工艺过程比较固定、环境条件较好（维修量较小）的单体控制的小系统，一般使用一台可编程序控制器就能完成控制要求。控制对象常常是一台设备或多台设备中的一个功能，如对原有控制系统的改造、完善或改进原设备的某方面功能等。这种系统没有可编程序控制器间的通信问题，但有时要求功能全面，容量要求变化较大，有时还要求与原设备系统的其他机器连接。

（2）慢过程大系统　对运行速度要求不高、控制动作多、设备距离远、但设备间有联锁关系的系统，和设备本身对运行速度要求较高，但子系统要求并不高的对象，一般不选用大型 PLC。因为它编程、调试都不方便，一旦发生故障，影响面也大，一般都采用多台中小型 PLC 和低速网相连接。这样选用一台中小型可编程序控制器控制一台单体设备，功能简化，程序容易编制，调试方便，运行中一旦发生故障影响面小，且容易查找原因。这种结构，所用控制器的台数虽然多些，但程序编写省时、调试方便、故障影响面小，造价较低，所以从总体上看是合理的。

（3）实时控制快速系统　随着可编程序控制器在工业领域的广泛应用，在中小型的快速系统中，PLC 不仅仅只完成逻辑控制和主令控制，它已进入了设备控制级。在这样的系统中，即使选用输入输出容量大、运行速度快、计算功能强的一台大型可编程序控制器也难以满足控制要求。采用可靠的高速网能实现系统信息的快速交换，但高速网一般价格都很贵，适用于有大量信息交换的系统。对信息交换速度要求高，但交换的信息又不太多的系统，可以采用两台可编程序控制器输出端口硬件互连方式，使信息通过输出、输入直接传送，这种方式传送速度快而且可靠，但传送的信息不能太多，否则会占用太多的输入输出点。

（4）整体式 PLC 整体式每一 I/O 点的价格要低于模块式，因此在控制规模不大，工艺过程固定、环境条件较好的场合应优先考虑采用整体式 PLC。但模块式 PLC 在功能扩展方面优于整体式。例如在 I/O 点数量、I/O 点的比例、I/O 模块的种类等方面，模块式 PLC 的选择余地都比整体式 PLC 大得多；在维修更换模块、判断故障范围方面也很方便。因此对于功能较复杂、现场信号多、需经常维修的场合，可选用模块式 PLC。

在大量使用 PLC 的系统，应在满足控制要求的前提下尽量选择相同型号的 PLC。这样可以使一些配置，如编程器、I/O 模块等共用，减少相同功能部件的重复投资。同时由于功能和使用方法的统一，便于技术力量的培训、技术水平的提高和功能的开发。另外由于外部设备通用，资源可以共享，便于用上位计算机组成多级分布式控制系统。

对于控制独立设备或较简单的控制系统，配套日本的 PLC 产品相对来说性价比有一定优势。对于系统规模较大网络通信功能要求高、开放性的分布式控制系统以及远程 I/O 系统，欧美生产的 PLC 更有优势。

另外对于一些特殊的行业（例如：冶金、烟草等），应选择在相应领域有投运业绩、成熟可靠的 PLC 系统。

2. 功能与任务相适应

对于只有开关量控制的场合，对其控制速度无须考虑，只要选用一般的低档小型 PLC 就能满足要求，指令系统也只要求有一般的逻辑运算功能。

如果需要控制的主要是开关量，但有少量的模拟量，则应选用能扩展模拟量输入输出单元的机型，其指令系统中必须有数据传送、算术运算等指令。

对于那些大量包含模拟量、控制复杂的情况，应该选用扫描速度快、控制功能强、联网通信能力强的中高档 PLC，组成分布式控制系统。

在选择指令系统的同时，应十分关心用户软件开发的手段。以前的一些产品都要求有固定型号的编程器。由于微型个人计算机的发展，在 Windows 环境支持下，可以采用编程软件编制用户软件。因此，现在常利用个人微机串行通信接口或其他网络接口，与可编程序控制器提供的接口组成编程和显示图形，用人机命令共同操作使用设备。在选择指令、编程软件和外部设备时，应统一考虑。

以数字量为主的控制对象，在设计控制系统时没有特殊要求，可编程序控制器一般均可满足要求。商家介绍的每千字扫描速度，大多指的是在最简单的逻辑扫描情况下。在实际情况下，编程使用指令不同，很难估计得十分准确。编程技巧也对扫描时间影响很大。在这种情况下，设计者实际要更多地关心外部设备的性能、控制联锁关系。在许多情况下，不可能在 2～10ms 甚至更短的时间内区分继电器、接触器的状态。

由于目前 PLC 的价格随功能的强弱有较大的差异，因此在选用时特别注意不要大材小用，以避免造成太多的硬件资源浪费。

3. 根据是否在线编程要求选择机型

对于离线编程的 PLC，主机和编程器共用一个 CPU，在编程器上有编程/运行选择开关。选择编程方式时，CPU 将只为编程器服务，不再为现场服务，称为"离线"编程。程序编好后，选择开关置于"运行"位置，这时 CPU 执行用户程序完成控制任务，对编程指令将不做出响应。这种编程方式由于节省软硬件资源，且编程器价格相对便宜，被小型 PLC 系统广泛使用。

对于在线编程的 PLC，主机与编程器各有一个 CPU，分别完成控制和编程任务，主机可以在执行用户任务的同时处理编程器送来的信息，称为"在线"编程。采用这种编程方式的 PLC 及编程器成本都比较高，多在大型 PLC 系统中使用。对产品定型及工艺过程不经常变动的被控对象，应选用离线编程的 PLC；反之可考虑采用在线编程的 PLC。

（二）PLC 容量的选择

PLC 的容量包括 I/O 点数和用户存储器容量。

1. 输入输出点数的估算

首先应考虑为了控制的要求而增加的一些开关、按钮或报警的信号。例如，增加总的供电开关，为手动需要而增加的手动自动开关，为连锁需要设置的连锁、非连锁开关等。根据统计的数据，增加 10% ~ 20% 的可扩展余量后就得到输入输出点数的估计数据。

在配置控制系统、设计和选型模块时，要做到使 I/O 点数留有余量。其原因是系统的初步方案不可能考虑得十分周全，在详细设计和调试阶段，都有可能需要增加 I/O 点数。如果不留余量，会有可能不得不推翻原来的设计和采购。在实践经验中，初步设计时，I/O 总点数这一参数都是大打折扣的。在最终使用的系统中，至少还有 20% ~ 30% 的点数尚未被使用。

选择 I/O 点数时，要注意下列问题：

1）产品手册上给出的最大 I/O 点数的确切定义有所不同。由于各大公司的习惯不同，在产品的介绍中，英文习惯称呼最大 I/O 点数。称为 I/O 总点数时，意义为输入数字量点数和输出数字量点数的数值总和，例如西门子公司介绍 S5 - 115 CPU914 最大 I/O 点数为 512 点。常常认为用输入模板多少块、输出模板多少块，每块板允许的点数分别乘上块数，使两种模板能在 I/O 总点数的范围内适当分配，点数总和不能超过其允许的最大值。注意，目前的可编程序控制器，允许机箱上的 I/O 插槽一般多为 16 点。

2）要分清数字量 I/O 和模拟量 I/O 点数的关系。每使用一块模拟量模板，就要去掉本位置上使用数字量模板时允许的点数，这种情况下是允许数字量模板在任意插槽位置上混用的。有的产品规定了模拟量仅能插放的位置，有的还规定仅能使用模拟量的数量。

3）性能较强的产品系列，都提供选用智能型 I/O 模板的方法。具有智能型 I/O 模板时，可以更灵活地进行高速计数、位置控制、PID 控制、简单的闭环调节。使用智能模板和使用模拟量模板一样，当它们都插入插槽时，抵消掉若干个 I/O 点数。

表 11-1 为输入输出点数统计参考表。总之，在配置输入与输出时，设计者更多是关心

系统允许怎样配置系统，是否允许使用带多个插槽的机箱，允许插入什么模板，允许多少个本地站和远程站。

表 11-1　输入输出点数统计参考表

序号	设备元件名称	输入	输出	总点数	序号	设备元件名称	输入	输出	总点数
1	按钮开关	1		1	12	波段开关（N 段）	N		N
2	行程开关	1		1	13	直流电动机（单向运行）	9	6	15
3	接近开关	1		1	14	直流电动机（可逆运行）	12	8	20
4	位置开关	2		2	15	变极调速电动机（单向）	5	3	8
5	拨码开关	4		4	16	变极调速电动机（可逆）	6	4	10
6	单电控电磁阀	2	1	3	17	笼型电动机（单向）	4	1	5
7	双电控电磁阀	3	2	5	18	笼型电动机（可逆）	6	4	10
8	比例式电磁阀	3	5	8	19	笼型电动机（星三角起动）	4	3	7
9	光电管开关	2		2	20	绕线转子电动机（单向）	3	4	7
10	风机		1	1	21	绕线转子电动机（可逆）	4	5	9
11	信号灯		1	1					

2. 存储器容量的估算

存储器容量和程序容量是有区别的。存储器容量是可编程序控制器本身能提供的硬件存储单元的大小。程序容量是在存储器中用户可以使用的存储单元的大小。因此，程序容量总是小于存储器容量的。另外，一些专用模块的使用（如通信模块、PID 控制模块等）可大大减少用户程序，提高系统运行速度。

一些可编程序控制器的中央处理器允许插入 EPROM。PLC 在经常停电或长时间不连续作业的环境中使用，为操作的灵活，要时常关机，则选用 CPU 时，可以考虑同时使用插入 EPROM。每次 CPU 上电时，将上电操作处理为用户软件由 EPROM 存储区送入 RAM 区后，再投入控制操作，以克服 RAM 区不能有效保存用户软件的欠缺。在连续作业的生产线中，控制系统在没有生产作业时，处理为不停电而仅停止操作控制为好。一般不要反复停电加电，这样使用系统，它的安全与可靠性会更好一些 。

3. I/O 模块的选用

（1）数字量输入模块　在可编程序控制器生产过程控制系统中，使用最多的是数字量输入模块和数字量输出模板。为了适用于各种现场，要根据下列原则和情况来统一配置选用模板。

1）选择电压等级。数字量输入模块，一般地按电压等级可以划分为交、直流 24V，交、直流 120V 和交、直流 230V，TTL 或与 TTL 微电子技术兼容的电平。

选用 24V 电压等级时，主要是从现场安全的角度考虑。尤其现场有防火、防爆、防可燃性气体或可燃性灰尘要求时，为减少和避免在电缆连接处偶然发生电火花引发灾害事故，多采用 24V 安全电压。使用时应考虑信号电缆敷设的长度、长距离传输信号的结果、信号有效电平是否会失效等问题，若经过长距离传输的压降消耗，到达模板时，逻辑"0"与逻辑"1"无法区分，那就要再想其他方法。

电压等级经常用来区分国内外设备，国内设备多为 230V 和 380V 工作电压，国外常用

110V 工作电压。用 230V 电压等级时，一般允许其工作电压在 184～276V 之间。对于国内的三相电电网来说，可编程序控制器的数字量输入模块要求的工作条件是十分宽松的，采用 220V 交流电的工作现场，信号采集十分方便，传输距离限制较小，适用于一般环境下的机械设备所在的现场。

TTL 电平等级的模块多用于微电子器件做成的接口，例如 BCD 码开关、多路转换开关、面板或按键开关、机电发射器、模拟量仪表中的开关信号等。当选用模块时，还要考虑 TTL 电路接口与模块连接时，是灌电流还是拉电流性的负载匹配关系，它们有不同的模块型号。采用 TTL 电平时，外部设备是要精心选择的。设备的布置尽可能与对应模板的距离小。这种接口电路使用方法十分严格。

2）选择模块密度。根据现场信号源的数量和信号动作的时间来选择输入模板的密度。集中在同一现场附近的信号，尽可能用电压等级相同且集中在一个机箱中的一块或者几块模板，以便于电缆安装和系统调试。从国内现场条件，以及信号线缆的绝缘能力和压降消耗等方面综合考虑，常常要求在设计时就提出电缆线芯的截面积为 0.5mm^2 或 0.75mm^2，重要场合甚至要使用 $1.00～1.50\text{mm}^2$，由于此时电缆外径很粗，在模板的接线端配信号线就必须考虑其工艺问题。可编程序控制器的输入模板，每板以 8 点、16 点和 32 点为主。输入信号共用一个接地点 COM，也有 4 点或 8 点共用一个接地点。目前条件下，模板密度以用每块板 16 点或 8 点为好。

3）门槛电平。为提高控制系统的可靠性，必须考虑逻辑电平的门槛电平。在长距离传输环境时，为提高抗干扰能力，希望选择门槛电平值大的模块或交流信号模块。但长距离传输的环境往往要先考虑网络结构和可编程序控制器的模块怎样深入现场，其次再考虑长距离传送。随着现在电子技术、通信技术和光纤技术的日益完善，节约现场的信号和动力电缆成为更被人关心的事。

4）输入信号的最小维持时间。当模块采样外部状态变化时，硬件上将造成一个信号的延时时间，为了让 CPU 有足够的时间读取到输入信号，所有输入信号都必须有一个维持时间，这个时间应该大于一个扫描周期与输入模块所造成的延时时间之和。

5）选择模块时是否要求有光电隔离。作为保证信号安全可靠的技术，从电子技术本身来讲，可编程序控制器的产品几乎都追求高可靠性。模块在接外部信号进入模板时，各个通道之间，都设计有抵抗外部电信号畸变的功能。例如：电压不稳，信号波形尖峰状的突变，外部信号在电路中偶然受到电磁场强烈变化而耦合进来的电压冲击、电流冲击等。为抵抗这些因素，每个通道常配置有光电隔离功能，称为有光电隔离输入模板。常在使用 TTL 电平等级时，强调使用光电隔离。在交流 220V 电压等级的工作场合，有的设计者还在外部再单独配用继电器、隔离变压器等方法来实现隔离。

6）输入模板备用通道。在同一个机箱用相同型号的模板时，尽可能要留有少量的备用通道。当现场生产过程中临时发现某一通道发生故障时，可快速地用备用点代替出故障的点，修改对应地址后系统便可以较快恢复正常。然后再考虑怎样做故障的维修。

（2）数字量输出模块　数字量输出模块是把 CPU 处理过的内部数字量信号，转换到外部过程所需要的信号的接口模块，并且驱动外部过程的执行机构、显示灯等负载。数字量输出模块有很多种型号，在选用时与数字量输入模块一样，除考虑使用的电平等级、保护形式、数字量通道点数与密度之外，还有一些要考虑的细节。

1）输出方式。在实际设计过程中，要反复推敲如何配合与外部受控设备使用模块。一般情况下，输出模块多用于驱动受控设备的逻辑或顺序控制；启动与停止次数频繁、驱动电流不太大、功率因数低的场合，可以使用晶体管和晶闸管元件的数字量输出模块。

当外部设备为一般的显示灯、报警信号喇叭、液压或气压动力的电磁阀时，最好外部元器件、模块均采用安全电压。当外部设备是机械运动的电气开关、刀开关、电动机的继电器，而开关频率又比较低或动力控制的电缆敷设距离比较长时，一般适合采用交流电压继电器型输出模块，用它的输出去控制继电器线圈电流的通或断。

由于机械或电动机形式可能很多，中间继电器利用其触点再接入不同的电源，来调整其控制操作的电压变化范围。当输出模块采用继电器型输出时，将便于多种形式的外部设备利用中间继电器作隔离后、再集中到同一块输出模块、操作多种形式的外部设备。尤其在使用小型可编程序控制器时，数字量输入与输出功能均比较单调，用在传动设备较繁杂的现场时，常常要配加很多中间继电器，这样就失去了采用可编程序控制器直接控制现场的优越性，而且大大增加了系统的危险环节，因为中间继电器的可靠性是比较低的。这时要考虑采用中、大型可编程序控制器及选用性能好的数字模块。

不同的模块各有优点和适用范围，设计者要结合工程设计，在选用外部控制设备的同时，考虑合理选用模块。

2）输出负载的选择。选择负载要注意两方面，一方面，对于电磁抱闸这类负载，虽然电流很小，但线圈匝数很多，当电流由通变断时，瞬间反向电压很高，有时会使输出模板的通道的输出晶体管反向击穿。此时，在负载或中间继电器两端并接电容电阻抑制器来抵抗反向电压。另一方面，对于像灯负载或电阻性负载，要注意合闸时的冲击电流。一般情况下，起动电流为负载额定电流的 10 倍。大型设备的起动均外接专门设备，而小型电动机或灯显示等小设备的起动，往往直接连在输出通道的接点上。当采用这种类型设备作输出终端时，要十分注意设计手册中给出的技术参数应配合使用输出模板提供的负载能力、功率参数等，必要时要加入中间环节。

3）输出功率的选择。在系统设计和编制用户软件时，应首先注意到，当使用同一块输出模块的各个输出通道时，争取做到绝大多数输出点不要同时控制输出。也就是说，在设计方案时，若在同一工作时间内使用同一块模板几乎同时做输出时，应检验模块输出功率是否可以满足外部设备正常运行的要求。

当选用输出模板时，除了要考虑受控设备在输出点工作时的负载方式和电源提供的能量，还要考查输出功率，一般应大于实际所需的功率。在大型电动机起动时，通常采用中间继电器、接触器、变频器，软启动器等其他设备，此时，电流能满足要求即可。在一些特殊场合，受控制点直接使用输出通道提供的电源，万一输出功率不能满足要求，可以采用两点输出去驱动同一个输出点所接设备。这种情况下，使用户软件与输出点保持工作一致即可。

4）控制回路中感应电压的预防与消除。输出回路在绝大部分时间内工作都是正常的，但会偶然出现当输出信号要求断开时，而外部设备仍然在运行的情况。经验表明，出现这样的故障，大多数是在该输出回路或其控制信号电缆附近，仍然有很强大的电场或者磁场，也可能因为在其电缆敷设的路径上有某处地线失灵，有很大的跨步电压或漏电压等情况发生。如果因为有漏电压而产生漏电流将会更危险。这种情况可能是由于电缆受到机械损伤、强力切断电缆等原因，故障较容易发现；但如果动力电缆被老鼠咬断，则难于发现。当这些故障排除后，输出也就正常了。但对于强大的电场或者磁场的干扰，就要对输出或输入电缆采取隔离、加强屏蔽等措施。如果强大电磁场是有规律出现的，就要对设备的布置、控制设备运行状态、用电状态等进行全面分析。对于极特殊的环境，要考虑使用光纤作为信号传输的介质，对执行中间继电器等元器件增加屏蔽。

（3）模拟量输入模块　模拟量输入用于对外部物理量的检测，检测仪表将其转换为可接收信号，输入模拟量输入模板。通常外部物理量为：料位、压力、流量、温度、重量、位移等连续的非电量，电压、电流、功率因数、有功或无功功率等物理量本身即为电量，因此，选用模拟量输入模块应注意：

1）模拟量使用的电信号的输入范围。传统上，有各种类型的仪器仪表将受检测的变量转换为连续变化的直流电平，其变化范围为 $0 \sim 10V$、$-10V \sim +10V$、$-5V \sim +5V$，称为电压型；或转换为 $0 \sim 20mA$、$4 \sim 20mA$，称为电流型。当模拟量输入模块接收这些变化量时，要去适应外部设备提供的信号形式及变化范围。上述信号的变化范围是标准的。但是，当受检测设备布置距离很远，长距离传输比较困难时，一般均要加入模拟信号长距离传输的仪表来配合完成信号的检测。这时使用 $4 \sim 20mA$ 或 $0 \sim 20mA$ 电流传输比较好。

2）模拟量的数值对应关系。模拟量仅为电量变化的范围，对任何仪器仪表，其检测范围从最小到最大，相对应的是零到满量程的当量数值。例如，重量从 $0 \sim 1000kg$，电压从 $0 \sim 10V$。模拟量仪表信号变化量与实际物理量变化值的比例因子相乘，乘积将是对应的实际物理量。目前模板均为 12 位或 13 位，其中最高位为符号位，区分物理量转换为模拟量时的极性，余下的二进制数从最低位到次高位有 11 位或 12 位，即模拟量数值变化。每一位二进制数相当于受检测量的 1/2048 或 1/4096，当可编程序控制器需要受检测变量的物理数值做运算时，再乘上一个与每一个二进制数值对应的物理值当量，其结果即是实际的数字值。模拟量目前采用 12 位或 13 位二进制数值时，基本上符合目前计量仪器仪表所达到的物理精度。

3）循环时间。一块模拟量输入模块包括 4 个、8 个或 16 个通道，它在执行操作时，是以循环扫描方式与 CPU 交换信息的。一般情况下，模拟量输入模块上有的模拟量信息采样芯片，在每个通道在收到启动命令之后，自动完成输出启动命令，等待模拟转换结束，读入并保持采样信号，转换为数字信号。以中断命令形式，再通知可编程序控制器的 CPU 与 I/O 信息交换，由 CPU 读回采样结果。由于模块使用的芯片不同，每执行一次的时间差异很大。例如，AB 公司的产品，每通道扫描时间大约为 $1.56 \sim 65.5ms$。如果使用同一块模板，对多个通道几乎同时进行采样，采样循环时间可能更长。设计者要关心模拟量采样周期，尽可能做到在控制循环的周期时间内，与采样延迟的时间协调。也就是说，监视控制用户软件在开始一个扫描周期时恰好使用上一次扫描周期输出启动模拟量采样的结果，这样控制效果的实时性会更好一些。

4）模拟量输入模块的外部连接方式。外部被检测设备，仪器仪表的形式繁多，它们提供的信号方式不同，信号接入模拟量输入模块的方式有：热敏电阻的连接方式，热电耦的连接方式，各种传感器或其仪表的连接方式。有时常用四线带补偿的连接。因此，在采用模块时需注意连接方式。有些现场仅能提供信号的模拟量标准信息为 $4 \sim 20mA$ 的电流源，因此设计者只有配合使用精密电阻，才可能选用电压型的模拟输入模块。

5）采样时的抗干扰。关于可编程序控制器组成的控制系统的抗干扰，其中模拟量采样的抗干扰是最难的部分。原因在于，模拟量信号是小信号，当控制系统用于工业环境中，由于大型设备的起动与停止使能量强大的交流供电系统对，模拟量采样传输线直接产生干扰。在工程安装阶段就应使模拟采样的电缆做好屏蔽与保护，但即使这样做了，仍然有可能避免不了偶然的干扰，应根据干扰源，采用相应的软件抗干扰措施。

（4）模拟量输出模块　使用模拟量输出模块的目的十分明确，即把可编程序控制器执行用户软件计算后的对执行机构的调节要求，转换成二进制数。二进制数描述了执行机构在零到满量程范围内，电流 0～20mA、0～50mA 或电压 0～10V、+10V 等直流电源供给执行机构的接口。由于这是小信号，在功率大、距离远时，一般都在中间增加必要的转换功能，最终拖动受控制的阀门、闸板等，达到对变化的受控量能按量程范围进行调节。因此，模拟量输出模板与外部受控设备要统一考虑和选择信号电平的规格模式，同时要考虑负载与阻抗的匹配。

许多情况下，外部设备在接收标准的模拟信号输出之后，完全由设备自身完成传输、配线、抗干扰和计量的标定。对于可编程序控制系统的设计者，最好选用这样的外部受控设备。尽可能不使用受控设备裸机本身直接连接到模拟量输出的端口，因为这中间有许多转换过程和必要的抗干扰措施。

二、运行方式的选择

用可编程控制器构成的控制系统，有自动、半自动和手动 3 种运行方式。

自动运行方式是控制系统的主要运行方式，只要运行条件具备，PLC 本身的启动系统也可由控制器发起启动预告，由操作人员确认并按下启动响应按钮后，控制器自动启动系统。

半自动运行方式，即系统的启动或运行过程中的某些步骤需要人工干预方可进行下去。半自动运行方式多半用于检测手段不完善而需要人工判断或某些设备不具备自控条件而需要人工干涉的场合。

手动运行方式不是控制系统的主要运行方式，而是用于设备调试、系统调整和紧急情况的控制方式，因此它是自动运行方式的辅助方式。所谓紧急情况是指控制器在故障情况下运行。从这个意义上讲，手动方式又是自动运行方式的后备运行方式，所以手动运行方式的程序不能进入控制器。

由于可编程序控制器本身的可靠性很高，如果控制系统设计合理，系统可靠性设计措施有效，控制系统可以设计成只有自动运行方式或半自动运行方式中的任一种，调试用的程序亦进入控制器。

在运行方式设计的同时，还必须考虑到停止运行方式设计。可编程序控制器的停运方式有正常停运、暂时停运和紧急停运 3 种。

正常停运由控制器的程序执行，控制器将按规定的停运步骤停运系统。

暂时停运方式用于程序控制方式时暂停执行当前程序，使所有输出都置成 OFF 状态，待暂停解除时将继续执行被暂停的程序。另一个暂时停运的方法是用暂停开关直接切断负荷电源，同时送给控制器输入信号，以停止执行程序。还有一种暂停运行方式是把 CPU 的 RUN 切换成 STOP。这种方法最简单，且程序保留暂停前的状态。

当控制系统中某设备出现异常情况或故障，如不立即停运，将导致重大事故或有可能损坏设备时，必须使用紧急停运按钮使所有设备立刻停运。紧急停运时，所有设备都必须停运，且程序控制被解除，控制内容复位到原始状态。

　　为了使控制系统可靠运行，根据系统要求，应合理地选择运行方式，并具有相应的硬件设备与控制程序。

三、系统的供电和接地

　　在实际工程中，设计一个合理的供电与接地系统，是保证生产过程控制系统正常运行的重要环节。供电可分为两大类：一是为可编程序控制器及其端口二次信号采集与传输回路供电；二是可编程序控制器控制的现场设备及其操作命令的执行用电。

　　1. 可编程序控制器系统供电设计与配置

　　由大型的多处理器组成网的可编程序控制器系统，适宜采用专路供电，即以 100kV 或 110kV 高压变电站，经变压器转换为 AC 220V，由一条专线供电。

　　一般可编程序控制器系统使用 AC 220V、50Hz 普通市电，因此电网频率不能有很大波动。在供电网路上不允许有其他大用电量客户反复起停，这样会造成很大的电网冲击，给整个系统带来毁灭性的灾难。

　　目前，可编程序控制器的电压波动为 ±5% 较好，不允许电网的冲击。为了提高整个系统的可靠性和抗干扰能力，可编程序控制器供电回路一般可采用隔离变压器、交流稳压器、UPS 电源、晶体管开关电源等。

　　（1）隔离变压器　隔离变压器的一次侧和二次侧之间采用隔离屏蔽层，用漆包线或同等非导磁材料绕成，两极各引出一个接地抽头接地。一次侧与二次侧之间的静电屏蔽要连接到零电位。接地抽头配电容耦合最后引出到接地点。在实际使用时，接地点连接到三线四相制供电的地线上。典型供电系统如图 11-2 所示。采用隔离变压器后可以隔离供电回路之前端的各种干扰信号。

　　（2）交流稳压电源　为了抑制电网中电压的波动，在隔离变压器后配交流稳压电源。在选用交流稳压器时，一般可按实际最大需求容量的 130% 计算。这样即可以保证稳压特性，又有助于稳压器工作可靠。多种可编程序控制器对电源的波动具有较强的适应性，新型的电源模板本身就有稳压功能，可以在很宽松的电源波动范围内工作，此时可节省开支，不使用交流稳压器。

　　（3）低通滤波器　在早期使用计算机时，常常采用隔离变压器加低通滤波器组合为可编程序控制器供电。目前、许多小系统仍然使用这种方法，主要是消除供电波形的畸变。当采用较好的交流稳压器时，其内部电路本身就包含有低通滤波的功能。

　　（4）UPS 电源　在一些实时控制中，系统突然断电的后果不堪设想，这时要在系统中使用 UPS 电源。由于 UPS 电源容量有限，一般仅把它供电范围保证在可编程序控制器主机、通信模板、远程 I/O 站的各个机架和与可编程序控制器系统相关的外部设备。当外部断电时，切换到 UPS 供电，按工艺要求进行一定的处理，使生产处于安全状态。当可编程序控制器控制一些特殊工艺过程，在断电时，要保证转换到安全状态，而且这个转换要求有断电后的供电，使停电、断电时外部设备必须处在安全状态。用 UPS 供电的保护范围，设计出一个理想的安全保护可编程序控制器系统。目前许多高档次的可编程序控制器产品，其 I/O 输出端口允许在编程时约定断电保护的状态。

　　（5）晶体管开关电源　在市电网或其他外部电源电压大波动很大时，抗干扰能力很强，对其输出电压不会造成大影响。目前许多可编程序控制器公司的产品中，电源模板都采用于晶体管开关电源，所以整个系统设计时不必要再配晶体管开关电源。但是许多情况下，可编

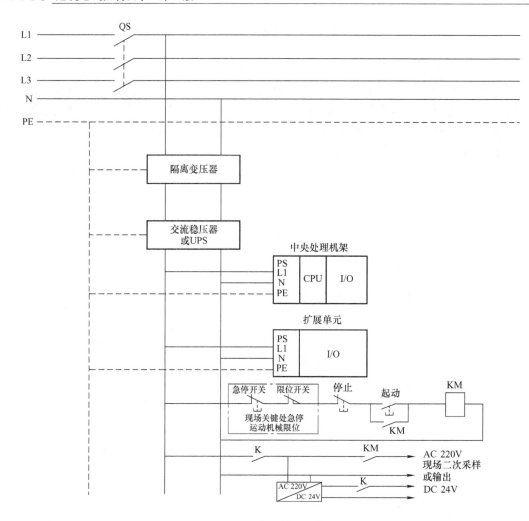

图 11-2　典型供电系统

程序控制器外部执行电源采用24V电压，选配晶体管开关电源是个好方法。

可编程序控制器输入输出模板外接口使用电信号，称为执行电源，一般采用单独供电。在系统总电源开关下面，接入的隔离变压器或者交流稳压器之后，再分配一个供电电路，这个供电电路要与CPU、通信网络、电源模板、I/O机箱的供电电路分开。当PLC控制系统的外部执行机构采用AC 220V工作电压时，可单独使用一个电源开关为它供电。当PLC控制系统的外部执行机构采用DC 24V或DC 48V工作电压时，要加入交流变压器、直流变压器、稳压器等，提供可编程序控制器的一个外部工作电源。

当可编程序控制器使用模拟量信号时，有时要有更为精密的仪表电源，这种情况下最好选用仪表和执行机构相适应的电源。

DC 24V电源是可编程序控制器中常用的标准方式。这是一种安全的二次供电方式，对于防爆、防火、防尘等条件恶劣的现场，选用这一电压等级，在电能传输和状态转换时，连接点或动作触点不易引起电火花和产生强电磁干扰。

对于数字量输入模板通常情况下选用共阴极的连接方式，DC 24V电源的阴极为公共点。

数字量输出模板通常情况下选用共阳极的接法，即 DC 24V 电源的阳极是公共点，这种方法的好处在于外部断电、开关开启以及负载不需要运行时，几乎不消耗电能。

AC 24V 电源，常常可以使用简单的方法，由 AC 220V/AC 24V 变压器就能满足供电需求。例如现场设备比较分散、传输距离比较远时，采用 AC 24V 模板比用 DC 24V 的模板在现场设计上可能省去许多麻烦。例如，AC 24V 电源使用导线、电阻值、信号耗压等技术指标一般较容易做到。但有些防爆环境不允许使用交流电，因此一些传感仪表精密信号常用直流电源。

I/O 模板的另一种供电方式是使用 AC 110V 或 AC 220V 电源，这是一种经济型的供电方式。尤其在机械设备控制系统中，单纯地仅用小功率电动机、简单的开关信号而且没有特殊安全防爆、防电火花等要求时，可以采用 AC 220V 电源供给 I/O 端口的二次回路，使系统设计十分简捷。其可从非可编程序控制器供电的另外 AC 220V 回路直接使用。少量的 AC 220V 可以与可编程序控制器使用同一交流稳压器供电。但是，将可编程序控制器电源与现场信号、执行电路的电源分开，对于预防故障有好处。

2. 接地处理

在可编程序控制器为核心的控制系统中，有多种接地方法，每种接地线汇流于一个"点"，这是信息零电位基础，为了安全使用可编程序控制器，应区分下列几种接地方法：

数字地，也称为逻辑地，是各种开关信号、数字信号的零电位。

模拟地，是模拟信号的零电位，它也是模拟信号精密电源的零电位，它的"零"是十分严格的电平。

信号地，通常是指一般传感器的地。

交流地，交流供电电源的 N 线，它通常又是产生噪声的主要地方。

直流地，它是直流电源标准电压起点，在非浮空的直流电源中把它作为地线，N 就是接地的连接。

屏蔽地，一般为防止静电和电磁感应而设置外壳或金属丝网，为了消除壳或网上蓄存的电能，专门使用铜导线将外壳或金属丝网连接到地壳中去。

保护地，一般指机器、设备外壳或装在机器与设备内的独立器件的外壳，外壳要与其内部绝缘，外壳接地用以保护人身安全和防护设备漏电，保护地必须是良好的接地。

在工程安装阶段，必须很好地连接上述各种接地地线。它一般遵守下列几个原则：

一点接地或多点接地一般情况下，高频电路应就近多点接地，低频电路应一点接地。在低频电路中，布线和元件间的电磁很小，而多点接地时，回地环流过多会产生干扰，因此，低频电路中经常使用一点统一对外接地。根据这一原则，利用可编程序控制器系统组成控制系统时，常用一点接地。

为防止交流电对低电平信号的干扰，在直流信号的导线上要加隔离屏蔽，用有金属丝网的屏蔽层或用铠甲外壳。另外，不允许信号源与交流电共同使用一根地线。只有这样，在接地铜排上才能把各个接地点连接在一起。

将屏蔽地、保护地各自独立地接到接地铜排上，不应当将其和电源地、信号地在其他任意地方接在一起。在控制系统中，为了减少信号的电容耦合噪声，要采用多种屏蔽措施，屏蔽结构最终有统一出头地点。为解决电场屏蔽分布电容问题，屏蔽地接入大地。

为解决雷达、电台这类高频辐射干扰，可以用金属丝网作屏蔽，它由电阻低的金属网及外壳等套在关键部位，金属网屏蔽汇流后再接入大地。对于纯强磁的现场，例如防止强磁铁、变压器、大电动机的磁场耦合，采用高导磁材料做外罩的屏蔽方法，使磁回路闭合，再将外罩接入大地，保护地常用一点接地。

信号地和屏蔽地、模拟地的接法十分重要，每个商家在提供可编程序控制器的模拟时，都有许多严格的连接方法规则。包括信号配线、外壳屏蔽、浮地、传输电缆使用的型号、芯截面积、电源供应等，这是一项专门的技术。因此，对它们的接地方式等要严格地按操作手册进行。常使用配置仪表、变送器来解决模拟量输入信号的采集和传输问题。模拟量输出信号的长距传输，最好要借用 DCS 的经验。

第三节　可编程序控制器系统的软件设计

在系统的实现过程中，PLC 的编程问题是非常重要的，用户应当对所选择的产品软件功能有所了解。可编程序控制器的软件可分为系统软件和应用软件两大类型，指令集的选择将决定实现软件任务的难易程度，直接影响实现控制程序所需的时间和程序执行时间。

一、系统软件

可编程序控制器的系统软件一般又可分为两大部分，即编程系统软件和操作系统软件。

PLC 可以看成是在操作系统软件支持下的一种扫描设备，不论用户程序是否在运行，它一直在周而复始地循环扫描，并执行由系统软件规定好的任务。有关循环扫描工作过程和软件的主要功能如图 11-3 所示。

系统软件存储在可编程序控制器的 ROM、PROM 和 EPROM 存储器中。是对用户不透明的软件。

编程系统软件指用户编制实用程序所采用系统提供编程语言工具。尽管这种实用程序是多种多样的，但其编程语言一般有 4 种，即梯形图语言、功能图语言、助记符语言和高级语言。

编程语言是一种面向生产控制过程的语言。在可编程序控制器发展的初期，各种型号、各个系列都有各自不同的书写格式、图形格式和不同的名称。例如，语句表 STL、控制系统流程图 CSF、梯形图 LAD、顺序功能图 SFC，以及产生过支持各种编程手段的编程器。大、中型可编程序控制器程序编制工作量很大，主要是用个人计算机加上特定的通信支持手段做成编程器；小型、微小型的可编程序控制器厂家常常生产一些专用的、手掌式的编程器。小型、微小型可编程序控制器多用于做单机自动化，用户软件编程的语句较少，一个液晶显示的手持编程器基本上可实现编程和简单的调试。另外，微型可编程序控制器用来控制的设备工艺简单，经常可以分解成若干步骤，一般是上一步运行完成后，才转移到下一步。每一个生产过程的输入与输出信号都非常简单，扫描到本步之后，才做与本步有关的输入与输出的数字量操作，从可编程序控制器的扫描时间上看是足够的。为适应这种工艺程序，产生了一种叫作状态图的编程方法；另一种编程方法叫梯形图。用梯形图编程在目前国内是比较流行的方式，而状态图在小型、微型可编程序控制器中经常被使用。

目前，每个可编程序控制器系列产品都发展并完善了通信功能。在这样的条件下，使用计算机形成监视画面和进行人机命令的技术已趋于成熟。例如，AB 公司的 ControlView 以及其改进的 RSView 是运行在 Windows95 和 NT 的环境下比较好的软件。它有数据库，与可编

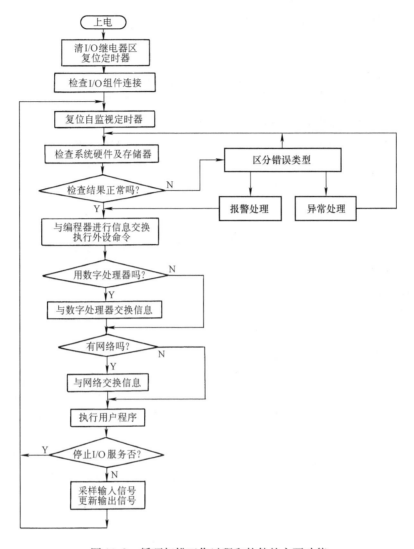

图 11-3　循环扫描工作过程和软件的主要功能

程序控制器地址表有着开放性的联系，有监视画面绘图的编辑功能。带有控制操作的图形，实时数据，历史数据，组成报警/事件记录，允许和其他的可编程序控制器、计算机通信，在多种通信规约上共享数据信息。

　　无论使用哪一种图形软件，最终反映在用户界面上都是实时监控画面，即一幅描述生产工艺的流程图、某些实时数据报告图、依数据而形成的棒形图或者位置图。在画面上有颜色的变化、工艺流程的变化、被控制量的趋势变化、事件与故障的记录等。还可以使用鼠标在特定的位置上单击，执行定义好的人机命令操作，完成上位计算机的管理功能。

　　二、PLC 系统应用软件的设计

　　PLC 系统应用程序设计的设计步骤如下：

　　（1）制定设备运行方案　制定方案就是根据生产工艺的要求，分析输入、输出与各种操作之间的逻辑关系，确定需要检测的量和控制的方法，设计出系统中各设备的操作内容和操作顺序。据此绘制系统控制流程图，用以清楚地表明动作的顺序和执行条件。

（2）制定系统的抗干扰措施　根据现场工作环境、干扰源的性质和采样信号的特点，综合制定系统硬件和软件的抗干扰措施，如硬件滤波、软件滤波等。

（3）编制程序　根据被控对象的输入输出信号和所选定的 PLC 型号，分配 PLC 的硬件资源，为梯形图中的各种继电器或接点进行编号，用梯形图编程。

（4）程序测试　用编程器或编程软件将程序输入 PLC 的用户存储器中，并检查键入的程序是否正确。控制台（柜）及现场施工完成后，就可以进行联机调试。如不满足要求，再回去修改程序或检查接线，直到满足要求为止。最后编制技术文件，交付使用。

第四节　基本程序的编制

在可编程序控制器的应用中，大多数程序是由一些基本环节所组成，因此，了解基本环节的结构和其程序有利于整个系统的编程。基本程序编程主要有 3 类：基本逻辑指令编程、计数器和定时器编程、步进指令编程。

一、基本逻辑指令编程

基本逻辑指令编程是根据控制的要求，利用系统具有逻辑指令、梯形图进行编程的方法，下面通过几个简单电路介绍基本逻辑指令编程。

（1）多重输入电路　多重输入电路如图 11-4 所示。若 X0、X1 接通；X0、X3 接通；X2、X1 接通；X2、X3 接通，皆可使 Y0 输出。

（2）保持电路　保持电路如图 11-5 所示。将输入信号加以保持记忆，当接通一下 X0，保持继电器 M500 接通并自保持，Y0 有输出，停电后再通电，Y0 仍然有输出。只有 X1 触点断开，才使 M500 自我保持消失，使 Y0 无输出。

（3）优先电路　优先电路如图 11-6 所示。输入信号 A 或输入信号 B 中先到者取得优先权，后到者无效。若 X0 先接通，M100 线圈接通，Y0 有输出，同时由于 M100 的动断触点断开，X1 断开；X1 再接通时，亦无法使 M101 动作，Y1 无输出。若 X1 先接通，则情形正好与前述相反。

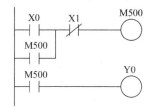

图 11-4　多重输入电路　　　　　　图 11-5　保持电路

（4）比较电路　比较电路如图 11-7 所示。该电路预先设定好输出的要求，然后对输入信号 A 和输入信号 B 作比较，接通某一输出。

X0、X1 同时接通，Y0 有输出。X0、X1 皆不接通，Y1 有输出。X0 不接通，X1 接通，Y2 有输出。X0 接通，X1 不接通，Y3 有输出。

二、计数器和定时器编程

在继电-接触器控制系统中，时间继电器和计数器是常见控制电器。PLC 取代继电-接触器控制时，将继电器原理图转变为梯形图，可通过编程实现各种延时方式的时间继电器及其触点的功能。

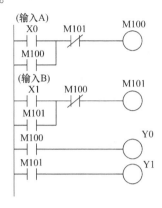

图 11-6　优先电路

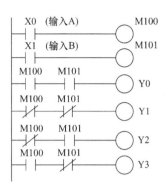

图 11-7　比较电路

（1）通电延时型时间继电器　通电延时型时间继电器如图 11-8 所示。在图 11-8a 所示梯形图中，当 X0 端有输入时，M10 的动合触点立即闭合，而 T0 的动合触点经预定的延时才闭合，前者功能相当于通电延时型时间继电器的瞬时闭合的动合触点，后者功能相当于通电延时型时间继电器的延时闭合的动合触点。

在图 11-8b 中是用计数器 C0 实现延时的。当 X0 接通时，M8012 产生 0.1s 的脉冲信号加到 C0 的输入端，C0 对这个脉冲进行计数，计到 50 次时，C0 线圈接通，C0 的动合触点闭合，即延时了 0.1 × 50s = 5s，图 11-8b 的功能与图 11-8a 相同。

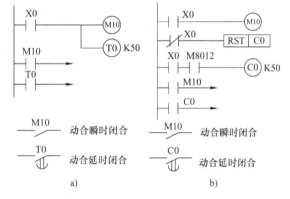

图 11-8　通电延时型时间继电器

（2）断电延时型时间继电器　断电延时型时间继电器如图 11-9 所示。图 11-9中梯形图的 M10 动合触点在 X0 有输入时立即闭合；当 X0 输入消失后，延时 t_1（5s）M10 的动合触点才断开，相当断电延时型时间继电器的延时断开的动合触点。

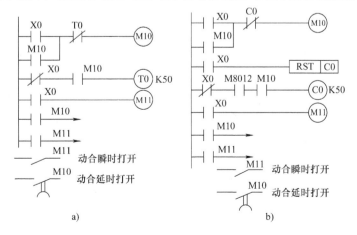

图 11-9　断电延时型时间继电器

（3）长时定时器　FX$_{2N}$系列 PLC 最大定时时间为 3276.7s，为产生更长的设定时间，可将多个定时器、计数器联合使用，扩大其延时时间。

图 11-10 所示为长时定时器。在图 11-10 中，输入 X0 导通后，输出 Y0 在 $t_1 + t_2$ 的延时之后亦导通，延时时间为两个定时器设定值之和。

（4）大容量计数器　当需要计数值超过单个计数器的最大值，可按图 11-11 将两个计数器串联，得到一个计数值为 $n_1 + n_2 = 2000 + 2500 = 4500$ 的计数器。

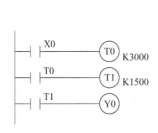

图 11-10　长时定时器

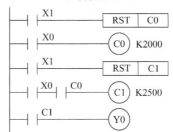

图 11-11　大容量计数器

三、步进指令编程

在工业控制中，顺序控制是量大面广的一种控制，它是自动控制的一个重要分支。顺序控制属于开关量控制，开关量按一定逻辑规律控制生产过程。

用步进指令编程具有简单直观的特点，使顺序控制的实现更加容易，缩短了设计时间。顺序控制分行程顺序控制和时间顺序控制。

图 11-12 是某送料小车工作示意图。小车可以在 A、B 之间正向起动（前进）和反向起动（后退）。要求小车从 A 处前进至 B 处停车，延时 10s 后返回；从 B 处后退至 A 处停车后立即返回。在 A、B 两处安装后限位开关和前限位开关。

PLC 的输入、输出及计时器的编号已标在图 11-12 的各个括号中。

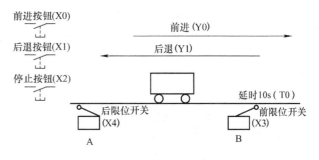

图 11-12　某送料小车工作示意图

1. 绘制流程图

流程图是描述控制系统的控制过程、功能和特性的一种图形，也是设计可编程序控制器顺序控制程序的有力工具，流程图主要由步、转移（换）、转移（换）条件、有向连线（箭头线）和动作（命令）组成。

图 11-13 是该送料小车的流程图。该送料小车的工作过程一次循环分为前进、延时、后退 3 个工步。按下前进按钮（X0 闭合），则小车由初始状态转移到前进步，驱动对应的输出继电器 Y0。当小车前进至前限位时（X3 动合触点闭合），由前进步转移到延时步，驱动计时器 T0 计时，前进步停止。计时到（T0 动合触点闭合），小车由延时步转移到后退步，驱动对应的输出继电器 Y1，延时步停止。当小车后退至后限位时（X4 动合触点闭合）由后退步转移到前进步，后退步停止，完成一次循环。以后再重复上一次循环的工作过程。

小车在前进步时，若按停止按钮（X4 动合触点闭合），则转移到初始状态，前进步停止。若按下后退按钮（X1 动合触点闭合），则小车由初始状态转移到后退步，然后开始后退。小车在后退步时，若按停止按钮，则转移到初始状态，后退步停止。

2. 绘制状态转移图

顺序控制若采用步进指令编程，则需根据流程图画出状态转移图。状态转移图是用状态继电器（简称状态）描述的流程图。

流程图中的每一步用一个状态来描述。由此可绘出图 11-13 的状态转移图，如图 11-14 所示。

图 11-14 中 S10、S11、S12、S13 分别为初始状态、前进状态、延时状态、后退状态。PLC 投入

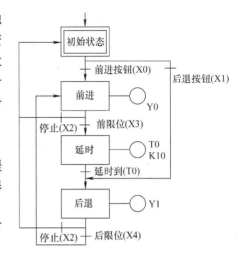

图 11-13　送料小车的流程图

运行时，由初始化脉冲（M71）或其他初始信号（例如工作机构的原位信号等）将初始状态置位表示操作开始，为以后各步的转移做好准备。

3. 设计步进梯形图

每个状态提供一个 STL 触点，当状态置位时，其步进触点接通。用步进触点连接负载的梯形图称为步进梯形图，它可以根据状态转移图来绘制。根据图 11-14 绘制的步进梯形图如图 11-15 所示。

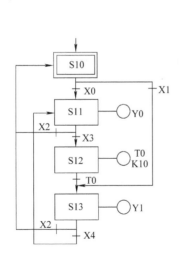

图 11-14　送料小车的状态转移图

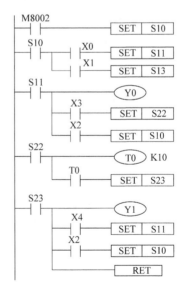

图 11-15　送料小车的步进梯形图

4. 编制语句表

由步进梯形图可用步进指令编制出语句表。步进指令由 STL/RET 指令组成。STL 指令称为步进触点指令，用于步进触点的编程。RET 指令称为步进返回指令，用于步进结束时返回原母线。

送料小车步进梯形图的语句表如下：

0	LD	M8002	9	LD	X3	18	STL	S13
1	SET	S10	10	SET	S12	19	OUT	Y1
2	STL	S10	11	LD	X2	20	LD	X4
3	LD	X0	12	SET	S10	21	SET	S11
4	SET	S11	13	STL	S12	22	LD	S12
5	LD	Xl	14	OUT	T0	23	SET	S10
6	SET	S13	15	K	10	24	RET	
7	STL	S11	16	LD	T0	25	END	
8	OUT	Y0	17	SET	S13			

第五节　可编程序控制器与文本显示器的编程应用

传统的人机控制操作界面主要包括指示灯、按钮、主令开关等，操作人员通过这些器件把操作指令传输到自动控制器中，控制器也通过它们显示当前的控制数据和状态。这是一个综合的人机交互界面。

随着技术的进步，新的模块化、集成的人机操作界面产品被开发出来。这些 HMI（Human Machine Interface）产品一般具有灵活的可由用户（开发人员）自定义的信号显示功能，用图形和文本的方式显示当前的控制状态。现代 HMI 产品还提供了固定或可定义的按键或触摸屏输入功能。下面以文本显示器 MD204L 为例介绍 PLC 与文本显示器的编程应用。

一、文本显示器 MD204L 的功能

MD204L 是国产的小型可编程序控制器人机界面，以文字或指示灯等形式监视、修改 PLC 内部寄存器或继电器的数值及状态，从而使操作人员能够自如地控制机器设备。

MD204L 可编程文本显示器有以下特点：

1）通过编辑软件 AutoView 在计算机上作画，自由输入汉字及设定 PLC 地址，使用串口通信下载画面。

2）通信协议和画面数据一同下载到显示器，无须 PLC 编写通信程序。

3）对应 PLC 机种广泛，包括三菱 FX 系列、西门子 S7 - 200 系列、欧姆龙 C 系列、光洋 S 系列等。

4）具有密码保护功能。

5）具有报警列表功能，逐行实时显示当前报警信息。

6）20 个按键可被定义成功能键，有数值输入小键盘，操作简单，可替代部分控制柜上的机械按键。

7）自由选择通信方式，RS - 232、RS - 422、RS - 485 任选。

8）带背景光 STN 液晶显示，可显示 24 英文字符 ×4 行，即 12 汉字 ×4 行。

9）显示器表面为 IP65 构造，防水、防油。

MD204L 的正面除液晶显示器之外，还有 20 个薄膜开关按键，触摸手感好、使用寿命长而且安全可靠。所有的 20 个按键除了具备基本功能外，还能被设定成特殊功能按键，直接完成画面跳转、开关量设定等功能。

MD204L 可编程文本显示器的前面板如图 11-16 所示。

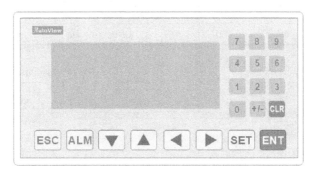

图 11-16　MD204L 可编程文本显示器的前面板

所有 20 个按键都能被用户定义成特定功能，如 Bit 置位、Bit 复位、画面跳转等。如果未定义成特殊功能则只能执行基本功能。基本功能包括设定寄存器数值、初始画面复位、前页后页画面跳转。MD204L 可编程文本显示器的功能键作用见表 11-2。

表 11-2　MD204L 可编程文本显示器的功能键作用

按键	基 本 功 能
[ESC]	无论显示器处于何种画面，一旦按此键，返回系统初始画面。系统初始画面由用户设计画面时指定（默认值为 0 号画面），一般将系统初始画面设置成主菜单或使用频度最高的画面
[ALM]	一旦按此键，自动切换到定义的报警信息画面，也可定义为功能按键使用
[◄]	修改寄存器数据时，左移被修改的数据位，即闪烁显示数字左移一位
[►]	修改寄存器数据时，右移被修改的数据位，即闪烁显示数字右移一位
[▲]	将画面翻转到前页，前页画面号由用户在画面属性中指定（默认值为当前画面号 – 1） 如果在数据设定状态，被修改的数字位加 1，递增范围：0→9→0
[▼]	将画面翻转到次页，次页画面号由用户在画面属性中指定（默认值为当前画面号 +1） 如果在数据设定状态，被修改的数字位减 1，递减范围：9→0→9
[SET]	按此键开始修改寄存器数值，当前正在被修改的寄存器窗反色显示，其中被修改的位数闪烁显示。如果当前画面没有寄存器设定窗部件，则执行一次空操作。在按 [ENT] 键之前再按一次 [SET] 键，则当前修改操作被取消，并继续修改下一个数据寄存器
[ENT]	将修改后的数据写入寄存器，并继续修改下一个数据寄存器。当前画面的最后一个寄存器被修改后，退出修改寄存器状态

产品背面的左侧为外接直流电源端子和 9 针 D 形公座的通信端口，RS – 232、RS – 485 和 RS – 422 通信端口都是置于 DB9 插座中，其引脚定义见表 11-3 。下载画面数据时，使用通信电缆 MD – SYS – CAB 将 MD204L 的 9 芯通信口（母头）和个人计算机的 9 芯通信口（母头）连接起来，如图 11-17 所示。与 PLC 通信时，根据 PLC 机型确定通信口连接方式。

表 11-3   MD204L 串行通信口引脚号定义

引脚号	1	2	3	4	5	6	7	8	9
定义	TD +	RXD	TXD	RTS	GND	TD −	NC	RD −	RD +

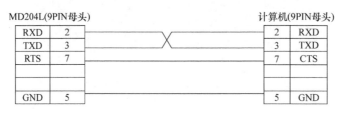

图 11-17   MD – SYS – CAB 连线图

调试当中，如果发现液晶屏对比度不合适，可以用小尺寸螺丝刀旋转产品背面右侧的对比度调节电位器，直到对比度达到合适程度为止。

MD204L 显示屏自带 LED 背景光灯，只要有按键操作，背景光打开。持续 3min 以上没有任何键按下，背景光自动熄灭（默认设置）。

二、AutoView 使用

AutoView 是可编程文本显示器 MD204L 的专用开发软件，运行于 Windows95/98/2000 之下。作为二次开发工具，该软件使用方便，简洁易学，能直接设置中英文字符。

用户针对某产品制作的画面都保存在一个工程之中，工程的基本要素是画面。每一幅画面完成一些特定功能，通过设计可以实现不同画面之间自由跳转。由所有画面组成的集合，就是设计人员开发完成的应用工程文件。

打开工程后，用户就可以新建或打开画面。每幅画面都可以放置文字（中英文）、指示灯、开关、数据显示设定窗、跳转键等元素。每幅画面之间可实现自由跳转，操作者可完成数据监视、参数设定、开关控制、报警列表监视等操作。

AutoView 的基本使用流程如图 11-18 所示。

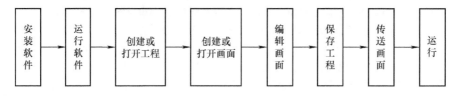

图 11-18   AutoView 的基本使用流程

1. 编辑用户画面

1）创建工程。运行 AutoView 软件后，计算机显示器中央出现如图 11-19 所示的画面编辑器。编辑器的顶部是菜单和工具条；右侧表格栏的内容是画面以及画面描述。

画面：显示工程中所有画面的序号。

描述：画面功能的简单文字描述。

编辑器的中央是画面编辑区。在显示区域均匀放置白色网点，网点上下左右之间的距离为 16 点间距，整个画面为 192×64 点阵。设计者放置或移动部件时，参照临近网点的位置，便于将部品对齐。当设计者用鼠标拖动部件移动时，每次移动的距离为 4 点的整数倍。

图 11-19　画面编辑器

工具条中所有按键及其功能说明见表 11-4。

单击□键或执行［文件］→［新建工程］命令，屏幕中弹出 PLC 机型选择对话框，如图 11-20 所示。

表 11-4　工具条按键功能说明

按键	功　能
□	创建一个新工程
☞	打开一个已经保存的工程
▣	保存正在编辑的工程
✂	剪切文本框中的文字
▣	复制文本框中的文字
▣	粘贴文本框中的文字
▭	新建画面，其功能和画面指示窗中的［新建］按键相同
▧	显示当前画面的属性内容
▣	将一幅画面复制成另一幅画面
▨	删除当前画面
⌂	指定系统初始画面，显示器工作时，按［ESC］键即直接返回此画面。一般此画面为主菜单或使用频度最高的画面；设置系统口令；设置交互控制寄存器定义号

（续）

按键	功　能
	登录报警列表信息，每条报警信息对应一个中间继电器
	通过计算机 RS–232 口，将编辑完成的工程文件下载到 MD204L 显示器

注意在选择了正确的 PLC 后，还需要进行通信端口的设置，对话框如图 11-21 所示。根据显示器通信对象，选择 PLC 机型。AutoView 下载画面时，将指定的 PLC 通信协议和画面数据一同传送给 MD204L 显示器，以后显示器工作时，即通过此协议和 PLC 通信。

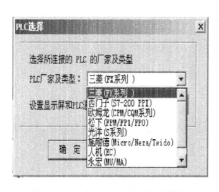

图 11-20　PLC 机型选择对话框

图 11-21　通信端口的设置对话框

2）制作基本画面。

3）设置 MD204L 的系统参数。

4）编辑文本，数据显示和设定以及格式的确定。

5）有关图表的生成。

6）最后保存工程。

2. 下载画面

用通信下载电缆将计算机 9 针 RS–232 串口和 MD204L 的 9 针串口连接起来，确认 MD204L 已加上 +24V 电源。按 键，开始下载数据，出现下载画面数据提示对话框，如图 11-22 所示，提示下载进度。

注意：下载画面数据过程中，必须确保 MD204L 不能断电！

画面传送结束后弹出对话框，如图 11-23 所示，表示工程画面已全部传送。

图 11-22　下载画面数据提示对话框

图 11-23　下载结束对话框

3. 联机通信

画面数据下载结束后，断开电源，拔出画面传送电缆 MD‒SYS‒CAB0。用 PLC 通信电缆连接 MD204L 和 PLC 通信口，检查 PLC 的通信参数设定是否正确。同时给 PLC 和 MD204L 加上电源（MD204L 使用直流 24V 电源），文本显示器随即进入运行状态。

给 PLC 和显示器上电，如果通信正常，便能进行数据监视等各项操作。如果因为通信参数不正确或电缆连接错误造成通信失败，显示器的右下角显示文字"正在通信"，表明 MD204L 正在和 PLC 建立通信。

如果显示器和 PLC 始终不能正常通信，请检查以下项目：

1）工程选择的 PLC 机型和实际连接 PLC 机型是否相符。

2）是否连接通信电缆。

3）通信电缆连线是否正确。

4）PLC 通信参数设置是否正确。

5）PLC 和显示器是否都已加上电源。

6）如果仍然查不出问题请和供应商联系。

注意：不论 PLC 处在运行状态还是处在编程状态，MD204L 都能正常工作。

三、文本显示器与 PLC 连接方法

1. 三菱 FX 系列 PLC

MD204L 目前可以和三菱 FX 全系列 PLC 通信，通信口为 PLC 编程口或 FX$_{2N}$ 系列 PLC 的 FX$_{2N}$‒422BD 模块。有关参数见表 11-5，MD‒FX‒CAB0 电缆连线图如图 11-24 所示。

表 11-5　MD204L 和三菱 FX 全系列 PLC 通信参数

项目	内　　容		
MD204L 通信口	9 针通信口		
PLC 通信口	编程口 或 FX$_{2N}$‒422BD		
默认通信参数	波特率 9600bit/s、7 位数据位、1 位停止位、偶校验		
站号	0 局		
通信距离（最大）	70m		
通信方式	RS‒422		
电缆型号	MD‒FX‒CAB0		
系列型号	FX$_{0S}$	FX$_{0N}$	FX$_{2N}$
开关量对应地址	M000～M511	M000～M511	M000～M511
数字量对应地址	D00～D31	D000～D255	D000～D511

图 11-24　MD‒FX‒CAB0 电缆连线图

2. 西门子 S7 – 200 系列 PLC

MD204L 可以通过 PPI 协议和西门子 S7 – 200 系列 PLC 的编程口或扩展通信口直接通信。有关参数见表 11-6，MD – S7 – CAB0 电缆连线图如图 11-25 所示。

表 11-6　MD204L 和西门子 S7 – 200 系列 PLC 通信参数

项目	内容
MD204L 通信口	9 针通信口
PLC 通信口	编程口或扩展通信口
默认通信参数	波特率 9600bit/s、8 位数据位、1 位停止位、偶校验
局号	2 局
通信距离（最大）	100m（双绞线）
通信方式	RS – 485
电缆型号	MD – S7 – CAB0
开关量对应地址	M000 – M317
数字量对应地址	VW000 – VW4096

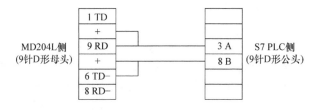

图 11-25　MD – S7 – CAB0 电缆连线图

第六节　可编程序控制器与组态软件的集成应用

随着工业自动化程度的日益提高，PLC 的使用越来越普及。PLC 以其高可靠性、易操作性、灵活性、对现场环境要求不高而倍受青睐。但是，PLC 作为单独的监控系统有其局限性，主要表现为无法大量存储数据，无法显示各种实时曲线和历史曲线，无法显示汉字和打印汉字报表，没有良好的用户界面。随着计算机技术的飞速发展，工控组态软件的出现弥补了 PLC 控制系统的不足。

在工业现场大量使用的以工控组态软件为开发平台的计算机监控系统，其结构主要表现在，计算机作为监控系统中的上位机，而下位机常常选用 PLC 作为现场级的控制设备，用于数据采集和控制。上位机则利用工控组态软件来完成采集信号的存储、处理、分析，利用屏幕画面对整个系统的所有设备进行实时监视，画面中的各类参数具有实时性，还可对运行过程进行干预控制等。

常用的工控组态软件有 iFix、inTouch、WinCC、组态王、MCGS 等。其中昆仑通态计算机研究所开发的 MCGS 工控组态软件，充分考虑了国内工控领域的具体情况，吸收了国外同类产品的优点，通用性强、品质高、价位低，是国产优秀的工控组态软件之一。MCGS 工控组态软件集动画显示、流程控制、数据采集、设备控制与输出、网络数据传输、双机热备、工程报表、数据与曲线等诸多强大功能于一身，并支持国内外众多数据采集与输出设备，广泛应用于石油、电力、化工、钢铁、矿山、冶金、机械、纺织、航天、建筑、材料、制冷、交通、通信、食品、制造与加工业、水处理、环保、智能楼宇、实验室等多种工程领域。下面以 MCGS 组态软件为例介绍 PLC 与组态软件的集成应用。

一、PLC 与 MCGS 通信的硬件连接

使用 MCGS 组态软件和 PLC 通信之前，必须保证通信连接正确，与西门子 PLC 的通信连接如图 11-26 所示。

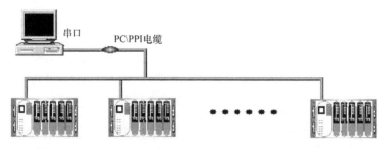

图 11-26　使用西门子标准 PC\PPI 电缆连接 PLC

（1）使用西门子标准 PC/PPI 电缆通信　使用 PC/PPI 电缆时，必须保证 PC/PPI 上的 DIP 开关、上位机软件以及 PLC 中通信参数的设置都要一致。

（2）使用通用 RS－232/485 转换器连接　RS485 的 A＋（DATA＋）与 PLC 9 针端口的第 3 脚连接，B－（DATA－）与 PLC 9 针端口的第 8 脚连接。

使用西门子标准 PC/PPI 通信电缆或西门子通用的 RS－232/485 转换器最多可同时接 32 台 S7－200PLC（每台 PLC 设置成不同的通信地址），多台 PLC 之间使用西门子公司提供连接器进行连接，如图 11-27 所示。

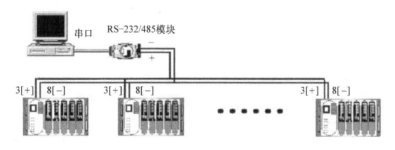

图 11-27　使用通用 RS－232/485 转换器连接 PLC

二、PLC 地址和 PLC 通信参数的设置

设置 PLC 的地址，必须通过 STEP7－Micro/WIN32 编程软件来设置，由于新买的 PLC 的地址全部为 2，所以要设置 PLC 的地址时，一次只能和一个 PLC 连接，地址一般设成 1～31 中的任何一个数，其他无效。设置方法如下：

1）连接 PLC 设备。

2）运行 STEP7－Micro/WIN32 编程软件。

3）打开主菜单的 PLC，选择"Type"，在弹出的对话框中，选择对应型号的 PLC，然后按"Read PLC",测试与 PLC 的通信,若成功,单击"OK"退出,如图 11-28 所示。

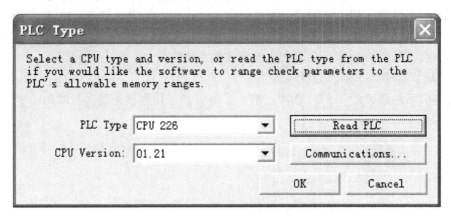

图 11-28　PLC 类型的设置对话框

若通信失败,按"Communications",在弹出的对话框的左下方有当前通信参数的设置状态,一般有:Remote Address = 2,Local Address = 0,Interface = PC/PPI cable(COM1),Protocol = PPI,Transmission Rate = 9.6kbps,Mode = 11bit。若有不对的地方,双击对话框右上方的"PC/PPI cable(PPI)",在弹出的对话框中设置以上参数,直到通信成功。上位机通信参数设置对话框如图 11-29 所示。

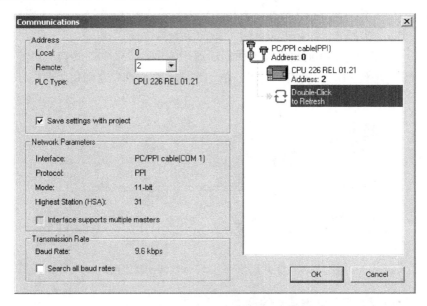

图 11-29　上位机通信参数设置对话框

4)打开主菜单的 VIEW,选择"System Block"在弹出的对话框中,设置 PLC 对应端口的地址,根据需要将地址设置成 1~31 中的某个数。按"OK"退出。

5)将其下载到 PLC 中,即单击图标"Down Load",在弹出的对话框中选择"System Block",按"OK"开始下载。PLC 通信参数设置对话框如图 11-30 所示。

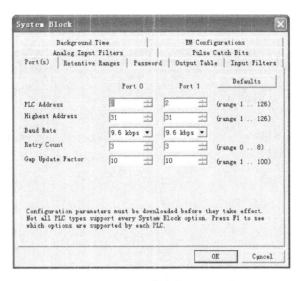

图 11-30　PLC 通信参数设置对话框

三、MCGS 工程设计

MCGS 系统包括组态环境和运行环境两个部分，用户的所有组态配置过程都在组态环境中进行。组态环境相当于一套完整的工具软件，它帮助用户设计和构造自己的应用系统。用户组态生成的结果是一个数据库文件，称为组态结果数据库。运行环境是一个独立的运行系统，它按照组态结果数据库中用户指定的方式进行各种处理，完成用户组态设计的目标和功能。MCGS 工程设计分如下几个过程。

（1）工程项目系统分析　分析工程项目的系统构成、技术要求和工艺流程，弄清系统的控制流程和测控对象的特征，明确监控要求和动画显示方式，分析工程中的设备采集及输出通道与软件中实时数据库变量的对应关系。

（2）建立 MCGS 工程框架　打开 MCGS 组态环境软件，新建一个工程，其结构由主控窗口、设备窗口、用户窗口、实时数据库和运行策略 5 个部分构成，如图 11-31 所示。

其中，主控窗口确定了工业控制中工程作业的总体轮廓，以及运行流程、菜单命令、特性参数和启动特性等项内容，是应用系统的主框架。

（3）建立实时数据库　实时数据库相当于一个数据处理中心，同时也起到公用数据交换区的作用。从外部设备采集来的实时数据送入实时数据库，系统其他部分操作的数据也来自于实时数据库。实时数据库自动完成对实时数据的报警处理和存盘处理，同时还根据需要把有关信息以事件的方式发送给系统的其他部分，以便触发相关事件，进行实时处理。

选择工程框架的实时数据库页面，主控窗口属性设置对话框如图 11-32 所示。根据 PLC 的输入输出地址和内部变量建立实时数据库变量，用于实现数据库变量与 PLC 输入输出通道的连接。

（4）连接设备驱动程序　设备窗口专门用来放置不同类型和功能的设备构件，实现对外部设备的操作和控制。设备窗口通过设备构件把外部设备的数据采集进来，送入实时数据库，或把实时数据库中的数据输出到外部设备。

选定与设备相匹配的设备构件，连接设备通道，确定数据变量的数据处理方式，完成设

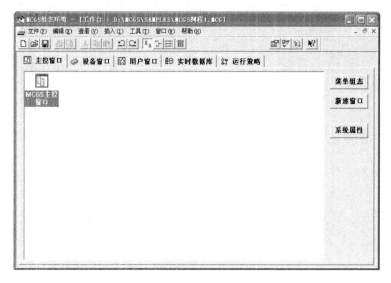

图 11-31　MCGS 工程框架

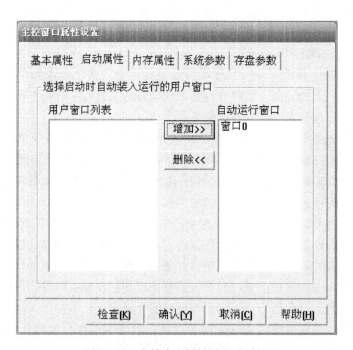

图 11-32　主控窗口属性设置对话框

备属性的设置。此项操作在设备窗口内进行。实时数据库设置窗口如图 11-33 所示。

图 11-33　实时数据库设置窗口

具体操作如下：

选择工程框架的设备窗口页，单击"设备组态按钮"，进入设备组态窗口。向设备工具箱内加入通用串口父设备和西门子 S7-200PPI 设备，如图 11-34 所示。

图 11-34　设备管理对话框

在将这两个设备加入到设备组态窗口内，如图 11-35 所示。

设备管理
通用串口父设备
西门子_S7200PPI

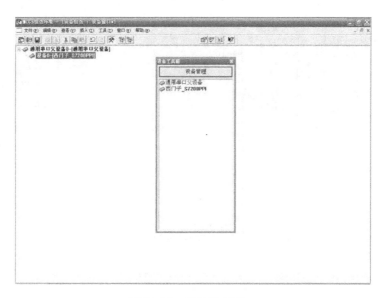

图 11-35　设备组态窗口

设置通用串口父设备的属性。COM 口根据实际情况定，波特率为 9600kbit/s，8 位数据位，1 位停止位，偶校验。如图 11-36 所示。

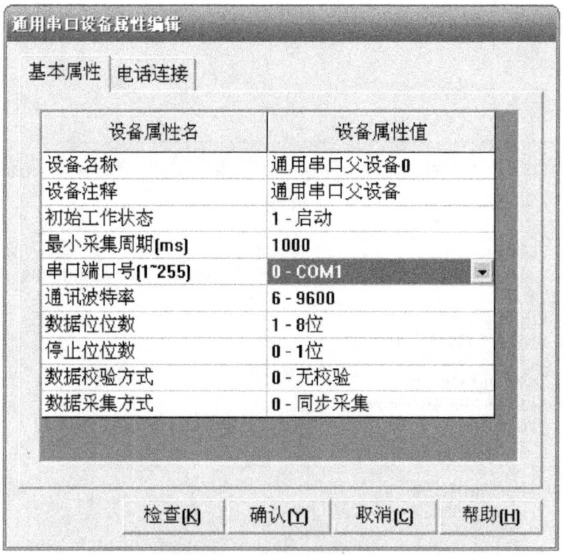

通用串口设备属性编辑
基本属性
电话连接
设备属性名
设备属性值
设备名称
通用串口父设备0
设备注释
通用串口父设备
初始工作状态
1 - 启动
最小采集周期(ms)
1000
串口端口号(1~255)
0 - COM1
通讯波特率
6 - 9600
数据位位数
1 - 8位
停止位位数
0 - 1位
数据校验方式
0 - 无校验
数据采集方式
0 - 同步采集
检查(K)
确认(Y)
取消(C)
帮助(H)

图 11-36　通用串口父设备的属性设置对话框

设置西门子 S7 －200PPI 设备的属性，主要包括基本属性、通道连接、设备调试和数据处理，如图 11-37 所示。

1）基本属性设置。

设备名称：可根据需要来对设备进行重新命名，但不能和设备窗口中已有的其他设备构件同名。

采集周期：运行时 MCGS 对设备进行操作的时间周期，单位为 ms，一般在静态测量时

图 11-37　S7 – 200 PPI 设备的属性设置对话框

设为 1000ms，在快速测量时设为 200ms。

　　PLC 地址：为总线上挂的 PLC 的地址。

　　内部属性：用于设置 PLC 的读写通道，以便后面进行设备通道连接，主要包括通道的增删，如图 11-38 所示。

图 11-38　通道设置对话框

　　2）通道连接。主要用于建立实时数据库对象与 PLC 通道的连接，如图 11-39 所示。

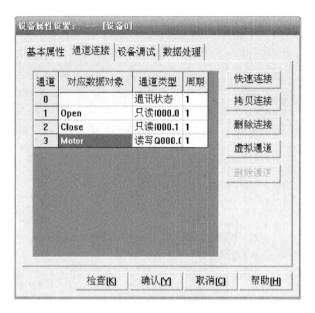

图 11-39　通道连接设置对话框

3）设备调试。设备调试在窗口的"设备调试"属性页中进行，以检查和测试本构件和 PLC 的通信连接工作是否正常，如图 11-40 所示。

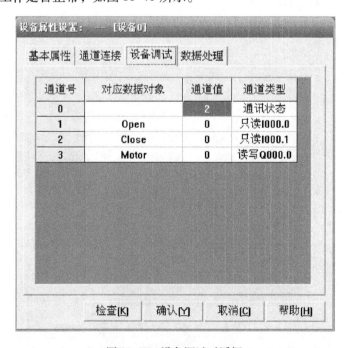

图 11-40　设备调试对话框

（5）建立用户窗口实现数据和流程的"可视化"　用户窗口中可以放置 3 种不同类型的图形对象：图元、图符和动画构件。图元和图符对象为用户提供了一套完善的设计制作图形画面和定义动画的方法。动画构件对应于不同的动画功能，它们是从工程实践经验中总结出的常用的动画显示与操作模块，用户可以直接使用。用户窗口管理界面如图 11-41 所示。

图 11-41　用户窗口管理界面

通过在用户窗口内放置不同的图形对象，搭制多个用户窗口，用户可以构造各种复杂的图形界面，用不同的方式实现数据和流程的"可视化"。

动画制作分为静态图形设计和动态属性设置两个过程。前一部分类似于"画画"，用户通过 MCGS 组态软件中提供的基本图形元素及动画构件库，在用户窗口内"组合"成各种复杂的画面。后一部分则设置图形的动画属性，与实时数据库中定义的变量建立相关性的连接关系，作为动画图形的驱动源。具体操作如下：

选择用户窗口页，单击"新建窗口"。单击"动画组态"，进入用户窗口编辑画面。使用菜单和工具条制作静态图形设计和进行动态属性的设置，建立实时、历史曲线，报警等功能画面，实现对实时数据的动态显示效果。另外 MCGS 还为用户提供了编程用的脚本程序，使用简单的编程语言，编写工程控制程序。如图 11-42 和图 11-43 所示。

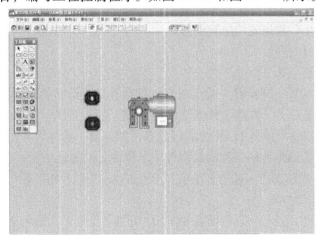

图 11-42　用户窗口编辑界面

图 11-43　动画设置对话框

（6）使用运行策略对系统运行流程进行有效控制　运行策略本身是系统提供的一个框架，其里面放置有策略条件构件和策略构件组成的"策略行"，通过对运行策略的定义，使系统能够按照设定的顺序和条件操作实时数据库、控制用户窗口的打开、关闭并确定设备构件的工作状态等，从而实现对外部设备工作过程的精确控制。

（7）设计菜单按钮功能　为了对系统运行的状态及工作流程进行有效的调度和控制，通常要在主控窗口内编制菜单。编制菜单分两步进行，第一步首先搭建菜单的框架，第二步再对各级菜单命令进行功能组态。在组态过程中，可根据实际需要，随时对菜单的内容进行增加或删除，不断完善工程的菜单。

（8）工程完工综合测试　最后测试工程各部分的工作情况，完成整个工程的组态调试工作，实施工程交接。

四、MCGS 与 PLC 常见通信故障的排除

1. 通信不成功如何排除

1）检查 PLC 是否上电。

2）若用 RS-485/232 转换器（功能正常）则检查是否给转换器供电了。

3）通信线是否接对了，若用 RS485/232 转换器，要保证 A+（Data+）与 PLC9 针端口的第 3 脚，B-（Data-）与 PLC9 针端口的第 8 脚连接，接触是否可靠。

4）确认 PLC 的实际地址是否和设备构件基本属性页的地址一致，若不知道 PLC 的实际地址，则用编程软件的搜索工具检查。若有则会把 PLC 的地址告诉用户。

2. 通信不可靠如何排除

通信不可靠（不稳定）若通信状态时而为 0，时而为 1，表示通信不可靠，原因可能有：

1）通信距离太远，一般不超过 600m。

2）现场干扰太大，尽量使用屏蔽线。

3）采样周期太短，试着改变采样周期。

3. 通信速度太慢如何解决

1）若总线上挂的 PLC 相对较多，而每一个 PLC 要读写的通道也很多，则数据更新较慢是正常的。

2）不属于上述原因，则可能是有故障，解决的办法有：在内部属性页添加通道时尽量连续添加；把同一类型寄存器的只读、只写、读写通道尽量分开一些。

3）改变波特率，可改为 19200kbit/s，这时设备基本属性页的超时等待时间会小一些。

第七节　可编程序控制器与变频器的配合应用

三相交流异步电动机在电力拖动领域属于最具典型意义的一种电动机，应用非常广泛。随着电力电子技术的迅速发展和变频器的广泛应用，变频调速成为异步电动机最理想的调速方式。经过多年的发展，新一代变频器由于有功能很强的微处理器支持，除能完成电动机变频调速的基本功能外，还具有内置的可编程、参数辨识等功能。例如，变频器可实现"模糊最优加减速"，它根据电动机的负载状态自动设定加减速的最短时间，或者在设定的最短加减速时间内，将加减速电流限制，将减速的直流过电压控制在允许值以内。变频器还可以根据预设的速度值和运行时间执行多段程序运行，各段运行时间、加减时间以及正反转向均可事先设定。本书第二章曾就三相交流异步电动机与变频器的基本控制电路做了介绍。为了更好地控制交流变频调速系统，提高自动控制水平，本节将介绍 PLC 与变频器的控制应用，进一步掌握可编程序控制器实现交流变频调速系统控制的基本操作方法。

一、控制电动机的正反转

1. PLC 控制的正、反转电路

三菱 FX_{2N} 的 PLC 通过变频器控制交流电动机的正、反转电路如图 11-44 所示。

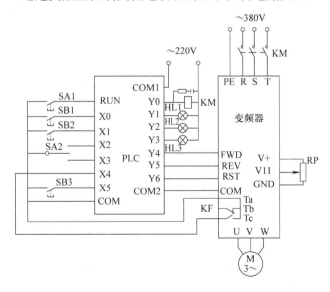

图 11-44　PLC 控制的正、反转电路

（1）输入端 按钮开关 SB1 和 SB2 用于控制变频器接通与切断电源；三位旋钮开关 SA2 用于决定电动机的正、反转运行或停止；X4 接收变频器的跳闸信号；SB3 用于变频器发生故障后的复位。

（2）输出端 Y0 与接触器 KM 相接，其动作接收 X0（SB1）和 X1（SB2）的控制；Y1、Y2、Y3 与指示灯 HL1、HL2、HL3 相接，分别指示正转运行、反转运行及变频器故障；Y4 与变频器的正转端 FWD 相接；Y5 与变频器的反转端 REV 相接；Y6 与变频器的复位端相接。

2. 梯形图

输入信号与输出信号之间的逻辑关系如梯形图 11-45 所示。其工作原理如下：

按下 SB1，PLC 的输入继电器 X0 得到信号并动作，在电动机并不运行（既不正转，也不反转）的条件下，输出继电器 Y0 动作并保持，接触器 KM 动作，变频器接通电源。

将 SA2 旋至"正转"位，X2 得到信号并动作，输出继电器 Y4 动作，变频器的 FWD 接通，电动机正转起动并运行。同时，Y1 也动作，正转指示灯 HL1 亮。

如 SA2 旋至"反转"位，X3 得到信号并动作，输出继电器 Y5 动作，变频器的 REV 接通，电动机反转起动并运行。同时，Y2 也动作，反转指示灯 HL2 亮。

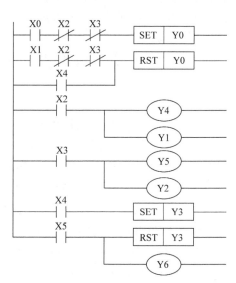

图 11-45 正、反转控制梯形图

当电动机正转或反转时，X2 或 X3 的常闭触点断开，使 SB2（X1）不起作用，防止了变频器在电动机运行的情况下切断电源。

将 SA2 旋至中间位，则电动机停机，X2、X3 的常闭触点均闭合。如再按 SB2，则 X1 得到信号，使 Y0 复位，KM 断电并复位，变频器脱离电源。

电动机在运行时，如变频器因发生故障而跳闸，则 X4 得到信号，一方面使 Y0 复位，变频器切断电源；同时，Y3 动作，指示灯 HL3 亮，表示变频器正在发生故障。

当变频器的故障修复后，重新起动之前，应先按复位按钮 SB3，X5 得到信号，一方面将 Y3 复位，故障指示 HL3 熄灭；另一方面使 Y6 动作，使变频器的 RST 端子得到信号，变频器复位。

二、变频与工频的切换控制

变频器控制电动机运行，有的情况是需要变频，而有的情况则是工频运行，用 PLC 可实现变频与工频的切换控制。

1. 控制电路

用三菱 FX_{2N} PLC 的变频与工频的切换控制如图 11-46 所示，为了使 KM2 和 KM3 绝对不能同时接通，除了在 PLC 内部的软件中具有互锁环节外，外部电路中也必须在 KM2 和 KM3 之间进行互锁。

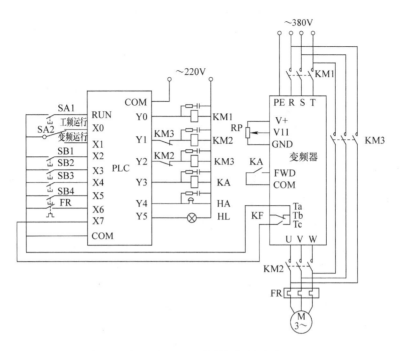

图 11-46　PLC 控制的切换电路

2. 梯形图

PLC 的梯形图如图 11-47 所示,为了分析方便起见,将梯形图分成 5 个部分,试分析如下:

(1) 工频运行　首先将选择开关 SA2 旋至"工频运行"位,使输入继电器 X0 动作,为工频运行做好准备。当按起动按钮 SB1 时,输入继电器 X2 动作,使输出继电器 Y2 动作并保持,从而接触器 KM3 动作,电动机在工频电压下起动并运行。

当按停止按钮 SB2,输入继电器 X3 动作,使输出继电器 X6 "复位",从而接触器 KM3 失电,电动机停止运行。

如果电动机过载,热继电器触点 KR 闭合,输入继电器 X6 动作,输出继电器 Y2、接触器 KM3 相继复位,电动机停止运行。

(2) 变频通电　首先将选择开关 SA2 旋至"变频运行"位,使输入继电器 X1 动作,为变频运行做好准备。当按起动按钮 SB1 时,输入继电器 X2 动作,使输出继电器 Y1 动作并保持,一方面使接触器 KM2 动作,将电动机接至变频器的输出端;另一方面,又使输出继电器 Y0 动作,

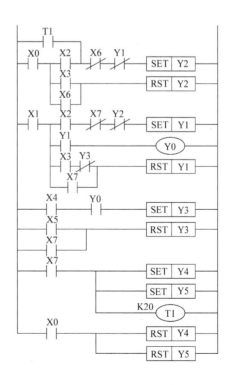

图 11-47　切换控制梯形图

331

从而接触器 KM1 动作，使变频器接通电源。

当按停止按钮 SB2 时，输入继电器 X3 动作，在 Y3 未动作或已经复位的前提下，使输出继电器 Y1 "复位"，接触器 KM2 复位，切断电动机与变频器之间的联系。同时，输出继电器 Y0 与接触器 KM1 也相继复位，切断变频器的电源。

（3）变频运行　按 SB3，输入继电器 X4 动作，在 Y0 已经动作的前提下，输出继电器 Y3 动作并保持，继电器 KA 动作，变频器的 FWD 接通，电动机升速并运行。同时，Y3 的常闭触点使"停止按钮"SB2 暂时不起作用，防止在电动机运行状态下直接切断变频器的电源。

按 SB4，输入继电器 X5 动作，输出继电器 Y3 复位，继电器 KA 失电，变频器的 FWD 断开，电动机开始降速并停止。

（4）变频器跳闸　如果变频器因故障而跳闸，则输入继电器 X7 动作，一方面使 Y1 和 Y3 复位，从而输出继电器 Y0、接触器 KM2 和 KM1，继电器 KA 复位，变频器停止工作。另一方面，输出继电器 Y4 和 Y5 动作并保持，蜂鸣器 HA 和指示灯 HL 工作，进行声光报警。同时，在 Y1 已经复位的情况下，时间继电器 T1 开始计时，其常开触点延时后闭合，使输出继电器 Y2 动作并保持，电动机进入工频运行状态。

（5）故障处理　报警后，操作人员应立即将 SA2 旋至"工频运行"位。这时，输入继电器 X0 动作，一方面使控制系统正式转入工频运行方式；另一方面使 Y4 和 Y5 复位，停止声光报警。

三、多档转速控制

1. 多档转速控制的特点

变频器在实现多档转速控制时，一方面，变频器每个输出频率的档次需要由 3 个输入端的状态来决定；另一方面，操作人员切换转速所用的开关器件通常为按钮开关或触摸开关，每个档次只有一个触点。所以，必须解决好转速选择开关的状态和变频器各控制端状态之间的变换问题。

变频器输出的 7 档转速对应于变频器的 3 个输入端的状态见表 11-7。针对这种情况，利用 PLC 来控制是比较方便的。

表 11-7　变频器端子状态

端子状态	S1	ON	OFF	ON	OFF	ON	OFF	ON
	S2	OFF	ON	ON	OFF	OFF	ON	ON
	S3	OFF	OFF	OFF	ON	ON	ON	ON
转速档次		1	2	3	4	5	6	7

2. 控制实例

某生产机械需要有 7 档转速，可通过 7 个选择按钮来进行控制。

（1）控制电路　多档速的 PLC 控制电路如图 11-48 所示，PLC 的输入端 X1～X7 分别与按钮开关 SB1～SB7（SB1～SB7 为非自动复位型按钮开关）相接，用于接收 7 档转速的信号。PLC 的输出端 Y1、Y2、Y3 分别接至变频器的输入控制端的 S1、S2、S3，用于控制 S1、S2 和 S3 的状态。

（2）梯形图　采用非自动复位按钮的梯形图如图 11-49 所示。

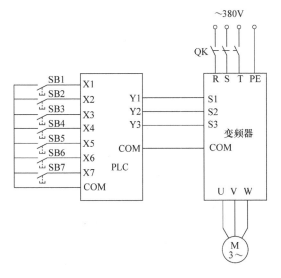

图 11-48　多档速的 PLC 控制电路

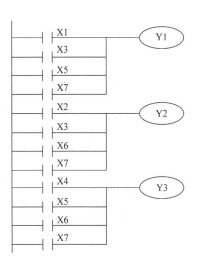

图 11-49　采用非自动复位按钮的梯形图

观察表 11-7，可得到如下规律：

S1 在第 1、3、5、7 档转速时都处于接通状态，故 PLC 的 X1、X3、X5、X7 中只要有一个得到信号，则 Y1"动作"→变频器的 S1 端得到信号。

S2 在第 2、3、6、7 档转速时都处于接通状态，故 PLC 的 X2、X3、X6、X7 中只要有一个得到信号，则 Y2"动作"→变频器的 S2 端得到信号。

S3 在第 4、5、6、7 档转速时都处于接通状态，故 PLC 的 X4、X5、X6、X7 中只要有一个得到信号，"动作"→变频器的 S3 端得到信号。

如以用户选择第 3 档转速为例，说明其工作原理如下：按下 SB3→X3"动作"→Y1 和 Y2"动作"→变频器 S2 端子得到信号，变频器将在第 3 档转速下运行。

采用自动复位按钮的梯形图如图 11-50 所示。由于 SB1～SB7 采用了自动复位型按钮开关，PLC 输入端子 X1～X7 得到的信号不能保持，故借助 PLC 中的中间继电器 M1～M7 使各转速档的信号保持下来。其工作原理如下：

按下 SB1→X1 得到信号→M1"动作"并自锁，M1 保持第 1 档转速的信号。当按下 SB2～SB7 中任何一个按钮开关（X2～X7 中有一个得到信号）时→M1 释放，即 M1 仅在选择第 1 档转速时"动作"。

按下 SB2→X2 得到信号→M2"动作"并自锁，M2 保持第 2 档转速的信号。当按下除 SB2 以外的任何一个按钮开关时→M2 释放，即 M2 仅在选择第 2 档转速时"动作"。

以此类推：M3 仅在选择第 3 档转速时"动作"；M4 仅在选择第 4 档转速时"动作"；M5 仅在选择第 5 档转速时"动作"；M6 仅在选择第 6 档转速时"动作"；M7 仅在选择第 7 档转速时"动作"。

与图 11-49 类似，可得到如下规律：

M1、M3、M5、M7 中只要有一个接通，则 Y1"动作"→变频器的 S1 端接通。

M2、M3、M6、M7 中只要有一个接通，则 Y2"动作"→变频器的 S2 端接通。

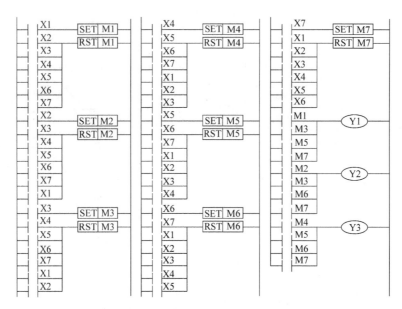

图 11-50　采用自动复位按钮的梯形图

M4、M5、M6、M7 中只要有一个接通，则 Y3"动作"→变频器的 S3 端接通。

现以用户选择第 5 档转速为例，说明其工作原理如下：

按下 SB5→X5 得到信号→M5"动作"，同时，如果在此之前 M1、M2、M3、M4、M6、M7 中有处于动作状态的话，都将释放→Y1、Y3"动作"→变频器的 S1、S3 端子接通，变频器将在第 5 档转速下运行。

四、S7-200 和 MM440 联机实现三段固定频率控制

1. MM440 通用型变频器简介

德国西门子公司生产的 MICROMASTER440 变频器简称 MM440 变频器，是用于控制三相交流电动机速度的变频器系列。该系列有多种型号供用户选用，恒定转矩（CT）控制方式额定功率范围为 120W~200kW，可变转矩（VT）控制方式可达到 250kW。

MM440 变频器由微处理器控制，采用具有现代先进技术水平的绝缘栅双极型晶体管（IGBT）作为功率输出器件，因此具有很高的运行可靠性和功能的多样性。其脉冲宽度调制的开关频率是可选的，因而降低了电动机运行的噪声，具有全面而完善的保护功能，为变频器和电动机提供了良好的保护。

MM440 变频器具有默认的工厂设置参数，它是给数量众多的简单的电动机控制系统供电的理想变频驱动装置。由于 MM440 变频器具有全面而完善的控制功能，在设置相关参数以后也可用于更高级的电动机控制系统。

MM440 变频器既可用于单机驱动系统，也可集成到自动化系统中。

2. S7-200 系列 PLC 和 MM440 联机实现 3 段固定频率控制

（1）电动机控制要求　按下电动机运行按钮，电动机起动并运行在 10Hz 频率所对应的 280r/min 的转速上，延时 10s 后电动机升速，运行在 25Hz 频率所对应的 700r/min 转速上；再延时 10s 后电动机继续升速，运行在 50Hz 频率所对应的 1400r/min 转速上；按下停车按钮，电动机停止运行。

（2）MM440 变频器数字输入变量约定　MM440 变频器数字输入"5""6"端口通过 P0701、P0702 参数设为 3 段固定频率控制端，每一频段的频率可分别由 P1001、P1002 和 P1003 参数设置。变频器数字输入"7"端口设为电动机运行、停止控制端，可由 P0703 参数设置。

（3）S7 – 200 PLC 输入输出接口分配　S7 – 200 PLC 输入输出接口分配见表 11-8。S7 – 200 和 MM440 联机实现三段固定频率控制电路图如图 11-51 所示。三段固定频率控制曲线如图 11-52 所示。三段固定频率控制状态见表 11-9。

表 11-8　输入输出接口分配

输　　入		输　　出	
电动机运行 SB1	I0.0	固定频率设置，接变频器数字输入端口"5"	Q0.0
电动机停止 SB2	I0.1	固定频率设置，接变频器数字输入端口"6"	Q0.1
		电动机运行/停止控制，接变频器数字输入端口"7"	Q0.2

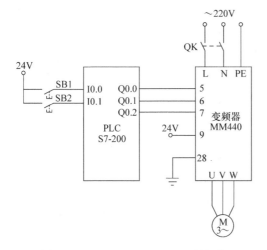

图 11-51　S7 – 200 和 MM440 联机实现三段固定频率控制电路

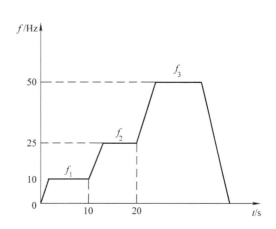

图 11-52　三段固定频率控制曲线

表 11-9　三段固定频率控制状态

固定频率	Q0.0、"5"	Q0.1、"6"	Q0.2、"7"	对应频率所设置参数	频率/Hz	转速/r·min^{-1}
1	1	0	1	P1001	10	280
2	0	1	1	P1002	25	700
3	1	1	1	P1003	50	1400
停止			0		0	0

（4）PLC 程序设计　按照电动机控制要求及对 MM440 变频器数字输入端口、S7 – 200

PLC 输入/输出端口所做的变量约定，PLC 程序应实现下列控制：

1）当按下正转起动按钮 SB1 时，PLC 输出端 Q0.2 为逻辑"1"，变频器"7"端口为"ON"，允许电动机运行。同时 Q0.0 为逻辑"1"，Q0.1 为逻辑"0"，变频器"5"端口为"ON"，"6"端口为"OFF"，电动机运行在第 1 固定频率。延时 10s 后，PLC 输出端 Q0.0 为逻辑"0"，Q0.1 为逻辑"1"，变频器"5"端口为"OFF"，6 端口为"ON"，电动机运行在第 2 固定频率。再延时 10s，PLC 输出端 Q0.0 为逻辑"1"，Q0.1 也为逻辑"1"，变频器"5"端口为"ON"，"6"端口也为"ON"，电动机运行在第 3 固定频率。

2）当按下停止按钮 SB2 时，PLC 输出端 Q0.2 为逻辑"0"变频器数字输入端口"7"为"OFF"，电动机停止运行。

S7 - 200 和 MM440 联机实现 3 段固定频率控制梯形图程序，如图 11-53 所示。将梯形图程序下载到 PLC 中。

（5）操作步骤

1）按图 11-51 连接电路，检查接线正确后，合上变频器电源断路器 QK。

2）按照变频器的使用要求恢复变频器工厂缺省值。

3）为了使电动机与变频器相匹配，需设置电动机参数。具体参数值的设置详见 MM440 使用手册。电动机参数设置完成后，设 P0010 = 0，变频器当前处于准备状态，可正常运行。

4）设置 MM440 的三段固定频率控制参数，见表 11-10。

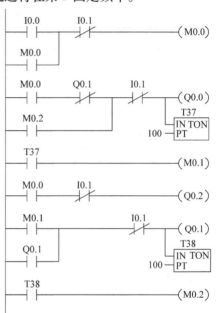

图 11-53　梯形图程序

表 11-10　三段固定频率控制参数

参数号	出厂值	设置值	说　　明
P0003	1	1	设用户访问级为标准级
P0004	0	7	命令和数字 I/O
P0700	2	2	命令源选择"由端子排输入"
P0003	1	2	设用户访问级为扩展级
P0004	0	7	命令和数字 I/O
* P0701	1	17	选择固定频率
* P0702	1	17	选择固定频率
* P0703	1	1	ON 接通正转，OFF 停止
P0003	1	1	设用户访问级为标准级
P0004	0	10	设定值通道和斜坡函数发生器
P1000	2	3	选择固定频率设定值
P0003	1	2	设用户访问级为扩展级

（续）

参数号	出厂值	设置值	说　明
P0004	0	10	设定值通道和斜坡函数发生器
＊P1001	0	10	设置固定频率1（Hz）
＊P1002	5	25	设置固定频率2（Hz）
＊P1003	10	50	设置固定频率3（Hz）

注："＊"号的参数可根据用户要求修改。

习题与思考题

11-1　主要应从哪几个方面选择 PLC？

11-2　什么叫"离线编程"和"在线编程"？各适用于什么场合？

11-3　编写 PLC 控制程序的基本原则是什么？

11-4　用 PLC 代替原有继电器控制柜时，应注意处理哪些问题？

11-5　在 PLC 安装布线时应注意什么问题？对于外接感性负载的 PLC 输出端通常采用哪些保护措施？

11-6　防盗器示意图如图 11-54 所示，用 PLC 构成该控制系统，编出程序。防盗器自动控制的要求如下：

（1）门、窗、天花板装有光电开关（X2～X7），自动检测和感知入侵者，并且5s后发出警报（Y1）。

（2）防盗器有停电检测装置（X1），电网停电时，将蓄电池（Y2）供应给防盗系统。

（3）防盗器投入使用时，电网通过充电装置（Y0）对蓄电池浮充电。

11-7　如图 11-55 所示，水泵自动抽水至储水塔，用 PLC 构成此控制系统，并编写程序。控制系统功能要求如下：

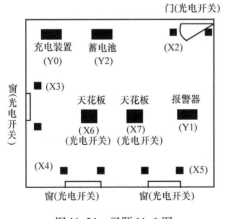

图 11-54　习题 11-6 图

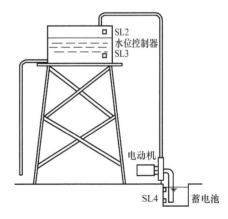

图 11-55　习题 11-7 图

（1）若液位传感器 SL4 检测到地上蓄水池有水，并且 SL2 检测到水塔未达到满水位时，抽水泵电动机运行抽水至水塔。

（2）若 SL4 检测到蓄水池无水，电动机停止运行，同时指示灯亮。

（3）若 SL3 检测到水塔水位低于下限，水塔无水指示灯亮。

（4）若 SL2 检测到水塔满水位（高于上限），电动机停止运转。

（5）发生停电，恢复供电时，抽水泵自动控制系统继续工作。

11-8　MCGS 进行 PLC 设备组态时需要加入通用串口父设备，其作用是什么？

11-9 MCGS 触摸屏可以通过哪种方式下载程序？如果没用触摸屏能否通过软件仿真来验证界面的设计效果？

11-10 MCGS 工程设计主要分为哪几个过程？

11-11 下载 MCGS 组态软件，设计一个水箱液位控制系统，PLC 采用西门子 S7 – 200，要求完成 MCGS 的设备组态设计，实时数据库组态设计和界面设计。

第十二章 可编程序控制器的应用

第一节 PLC在多电动机变频恒压供水系统中的应用

变频恒压供水系统是工厂、住宅小区、高层建筑的生产、生活供水中普遍采用的一种供水系统。传统的住宅供水方式基本上都不同程度地存在浪费水力、电力资源、效率低、可靠性差、自动化程度不高等缺点。目前的供水方式向高效节能、自动可靠的方向发展，变频调速技术以其显著的节能效果和稳定可靠的控制方式，在城乡工业用水的各级加压系统、居民生活用水的恒压供水系统中越来越获得广泛的应用，其优越性表现在：一是节能显著；二是在开、停机时能减小电流对电网的冲击以及供水水压对管网系统的冲击；三是能减小水泵、电动机自身的机械冲击损耗。

一、系统简介

本例所介绍的变频恒压供水闭环控制系统由内置PID功能的变频器、PLC、压力变送器、控制切换电路以及电动机泵组等构成，通过MCGS软件实行监控，使管网压力保持恒定。

供水系统在正常工作情况下采用两台常规水泵，根据需求压力的变化，经过PID运算控制变频器调节水泵转速保持供水压力恒定。若用水量小，则只需起动一台水泵变频运行。若用水量大，变频器也可以通过可编程接口向可编程序控制器发出信号，由可编程序控制器控制两台泵同时工作，一台变频运行，一台工频运行。本供水系统还设有一台休眠泵和一台消防泵。

变频恒压供水系统需要实现如下功能：

（1）全自动运行 合上断路器后，1#泵电动机通电，变频器输出频率从0开始上升，同时接收到来自压力变送器的信号，该信号与设定压力参数比较，经内置PID调节程序运算后将输出控制信号调节变频器输出频率。如压力不够，则频率上升，直到50Hz。若压力仍然不够，则1#水泵由变频切换为工频，同时对2#水泵进行变频起动，变频器频率逐渐上升至需要值。如为多台水泵，则加泵过程依次类推。若用水量减小，导致管网压力大于设定值，则变频器频率下降，维持压力恒定。而当用水量进一步减少，管网压力持续过大，变频器所设下限频率持续出现，则将先起动的水泵切除。变频自动控制功能是该系统最基本的功能，系统自动完成对多台水泵软起动、停止、循环变频的全部操作过程。

（2）手动运行 当压力变送器故障或变频器故障时，为确保用水，四台泵可分别以手动控制方式工频运行。

（3）停止 转换开关置于停止位置，设备进入停机状态，任何设备不能起动。

（4）采用"自动切换"和"先起先停"原则 "自动切换"是指一台水泵单独变频运行或者两台水泵同时运行（一台工频运行，一台变频运行）状态下，变频运行泵持续时间达到设定时间时自动切换两个泵的运行方式（由变频运行这台泵切换为变频运行另一台泵）。"先起先停"是指哪一台先起动的水泵在压力过大时将先被切除，这样保证系统的每台泵变频运行时间接近，防止有的泵运行时间过长，而有的水泵却长时间不用而锈死，从而延长了设备的使用寿命。

（5）恒压控制，平稳切换 系统通过闭环控制实现水泵变频恒压控制。当在运行的水泵全速运行，还未达到给定压力时，变频运行的水泵被切换到工频运行，用变频器起动另一台泵，即采用软起动，实现平稳切换。

（6）完善的各种保护、报警功能

1）对工频运行和变频运行在控制回路上实现机械和电气互锁，防止产生短路。

2）采用变频软起动方法，来防止直接起动电流过大，即用变频器来起动水泵。

3）当运行的水泵需切换到工频运行时，采用从变频器输出上切断，并在水泵仍在惯性转动过程中短时间内接入工频的通电方法，从而避免切换过程中产生过电流。

4）电动机的热保护。虽然水泵在低速运行时，电动机的工作电流较小，但是当用户用水量变化频繁时，电动机将处于频繁的升速、降速状态，这时电动机的电流可能超过额定电流，导致电动机过热。因此电动机的热保护是必须的。

5）具有缺水保护功能。当水泵工作在自动状态，为防止当水池没水时水泵空载运行，烧坏水泵电动机，系统设计一个缺水保护电路。当水池缺水时，保护电路中继电器常开触点断开，切断控制电路电源，从而保护系统。

6）在用水量小的情况下，如果一台水泵连续运行时间超过3h，则要切换下一台泵，即系统具有"自动切换"功能，避免某一台水泵工作时间过长。

7）在系统用水量高峰，两台常规泵供水仍不能满足要求时，起用休眠泵辅助供水。在系统用水量极少时（如夜间），常规泵长期处于频率下限，但水网压力仍高于设定压力，此时关闭常规泵起用休眠泵，使水网压力维持在合理水平；在出现消防需求时，若两个常规泵及休眠泵全开还不能满足需要，则打开消防泵。

8）为了减少对泵组、管道所产生的水锤效应，泵组配置电动蝶阀，开起水泵后打开电动碟阀，当水泵停止时先关电动碟阀后停机。

根据以上论证和分析，给出变频恒压供水系统组成简图和控制框图，如图12-1、图12-2所示。

选用带内置PID功能的三菱通用变频器，跟踪供水控制器送来的控制信号，改变调速泵的运行频率，完成对调速泵的转速控制。变频器端子接线图如图12-3所示。

二、系统主电路分析及设计

两台较大容量的常规水泵（1#、2#）根据供水状态的不同，具有变频、工频两种运行方式，因此每台主水泵均要求通过两个接触器分别与工频电源和变频输出相连；消防泵、休眠泵只运行在工频状态，通过一个接触器接入工频。连线时一定要注意，保证水泵旋向正确，接触器的选择依据电动机容量来确定。

主电路如图12-4所示，其中QF1~QF6分别为主电路、变频器和各水泵的运行断路器，FR1~FR4为工频运行时的电动机过载保护用热继电器，变频运行时由变频器来实现电动机过载保护。

变频器的主电路输出端子（U，V，W）经接触器接至三相电动机上，当旋转方向与工频的电动机转向不一致时，需要调换输出端子（U，V，W）的相序。变频器和电动机之间的配

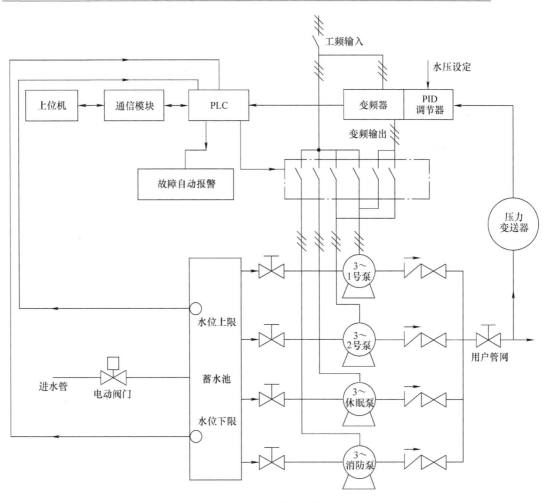

图 12-1 变频恒压供水系统组成简图

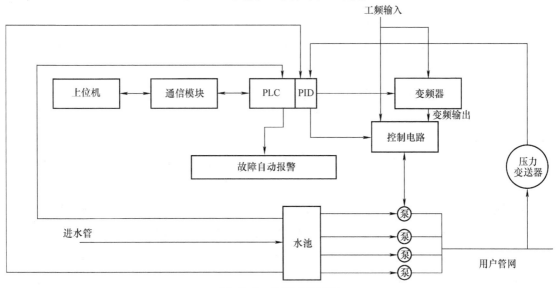

图 12-2 控制系统框图

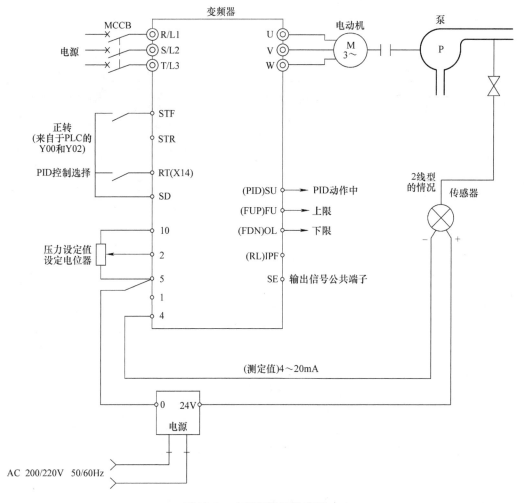

图 12-3 变频器端子接线图

线长度应控制在 100m 以内。在变频器起动、运行和停止操作中，必须用变频器的运行和停止键来操作，不得以主电路断路器 QF2 的通断来进行。变频器接地端子必须可靠接地，以保证安全，减少噪声。

三、系统水泵运行状态及转换过程分析

系统以循环变频方式进行控制，控制逻辑由 PLC 实现。系统启动自动变频运行方式时，通过 PLC 控制，由变频器起动 1#常规水泵供水。在 1#常规水泵供水过程中，变频器根据水压的变化通过 PID 调节器调整 1#常规水泵的转速来控制流量，维持水压。若用水量继续增加，变频器输出频率达到上限频率时，仍达不到设定压力，延时 1min，PLC 给出控制信号，将 1#常规水泵与变频器断开，转为工频恒速运行，同时 2#常规水泵接入变频器，对 2#常规水泵软起动。系统工作于 1#工频、2#变频的两台水泵并联运行的供水状态。

当用水量减少时，变频器通过 PID 调节器降低水泵转速来维持水压。若变频器输出频率达到下限频率时，水压仍过高，延时 1min，按"先起先停"的原则，由 PLC 给出控制信号，将当前供水状态中最先工作在工频方式的水泵关闭，同时 PID 调节器将根据新的水压偏差自

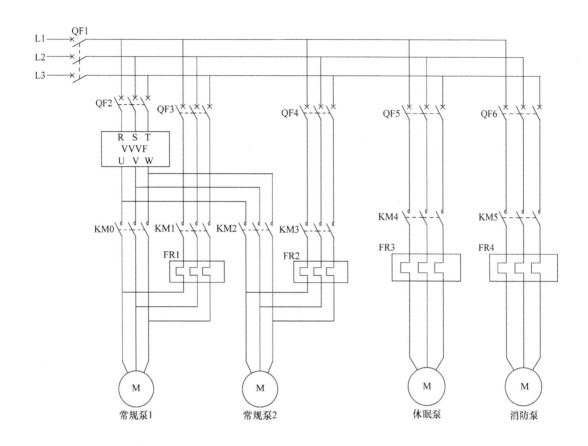

图 12-4　主电路

动升高变频器输出频率，加大供水量，维持水压。

变频器控制两台常规水泵时系统实际切换的状态转换图如图 12-5 所示，图中 Q 为用水总量。

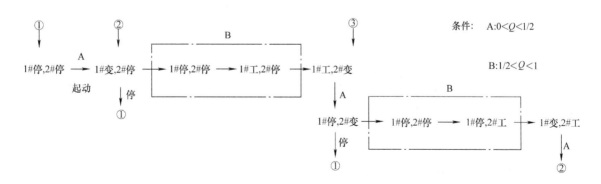

图 12-5　系统实际状态转换图

在上述控制过程中，若用水量继续增加，尤其在用水高峰期时，两个常规水泵也不能满足水压要求时，将以工频起动休眠泵，使之满足水压要求。

当系统处于单台主水泵变频供水状态时，若用水量减少，变频器输出频率达到下限频率时，水压仍过高时，延时5min后，关闭变频器运行，起动休眠泵维持供水。

供水状态是指在供水时投入运行的水泵台数及运行状况（工频或变频）。本系统采用了两台常规水泵，一台休眠泵和一台消防泵供水，其中只有常规水泵参与变频运行，共有5种有效供水状态，具体见表12-1。

表 12-1 系统有效供水状态

状态符号	供水状态	需水量
S1	1#常规泵停机，2#常规泵停机，休眠泵起动	很少，尤其是夜间
S2	1#常规泵变频运行，2#常规泵停机，休眠泵停机	较少
S3	1#常规泵工频运行，2#常规泵变频运行，休眠泵停机 或1#常规泵变频运行，2#常规泵工频运行，休眠泵停机	增多
S4	1#常规泵工频运行，2#常规泵变频运行，休眠泵工频运行 或1#常规泵变频运行，2#常规泵工频运行，休眠泵工频运行	最多
S5	1#常规泵停机，2#常规泵变频运行，休眠泵停机 或1#常规泵变频运行，2#常规泵停机，休眠泵停机	进一步减少

各种供水状态之间转换条件是依据变频器输出频率是否到达极限频率及水压是否达到上、下限值。设变频器输出频率达到极限频率时的信号为X1，水压达到设定压力下限值时的欠水压信号为X2，水压达到设定压力上限值时的超水压信号为X3。

根据上述状态变换，编写PLC状态转移程序，完整程序如图12-6所示。SFC状态转移条件如下：

1）自动开机启动条件：满足X0，X6，对应图12-6a中状态转移条件0。

2）从休眠泵切换到常规泵条件：满足X2，对应图12-6a中状态转移条件1。

3）从常规泵切换到休眠泵条件：同时满足X1，X3，对应图12-6a中状态转移条件2、7。

4）增泵条件：同时满足X1，X2，对应图12-6a中状态转移条件3、4、8。

5）减泵条件：同时满足X1，X3，对应图12-6a中状态转移条件5、6。

循环变频控制的目的是实现整个供水系统的恒压运行，为此必须控制变频器的频率以及两台水泵的顺序投入与切除，使得供水量的变化与用户用水量的变化基本保持同步，以此保证水网水压的恒定，同时还要保证系统的安全性与可靠性。在程序的开发过程中需要注意以下几点：

1）要确保水泵的平均使用量一致，损耗大致相同。

2）系统运行的任何时刻，变频器只对一台水泵进行控制。

3）对于每一台水泵来说，任何时刻都只能工作在一种状态（变频或工频）或者处于停止状态。

系统选择三菱 FX_{2N}–48MR 型 PLC，I/O 分配见表12-2。

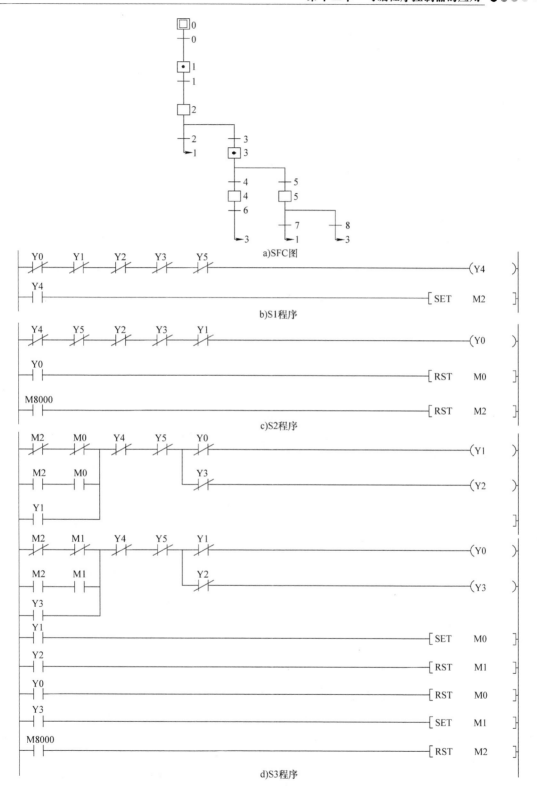

图 12-6　电动机切换 PLC 程序梯形图

e)S4程序

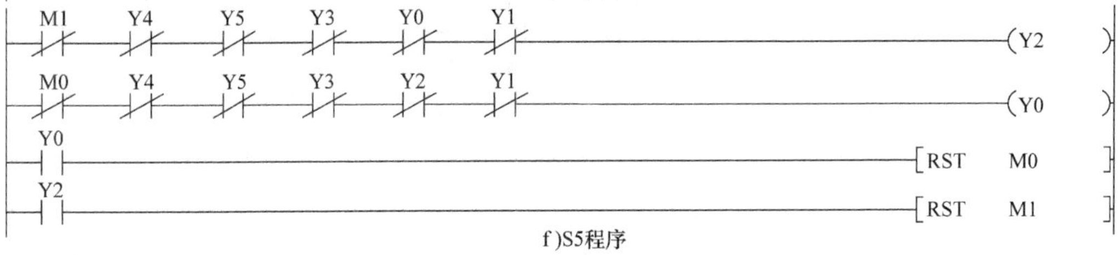

f)S5程序

图 12-6 电动机切换 PLC 程序梯形图（续）

表 12-2 PLC 程序 I/O 分配

PLC 的输入端口 I		PLC 的输出端口 O	
X0	自动/手动功能转换	Y0	水泵 1 变频运行
X1	变频器输出频率极限信号	Y1	水泵 1 工频运行
X2	压力下限到达信号	Y2	水泵 2 变频运行
X3	压力上限到达信号	Y3	水泵 2 工频运行
X4	水池水位下限信号	Y4	休眠泵运行
X5	变频器故障报警信号	Y5	消防泵运行
X6	启动按钮		

图 12-6 给出了恒压供水 PLC 程序中有关电动机切换的梯形图，其中图 12-6b ~ 图 12-6f 分别对应于表 12-1 中的 5 个状态。下面分别介绍其中主要模块的功能。

（1）增加主泵的状态模块　增加主泵是将当前主泵由变频运行转工频运行，同时变频起动一台新水泵。当变频器输出上限频率，水压达到压力下限时，PLC 将当前工作的水泵切换到工频运行状态，并关断变频器，再将变频器切换到另一台水泵，变频器软起动该泵，实现一台水泵处在工频运行状态另一台处在变频运行状态的双泵供水系统。这段程序设计时要充分考虑动作的先后关系及互锁保护。

由于使用两台水泵轮流工频、变频运行，所以 S3、S4、S5 都有 1#泵变频运行、2#泵工频运行和 1#泵工频运行、2#泵变频运行两种情况。在程序设计时分别用 M0、M1、M2 表示 1#泵、2#泵、休眠泵的工作状态。对于 1#泵、2#泵，若是工频运行状态则置位，变频运行则清零；对于休眠泵，起动则置位，停止则清零。增加主泵的状态模块主要程序梯形图如图 12-7 所示。

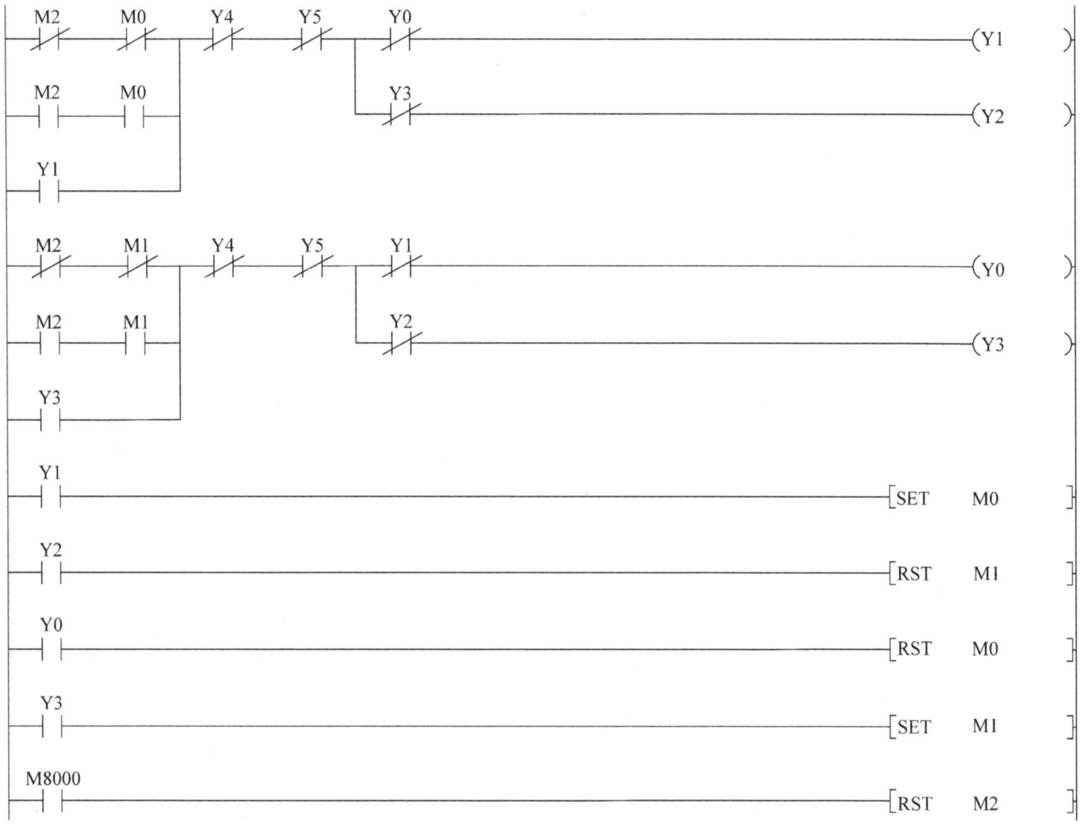

图 12-7　增加主泵的状态模块主要程序梯形图

图中程序第一段：如果休眠泵没有起动（M2＝0），则前一状态中是 1#泵变频运行的（M0＝0），现在就切换成 1#泵工频运行（Y1＝1），2#泵变频起动运行（Y2＝1）。同样，图中程序第二段则是：如果休眠泵没有开起（M2＝0），则前一状态中是 2#泵变频运行的（M1＝0），现在就切换成 2#泵工频运行（Y3＝1），1#泵变频起动运行（Y0＝1）。而在休眠泵起动（M2＝1）的情况下（此时 1#泵、2#泵一定均在某个状态下运行），两段程序保证了 1#泵和 2#泵保持原来的运行状态不变，由于本段中已无控制休眠泵的 Y4 的输出语句，即相当于 Y4＝0，休眠泵停止，所以本段程序还具有减休眠泵的功能。程序的下半段则是对 M0、M1 状态的重复置位，同时清零 M2。

（2）减少主泵的状态模块　减少主泵是指在多台主泵供水时，变频器输出下限频率，水压处于压力上限时，按"先起先停"原则，将当前运行状态中最先进入工频运行的水泵从电网断开。减少主泵的状态模块主要程序梯形图如图 12-8 所示。

本程序段中由于没有了 Y1、Y3 的输出语句，所以停止了 1#泵或 2#泵的工频运行，但维持了变频运行的泵，至于维持的是哪一个泵，则由 M0 或 M1 的状态决定。程序的下半段则是对 M0、M1 状态的重复置位。

（3）故障处理模块　故障处理模块对水位过低、水压达到上下限报警、变频器故障等

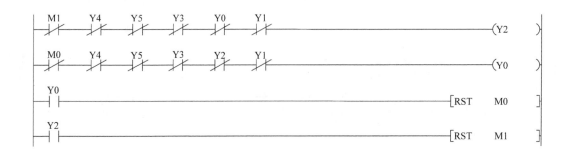

图 12-8　减少主泵的状态模块主要程序梯形图

给出报警，并做出相应的故障处理。

1）欠水位故障：进入 P1 处理模块，停止全部电动机，防止水泵空转。当欠水位信号解除后，延时一段时间，自动执行以下程序。

2）电动机故障：热继电器、断路器一般用于电动机保护，二者的动作往往表明了电动机潜在故障。检测到此类故障时，系统首先锁定故障电动机，并自动投入下一台电动机运行。

3）变频器故障：变频器出现故障时，对应 PLC 输入继电器 X5 动作，系统自动转入自动工频运行模块。此时变频器退出运行，三台主泵电动机均工作于工频状态。该方式下的水泵的投入和切除顺序和自动变频恒压运行方式时的大致相同，只是原来运行在变频状态下的电动机改为了工频运行。由于没有了变频器的调速和 PID 调节，水压无法恒定。为防止出现停开一台水泵水压不足而增开一台水泵又超压造成系统的频繁切换，通过增加延时的方法来解决。设定延时时间为 20min。

体现上述思想的电动机切换 PLC 程序梯形图如图 12-6 所示。前面提到的所有延时在图中没有处理，也没有故障处理模块，实用程序中延时功能可以作为转换条件加以考虑。

前述增加主泵的状态模块和减少主泵的状态模块就是图 12-8 中的 S3 和 S5 程序，S1 程序实现起动休眠泵并置位 M2。S2 程序首先变频起动 1#泵，同时停止休眠泵。S4 程序则实现了在 1#泵和 2#泵均在运行状态时，继续增加运行休眠泵的控制。

第二节　PLC 在电梯控制系统中的应用

电梯是宾馆、商店、住宅、多层厂房和仓库等高层建筑不可缺少的垂直方向的"交通工具"，为人们的生活提供了方便的同时也节约了大量时间。但是，老式电梯存在控制电路复杂、体积大、故障多等问题。因而电梯控制系统的设计问题就成了建筑行业普遍关心的一个问题。PLC 控制系统凭借其强大的逻辑处理能力和控制电路简单、操作容易等优点，在电梯控制系统中得到了很好的应用。

电梯控制系统是一个复杂的实时多任务系统，具有输入变量多、随机性强、对输出响应有实时性要求等特点，是电气控制技术中的典型控制案例。目前电梯控制系统模型种类繁多，为方便说明，本节系统忽略超重、报警、到达响铃、关门阻挡等信号，不考虑电梯轿厢起停的速度控制，以一个典型的 12 层电梯为控制模型，针对其指令和召唤信号处理、定向和运动状态转移的核心控制程序进行介绍。

一、电梯控制系统设计要求

电梯在运行中各种输入信号是随机出现的，存在很多不确定因素，其各个参量之间逻辑关系非常复杂。这就决定了在电梯的电气系统中，各种逻辑判断应该占主要部分。在进行逻辑关系设计时，电梯控制应遵循以下 7 个基本原则：

1）自动定向原则：电梯处于运行状态时，电梯采集所有呼梯信号，按先来先处理原则自动定向。

2）顺向截车原则：电梯一旦按确定方向运行，只响应同向呼梯信号停车，记忆反向呼梯信号，等换向再后响应它。

3）最远程反向截车原则：电梯如果处于上行状态，对于所有的下行召唤信号，电梯先响应最远的，换向后再按顺向截车原则响应下行方向的其他信号。

4）顺向消号，反向保号原则：电梯满足某层召唤信号要求后，必须消掉同方向的召唤信号，记忆反方向的召唤信号。

5）自动开关门原则：电梯到达某层后，自动开门，延时一段时间后自动关门。但人为关门优先于自动关门，而人为开门优先于人为关门和自动关门，即人为开门的优先级最高。

6）本层呼叫重开门原则：电梯在关门过程中，如果本层有同方向呼梯信号，电梯重新将门打开，响应乘客要求。

7）状态显示原则：电梯在运行过程中应具有运行方向标识、层显、状态指示等功能。

二、电梯运行状态分析

设系统只使用一个安装在每层的行程开关检测平层停车位置，则考虑的输入信号包括：轿厢内指令按钮、开门按钮、关门按钮、门厅上下召唤按钮、楼层限位开关、开门限位开关、关门限位开关。输出信号包括：轿厢上行和下行（曳引电动机正反转控制）、开门和关门（门控电动机正反转控制）、轿厢指令按钮指示灯、门厅上行和下行召唤按钮指示灯、轿厢到达楼层数字显示灯、当前电梯状态显示灯（上行态、下行态或空闲态）。

本系统中电梯的上行和下行仅通过曳引电动机的正反转来控制，可以简化为 3 个运行状态，见表 12-3。

表 12-3 电梯运行状态

状态符号	电梯状态
S1	上行态，曳引电动机的正转使轿厢上行
S2	空闲态，无指令、召唤信号
S3	下行态，曳引电动机的反转使轿厢下行

电梯控制状态转移图如图 12-9 所示，电梯在开起时进行初始化，执行平层和消防等检查，随后转入空闲态。空闲态向上行态转换的条件如下：有大于当前层的楼层的上行召唤按钮、下行召唤按钮或轿厢内指令按钮被按下。上行态向空闲态转换的条件如下：完成所有上行任务，即没有大于当前层的楼层的上行召唤按钮、下行召唤按钮或轿厢指令按钮被按下。空闲态与下行态相互转换原理相同。这一过程也是符合上述电梯控制原则的。

依据上述讨论，PLC 实现电梯逻辑控制的主程序流程图如图 12-10 所示。系统初始化之后进入空闲态，并监听

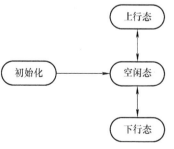

图 12-9 电梯控制状态转移图

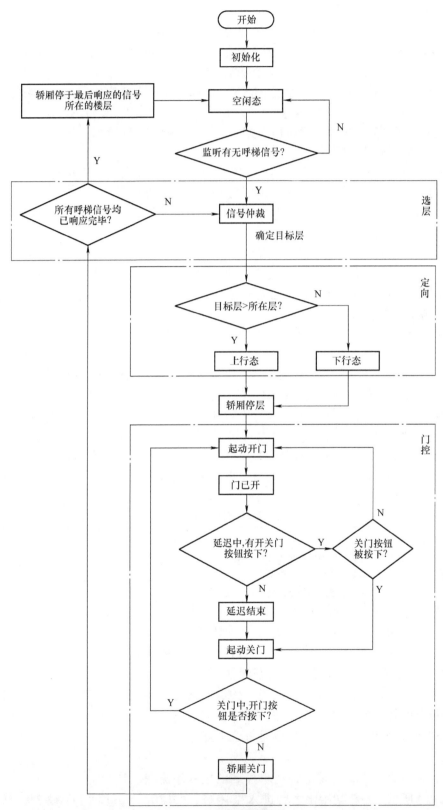

图 12-10 主程序流程图

指令和召唤信号。当呼梯信号出现时，对照电梯控制基本原则，对呼梯信号进行仲裁，按信号响应优先级确定目标层，这个过程称为选层。判断目标层和当前层的位置关系，以确定电梯运动方向，若目标层大于当前层，则电梯上行，反之则下行，这个过程称为定向。轿厢利用安装在每层的限位开关升降至目标层，停层后自动开门并进入延迟关门计时状态，若此刻按下关门按钮则立即关门，在关门动作完成前按下开门按钮则开门并重新开始延迟关门计时，这个过程称为门控，遵循自动开关门原则。电梯门完全关闭后，判断呼梯信号是否全部响应，仍有信号则再次进入信号仲裁状态，按选层、定向基本原则循环执行；若此时无呼梯信号，电梯停在最后响应信号所在楼层并转入空闲态，持续监听信号。

三、PLC 控制原理与梯形图

系统选择三菱 FX_{2N} 系列 PLC，I/O 分配见表 12-4。

表 12-4　PLC 程序 I/O 分配

PLC 的输入端口		PLC 的输出端口	
X000 ~ X013	轿厢指令按钮信号	Y000 ~ Y013	轿厢指令指示灯
X020 ~ X032	门厅上行召唤按钮信号	Y020 ~ Y033	门厅上行召唤指示灯
X041 ~ X053	门厅下行召唤按钮信号	Y040 ~ Y053	门厅下行召唤指示灯
X060 ~ X073	楼层限位信号	Y060	电梯门开
X080	开门按钮信号	Y061	电梯门关
X081	关门按钮信号	Y062	电梯上行
X082	开门状态信号	Y063	电梯下行
X083	关门状态信号		

1. 指令和召唤信号的登记、消除及显示

（1）轿厢指令信号处理　轿厢指令信号处理包括信号的登记、显示及停层消号。指令信号的登记通过轿厢指令按钮置位。对于轿厢内的指令信号，不论电梯上行还是下行，当轿厢运行至有指令的目的楼层时，均要停车并消除登记信号。处理指令信号的程序梯形图如图 12-11 所示。轿厢内 1 ~ 12 层的指令信号从 PLC 的 X000 ~ X013 端口输入，通用辅助继电器 M00 ~ M11 为指令信号登记，指令登记信号直接驱动 PLC 的输出继电器 Y000 ~ Y013，用以驱动显示指令指示灯。X060 ~ X073 为楼层限位信号。

例如，轿厢内按下 7 层按钮，X006 置 ON（常开闭合），M6 置位，Y006 输出控制信号，7 层指令指示灯亮，当轿厢到达 7 层时，X066 置 ON（常闭断开），继电器 M6 复位，起到消号的作用。

（2）门厅召唤信号处理　门厅的召唤信号同样需要登记、显示及停层消号，

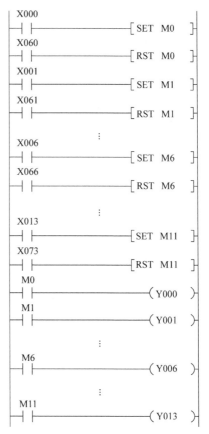

图 12-11　轿厢内指令信号处理程序梯形图

此外还应遵循顺向消号，反向保号原则。处理召唤信号的程序梯形图如图 12-12 所示。图中，M60、M61 分别表示上行态和下行态（后面介绍的运动状态转移部分将详述如何确定运动状态），门厅 1～11 层的上行召唤信号从 PLC 的 X020～X032 端口输入，下行召唤信号从 X041～X053 端口输入，通用辅助继电器 M20～M30 为上召唤信号登记，M41～M51 为下召唤信号登记。

例如，2 层门厅的上行召唤按钮被按下时，2 层的上行召唤信号登记 M21 置位，当电梯到达 2 层并处于上行状态时，楼层限位信号 X061 闭合，M21 复位，实现顺向消号；若电梯到达 2 层但处于下行状态，即 M61 常闭开关断开，此时 X061 闭合但无法复位 M21，从而起到反向保号的作用。

2. 电梯定向

指令信号 X000～X013、门厅上行召唤信号 X020～X032、门厅下行召唤信号 X041～X053 均可对电梯定向。定向的程序梯形图如图 12-13 所示，其中 M70～M81 为选层信号登记，M63、M64 分别为电梯上行和下行信号登记。

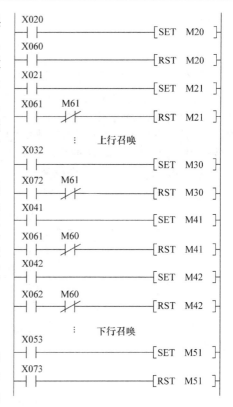

图 12-12　门厅召唤信号处理程序梯形图

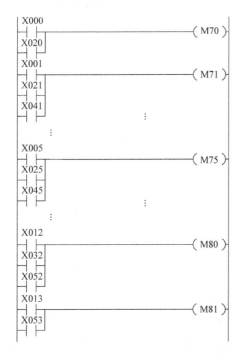

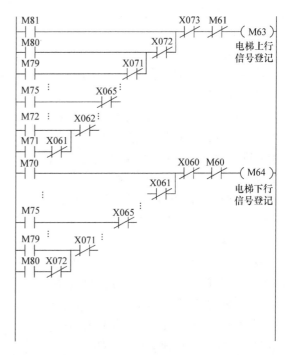

图 12-13　定向的程序梯形图

当 M70～M81 中出现选层信号时，电梯上行还是下行取决于目的楼层在轿厢所处层的上方还是下方，而轿厢处于某一楼层时，该楼层限位信号（X060～X073 中的某一位）将被置 ON（常闭断开）。若选层信号位中的最高位低于楼层限位信号中的状态为 ON 的位，即轿厢所处楼层，说明目的楼层在轿厢下方，则定为下行方向，M64 置 ON；反之，若选层信号位高于楼层限位信号中轿厢所处楼层，说明目的楼层在轿厢上方，则定为上行，M63 置 ON。图 12-13 中的选层程序分为两个部分，一部分为上行登记，一部分为下行登记。例如，若电梯停在 10 层处于空闲状态，则 X071 置 ON（常闭断开），此时，按下 6 层指令按钮 X005，则选层信号 M75 置 ON，由于 6 层的选层信号低于电梯所在的 10 层，故电梯下行信号登记 M64 置 ON，电梯上行信号登记 M63 为 OFF，电梯下行。

3. 选层截梯原理

电梯的选层遵循顺向截梯和最远反向截梯原则。对于所有的轿厢内指令信号，电梯均需平层停车。当门厅召唤方向与电梯运行方向相同时，电梯平层停车，即顺向截梯。当有多个反向呼梯信号时，先响应最远的反向呼梯信号，即最远反向截梯，然后再以顺向截梯方式响应其他召唤信号。

电梯处于运行状态时，召唤信号的作用主要在于顺向截梯与最远反向截梯。如图 12-12 中，电梯上行时，M61 处常闭状态，因此门厅上召唤信号 X060～X073 可将上行召唤信号登记 M20～M23 复位，停车并消除召唤登记信号，达到顺向截梯的目的。

而对于反向召唤信号，利用反向截梯变向脉冲 M69 来标记该召唤信号是否是最远反向截梯信号。反向截梯信号的主要作用是电梯运行状态的转移控制，当响应完最远反向召唤信号时，运行状态应立即变为反向，即上行态转为下行态，或下行态转为上行态。最远反向截梯的程序梯形图如图 12-14 所示，其中 M90～M100 为呼梯信号登记，M65、M66 分别为上行和下行截梯变向脉冲，M67、M68 分别为上行和下行截梯变向信号登记，M69 为截梯变向脉冲，用于改变电梯运动状态，具体实现方法将在运动状态转移部分叙述。

电梯上行时，相对应的楼层限位信号置 ON，逐位上移，图中的限位常闭开关断开。例如出现 11 层下行召唤信号时，M99 置 ON，若此时 M100 为 OFF（11 层上行召唤、12 层下行召唤，12 层指令均无信号），则判断 11 层下行召唤信号为最远反向截梯信号。当电梯上行至 11 层时，连接到 M65 的信号断开，M65 捕捉到下降沿并输出一个脉冲信号给 M69 用于电梯运动状态转移。

应注意的是，例如电梯停在 2 层时，有 8 层下行召唤信号，M96 置 ON，若 M97～M100 均无信号输出，则当电梯到达 8 层时，产生最远反向截梯信号。即使此时有指令 8 层的信号，8 层下行召唤仍应判断为最远反向截梯信号，即上行时常闭开关 M60 断开，X007 无法将 M97 置 ON。这一原则同样适用于其他楼层的召唤信号，电梯下行时同理。

4. 运动状态转移

电梯共有上行态、下行态和空闲态 3 种状态。召唤信号的消号、多呼梯信号的仲裁都依赖于电梯的运动状态，电梯运动状态的确定遵循电梯调度基本原则。电梯的运动状态并不是指电梯正在上行或下行，它是指一种运动趋势，如电梯依次要上行到 3 层和 5 层，当电梯在 3 层停层开门期间，因为接下来准备去 5 层，所以其仍处于上行态。当电梯无任何呼梯信号时，将在关门一段时间后转为空闲态。

运动状态转移的程序梯形图如图 12-15 所示。其中 T2 为运动状态保持时间，设定为召

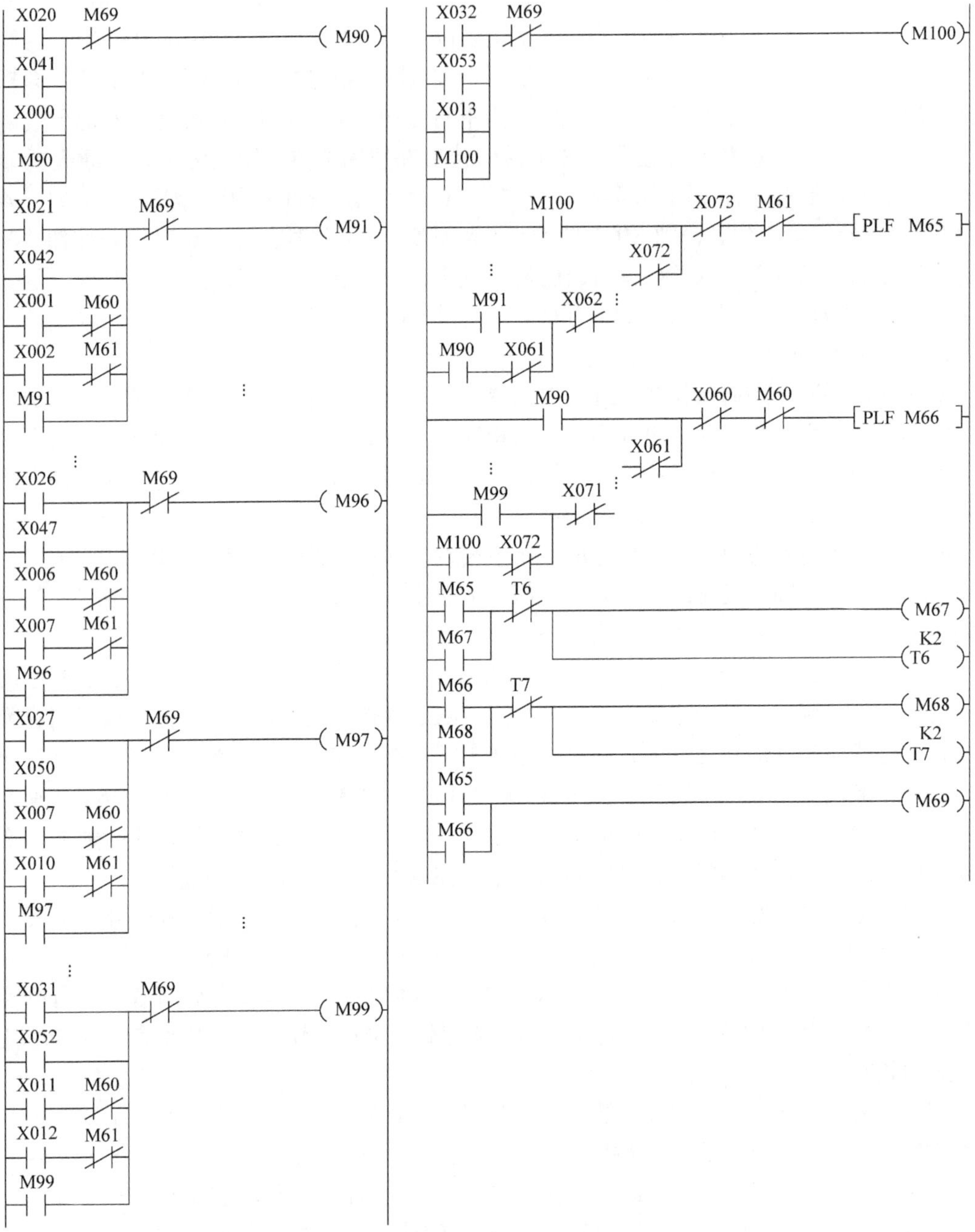

图 12-14 最远反向截梯的程序梯形图

唤信号响应并关门后 2s 后无同方向的指令信号，则运动状态转为反向或空闲态。M67 和 M68 分别为上行和下行的截梯变向信号登记，用于最远反向截梯之后立即改变电梯的运动状态，实现方法是当电梯到达最远反向截梯层后，截梯变向信号 M69 输出一个脉冲，断开当前运动状态，并且由 M67、M68 重新确定运动方向。T5 为进入空闲态的时间，电梯在关门后无动作 2s 后进入空闲态。M122、M123 为空闲态上行召唤和下行召唤登记，空闲态时，门厅的召唤信号将确定电梯的初始运动状态。

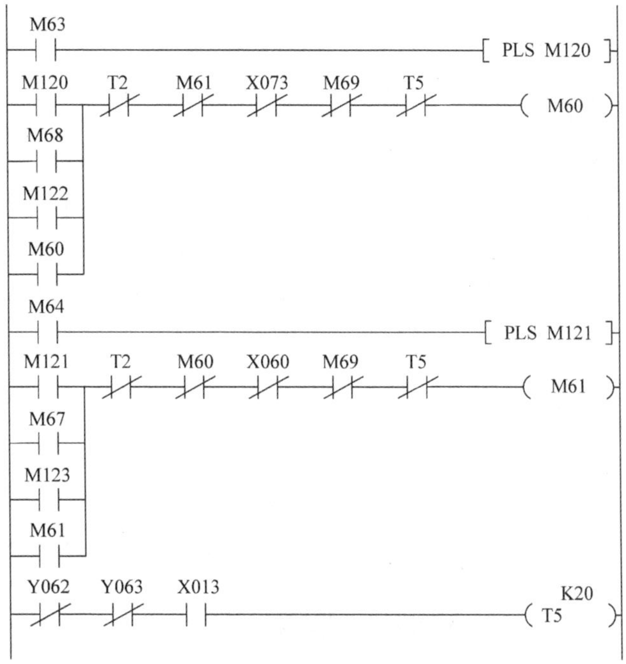

图 12-15 运动状态转移的程序梯形图

例如，电梯上行时，若呼梯登记信号 M97 ~ M100 为 OFF，则此时按下 8 层下行召唤信号即为最远反向截梯信号。电梯运行至 8 层，从图 12-14 可得，上行截梯变向登记信号 M67 置 ON，且 M69 输出一个脉冲信号，则图 12-15 中的 M69 常闭开关断开，M60 置 OFF，电梯不再处于上行态。一个脉冲后 M69 回到常闭状态，M67 将 M61 置 ON，电梯进入下行态。电梯下行时同理。

5. 门控

电梯的门控遵循自动开关门原则和本层呼叫重开门原则。电梯处于上行态和下行态时，消号开门，延迟关门。应注意的是，电梯空闲状态下的门厅召唤信号将确定电梯的初始运动状态，如图 12-15 中所示。例如电梯停在 6 层并处于空闲态，按下 6 层上行召唤按钮后，电梯重开门并由空闲态转为上行态。若在开门期间先出现 2 层上行召唤信号或 2 层指令信号，后按下更高层如 11 层指令按钮，电梯将先去 11 层后再处理其他呼梯信号。因为此时电梯处于上行态，优先处理顺向呼梯信号。

第三节　PLC 在洁净空调中央监控系统中的应用

洁净空调系统是现代化医院手术部的重要组成部分。手术室通过应用空气洁净技术，建立科学的人、物流程及严格的分区管理，最终达到控制微粒污染，保证患者生命安全的目的，同时为医护人员创造一个良好的工作环境。本节介绍 S7 – 200 可编程序控制器在某医院洁净手术部的空调机组控制中的应用以及上位机中央监控系统。

一、系统简介

该医院洁净手术部有12间手术室和10间净化病房，由手术部空调水系统和21台手术室空调机组及4台新风预处理机组为这些手术室和病房服务。

医院手术部作为一个重要的部门，其洁净空调系统与普通空调相比，具有比较高的技术要求，在环境调节精度上，各级别手术室都要求温度20～24±1℃，相对湿度55%±10%，新风比10%～25%，浮游细菌最大平均浓度视洁净等级为5～75个/m³不等，噪声≤50dB，走廊、辅房（麻醉准备室、器械间等）要求稍低，一般为温度21～27±1℃，相对湿度≤65%，浮游细菌最大平均浓度为150个/m³，噪声≤60dB。另外，为保证室内的洁净，室内空气应始终处于流动状态，因此，在手术室不使用的时候，室内仍要保持与室外相对正压。

空调水由院方提供，本系统只对其供回水干管水温、压力进行监测。因此，监控内容集中在空调机组及新风机组上。

洁净空调机组的主要作用是维持室内的恒温、恒湿、恒压，同时还要担负起区域内空气净化的重任，空调系统主要是对制冷、预热、加热、加湿阀门的开度进行控制来调节温度和湿度。由于其服务于手术室，因此具有工作性质上的特殊性。对空调机组的主要监控量、监控要求及其实现方式见表12-5。

表12-5　对空调机组的主要监控量、监控要求及其实现方式

序号	监控量	监控要求	实现方式
1	室内温度	维持手术室内（或病房）环境温度恒定在设定值（可调整）	根据回风温度，控制加热盘管及表冷盘管二通调节阀的开度
2	室内湿度	维持手术室内（或病房）环境湿度恒定在设定值（可调整）	根据回风湿度，控制蒸汽加湿阀的开度
3	室内压力	维持手术室内（或病房）相对室外为正压状态。低于正常值时发出报警	根据室内的环境压力，利用变频器实现变频恒风压控制
4	机组起停	控制各台空调机组、新风机组的开起、停止运行	
5	运行状态	监测送风机电气部分和机械部分的运行状态，故障报警	监测送风机两侧的压差，确定送风机机械部分运行状态，通过无源常开触点监测电气部分运行状态及故障报警（过载）
6	滤网报警	中效和高效过滤器淤塞报警，节省日常巡检人力	监测过滤器两侧的压差（可设定）
7	超温报警	监测电加热器温度，过高温度报警并联动相关设备	通过温度开关监测机组内部温度
8	消防报警	发生火警时关闭机组	监测来自火灾报警系统的信号
9	缺风保护	在机组没有气流通过的情况下，关闭冷/热盘管和电加热器	监测盘管和电加热器两侧压差（可设定）
10	冬夏工况	根据季节转变自动切换控制模式	通过温度开关监测盘管进水侧表面温度，确定冬/夏季

二、系统组成

系统工作原理框图如图 12-16 所示,该系统采用三层结构,分别为监控层、控制层、执行层,采用 PROFIBUS 现场总线技术将监控设备连接起来,构成了一个稳定、易于扩充的硬件环境。

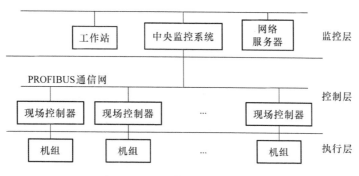

图 12-16 系统工作原理框图

现场控制器采用 S7 – 200 系列 CPU224,模拟量输入输出扩展模块 EM231 和 EM232,通信模块 EM277,配合 TD200 中文文本显示器显示机组状态并可设定参数。上位机采用 DELL GX150,操作系统 Windows NT4.0 + SP5,运行 WinCC5.0,通过 CP5611 通信卡对下位机进行远程监控,实现对各空调机组温湿度和压力的集中监视、异常报警和报表查询打印等操作。

三、现场控制系统

设计各空调机组和新风机组采用直接数字控制(DDC),形成现场控制级。与传统控制相比,DDC 具有可靠性高、控制功能强、可编程的特点,既可独立监控有关设备,又可联网并通过中央计算机接受统一控制及优化管理。本系统的空调机组 DDC 原理如图 12-17 所示。各现场控制器采用西门子 S7 – 200 可编程序控制器配以 TD200 中文文本显示器。

在控制现场,通过 TD200 在本机设定温湿度值、压力值、停机延时时间、各 PID 环的 PID 参数,并可以显示报警信息(故障、滤网堵塞等)。

在手术室内,有一块供医护人员查看和设置参数的控制面板,该控制面板由单片机控制,提供与 PLC 的连接,可对机组进行遥控起停、遥控值机控制和温度设定,并可显示温湿度。手术室使用完以后,通过面板按钮遥控机组进入值机状态,此时不进行恒温恒湿控制,但要通过调节变频器来调节送风速度以保持室内正压。

另外,每台机组控制器通过 EM277 与上位机进行通信,将有关数据和报警信号等信息传往中央计算机,并接受其控制。

每台空调机组配备现场控制柜,里面安装了控制器、扩展模块、变频器、继电器和信号装置等。由于新风机组的监控点数较少,无须单独设置现场控制器,就近并入手术室空调机组控制器。

四、软件设计

PLC 的编程软件采用 STEP7 – Micro/WIN32,程序设计可采用语句表(STL)或梯形图。系统采用了 5 个 PID 控制环节,即加热 PID、制冷 PID、加湿 PID、除湿 PID 和正压 PID,

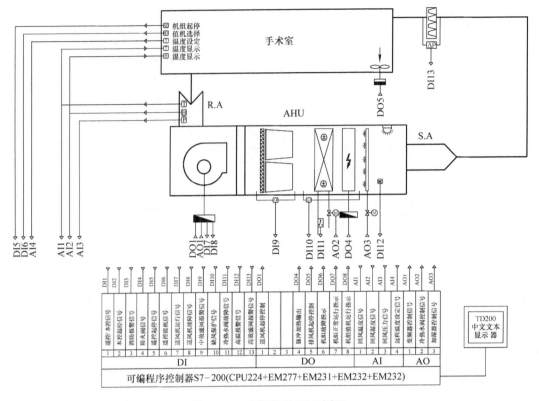

图 12-17 空调机组 DDC 原理

PID 运算结果输出到输出映像区，刷新后驱动电动阀、蒸汽阀或作为变频器的控制输入模拟量。图 12-18 为 PLC 控制系统软件框图，该流程为 PLC 的一个扫描周期。

PLC 控制系统软件实现如下功能：

- 空调系统恒温恒湿控制；
- 空调系统恒风量控制；
- 多回路参数检测、显示；
- 系统故障自检及显示；
- 空调系统各控制参数设定与修改；
- 机组起停及运行工况控制模式转换；
- 机组缺风保护及高温保护；
- 过滤器压差报警，火灾报警及防火阀连锁等。

五、中央监控级

由于被控手术室较多，有多台现场控制器，为方便管理和协调各现场控制器的工作，在洁净手术部护士站设置了一台中央监控计算机，通过 PROFIBUS – DP 现场总线将中央监控计算机与各现场控制器相连接。

中央监控计算机运行 WindowsNT4.0 操作系统，中央监控软件采用 SIEMENS SIMATIC WinCC5.0。WinCC 是市场上首批采用 32 位软件开发技术的工业监控软件之一，其系统可靠、操作简单，设计人员只需要通过简单的鼠标"拖、放"即可设计出美观的控制流程图。

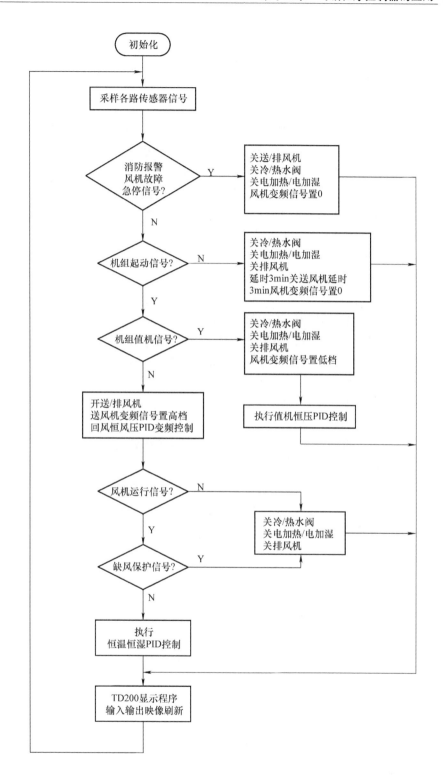

图 12-18 PLC 控制系统软件框图

在与控制器的通信上，WinCC 的基本系统中已经包括了 PROFIBUS – DP 的通信接口。WinCC 与 PLC 编程软件 STEP 7 的连接非常紧密，在 WinCC 中可以直接存取 STEP 7 符号，只需一次性地输入标签数据，然后在一个集中的位置内维护。通过在 WinCC 中直接调用 STEP 功能块，使 WinCC 图形与相关的 STEP 7 逻辑建立直接的连接。

WinCC 内置的 ODBC/SQL 数据库，保存了所有组态的表，同时对所有运行过程数据进行归档。数据库的存取对用户是透明的，其他应用程序可使用标准的 ODBC/SQL 接口对本系统的数据库进行访问，为本系统的数据集成到大楼综合管理系统中提供了条件。

本系统如果安装 WinnCC/网页浏览器可选软件包，用户可以在任何一台安装了网页浏览器的客户机上，通过互联网、医院内部网或局域网，对网页浏览服务器上正在运行的项目进行监控。在本系统中，利用 WinCC 网页组态向导，直接把本地工作站的项目作为基础，创建希望通过医院内部网看到的控制流程画面。

设计完成的监控系统具有如下特点：

- 监控系统界面直观、操作简易、具有极强的稳定性；
- 全中文操作界面；
- 能实现本院以内或院外的远程诊断及监控；
- 所用的操作系统和监控软件必须是有授权的合法软件；
- 具有护士值班界面、维修工程师界面和帮助功能。
- 医护人员可以在护士站进行监控功能设置：
- 手术室内的温湿度显示和设定；
- 高、中效的过滤器堵塞报警；
- 手术室全风量恒温恒湿/半风量恒温值班工况转换及显示；
- 空调机组各监控点图形动态显示；
- 所有空调机组（包括新风处理机组）任意时间的定时起、停机或工况转换；
- 空调水系统及室外空气温湿度动态监测；
- 消防信号的接收与空调系统联动监控；
- 故障即时打印，灵活的报表功能。

参 考 文 献

[1] 李仁. 电器控制 [M]. 北京：机械工业出版社，1990.

[2] 廖常初. PLC 编程及应用 [M]. 北京：机械工业出版社，2002.

[3] 邓则名，邝穗芳，程良伦. 电器与可编程控制器应用技术 [M]. 北京：机械工业出版社，2002.

[4] 杨光臣. 建筑电气工程图识读与绘制 [M]. 北京：中国建筑工业出版社，1995.

[5] 孙景芝. 建筑电气控制系统 [M]. 北京：中国建筑工业出版社，1999.

[6] 李佐周. 制冷与空调设备原理及维修 [M]. 北京：高等教育出版社，1994.

[7] 张子慧. 空气调节自动化 [M]. 北京：科学出版社，1979.

[8] 陈家盛. 电梯结构原理及安装维修 [M]. 北京：机械工业出版社，1990.

[9] 张亮明，夏桂娟. 工业锅炉自动控制 [M]. 北京：中国建筑工业出版社，1987.

[10] 赵宏家. 建筑电气控制 [M]. 重庆：重庆大学出版社，2002.

[11] 史信芳，蒋庆东，李春雷. 自动扶梯 [M]. 北京：机械工业出版社，2014.

[12] 戚政武，林晓明. 自动扶梯检验技术 [M]. 北京：中国质检出版社，2016.

[13] 何峰峰. 电梯和自动扶梯安装维修技术与技能 [M]. 北京：机械工业出版社，2013.

[14] 李乃夫，陈继权. 自动扶梯运行与维保 [M]. 北京：机械工业出版社，2017.

[15] 郑瑜平. 可编程序控制器 [M]. 北京：北京航空航天大学出版社，1997.

[16] 巫莉，黄江峰. 电气控制与 PLC 应用 [M]. 北京：中国电力出版社，2008.

[17] 郭福雁，黄民德，张哲. 建筑电气控制技术 [M]. 天津：天津大学出版社，2009.

[18] 皮壮行，宫振鸣，李雪华，等. 可编程控制器系统设计与应用实例 [M]. 北京：机械工业出版社，2000.

[19] 王卫兵，高俊山，等. 可编程控制器原理及应用 [M]. 北京：机械工业出版社，2001.

[20] 耿红旗，吕冬梅，等. 可编程序控制器应用教程 [M]. 北京：中国水利水电出版社，2001.

[21] 郑晟，巩建平，张学. 现代可编程序控制器原理与应用 [M]. 北京：科学出版社，1999.

[22] 刘继修. PLC 应用系统设计 [M]. 福州：福建科学技术出版社，2007.

[23] 郝莉，王东兴. PROFIBUS 从站与 S7 - 200PLC 的通讯研究 [J]. 北京机械工业学院学报，2000（6）.

[24] 王庆国，等. 中央监控在空气调节中的应用 [J]. 电子技术，1998（11）.

[25] 刘艳梅，陈震，李一波，等. 三菱 PLC 基础与系统设计 [M]. 北京：机械工业出版社，2009.

[26] 杨青杰，李国厚，周强. 三菱 FX 系列 PLC 应用系统设计指南 [M]. 北京：机械工业出版社，2008.

[27] 陈忠平，周少华，侯玉宝，等. 三菱 FX/Q 系列 PLC 自学手册 [M]. 北京：人民邮电出版社，2009.

[28] 西门子（中国）有限公司. S7 - 200 可编程序控制器系统手册 [Z]. 2008.

[29] 西门子（中国）有限公司. MICROMASTER440 通用型变频器使用大全 [Z]. 2012.